国家职业教育教学资源库“智慧职教”课程

国家职业教育在线精品课程

中国轻工业联合会优秀教材

# 食品感官检验技术

SHIPIN GANGUAN JIANYAN JISHU

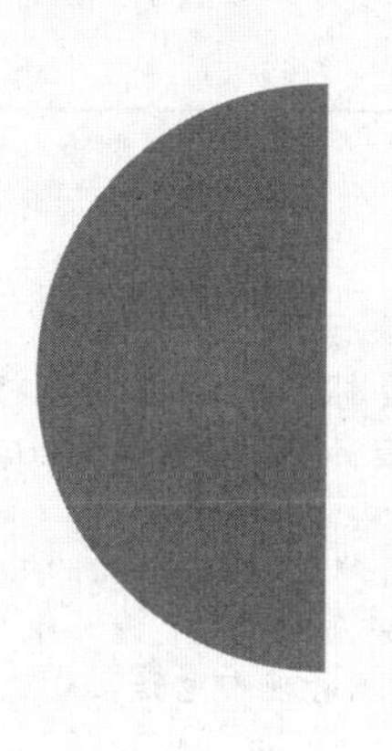


主　编　柳　青

副主编　包永华　谭龙飞　李群和

**图书在版编目(CIP)数据**

食品感官检验技术/柳青主编. —北京：北京师范大学出版社，2024.2

("十四五"职业教育国家规划教材)

ISBN 978-7-303-25359-3

Ⅰ. ①食… Ⅱ. ①柳… Ⅲ. ①食品感官评价－高等职业教育－教材 Ⅳ. ①TS207.3

中国版本图书馆 CIP 数据核字(2019)第 273865 号

**图书意见反馈**：gaozhifk@bnupg.com 010-58805079
营销中心电话：010-58802755 58800035

出版发行：北京师范大学出版社 www.bnupg.com
北京市西城区新街口外大街 12-3 号
邮政编码：100088
印　　刷：三河市兴国印务有限公司
经　　销：全国新华书店
开　　本：787 mm×1092 mm 1/16
印　　张：18.5
字　　数：389 千字
版 印 次：2024 年 2 月第 2 版第 5 次印刷
定　　价：47.00 元

策划编辑：周光明　　责任编辑：周光明
美术编辑：焦　丽　　装帧设计：焦　丽
责任校对：陈　民　　责任印制：马　洁　赵　龙

# 编 委 会


主　编　柳　青　北京农业职业学院

副主编　包永华　浙江经贸职业技术学院
　　　　谭龙飞　广州城市职业学院
　　　　李群和　温州科技职业学院

参　编　张丽云　石家庄职业技术学院
　　　　田文静　北京农业职业学院
　　　　任龙梅　乌兰察布职业学院
　　　　施　帅　江苏农牧科技职业学院
　　　　周慧恒　湖南化工职业技术学院
　　　　李　扬　北京艾森泰科科技有限责任公司
　　　　李　宁　北京盈盛恒泰科技有限责任公司
　　　　卢　伟　柯尼卡美能达(中国)投资有限公司
　　　　陈　达　柯尼卡美能达(中国)投资有限公司

# 前 言

本教材是以习近平新时代中国特色社会主义思想为指导，深入学习贯彻党的二十大报告精神，“落实立德树人根本任务，培养德智体美劳全面发展的社会主义建设者和接班人”，根据《中华人民共和国职业教育法》和国务院《国家职业教育改革实施方案》(国发〔2019〕4号)，紧贴新时代特点和食品领域新形势，产教融合特色鲜明，旨在承担保障人民对安全美味食品的追求，采用任务导向教学模式，与企业行业专家合作编写而成。坚持把培养中国特色社会主义建设者和接班人作为根本任务，紧紧围绕培养什么人、怎样培养人、为谁培养人，保障人民“舌尖上的安全”，不断满足人民对美好生活的向往。教材编写团队主持的教育部全国食品工业行指委“高职院校食品感官检验技术课程教学改革与实践”项目获省部级教学成果一等奖。主要特色如下：

1. 紧扣感官检验岗位职业能力要求，构建“岗课赛证创”课程体系

教材立足食品安全战略要求，深入实施人才强国战略，培养造就大批德才兼备的高素质人才，以食品感官检验职业岗位需求为导向，对接感官分析国家标准、“1+X”粮农食品安全评价等级证书、检验技能大赛和“互联网+”大学生创新创业大赛，融合质构仪、电子舌、电子鼻分析等现代智能感官检验新技术，校企合作开发基于岗位的典型工作任务。课程内容架构遵循国家“感官分析师”职业能力培养规律并符合学生学习认知规律，紧扣食品行业的新技术、新工艺、新规范，以10个项目共37个企业真实的感官检验任务为主线，每个项目以“案例导入、工作任务、知识准备、方案设计与实施、评价与反馈”序化教材内容，充分体现以学生主体、教师为主导。实现职业素养培养与职业技能提升相融合，工作任务与岗位相融合，教材内容与感官分析国家标准、技能竞赛相融合，成绩考核与职业资格证书相融合。

2. 配套国家在线精品课程和国家教学资源库，为线上线下混合式教学奠定坚实基础

本教材配套北京农业职业学院柳青副教授主持的国家职业教育在线精品课程，网址：https://mooc.icve.com.cn/cms/courseDetails/index.htm? cid=spgbjn011lq441。并配套国家职业教育教学资源库3门课程资源(https://www.icve.com.cn)：《食品感官检验技术》《食品感官分析技术》和《农产品感官分析技术》，目前选课人数1万余人。依托教育部食品安全示范性虚拟仿真实训基地，建设38GB、1300余项立体化数字资源，包括微课、视频、动画、感官分析虚拟仿真软件、VR、测试题、PPT等，充分满足学生个性化学习需求，为线上线下混合式教学奠定坚实基础。满足了广大师生、企业人员和社会学习者的学习需求，实现了在线学习与课堂实践的高度融合，全面激发学生的学习兴趣和潜能。同时教材封面贴有二维码，为各项目任务配套PPT、知识拓展和测试题等资源，书内也嵌入了二维码，方便学生直接扫码学习素材。

3. 落实立德树人根本任务，润物细无声融入课程思政

为落实立德树人根本任务，深化三全育人改革，将思政元素落实到每个任务，使学生从风味角度严控食品品质，服务人民美好生活。例如在食品感官检验的岗前培训任务中巧

妙融入“舌尖上的天宫”，口味定制化的航天食品，弘扬爱国精神，引导广大人才爱党报国、敬业奉献、服务人民；在味觉与食品的味觉识别以“神农尝百草之滋味，水泉之甘苦”案例，培养学生实践出真知，养成勤学明辨和科学献身精神；将“葡萄美酒夜光杯，欲饮琵琶马上催”融入葡萄酒的排序检验任务中，引导学生坚守中华文化立场，弘扬中华民族优秀传统文化，树立“中国制造”葡萄酒的文化自信，培养精益求精的工匠精神；针对制假售假，劣质酒披高档“外衣”销售现象，利用现代智能感官分析技术精准检验以及在感官检验应用技能中融入创新让老醋飘“新香”案例，提升学生的综合职业能力，实现育训结合、德技并修的教学目标。

4. 产教融合特色鲜明，聚焦现代食品产业发展前沿

教材聚焦食品产业发展的新需求，对接职业标准和感官检验岗位要求，以企业真实案例设计典型工作项目，秉持创新驱动发展战略，搭建虚拟现实感官分析平台，将教学过程与项目实战充分融为一体，体现“教、学、做”一体化，实现校企合作、工学结合的“无缝对接”。主要内容包括食品感官检验的岗前培训、食品感官检验条件的控制、样品的制备和呈送、食品感官评价员的选拔与培训、食品差别检验、食品排列检验、食品描述性分析检验、食品分级检验、现代智能食品感官分析和食品感官检验的应用技能。涵盖了果蔬制品、烘焙食品、乳制品、肉制品、水产品、酒类、饮料、茶叶、罐头等各类食品的感官检验方法，引领食品感官检验领域专业化、职业化人才培养，努力造就更多“卓越工程师、大国工匠、高技能人才”。

本书由北京农业职业学院柳青担任主编并统稿，具体编写分工如下：柳青编写项目一(任务1、2)、项目五、项目九及附录；田文静编写项目一(任务3～任务5)；张丽云编写项目二；李群和编写项目三、项目四；包永华编写项目六；谭龙飞编写项目七；施帅编写项目八；李扬、李宁、卢伟、陈达编写项目九(任务1～任务4)；任龙梅编写项目十。

本书在编写过程中，得到了国家职业教育教学资源库“智慧职教”课程平台、国内有关高校、中国标准化研究院、食品企业专家的大力支持，在此表示衷心的感谢。另外，书中引用和参考了众多专家的著作，在此一并表示感谢。

本书既可作为食品检验及加工类等专业的教学用书，也可作为食品专业技术人员、管理人员和科研人员的参考书，对精细加工、医药等行业的产品评定和营销人员也具有一定的参考价值。

鉴于编者水平有限，加之时间仓促，书中不足之处在所难免，恳请各位专家和读者提出宝贵意见和建议，以便修改和完善。

**本书资源使用方法**

1. 本书封面贴的二维码，为本书的主要资源，为一书一码仅供一个人使用，一旦扫码注册，他人不能再扫码使用。先扫码注册后，再次扫码登录学习平台，即可使用资源。一定时期内可以不再登录，扫码即可学习。

2. 教材内的二维码无需注册，扫码即可使用资源。

编　者

# 目 录

# 项目一

# 食品感官检验的岗前培训

**【案例导入】**

**“舌尖上的天宫”，口味个性化的航天食品**

“民以食为天”，从“神五”到“神十五”，中国航天食品经历了巨大的变迁，个性化的航天食品代表着科技结晶。我国一些关键核心技术实现突破，战略性新兴产业发展壮大，载人航天、探月探火、深海深地探测等取得重大成果，进入创新型国家行列。中国航天食品自从1968年开始进行先期研究，到现在已经有百种以上。由于在失重环境中，航天员体液上涌，鼻腔充血，导致味觉神经钝化，唾液分泌发生变化，感官分析专家根据航天员生活所处的特殊环境，结合航天员在太空的口味和消化吸收能力，以及特殊进食方式，经过多次的品尝、打分、评议，并定期对食品质量在外观、质地、风味、口感、可接受程度等各方面进行感官评价，研制了120余种营养均衡、品种丰富、口感良好、长保质期的航天食品，如鱼香肉丝、宫保鸡丁、黑椒牛柳等以咸辣酸甜的口味的食品为航天员开胃助食。

从“神五”到“神十五”铸梦太空，个性化的航天食品快速发展，广大食品科技工作者在祖国大地上树立起了一座座科技创新的丰碑，展现出服务人民的爱国精神，勇攀高峰、敢为人先的创新精神，以及追求真理、严谨治学的求实精神和精益求精的工匠精神。随着食品领域科技的发展，航天食品会更加安全、营养、丰富，与中国航天事业一路茁壮成长壮大，并坚定不移的为人民将神舟太空的各种食品高新技术推广到生活中。

**思考问题：**

1. 航天食品具有哪些特点？食品感官检验技术有哪些重要的意义？
2. 作为一名感官检验从业人员，应具备哪些职业素养、专业知识和能力？

# 任务1　食品感官检验的基础知识

**【学习目标】**

**知识目标**

1. 掌握食品感官检验技术的概念，以及在食品工业中的重要意义；
2. 了解国内外食品感官检验的发展现状与趋势；
3. 熟悉食品感官检验技术的国家标准。

**能力目标**

1. 会按照食品感官检验四项基本活动开展感官检验活动；
2. 能查阅资料，归纳当今我国食品感官检验技术发展的研究与广泛应用；
3. 能准确读懂并领会感官分析实验室人员的岗位职责和能力。

**素养目标**

1. 培养科学严谨、爱岗敬业、遵纪守法、诚实守信的精神与良好的职业道德；
2. 树立食品质量与安全意识和职业生涯规划意识，增强专业自豪感、职业使命感和社会责任感；
3. 培养学生善于思考、获取信息和自主探究的能力。

**【工作任务】**

北京某食品企业，为了生产优质、安全，让消费者放心的乳制品，需要对新入职的职工进行食品感官检验技术培训，为上岗就业做好准备。

职教"体验官"之我是"食品检验检测员"

**【任务分析】**

乳制品行业已成为我国现代食品制造业的优秀代表，并逐渐步入由规模效益转向价值竞争的新阶段。乳制品企业为了保证乳品的质量安全，给消费者提供营养、健康、安全、美味的产品，在安全控制、新产品开发、产品质量改进等方面加大了力度，乳制品的感官检验技术也日益成熟。本任务是对新入职的职工进行食品感官检验技术培训。依据国家标准开展相关培训：GB/T 23470.1—2009《感官分析　感官分析实验室人员一般导则　第1部分：实验室人员职责》；GB/T 23470.2—2009《感官分析　感官分析实验室人员一般导则　第2部分：评价小组组长的聘用和培训》。

**【思维导图】**

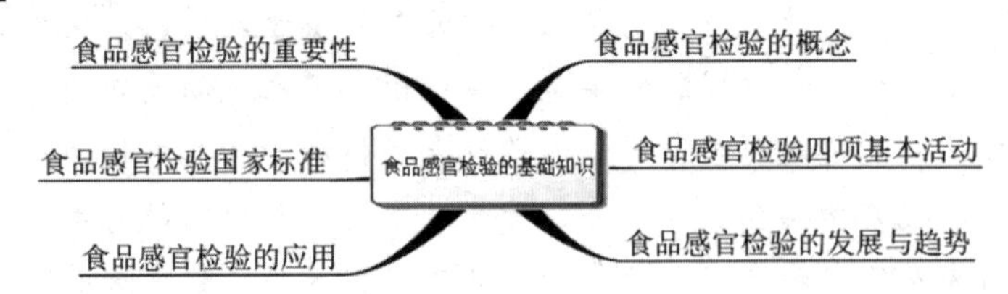

## 知识准备

## 一、食品感官检验的概念及基本活动

### 1. 食品感官检验的概念

推进健康中国建设。人民健康是民族昌盛和国家强盛的重要标志。把保障人民健康放在优先发展的战略位置，完善人民健康促进政策。必须坚持在发展中保障和改善民生，鼓励共同奋斗创造美好生活，不断实现人民对美好生活的向往。

——2022年10月16日，习近平在中国共产党第二十次全国代表大会上的报告

中国食品工业朝着安全、营养、美味、便捷的方向发展。人民对美好生活的向往，给食品行业带来了新的机遇和挑战。未来食品发展的方向是风味健康双导向，即未来食品需要同时满足人们对美味和健康的需求。"食品感官检验(Food Sensory Test)也被称为食品感官分析，是现代食品科学中最具特色的学科之一，是用于唤起、测量、分析和解释。这是目前比较经典且被广泛接受和认可的关于食品感官检验的定义。它是通过视觉、嗅觉、触觉、味觉和听觉而感知食品及其他物质特征的一门科学，是集心理学、生理学、统计学和其他科学发展起来的学科，在食品安全、质量管理、新产品开发、市场预测等方面具有重要的指导意义。

食品感官检验是系统研究人类感官与食物相互作用形式与规律的一门学科，其核心的表现形式是食品感官品质，基本的科学方法是感官分析。在产品研发、质量控制、风味营销和质量安全监督检验等方面的强大作用，使其迅速成为现代食品科学技术及食品产业发展的重要技术支撑。感官评价包括一系列精确测定人对食品的反应技术，把对品牌中存在的偏见效应和一些其他信息对消费者感觉的影响降到最低；同时它试图解析食品本身的感官特性，并向产品开发者、食品科学家和管理人员提供关于其产品感官性质的重要而有价值的信息。

2. 食品感官检验四项基本活动

(1)唤起："调试仪器"。在品评的整个过程中，使用恰当的品评表和提示语，唤醒品评人员的某种注意力，从而得到相对应的噪声影响最小的感知。

(2)测量："采集数据"。感官分析是一门定量的科学，通过采集数据，在产品性质和人的感知之间建立合理的、特定的联系。感官方法主要来自行为学研究的方法，是通过观察来测量人的反应的方式。

(3)分析："数据分析"。适当的数据分析是感官检验的重要部分，通常使用的是实验设计和数理统计分析的有效组合，以便使各种复杂的影响因素最小化，体现出品评结果的科学可靠性。因此，需要用统计学来对数据进行分析，才有可能得出较为合理的结论，也可借助计算机和感官分析软件来完成。

(4)解释："结论解释"。感官分析专家不仅仅只是为了得到实验结果，而是必须针对结果给出科学的解释和合理的措施，在基于数据、分析和实验结果的基础上进行合理判断，包括研究的背景、所采用的方法、实验的局限性和可靠性，以此指导进一步的研究和对策。

**想一想**

**感官分析实验室人员的岗位职责和能力包括哪些?**

食品感官检验是在科学、有效的组织下进行的实验活动。依据GB/T23470.1—2009/ISO 13300—1：2006《感官分析实验室人员一般导则 第1部分：实验室人员职责》，感官分析实验室人员分为感官分析实验室管理人员、感官分析师和(或)评价小组组长、评价小组技术员，其岗位的划分主要取决于其所行使的职责。其中：

1. 感官分析实验室管理人员：感官分析实验室中高层或中层管理人员，负责行政管理和经济预算。(1)应具备良好的组织和策划能力、行政能力，掌握商业和环境知识，与

产品的生产、包装、储藏以及分发等相关技术知识等管理能力，科研和技术能力以及感官分析能力；(2)善于内部沟通与外部联络与沟通，具有良好的语言和文字表达能力、人际交往能力；(3)了解团队合作并能激发团队活力的能力。

2. 感官分析师和(或)评价小组组长：感官分析实验室中履行专业技术职能的人员，负责监管一个或若干评价小组组长，设计和实施感官研究，分析和解释感官分析数据等。应具备组织管理、科研能力、感官检验和领导决策4种能力。(1)组织管理能力主要是指组织策划能力、行政能力及具备必要的商业和环境知识；(2)科研能力要求具备相关产品、技术、专业和统计学的知识背景；(3)感官检验能力要求具备感官分析理论与方法学知识，以及担任过评价小组组长或评价小组技术员的实践工作经验；(4)领导能力包括团队合作、人际沟通、决策判断及激发小组成员积极性的能力。

3. 评价小组技术员：感官检验过程中协助评价小组组长或感官分析师进行具体操作的人员，负责感官检验前的样品制备到检验后的后续工作(如废弃物的安全处理)等。(1)应具备感官分析理论和方法学知识，产品研发和配方设计知识，以及生产和包装的技术知识；(2)实验室操作规程和实验安全常识和食品卫生知识；(3)安排和实施感官检验的理论知识，能够遵守操作规程，具有良好的记录能力；(4)具有良好的职业道德，可靠并具有责任感，有工作热情；(5)具备交流能力、语言和文字表达能力、人际交往能力、应变能力，具有较好的团队合作精神和交往沟通能力。

## 二、食品感官检验的重要性

食品的感官检验是人类和动物最原始的自我保护本能，从神农尝百草，到现代人类日常生活中以看、闻、尝、摸等动作决定食品的品质状况，我们每天都在做着每一件食品的感官检查，其依赖的是个人经验的积累与传承。那么，食品质量感官鉴别能否真实、准确地反映客观事物的本质，除了与人体感觉器官的健全程度和灵敏程度有关外，还与人们对客观事物的认识能力有直接的关系。

1. 没有任何仪器能完全代替人的感官评价

食品感官检验有着理化分析和微生物检验所不能替代的优越性，产品质量的感官标准已经成为质量控制体系的一个重要组成部分。在食品的质量和卫生标准中，第一项内容是感官检验，在判断食品的质量时，感官指标往往具有否决性，即如果某一食品感官指标不合格，则不必进行其他的理化分析和微生物检验，直接判定该食品为不合格产品。另外，目前没有仪器可以替代人的大脑进行感官评价。

2. 食品的感官消费接受性是产品市场成功的首要条件

感官检验是食品行业必不可少的质量检验手段，为质量控制提供了信息，降低了生产过程中的风险。在现代，食品感官分析更多地被应用于食品开发商在考虑商业利益和战略决策方面，例如消费群体的偏爱调查、工艺或原材料的改变是否对产品带来质量影响的调查。一种新产品的推出是否会受到更多消费者喜欢的调查等。一项功能完善的感官检验计划对一个公司确保市场竞争力是很重要的，是产品市场成功的首要条件。

3. 感官检验渗透在食品企业运行的各个环节

感官检验提供了人们对产品由于配料、工艺、包装或货架期的改变而感知存在差异的有用信息。感官评价部门与新产品开发部门间的相互影响非常大，直接对质量控制、市场研究和包装，以及间接对整个公司的其他部门提供信息。如图 1-1 所示，食品感官检验技术在食品企业运行的各个环节如新产品研发、工艺改进、市场调研与预测、品质检验、质量控制等都得到了广泛应用。

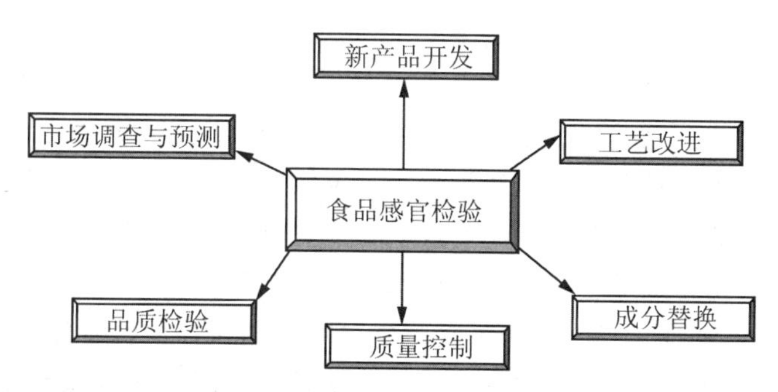


**图 1-1 食品感官检验技术的广泛应用**

感官信息降低了产品开发和满足消费者需要的战略决策的风险。对于食品公司而言，在满足消费者期望以及确保更大可能的市场成功方面，一项功能完备的感官检验实施计划将不可或缺，感官检验的结果直接与感官质量相关。

4. 从简单的品评走向科学的感官检验是必然趋势

现代感官评价是一种科学的测定方法，从实验室环境布置和要求、评价员的选择与培训、实验方案的设计，结果的分析与处理都依靠科学的感官评价标准。感官品评技术在食品工业中的应用，随着差别检验、差异类别检验、描述分析等感官品评方法的不断完善而日益科学化、完备化，是新产品研制、保障食品感官质量的重要手段。目前一些大型的食品加工企业、香精香料公司，如 NESTLE、DANONE、北京稻香村食品公司、中粮集团等都拥有自己的感官品评实验室和感官品评小组，主要对本公司产品的感官特性进行分析和评价。例如在新产品开发过程中要进行从头到尾的测试和跟踪。包括：(1)新产品的感官特性的设计；(2)产品即将投放市场的最后测试；(3)产品制造过程中感官特性的控制；(4)产品投放市场后满足感的跟踪。

近年来，我国一些大型食品加工企业也逐渐意识到食品感官品评技术的重要性，并将该技术运用到食品生产和质量控制过程中。相关管理部门还先后出台了关于茶叶、葡萄酒、乳制品等方面的感官品评国家标准和行业标准，在行业内也涌现出了一批具有较高水平的品酒师、咖啡师、品茶师、乳品评鉴师等。

## 三、食品感官检验的发展与趋势

1. 国外食品感官检验的发展

感官科学技术的发展，主要经历了三个阶段，一是从管理者品评起步；二是专业感官品评小组品评成主体，多学科交叉与应用，感官评价活动标准化；三是感官分析与理化分析相结合，仪器测量辅助感官评价。国外食品感官检验已呈现出人机结合，智能感官渐成主流；市场消费需求和消费意向的感官分析技术与感官营销两大主要方面的发展态势。

感官评价始于 20 世纪初，随着食品工业的快速发展，感官评价科学迅速发展起来。

20世纪40年代，美国食品与容器研究所以系统化方式收集士兵们对食品接受程度的数据，目的就是为了保证有营养的军需食品更好吃，能被军人接受。许多科学家也开始思索如何收集人们对物品的感官反应及形成这些反应的生理现象。

整个感官检验技术真正起飞始于20世纪六七十年代，主要诱因是食品加工工业的快速发展。在期间各种评价方法、标记方法、评价观念、评价结果的表现方式等不断被提出、讨论与验证，并在此基础上出现了专家型品评员。到了80年代，感官检验技术开始蓬勃发展，越来越多的企业成立感官评价部门，各大学成立研究单位并纳入高等教育课程。美国标准检验(ASTM)方法也制订了感官品鉴实施标准(Committee E-18)。90年代之后，由于国际商业活动频繁以及全球化的影响，感官评价活动频繁，感官评价开始进行国际交流讨论，跨国文化与人种对感官反应的影响。

进入21世纪，感官评价已在各国发展迅速，在美国，各大食品公司(可口可乐、雀巢、芬美意等)都已拥有各自庞大的感官评价部门，各大学的食品科学系皆设立了感官品鉴研究课程及项目，业界甚至出现了很多感官品鉴的专业顾问公司，为中小企业提供品鉴服务。

2. 国内感官检验的发展

(1)食品感官检验技术国家标准

我国现代感官分析始于20世纪40年代，至今已经历了80多年的发展，逐步形成了一支较为完善和规范化的学科。随着电子技术、生物技术、仿生技术的发展，感官分析的应用结果处理更方便、更快速，它必将得到进一步的完善和提高。自1988年起，我国相继制订并颁布了感官分析方法的国家标准，并在不断的修订和更新，包括：GB/T 10220—2012《感官分析方法 总论》、GB/T 10221—2021《感官分析 术语》、GB/T 16291.1—2012《感官分析 选拔、培训与管理评价员一般导则第1部分：优选评价员》、GB/T 16291.2—2012《感官分析 选拔、培训与管理评价员一般导则第2部分：专家评价员》、GB/T 13868—2009《建立感官分析实验室的一般导则》、GB/T 12311—2012《感官分析方法 三点检验》、GB/T 17321—2012《感官分析方法 二、三点检验》、GB/T 12310—2012《感官分析 成对比较检验》、GB/T 12315—2008《感官分析 方法学 排序法》、GB/T 39558—2020《感官分析 方法学“A”-“非A”检验》、GB/T 12312—2012《感官分析 味觉敏感度的测定方法》、GB/T 15549—1995《感官分析 方法学检测和识别气味方面评价员的入门和培训》、GB/T 16860—1997《感官分析方法 质地剖面检验》、GB/T 12313—1997《感官分析方法 风味剖面检验》、GB/T 16861—1997《感官分析 通过多元分析方法鉴定和选择用于建立感官剖面的描述词》、GB/T 29605—2013《感官分析 食品感官质量控制导则》、GB/T 29604—2013《感官分析 建立感官特性参比样的一般导则》、GB/T 25006—2010《感官分析 包装材料引起食品风味改变的评价方法》。

这些国家标准一般都是参照采用或等效采用相关的国际标准(ISO系列)，并对国际标准进行了修改和完善，使得国际标准更加本土化，具有较高的权威性和可比性，成为感官分析的法律法规依据。经过不断的发展及修订，至今国际标准化组织已颁布了33项感官分析标准，其中感官分析方法标准的数量最多，共21项，占感官分析标准总数的64%。

(2)食品感官科学技术的研究与应用

从整体而言，我国食品感官科学技术的研究与应用分为三个阶段：一是以满足食品工业质量管理、市场营销、新产品开发为目的，提高传统感官品评方法的科学化程度；二是结合我国的特点进行系统的感官品质研究，尤其是对一些传统食品，如白酒、茶叶、馒头、米饭等的感官评价与仪器分析数据的相关性进行的的系统研究，截至目前已积累了较丰富的科学数据；三是站在学科发展前沿，在感官评价信息管理系统、智能感官分析方法与设备研究方面参与国际竞争。

从1975年起开始有学者研究香气和组织的评价。20世纪90年代后，“感官评价”被大量地应用在食品科学的研究中，目前在国内的应用有：①评估餐饮业的清洗效果(以目视法进行)；②生鲜产品，如肉品、水产品、蛋品、乳品等；③中药药材；④香水材料；⑤嗜好性产品，如酒、茶叶；⑥育种开发，如园艺产品、农畜产品；⑦环保检测(以目视及嗅觉进行)；⑧纺织品；⑨设计学、媒体传播方面；⑩食品加工等方面。其中以食品方面的应用最多，研究食品感官评价方面的学术文章也在不断增加。

3. 动态与趋势

进入21世纪，伴随着信息科学、生命科学、仪器分析技术的发展，感官科学技术与多个学科交叉，表现为人机一体化、仪器智能化的发展趋势，呈现出与市场需求和消费者意向密切结合的多元化态势。

(1)人机一体化发展，现代智能感官检验技术渐成主流

采用现代仿生技术模拟哺乳动物的感官系统开发的电子鼻和电子舌设备，广泛应用于乳制品、肉制品、酒类等，电子舌采用人舌头味觉细胞工作原理相似的人工膜脂传感器技术，以客观数值的评价食品的甜味、苦味、涩味、酸味、咸味、鲜味等基本味觉感官指标。在日本许多品牌将商品本身的味觉雷达图谱印刷在食品外包装上，以方便消费者选购自己喜欢的口味。电子鼻应用于原料奶品质判断，火腿的成熟度判断，酒的风味识别等方面。针对色泽的仪器测定已经建立了与人的视觉之间良好的相关性，如美国农业部研制了柑桔比色仪，实现了仪器测定结果与原标准比色板的视觉比对相同的效果，成为官方的色泽评分方法。在食品的香气测定方面，气相色谱与质谱联机(GC-MS)已成为测定食品中挥发性成分的常见方法。人机结合的香气分析技术也取得了重大进展，如将气相色谱—质谱技术与人的嗅觉相结合的嗅探技术，被广泛用于研究人的嗅觉与香气成分之间的关系。

(2)市场需求和消费者意向密切结合

为了适应企业快速发展的需要，不断提高感官品评结果的准确性，研究人员开发出了各种先进的感官品评软件，并通过计算机系统完成问卷自动生成、在线调查、自动收集数据、数据及时分析和绘制图表等工作。还将结果储存在计算机内便于追踪评价员的表现。这些软件的使用极大地提高了感官品评的工作效率和结果的准确性，为产品品质的提升和企业的发展做出了重要贡献。目前使用较普遍的软件有加拿大Compusense公司的Compusease Five、法国Biosystemes公司的FIZZ、美国Sensory Computer Systems公司的SIM2000、荷兰Logic8公司的EyeQuestion、法国ABT Informatique公司的Tastel，以及中国标准化研究院的“轻松感官分析软件”等。

科技是第一生产力、人才是第一资源、创新是第一动力。食品感官科学作为食品科学学科，无论在理论建立、技术创新、前沿突破、工业应用等方面都取得了令人瞩目的成就。尤其近十几年来，我国食品感官科学的研究队伍得到快速的发展，学科的整体水平得

到了快速的提升，在智能感官分析、感官评价技术、风味化学、口腔行为等相关领域取得了一系列成果。实施食品安全战略，助力健康中国建设。食品生产企业也在不断寻求创新突破，通过感官分析智能化和风味数字化，利用科技赋能、风味描述打造产品差异化，丰富产品信息，将食品的品控从传统的理化、成分指标检测层面，拓展至消费者体验层面，强化对体验的品质控制，使食品更加适合人们的需求，保障人民生命健康，不断满足人民日益增长的美好生活需要。

**【知识拓展与链接】**

请同学们扫描封面二维码进行知识拓展学习："感官检验——精密的'生物检测器'"。

**【任务测试】**

**一、多选题**

1. 感官检验是建立在多种理论综合的基础上的学科，主要与(　　)等学科密不可分。

A. 心理学　　B. 生理学　　C. 统计学　　D. 社会学

2. 执行一个项目的感官检验，必须完成的任务有(　　)。

A. 项目目标的确定，实验目标的确定　　B. 样品的筛选，实验设计

C. 实验的实施，分析数据　　D. 解释结果得出结论

3. 以下属于现代感官分析仪器的是(　　)。

A. 电子舌　　B. 电子鼻　　C. 液相色谱仪　　D. 色差计

**二、填空题**

1. 食品感官检验技术是通过________、________、________和________而感知到食品及其物质的特征或性质的一种科学方法。

2. 食品感官检验包括________、________、________和________四种活动。

3. 自1988年开始，我国制订和颁布实施了一系列食品感官分析方法的________，是参照等效的相关国际标准制订的，具有权威性和可比性，也是执行感官分析的法律依据。

**三、简答题**

1. 什么是食品感官检验技术？与理化检验相比较有什么不可替代的优势？

2. 食品感官检验在食品企业有哪些广泛的应用？

3. 我国在一些关键核心技术实现突破，战略性新兴产业发展壮大，进入创新型国家行列。请查阅文献资料，举例说明我国食品感官分析领域有哪些新技术，并探讨未来的发展趋势。

## 任务2　认识食品感官的属性

**【学习目标】**

**知识目标**

1. 了解食品感官的属性，感觉、感官和感知的定义；
2. 了解感觉的类型和产生过程；
3. 掌握感觉阈值的定义和感觉阈的类别；
4. 掌握感觉的基本规律。

**能力目标**

1. 会区分察觉阈、识别阈、极限阈、差别阈；
2. 能举例说明适应现象、对比现象、协同效应和拮抗效应、掩蔽现象的区别；
3. 学会运用感觉的基本规律对食品感官评价。

**素养目标**

1. 认识中华饮食文化的博大精深，吸收民族文化智慧，提高文化认同感、民族自豪感；
2. 树立食品质量与安全意识，理解实践出真知，养成勤学明辨，勇于实践的科学精神；
3. 培养学生乐于观察、获取信息和自主探究的能力。

**【工作任务】**

《礼记・礼运》记载："五味、六和、十二食，还相为质也"。五味调和是中国传统饮食的精髓所在，"五味"是指"酸、苦、辛、咸、甘"。中华烹调注重味道。中国对调味原料的开发应用，历史之久、应用之广、品种之多，均堪称世界第一。古时"五味"食材是以米醋、米酒、饴糖、姜、盐、酱、豉、蜜、酸果之类为代表的各种调味料，调料的数量约占常用食物品种的1/6，有500余种。调料借助于烹调千变万化的调味手段，充分调动起味的综合、对比、消杀、相乘、转换等作用，使得中华菜肴点心风味"五味调和"。中华调味对无味者赋味，去除腥臊异味，确定肴馔口味，增添食物香味，赋予菜点色泽；此外，也可以补充适当养分，具有一定的食疗作用。

中国传统饮食的精髓
"五味、六和、十二食"

佛山市某调味食品股份有限公司多年来秉承着发扬"中国工匠精神"，致力成为人类味觉的"味大师"，为科学评价产品风味，加强对产品风味的针对性调控，公司定期开展调味品感官检验培训，使感官评价员掌握食品感官的属性、感觉阈值以及食品感觉的基本规律。

**【任务分析】**

通过本任务的学习，能够宏观认识食品感官的属性，感觉阈值的定义，以及了解食品感觉的基本规律，提高对食品感官检验基础知识的认识，明确各种感觉对食品感官评价的意义。

**【思维导图】**

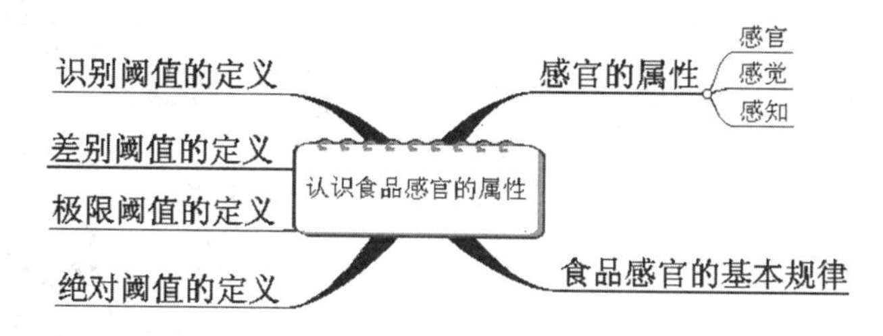

我们所观察到的物理世界、物理定律都和我们本身的观察或测量系统(器官)有关。任何事物都是由许多属性构成的，例如任何食品都有颜色、形状、气味、滋味、质地、组织结构、口感等属性。感官是我们探测外界的技术工具和手段！

## 一、感官的属性

1. 感官(Sense Organ)

感觉器官由感觉细胞或一组对外界刺激有反应的细胞组成，这些细胞获得刺激后，能将这些刺激信号通过神经传导到大脑。它是人体借以感知外部世界信息的器官，包括眼、耳、鼻、口、皮肤、内脏等。各种感觉的产生都是由相应的感觉器官实现的。感官具有如下属性：

(1)一种感官只能接受和识别一种刺激。人体产生的嗅觉是通过鼻子这个感觉器官感受到的，而味觉是通过舌头来感受的，视觉则是由眼睛来感受的。

(2)只有刺激量在一定范围内才会对感官产生作用。这是刺激感觉阈值的问题，刺激必须要有适当的范围。

(3)某种刺激连续施加到感官上一段时间后，感官会产生适应(疲劳)现象，感官灵敏度随之明显下降。

(4)心理作用对感官识别刺激有很大的影响。人的饮食习惯和生活环境对食品是否被接受有着决定性作用，很难想象一个不习惯某种食品的感官评价员会对这种食品做出喜欢的评价。如南方人喜欢清淡饮食，若让其评价川菜，一般不会给予很高的评分，最终会影响感官评价结果的准确性。

(5)不同感官在接受信息时，会相互影响。例如，在具有强烈不愉快气味的环境中进行食品的感官评价时，就很难对食品产生食欲和做出正确的评价结论。

2. 感觉(Sensation)

感觉任何事物都由许多属性组成，例如：一块蛋糕有颜色、形状、气味、滋味、质地等属性。感觉是客观事物的不同特性刺激感官后，在人脑中引起的反应。它是最简单的心理过程，是形成各种复杂心理的基础。

(1)感觉的类型

感觉是由感官产生的，人类的感觉可划分成 5 种基本感觉，即视觉、听觉、触觉、嗅觉和味觉。如图 1-2 所示，这 5 种基本感觉都是由位于人体不同部位的感官受体，分别接受外界不同刺激而产生的。视觉是由位于人眼中的视感受体接受外界光波辐射的变化而产生。位于耳中的听觉受体和遍布全身的触感神经接受外界压力变化后，则分别产生听觉和触觉。人体口腔内带有味感受体而鼻腔内有嗅感受体，当它们分别与呈味物质或呈嗅物质发生化学反应时，会产生相应的味觉和嗅觉。视觉、听觉和触觉是由物理变化而产生，味觉和嗅觉则是由化学变化而产生。因此，也有人将感觉分为化学感觉和物理感觉两大类。无论哪种感官或感受体都有较强的专一性。除了上述 5 种基本感觉外，人类可辨认的感觉还有温度觉、疲劳觉等多种感觉(表 1-1)。

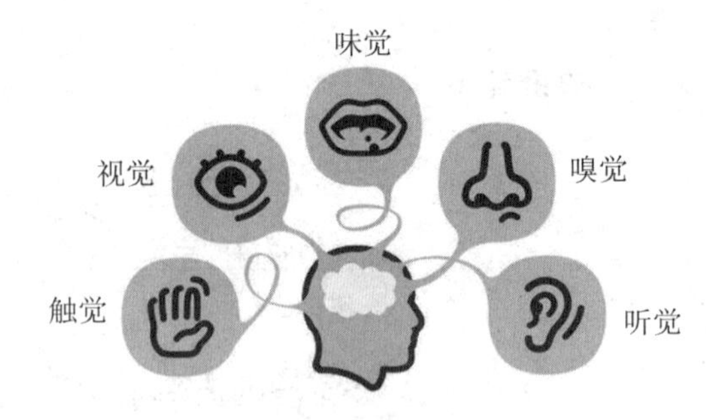


**图 1-2　5 种基本感觉**

**表 1-1　感觉的类型**

| 感觉类型 | | 感受器 | 皮层中枢 | 适宜刺激 |
| --- | --- | --- | --- | --- |
| 外部感觉 | 视觉 | 眼球的视锥细胞与视杆细胞。视锥细胞：主要集中在中央窝及其附近，在强光下起作用(明视觉器官)。分辨物体的细节和颜色。<br>视杆细胞：集中在视网膜边缘及其附近，对弱光敏感(暗视觉器官)。只能分辨物体的明暗和轮廓 | 枕叶 | 380～780nm 的电磁波(光波) |
| | 听觉 | 毛状细胞。由耳廓、外耳道、鼓膜、听小骨和内耳组成。内耳中的科蒂氏器官是听觉神经细胞集中的地方 | 颞叶 | 16～20000Hz 空气震动(声波)，1000～4000Hz 时最敏感。听觉对较高、或低频声波的感觉性都较低 |
| | 嗅觉 | 嗅细胞，位于鼻腔上膜。嗅觉感受器(嗅黏膜)2.7～5$cm^2$，呈淡黄色，且为水样分泌物所湿润，嗅觉细胞密集于此。嗅觉细胞极小，其直径约为 5μm | 边缘系统 | 挥发性物质 |
| | 味觉 | 味蕾。味蕾指轮廓乳头、叶状乳头、菌状乳头以及软腭、会厌等处的黏膜上皮的味觉感受器，具有感受酸甜苦咸等味觉的功能。成人约有 3000 个，青年时期最多，到老年则减少；味阈值随年龄的增长而逐渐增高 | 中央后回最下部 | 溶解于水、唾液和脂类的化学物质 |
| | 触觉(内脏痛、皮肤痛) | 毛发的篮状末梢和游离神经末梢、迈斯纳氏触觉小体、巴西尼氏环层小体、罗佛尼氏小体和克劳斯氏球。痛觉对机体有保护作用 | 中央后回 | 机械性和温度性刺激物 |
| 内部感觉 | 运动觉 | 肌梭、肌腱和关节小体 | 中央前回 | 骨骼肌运动、身体四肢位置状态 |
| | 平衡觉(静觉：晕车晕船) | 内耳前庭器官中的纤毛，平衡器官过于敏感，容易引起前庭器官的高度兴奋，造成恶心、呕吐等反应 | 前外雪氏回 | 头部运动的速率和方向 |
| | 机体觉(内脏感觉：疲劳、饥饿、渴、窒息等) | 内脏器官及组织深处的神经末梢 | 下丘脑、第二感觉区和边缘系统 | 机体内部各器官的运动和变化 |

(2)感觉的产生过程

①收集信息：内外环境的刺激直接作用于感觉器官；

②转换：即把进入的能量转换为神经冲动。这是产生感觉的关键环节，其机构称感受

器(Receptor)；

③将感受器传出的神经冲动经过传入神经的传导，将信息传到大脑皮层，并在复杂的神经网络的传递过程中，被加工为人们所体验到的具有各种不同性质和强度的感觉。

3. 感知(Perception，知觉)

为什么我们能够感知到外界事物呢？感觉和知觉通常合称为感知，感知是外界刺激作用于感官时人脑对外界的整体看法和理解，并将我们从外界感觉的信息进行组织和解释。在认知科学中，感知过程可看作一组程序，包括获取感觉信息、理解信息、筛选信息组织信息。

**感觉与知觉有什么区别**

知觉以感觉为基础，缺乏对事物个别属性的感觉，知觉就会不完整；刺激物从感官所涉及的范围的消失，感觉和知觉就停止了。知觉是对感觉材料的加工和解释，但它又不是对感觉材料的简单汇总；感觉是天生的反应，而知觉则要借助于过去的经验，且知觉过程中还有思维、记忆等的参与，因而知觉对事物的反应比感觉要深入、完整。食物感觉过程实质就是一个感知过程，其中有着复杂的信息获取、传递、整合、加工、表达等一系列步骤，涉及的因素非常多。

## 二、感觉阈值

1. 感觉阈值的定义

感觉阈值的测定对于评价员的选择和确定具有重要意义。感官或感受体并不是对所有变化都会产生反应。只有当引起感受体发生变化的外界刺激处于适当范围内时，才能产生正常的感觉，而感觉刺激强度的衡量就是采用感觉阈值来表述。刺激量过大或过小都会造成感受体无反应而不产生感觉或反应过于强烈而失去感觉。

美国检验和材料学会(ASTM)将感觉阈值定义为：存在一个浓度范围，低于该值某物质的气味和味道在任何实际情况下都不会察觉到，而高于该值时任何具有正常嗅觉和味觉的个体会很容易地察觉该物质的存在。也就是说，感觉阈值是辨别出物质存在的最低浓度。

人的各种感受性都有极大的发展潜力。例如：有经验的磨工能看出 0.0005mm 的空隙，而常人只能看出 0.1mm 的空隙；音乐家的听觉比常人敏锐；调味师、品酒师的味觉、嗅觉比常人敏锐。感觉阈值数据常应用于两方面：度量评价员或评价小组对特殊刺激物的敏感性；度量化学物质能引起评价员产生感官反应的能力。前者可用来判断评价员的水平，后者则可作为某种化学物质特性的度量。

2. 感觉阈的类别

依照测量技术和目的的不同，可以将各种感觉的感觉阈分为以下两种。

(1)绝对阈(Absolute Threshold of Sensation)

刚刚能引起感觉的最小刺激和刚刚导致感觉消失的最大刺激量为绝对感觉的两个阈值。通常我们听不到一根针落地的声音，也察觉不到落在皮肤上的尘埃，因为它们的刺激量不足以引起我们的感觉。但若刺激强度过大，超出正常范围，则原有的感觉消失而生成其他不舒服的感觉。这种感觉的最小刺激量成为绝对感觉阈值的下限，或称为刺激阈或察觉阈，低于下限的刺激称为阈下刺激。反之，刚刚导致感觉消失的最大刺激量称为绝对感觉阈值的上限，高于上限的刺激称为阈上刺激。

阈上刺激和阈下刺激都不能引起相应的感觉，例如，人眼只对波长380～780nm的光波刺激发生反应，而在此以波长范围以外的光波刺激均不发生反应，在光谱中波长自0.76～400μm的一段称为红外线，红外线是不可见光线，紫外线是电磁波谱中波长从10～400nm辐射，因此不能引起人的视觉，这也就是我们看不到红外线和紫外线的原因。

察觉阈：又称味阈下限，指刚刚能引起感觉的最小刺激量。例如该浓度的味感只是和水稍有不同而已，但物质的味道尚不明显。

识别阈：指能够明确辨别该物质味道的最小刺激量。

极限阈：又称味阈上限，指刚好导致味觉消失的最大刺激量。

(2)差别阈(Difference Threshold of Sensation)

差别阈是指感官所能感受到的刺激的最小变化量。以重量感觉为例，把100g砝码放在手上，若加上1g或减去1g，一般是感觉不出重量变化的。根据实验，只有使其增减量达到3g时，才刚刚能够觉察出重量的变化，3g就是重量感觉在原重量100g情况下的差别阈。

差别阈在食品感官中的应用也较为广泛，例如色彩差别量主要取决于眼睛的判断；人眼感觉不出的色彩差量叫作颜色的视觉容量；对色彩复制和其他颜色工业部门来说，这种位于人眼宽容量范围内的色彩差别量是允许存在的，即允许差别。

3. 韦伯定律和费希纳定律

差别阈不是一个恒定值，它会随一些因素的变化而变化。19世纪40年代，德国生理学家韦伯(E. H. Weber)在研究重量感觉的变化时发现，100g重量的物品至少需要增减3g，200g重量的物品至少需增减6g，300g则至少需增减9g才能察觉出该物品重量的变化。也就是说，差别阈值随原来刺激量的变化而变化，并表现出一定的规律性，即差别阈与刺激量的比值是个常数，即：

$$k=\frac{\Delta I}{I}$$

其中，$\Delta I$代表差别阈；$I$代表刺激量(刺激强度)；$k$为常数，又称韦伯分数。此公式也被称为韦伯公式。

德国的心理物理学家费希纳(G. H. Fechner)在韦伯研究的基础上，进行了大量的实验研究。在1860年出版的《心理物理学纲要》一书中，他提出了一个经验公式：

$$S=K\log R$$

其中，$S$为感觉，$R$为刺激强度，$K$为常数。他发现感觉的大小同刺激强度的对数成正比，刺激强度增加10倍，感觉强度才增加1倍。此规律被称为费希纳定律。

后来的许多实验证明，韦伯定律只适用于中等强度的刺激，当刺激强度接近绝对阈值时，韦伯比例则大于中等强度刺激的比值。费希纳定律也适用于中等刺激强度范围，这一定律在感官分析中有较大的应用价值。

## 三、感觉的基本规律

不同的感觉与感觉之间会产生一定的影响，有时发生相乘作用，有时发生相抵效果。

但在同一类感觉中，不同刺激对同一感受器的作用，又可引起感觉的适应、掩蔽、对比等现象。在感官分析中，这种感官与刺激之间的相互作用、相互影响，应引起充分的重视。特别是在考虑样品制备。试验环境的设立时，绝不能忽视上述作用或现象的存在，必须给予充分的考虑。

1. 适应现象

适应现象是指感受器在同一刺激物的持续作用下，敏感性发生变化的现象，也就是我们常说的感觉疲劳。值得注意的是，在整个过程中，刺激物的性质强度没有改变，但由于连续或重复刺激，而使感受器的敏感性发生了暂时的变化。一般情况下，强刺激的持续作用，使敏感性降低，微弱刺激的持续作用，使敏感性提高。评价员的培训正是利用了这一特点。

“入芝兰之室，久而不闻其香”，这是典型的嗅觉适应。人从光亮处走进暗室，最初什么也看不见，经过一段时间后，就逐渐适应黑暗环境，这是视觉的暗适应现象。吃第二块糖总觉得不如第一块糖甜，这是味觉适应。除痛觉外，几乎所有感觉都存在这种适应现象。一般情况下，感觉疲劳产生越快，感官灵敏度恢复就越快。

2. 对比现象

各种感觉都存在对比现象。当两个刺激同时或相继存在时，把一个刺激的存在造成另一个刺激增强的现象称为对比增强现象。在感觉这两个刺激的过程中，两个刺激量都未发生变化，而感觉上的变化只能归于这两种刺激同时或先后存在时对人心理上产生的影响。对此增强现象有同时对比和先后对比两种。同时给予两个刺激时称作同时对比，先后连续给予两个刺激时，称作相继性对比(或称先后对比)。例如，150g/L 蔗糖溶液中加入 17g/L 氯化钠后，会感觉甜度比单纯的 150g/L 蔗糖溶液要高。在吃过糖后，再吃山楂会感觉特别酸，这是常见的先后对比增强现象。吃过糖后再吃中药，会感觉中药更苦，这是味觉的先后对比使敏感性发生变化的结果。

将深浅不同的一种颜色放在一起比较时，会感觉深颜色者更深，浅颜色者更浅。这些都是常见的同时对比增强现象。两只手拿过不同重量的砝码后，再换相同重量的砝码时，原先拿着轻砝码的手会感到比另一只手拿来的砝码要重，这是继时对比现象。

总之，对比效应提高了对两个同时或连续刺激的差别反应。因此，在进行感官检验时，应尽可能避免对比效应的发生。例如，在品尝评比几种食品时，品尝每一种食品前都要彻底漱口，以避免对比效应带来的影响。

3. 协同效应和拮抗效应

当两种或多种刺激同时作用于同一感官时，感觉水平超过每种刺激单独作用效果叠加的现象，称为协同效应或相乘效应。

例如鱼汤中为什么加了盐后，立即会变鲜呢？在味道这个大家庭中，盐的化学名称是氯化钠，鱼汤中的很多蛋白质分解成了谷氨酸，谷氨酸会和氯化钠反应生成谷氨酸钠，味精的成分就是谷氨酸钠，从而使谷氨酸的鲜味加强。例如 0.02％谷氨酸与 0.02％肌苷酸共存时，鲜味显著增强，且超过两者鲜味的加合，广泛用于复合调味料；麦芽酚添加到饮料或糖果会使甜味增强。

与协同效应相反的是拮抗效应。它是指因一种刺激的存在，而使另一种刺激强度减弱的现象。拮抗效应又称相抵效应。

4. 掩蔽现象

同时进行两种或两种以上的刺激时，降低了其中某种刺激的强度或使该刺激的感觉发生了改变的现象，叫作掩蔽现象。例如：当两个强度相差较大的声音同时传到双耳，我们只能感觉到其中的一个声音；一种原产于西非的神秘果可阻碍感受体对酸味的感觉，食用后再食用带酸味的物质，会感觉不出酸味的存在。匙羹藤(Gymnema)能阻碍味觉感受器对甜味和苦味的感觉，而对咸味和酸味没有影响。古印度阿育吠陀医经(Ayurveda Medicine)就记载咀嚼过匙羹藤的叶子以后，砂糖在口中就像砂砾一样，只是缓慢融化，感觉不到其甜味。

**【知识拓展与链接】**

请同学们扫描封面二维码进行知识拓展学习："影响味觉的因素"。

**【任务测试】**

**一、单选题**

1."入芝兰之室，久而不闻其香；入鲍鱼之肆，久而不闻其臭"，这是(　　)。

A. 嗅觉适应的结果　　B. 嗅觉对比的结果

C. 嗅觉补偿的结果　　D. 嗅觉统合的结果

2. 感觉阈可以用(　　)来度量。

A. 刚刚引起感觉的刺激强度　　B. 差别感觉阈限

C. 刚刚引起感觉的最小刺激量　　D. 感觉器官对适宜刺激的感觉能力

**二、多选题**

1. 下列选项中，外部感觉包括(　　)，内部感觉包括(　　)。

A. 视觉和听觉　　B. 嗅觉和味觉

C. 运动觉和平衡觉　　D. 痛觉

2. 感觉阈限是一个范围，以下说法正确的有(　　)。

A. 能够感觉到的最小刺激强度叫下限

B. 能够引起中等强度感觉的刺激强度叫适宜刺激

C. 能够忍受的刺激的最大强度叫上限

D. 下限和上限之间的刺激都是可以引起感觉的范围

3."会看的看门道，不会看的看热闹"，说的是知觉具有(　　)。

A. 整体性　　B. 选择性　　C. 恒常性　　D. 理解性

**三、判断题**

1. 与协同效应相反的是拮抗效应。它是指因一种刺激的存在，而使另一种刺激强度提高的现象。(　　)

2. 一般情况下，强刺激的持续作用使敏感性降低，微弱刺激的持续作用使敏感性提高。(　　)

**四、填空题**

1. 影响感觉的因素主要有________、________、________、________。

2. 察觉阈又称________，指刚刚能引起感觉的________。

3. 极限阈又称________，指刚好导致味觉消失的________。

**五、简答题**

1. 什么是感官、感觉与感知？

2. 感觉有哪些基本规律？感官评定时应如何运用这些规律？

3. 人类的感觉可划分成哪几种基本感觉？请举例说明。

4. 什么是感觉阈？它们之间有什么联系与区别？

## 任务3 味觉与食品的味觉识别

**【学习目标】**

**知识目标**

1. 了解味觉的感受器官及味觉的产生机理；

2. 理解味觉的生理特点，食品的基本味及不同味道之间的相互作用；

3. 了解酸、甜、苦、咸四种基本味的察觉阈和差别阈；

4. 掌握四种基本味的识别和察觉阈检验的方法与步骤。

**能力目标**

1. 会设计四种基本味的识别和察觉阈检验的方案；

2. 能正确配制试剂，准备四种基本味的识别和察觉阈检验所需的实验物料、仪器设备和设施；

3. 会判定食品感官评价员对酸、甜、苦、咸四种基本味的察觉阈和差别阈；

4. 会记录及呈列感官评价数据，进行数据统计与结果分析，并规范书写感官检验报告。

**素养目标**

1. 培养科学严谨、爱岗敬业、遵纪守法、诚实守信的精神与良好的职业道德；

2. 树立食品质量与安全意识，理解实践出真知，养成勤学明辨，勇于实践的科学精神；

3. 培养学生语言和文字表达能力，以及沟通交流能力。

**【工作任务】**

食品感官评价员应具有正常的感觉功能，如正常的视觉、嗅觉、味觉、触觉等。某公司为了选择和培训感官评价员，对其进行食品味觉识别检验。

神农尝百草之滋味，水泉之甘苦

**【任务分析】**

通过本任务的学习，使感官评价员知道味觉检验在食品感官评价中的重要性，掌握食品味觉的检查方法，了解味觉的生理特点、产生机理及不同味道之间的相互作用。

**【思维导图】**

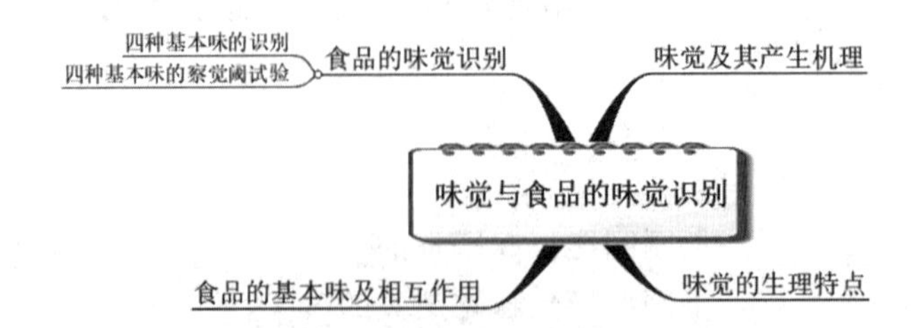

## 知识准备

味觉是人类对食物进行辨别、挑选和决定是否接受的主要因素之一，在人类的进化和发展中起重要作用，是人的基本感觉之一。同时，由于食品本身所具有的风味对相应味觉的刺激，使得人类在进食的时候产生相应的精神享受。因此，味觉在食品感官检验中具有十分重要的地位。

### 一、味觉及其产生机理

味觉是一种化学感觉，是可溶性呈味物质溶解在口腔中对味感受体进行刺激后产生的反应。呈味物质溶液对口腔内的味感受体形成的刺激，由神经感觉系统收集并传递信息到大脑的味觉中枢，经大脑的综合神经中枢系统的分析处理，使人产生味感。

## 想一想

**食品的味道如何被感知**

*人类在进食的过程中，不仅可以摄入营养成分以维持正常的生命活动，同时，食物的美味可以使人产生愉悦的精神享受。那么，你知道食物的美味是如何被人体所感知的吗？*

人类的味觉感受器主要是覆盖在舌面上的味蕾。味蕾通常由30～50个细胞成簇聚集而成，其中含有5～18个成熟的味觉细胞及一些尚未成熟的味觉细胞，同时还含有一些支持细胞及传导细胞，味觉细胞存在许多长约2μm的微丝，被称为味毛，味毛经味孔伸入口腔，是味觉感受的关键部位，正是由于有这些微丝才使得呈味物质能够被迅速吸附，引发神经递质分子的信息释放，并将味觉信号传递到大脑较高级的处理中心，如图1-3所示。

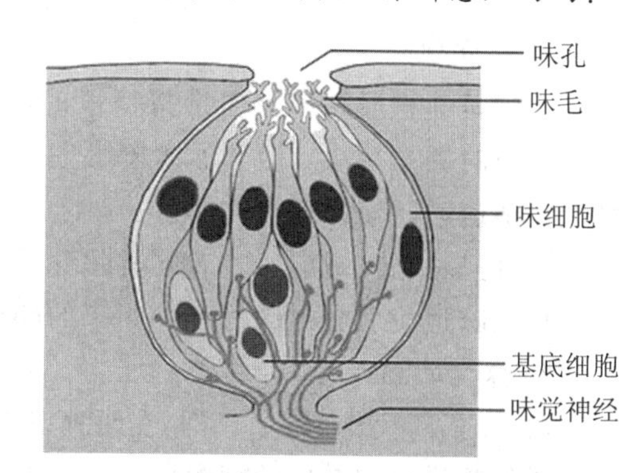


**图1-3　味蕾的结构**

味蕾主要分布在舌头表面的乳突中，小部分分布在软腭、咽喉和会咽等处，尤其是舌黏膜皱褶处的乳突侧面。

人的舌头表面是不光滑的，乳突覆盖在极细的突起部位上。舌头上的味乳突(味突)有两种：一种不能感受味道，只具有防滑作用；另一种负责感受味道。医学上根据乳突的形状将其分为丝状乳突、蕈状乳突、叶状乳突和轮廓乳突。丝状乳突最小、数量最多，主要分布在舌前2/3处，无味蕾，没有味感。蕈状乳突、轮廓乳突及叶状乳突上有味蕾。蕈状乳突呈蘑菇状，主要分布在舌尖和舌侧部，对甜、咸味敏感，其中舌尖处对甜味敏感，舌前部两侧是对咸味敏感。成人的叶状乳突不太发达，主要分布在舌两侧的后区，对酸味最敏感。轮廓乳突是最大的乳突，直径为1.0～1.5mm，高约2mm，呈“V”字形分布在舌根部位，对苦味最敏感，如图1-4所示。

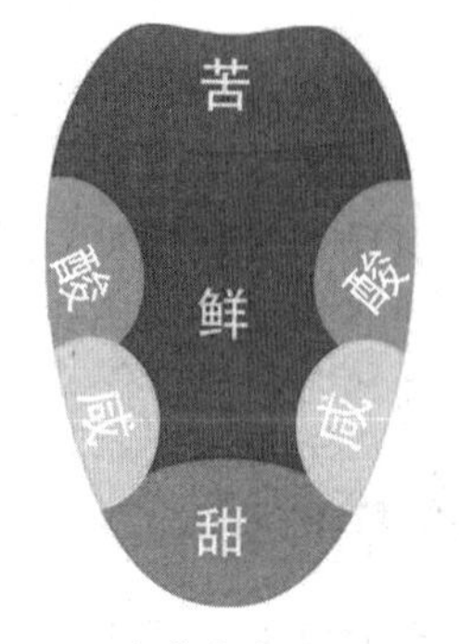


**图1-4　味感分布区域示意图**

由于味蕾是真正的味觉感受器，因此，人们吃食物时，除了舌头接受味道的刺激外，口腔的其他部位(如咽喉)都能受到不同程度的刺激。胎儿几个月就有味蕾，10个月时支配味觉的神经纤维生长完全，因此，新生儿能辨别咸味、甜味、苦味、酸味四种基本味。味蕾在哺乳期最多，甚至在脸颊、上腭咽头、喉头的黏膜上也有分布，以后就逐渐减少、退化，成年后味蕾的分布范围和数量都会减少，只在舌尖和舌侧的舌乳突和轮廓乳突上，因而舌中部对味道的反应较迟钝。

不同年龄，轮廓乳突上味蕾的数量不同，见表1-2。20岁时的味蕾最多，随着年龄增大，味蕾数减少。味蕾的分布区域，随着年龄增大逐渐集中在舌尖、舌缘等部位的轮廓乳突上，一个乳突中的味蕾数也随着年龄增长而减少。同时，老年人的唾液分泌也会减少，所以老年人的味觉能力一般都明显衰退，通常是从50岁开始出现迅速衰退的现象。

**表1-2　一个轮廓乳突中的味蕾数**

单位：个

| 年龄 | 0～11个月 | 1～3岁 | 4～20岁 | 30～45岁 | 50～70岁 | 74～85岁 |
|---|---|---|---|---|---|---|
| 味蕾数 | 241 | 242 | 252 | 200 | 214 | 88 |

## 二、味觉的生理特点

1. 味觉适应

一种呈味物质在口腔内维持一段时间后，引起感觉强度逐渐降低的现象称为味觉适应。适应时间是指从刺激开始到刺激完全消失的时间间隔，它是刺激强度的函数，刺激强度低，适应时间短，反之亦然。

一种呈味物质适应后，对同类呈味物质的阈值有所提高的现象叫作交叉适应。例如，对一种甜味适应后会提高另一种甜味的阈值。但咸味不存在交叉适应。

2. 味觉的相互作用

(1)味的对比作用：指两种或两种以上不同味道的呈味物质适当调配，使其中一种呈味物质的味道更加突出的现象。例如，在15%的蔗糖溶液中添加0.15%的食盐，会使甜味更加突出；在味精中加入少量食盐可使其鲜味增加。

(2)味的消杀作用：指两种或两种以上的呈味物质以适当浓度混合后，使每种味觉都有所减弱的现象。例如把蔗糖和硫酸奎宁以适当浓度混合后，会使两种味道都减弱。

(3)味的变调作用：指味觉感受器官连续受两种不同呈味物质刺激而产生另一种味觉的现象。例如，刚吃过奎宁后，立即饮无味的清水会感到略有甜味。

(4)味的相乘作用：指两种或两种以上的呈味物质以适当浓度混合后，使其味觉强度大大增强的现象。例如，甘草铵的甜度是蔗糖的50倍，将甘草铵与蔗糖混合后其甜度可达蔗糖的100倍。

在醋酸溶液中加入一定的氯化钠可使溶液的酸味更加突出，原因是味觉的________作用；刚刷过牙后吃酸的食物会感到苦味，原因是味的________作用。

## 三、食品的基本味及相互作用

“民以食为天”，不同国家，由于文化、饮食习惯不同，对味的分类有所不同。我国具有悠久的饮食文化积淀，涵盖众多独具中国特色的食品，因此中国人对食品的味觉感知也与其他国家有所区别，主要分为酸、甜、苦、辣、咸。金属性、碱性等。但德国的海宁提出，与颜色的三原色相似，味觉具有四原味：甜、酸、咸、苦4种基本味觉，他认为所有的味觉都是由这四原味以不同的浓度和比例组合而成的。以四原味为顶点可构成味的四面体，如图1-5所示，所有的味觉都可以在味四面体中找到位置。

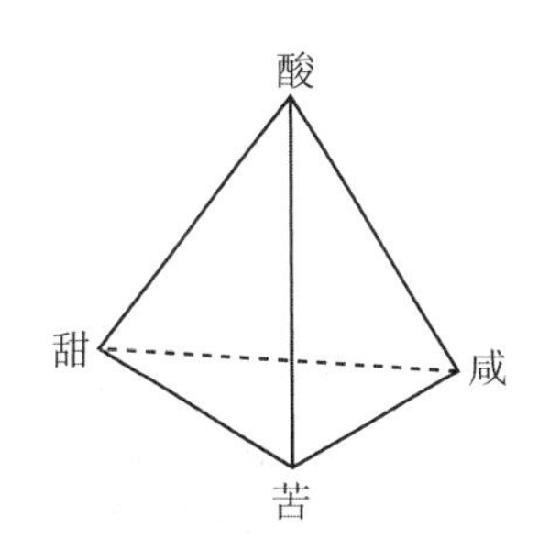


**图1-5　四原味结构图**

通过电生理反应实验和其他实验证实，四种基本味被感受的程度和反应时间差别很大。表1-3为四种基本味的察觉阈和差别阈。用电生理法测得四种基本味的反应时间为0.02～0.06s，其中咸味反应时间最短，甜味和酸味次之，苦味反应时间最长。

**表1-3　四种基本味的察觉阈和差别阈**

| 呈味物质 | 察觉阈 | | 差别阈 | |
|---|---|---|---|---|
| | % | mol/L | % | mol/L |
| 蔗糖(甜) | 0.531 | 0.0155 | 0.271 | 0.008 |
| 氯化钠(咸) | 0.081 | 0.014 | 0.034 | 0.0055 |
| 柠檬酸(酸) | 0.002 | 0.0005 | 0.00105 | 0.00025 |
| 盐酸奎宁(苦) | 0.0003 | 0.0000039 | 0.000135 | 0.0000019 |

## 四、食品的味觉识别

1. 味觉检验的内容

通常，食品的味觉检验包括食品滋味的正异、浓淡、持续时间。滋味的正异是食品味觉检验最重要的指标，如果食品有异味或杂味时，可能意味着该食品已腐败或有异物混入；滋味的浓淡要视具体情况而定；滋味持续时间长的食品往往优于滋味维持时间短的食品。

2. 味觉检验的注意事项

味觉检验主要用来评价、分析食品的质量特性，是食品感官鉴别的重要依据。而感官评价员的身体状况、精神状态、味觉嗜好及样品温度等都会对味觉器官的敏感性产生一定影响，因此，在进行味觉检验时以上方面应特别注意。

在进行味觉检验前，不要吸烟或吃刺激性较强的食物，以免降低感官灵敏度；检验时取少量被检样品放入口中，仔细咀嚼、品尝，然后吐出，并用温水漱口；几种不同味道的食品在进行食品感官检验时，应按刺激性由弱到强的顺序逐个进行；已有腐败迹象的食品，不进行味觉检验。

3. 四种基本味的识别

(1)按表1-4使用食品级参考物质配制贮备液。

表 1-4 贮备液的规格

| 味道 | 参考物质 | 浓度/(g/L) |
|---|---|---|
| 酸 | 结晶柠檬酸(一水合物)，$M=210.14$ | 1.20 |
| 苦 | 结晶咖啡碱(一水合物)，$M=212.12$ | 0.54 |
| 咸 | 无水氯化钠，$M=58.46$ | 4.00 |
| 甜 | 蔗糖，$M=342.3$ | 24.00 |

注：2L 贮备液足够供 20 个评价员使用。
使用的参考物质不含干扰味道的杂质。
蔗糖溶液不稳定，应在制备当天使用。

(2)使用表 1-4 所列贮备液，按表 1-5 制备每个味道的系列稀释液。

表 1-5 不同味道适宜的系列稀释液

| 稀释液代号 | 酸 | | 苦 | | 咸 | | 甜 | |
|---|---|---|---|---|---|---|---|---|
| | $V$/mL | $\rho$/(g/L) | $V$/mL | $\rho$/(g/L) | $V$/mL | $\rho$/(g/L) | $V$/mL | $\rho$/(g/L) |
| D1 | 500 | 0.60 | 500 | 0.27 | 500 | 2.00 | 500 | 12.00 |
| D2 | 400 | 0.48 | 400 | 0.22 | 350 | 1.40 | 300 | 7.20 |
| D3 | 320 | 0.38 | 320 | 0.17 | 245 | 0.98 | 180 | 4.32 |
| D4 | 256 | 0.31 | 256 | 0.14 | 172 | 0.69 | 108 | 2.59 |
| D5 | 205 | 0.25 | 205 | 0.11 | 120 | 0.48 | 65 | 1.56 |
| D6 | 164 | 0.20 | 164 | 0.09 | 84 | 0.34 | 39 | 0.94 |
| D7 | 131 | 0.16 | 131 | 0.07 | 59 | 0.24 | 23 | 0.55 |
| D8 | 105 | 0.13 | 105 | 0.06 | 41 | 0.16 | 14 | 0.34 |
| 等比比率 $R$ | 0.8 | | 0.8 | | 0.7 | | 0.6 | |

注：$V$ 为配制 1L 规定浓度的溶液所需的贮备液量；$\rho$ 为稀释液浓度。

(3)制作实验记录表。实验开始前，每组学生制作“四种基本味识别记录表”和“四种基本味的察觉阈实验记录表”，把实验结果填入表 1-6、表 1-7 中。

表 1-6 四种基本味识别记录表

| 评价员： | | | 实验名称： | | | | | 时间：____年____月____日 | | | |
|---|---|---|---|---|---|---|---|---|---|---|---|
| 样品号 | A | B | C | D | E | F | G | H | I | J | K |
| 味觉 | | | | | | | | | | | |

注：在肯定味觉判断时，以“酸、苦、咸、甜”表示；若不能分辨，以“0”表示。

表 1-7 四种基本味的察觉阈实验记录表

| 评价员： | | 实验名称： | | | 时间：____年____月____日 | |
|---|---|---|---|---|---|---|
| 项目 | 未知 | 酸味 | 苦味 | 咸味 | 甜味 | 水 |
| 1 | | | | | | |
| 2 | | | | | | |

续表

| 项目 | 未知 | 酸味 | 苦味 | 咸味 | 甜味 | 水 |
|---|---|---|---|---|---|---|
| 3 | | | | | | |
| 4 | | | | | | |
| 5 | | | | | | |
| 6 | | | | | | |
| 7 | | | | | | |
| 8 | | | | | | |
| 9 | | | | | | |
| 10 | | | | | | |

注：O 为没有一点感觉；X 为感觉出味道。

从表 1-5 选取四种呈味物质的 2～3 个不同浓度的水溶液，按表 1-8 所示进行排序。然后，呈送给评价人员，使其依次品尝各样品的味道。注意：样品应一点一点地啜入口内，并使其充分接触舌的各个部位；样品不得吞咽，每品尝完一个样品，要用 30℃的温水漱口去味。

**表 1-8 四种基本味的识别**

| 样品 | 基本味觉 | 呈味物质 | 试验溶液/(g/L) |
|---|---|---|---|
| A | 酸 | 柠檬酸 | 0.38 |
| B | 甜 | 蔗糖 | 4.32 |
| C | 酸 | 柠檬酸 | 0.48 |
| D | 苦 | 咖啡碱 | 0.22 |
| E | 咸 | 氯化钠 | 0.98 |
| F | 甜 | 蔗糖 | 7.20 |
| G | 苦 | 咖啡碱 | 0.27 |
| H | — | 水 | — |
| J | 咸 | 氯化钠 | 1.40 |
| K | 酸 | 柠檬酸 | 0.60 |

4. 四种基本味的察觉阈试验

味觉识别是味觉的定性认识，而阈值试验是味觉的定量认识。按照表 1-9 制备四种呈味物质(蔗糖、氯化钠、柠檬酸和咖啡碱)的一系列浓度的水溶液，然后评价人员按浓度增加的顺序依次品尝，以确定这种味道的察觉阈。

**表 1-9 四种基本味的察觉阈**

| 浓度/(g/100mL) | 蔗糖(甜) | 氯化钠(咸) | 柠檬酸(酸) | 咖啡碱(苦) |
|---|---|---|---|---|
| 1 | 0.00 | 0.00 | 0.000 | 0.00 |
| 2 | 0.05 | 0.02 | 0.005 | 0.003 |

续表

| 浓度/(g/100mL) | 蔗糖(甜) | 氯化钠(咸) | 柠檬酸(酸) | 咖啡碱(苦) |
|---|---|---|---|---|
| 3 | 0.1 | 0.04 | 0.010 | 0.004 |
| 4 | 0.2 | 0.06 | 0.013 | 0.005 |
| 5 | 0.3 | 0.03 | 0.015 | 0.006 |
| 6 | 0.4 | 0.10 | 0.018 | 0.008 |
| 7 | 0.5 | 0.13 | 0.020 | 0.010 |
| 8 | 0.6 | 0.15 | 0.025 | 0.015 |
| 9 | 0.8 | 0.08 | 0.030 | 0.020 |
| 10 | 1.0 | 0.20 | 0.035 | 0.30 |

注：带下划线的数据表示平均阈值。

**【知识拓展与链接】**

请同学们扫描封面二维码进行知识拓展学习：“味觉的形成机制”。

**【任务测试】**

**一、选择题**

1.(多选)人类的四种基本味觉有(　　)。

A. 酸味　　B. 甜味　　C. 苦味　　D. 咸味

2. 供试液和漱口水温度应相同，并在检验全过程中保持恒定，通常为(　　)℃。

A. 0　　B. 10　　C. 20　　D. 30

**二、填空题**

1. 影响味觉的因素有________、________、________、________等。

2. 四种基本味的察觉阈和差别阈分别为________、________、________、________。

**三、判断题**

1. 进行味道识别时，漱口水与制备稀释液的用水相同。(　　)

2. 评价员应按提供的顺序，依次喝一口各容器中的样品测试溶液，品尝过的样品测试溶液不再重复取样。(　　)

**四、简答题**

1. 什么是味觉？舌头上的四种基本滋味的感受器是如何分布的？

2. 食品味觉识别的方法是什么？

## 任务4　嗅觉及食品的嗅觉识别

**【学习目标】**

**知识目标**

1. 了解嗅觉的感受器官及其产生机理；

2. 了解嗅觉的生理特点与气味理论；

3. 掌握嗅觉识别检验的方法与步骤。

**能力目标**

1. 会设计食品的嗅觉识别检验方案；

2. 能正确配制试剂，准备嗅觉识别检验所需的实验物料、仪器设备和设施；

3. 会判定食品感官评价员的嗅觉识别能力；

4. 会记录及呈列感官评价数据，进行数据统计与结果分析，并规范书写感官检验报告。

**素养目标**

1. 树立食品质量与安全意识，履行职业道德准则和行为规范；

2. 树立学生正确的健康观念，提升安全素养，养成勤学明辨，勇于实践的科学精神；

3. 培养学生语言和文字表达能力，以及沟通交流能力。

**【工作任务】**

某食品公司为了筛选评香员，对评价员的基本嗅觉识别能力进行测试，希望了解评价员的嗅觉辨识度，以筛选出嗅觉敏锐的评价员。

**气相色谱—嗅闻仪检测技术在食品香气分析中的应用**

**【任务分析】**

通过本任务的学习，请对评价员进行嗅觉识别检验，并对结果进行统计和分析，以筛选出优秀的评香员。

**【思维导图】**

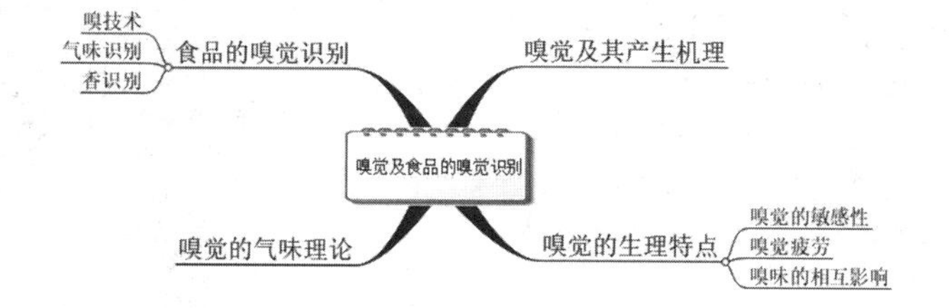


## 知识准备

嗅觉是挥发性物质刺激鼻腔内的嗅细胞而产生的感觉。它是一种基本感觉，比视觉原始，比味觉复杂，且嗅觉的敏感性比味觉高很多。最敏感的气味物质“甲基硫醇”在空气中的浓度达到 $4\times10^{-5}$ mg/m$^3$(约为 $1.41\times10^{-10}$ mol/L)时，就可以被人类感觉到；而最敏感的呈味物质“马钱子碱”的浓度要达到 $1.6\times10^{-6}$ mol/L，人类才能感觉到苦味。嗅觉感官能够感受到的乙醇溶液浓度是味觉感官所能感受到的浓度的1/2400。

食品除了含各种味道以外，还含有各种不同的气味，其滋味和气味共同组成食品的风味特征，是食品的重要品质属性，直接影响人类对食品的接受性和喜好性，同时对内分泌也有影响。因此，嗅觉与食品有密切的关系，是进行感官检验的重要感觉之一。而目前随着人们对美好生活需求的日益迫切，稳定改善食品风味品质势在必行。因此，在食品生产过程中，开发嗅觉检验技术和开展嗅觉检验意义重大。

### 一、嗅觉及其产生机理

人体的嗅觉感受器官是鼻子，在鼻腔的上部有一块对气味异常敏感的区域，称为嗅裂或嗅感区。其中，嗅感区存在一块约 5$cm^2$ 的嗅上皮——嗅黏膜，是嗅觉感受体。

如图 1-6 和图 1-7 所示，嗅黏膜上布满了嗅细胞、支持细胞和基底细胞。其中，嗅细胞是嗅觉感受体中最重要的成分，人类鼻腔每侧约有 2000 万个嗅细胞。嗅细胞为双极神经元，位于支持细胞之间，其树突细长，伸到上皮表面，末端膨大呈球状，称为嗅小泡。从嗅小泡发出数十根不动的纤毛——嗅毛，嗅毛浸于上皮表面的嗅腺分泌物中，并处于自发运动状态，可接受挥发性物质的刺激。从嗅细胞基部发出一条细长的纤维，许多条这样的神经纤维组成了嗅神经。嗅毛通过其受体接受不同化学物质的刺激，产生神经冲动，传入中枢，就产生嗅觉。

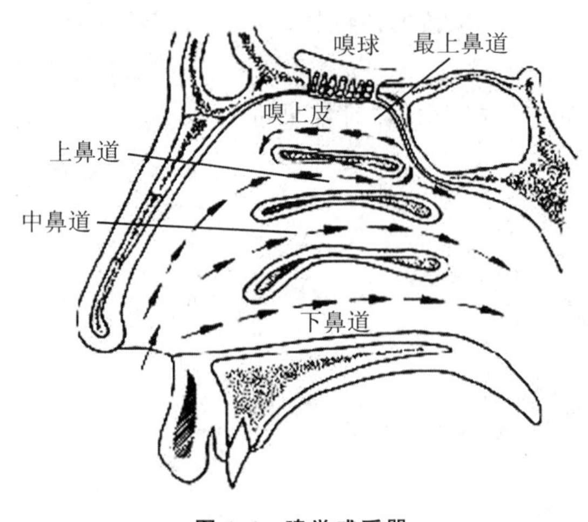


**图 1-6 嗅觉感受器**

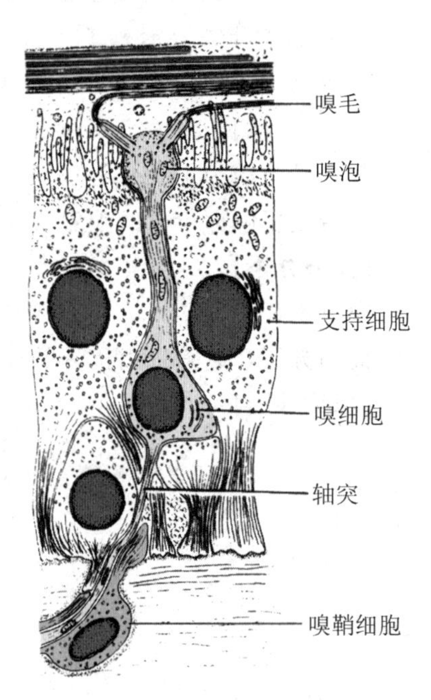


**图 1-7 嗅黏膜上皮细胞示意图**

## 想一想

**食品的气味如何被感知**

食品的美味不仅是由于其可口的滋味，芳香的气味同样十分重要，那么，你知道食物芳香的气味是如何被人体所感知的吗？人的嗅觉器官接受气味刺激后所获得的信息又是如何传到人脑并为人的大脑感知的呢？

空气中气味物质的分子在呼吸作用下，首先进入嗅感区，吸附和溶解在嗅黏膜表面，并被嗅毛捕捉而吸附到嗅细胞上。气味物质与嗅细胞感受器膜上的分子相互作用，生成一种特殊的复合物，再以特殊的离子传导机制穿过嗅细胞膜，将信息转换成电信号脉冲，经嗅神经细胞组成的嗅束将气味信息传导至位于大脑中部深处的嗅皮质，在此完成嗅觉的主观识别，如图 1-8 所示。

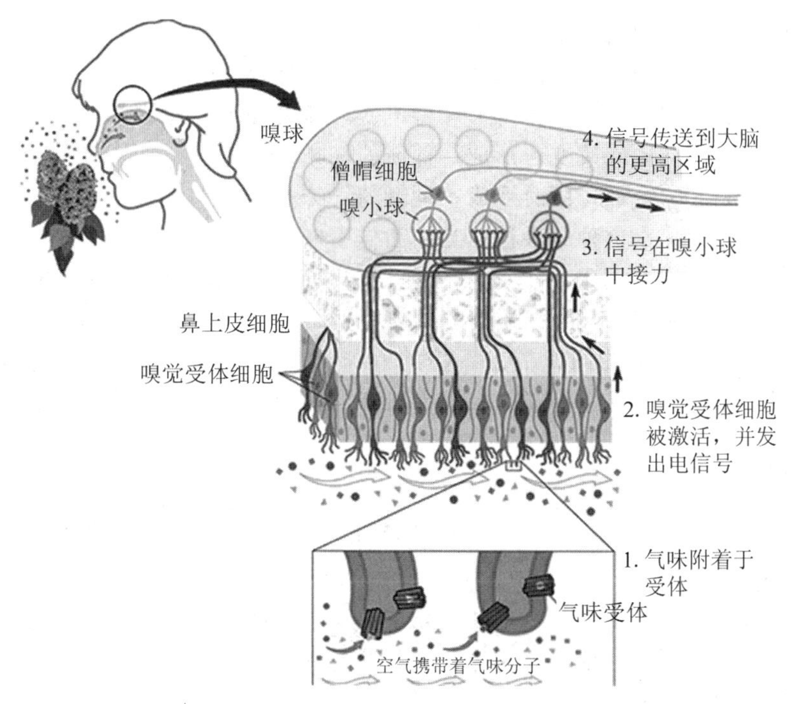


图 1-8 嗅觉产生的示意图

嗅觉产生的前提是物质需具有________性和________性，否则物质不易刺激嗅黏膜，无法引起嗅觉。

## 二、嗅觉的生理特点

1. 嗅觉的敏感性

人的嗅觉有极高的灵敏度，可感受到浓度很低的嗅感物质，如在 1L 空气中含有 $10^{-7}$ mg 紫罗兰酮或 $5\times10^{-6}$ mg 香兰素都可以引起人的嗅觉。实验证明，人所能辨识的气味种类数量相当大，如训练有素的调香家能辨别 4000 种以上的不同气味。

嗅觉的敏感性与人的性别、健康情况、体质及香气种类有关，个体差异较大。如长期从事评酒工作的人对酒香的变化非常敏感，但对其他气味却不一定敏感；人患鼻炎时，会因嗅黏膜上缺乏黏液而导致嗅觉敏感性下降。

2. 嗅觉疲劳

当挥发性物质扩散至嗅感区，嗅觉相应强度增加并很快达到最大值，此时，嗅觉反应达到平衡，嗅味物质的浓度差不再能产生新的刺激，然后嗅觉细胞敏感性逐渐降低，称为嗅觉疲劳。例如，人进入一个新的气味环境时能很快感受到其中的气味，但时间稍长后便不再能分辨其中的气味。

也就是说，嗅觉的适应性很强，嗅细胞容易产生疲劳，过多次数的吸入气味会引起嗅觉细胞灵敏度的降低。因此，在对产品的气味进行检查或对比时，应尽可能缩短次数和时间。

3. 嗅味的相互影响

当多种嗅觉气体相互混合后，其气味表现可能为：

①以一种(或者少数几种)气味为主；

②某些主要特征气味受到压制或消失，无法辨认混合前的气味；

③某种气味被压制，其他气味特征保持不变，即失去了某种气味；

④原来的气味特征彻底改变，形成一种新的气味；

⑤保留部分原气味特征，同时形成一种新的气味；

⑥混合后变成无味，这种结果被称为中和作用。

气味混合在食品中运用最多的是用一种气味去改变或遮盖另一种不愉快的气味，即“掩盖”。食用香精的使用是嗅味物质混合的典型例子，希望突出香精的香味，掩盖不良气味或者在保留部分原气味的同时突出香精的香味。例如：在鱼或肉的烹调过程中，加入葱、姜等调料可以掩盖鱼、肉的腥味；添加肌苷二钠盐能减弱或消除食品中的硫味。

**气味理论**

(1)嗅味阈：与味阈相似，嗅味阈是一种嗅感物质被感知的最低浓度值以及嗅觉对嗅感物质变化所察觉的最小范围。值得注意的是，由于嗅味的测定结果常常与测定时所用气体纯度、试验方法的条件控制，以及评价员、辨别能力和身体状况关系密切，因此不同研究者的测量结果有时差异会很大。

(2)相对气味强度：由于气味物质察觉阈很低，很多气味物质稀释后，味感不但没有减弱反而增强。这种味感随气味物质浓度降低而增强的特性称为相对气味强度。各种气味物质的相对气味强度不同，除浓度影响相对气味强度外，气味物质结构也会影响相对气味强度。

(3)香气值：指香味物质的浓度与它的阈值之比。香味物质在食品香气中所起的作用是不同的，若以数值量化，则称香气值或发香值。

随着科技的发展，人们可利用仪器、理化分析等方法去鉴别呈味物质的组成及相对浓度，进而计算出香气值，并判断其在整个食品风味中的贡献值和重要程度。但事实上，到目前为止，人们在评价食物香气时仍无法脱离感官检验，因为香气值只能反映食品中各香味物质产生香气的强弱，但不能完全、真实地反映香气的优劣程度。

## 三、食品的嗅觉识别

嗅觉评价在食品生产、检验和鉴定等方面都起着十分重要的作用，在许多方面是无法用仪器和理化分析替代的。例如在食品风味化学研究中，常常利用色谱和质谱对风味物质进行定性和定量，但在提取、浓缩等过程中都必须伴随感官的嗅觉辨别检验，以保证试验过程中风味成分无损失。此外，食品加工原料新鲜度的检查，都依赖于嗅觉评价，如鱼、肉类是否因蛋白质分解而产生腐败味；油脂是否因氧化而产生哈喇味；新鲜果蔬是否具有应有的清香或果香味等。

1. 嗅技术

嗅技术是对食品进行嗅觉评价的一个过程，由于嗅觉受体位于鼻腔最上端的嗅上皮内，而在正常的呼吸中，吸入的带有气味物质的空气多数通过下鼻道和中鼻道，只能极少量通入鼻腔嗅区，所以人只能感受到轻微的气味。在嗅觉评价过程中，为了获得明显的嗅觉，必须适当用力地吸气(收缩鼻孔)或煽动鼻翼作急促的呼吸，并且把头部稍微低下对准被嗅物质使气味自下而上地通入鼻腔，使空气在鼻腔中形成急驶的涡流，气味分子较多地接触嗅上皮，从而使嗅觉增强。这样一个嗅过程就是所谓的嗅技术。

2. 气味识别

(1)范氏试验

一种气体物质不送入口中而在舌上被感觉出的技术，称为范氏试验。首先，用手捏住鼻孔通过张口呼吸，然后把一个盛有气味物质的小瓶放在张开的口旁(注意：瓶颈靠近口但不能咀嚼)，迅速地吸入一口气并立即拿走小瓶，闭口，放开鼻孔使气流通过鼻孔流出(口仍闭着)，从而在舌上感觉到该物质。

这个试验已广泛地应用于训练和扩展人们的嗅觉能力。

(2)气味识别

各种气味就像学习语言一样，是可以被记忆的。事实上，人们时时刻刻都可以感觉到气味的存在，但往往由于无意识或习惯性而没有察觉。因此，要想记忆气味，就必须设计专门的试验，有意地加强训练，以识别各种气味并描述其特征。

训练试验通常是单独使用纯气味物(如十八醛、对丙烯基茴香醚、肉桂油、丁香等)或将几种进行混合后，用纯乙醇(99.8%)作溶剂释成10%或1%的溶液(当样品具有强烈辣味时，可制成水溶液)，装入试管中或用纯净无味的白滤纸制备尝味条(长150mm，宽10mm)，借用范氏试验训练气味记忆。

3. 香识别

(1)啜食技术

啜食技术是食品鉴评专业人员常使用的专门技术，即通过吸气使香气和空气一起流过后鼻部被压入嗅味区域的方法，该方法不需吞咽食物，但能达到相同效果。由于该方法难度高，一般人需要长时间的学习才能掌握。这种方法常用于咖啡、茶叶以及酒的鉴评中，通常先嗅后尝。

品茗专家和咖啡品尝专家是用匙把样品送入口内并用力吸气，使液体杂乱地吸向咽壁(就像吞咽时一样)，气体成分通过鼻后部到达嗅味区，此时吞咽变得不必要，样品可被吐出。品酒专家随着酒被送入张开的口中，轻轻地吸气并进行咀嚼，由于酒香比咖啡和茶香具有更多挥发性成分，因此品酒专家的啜食技术应更加谨慎。

(2)香识别训练

香识别训练首先应注意色彩的影响，通常多采用红光照明以减少其他感觉对嗅觉的干扰。训练用的样品要典型，可选各类食品中最具典型香的食品进行，例如糖果蜜饯类要用纸包原块，面包要用整块，肉类应采用原汤，乳类应注意异味区别的训练。训练方法用啜食技术，并注意必须先嗅后尝，以确保准确性。

由于嗅细胞易疲劳的特点，所以对产品进行气味的检查或对比时，数量和时间应尽可能减少。

**【知识拓展与链接】**

请同学们扫描封面二维码进行知识拓展学习：“电子鼻及其在食品嗅觉识别中的应用”。

**【任务测试】**

**一、填空题**

1. 嗅觉易受________和________因素的影响。

2. 嗅味阈是一种嗅感物质被感知的________以及嗅觉对嗅感物质变化所察觉的最小范围。

3. 一种气体物质不送入口中而在舌上被感觉出的技术，称为________。

**二、简答题**

1. 简述食品的嗅觉识别方法。
2. 简述嗅觉的生理特点及产生机理。
3. 简述嗅觉的气味理论。

## 任务5 食品的视觉、听觉及触觉检验

**【学习目标】**

**知识目标**

1. 了解视觉、听觉和触觉的形成原理；
2. 了解视觉、听觉和触觉在食品感官检验中的应用；
3. 掌握视觉、听觉和触觉检验的方法与步骤。

**能力目标**

1. 会设计视觉、听觉和触觉检验方案；
2. 学会运用视觉、听觉和触觉对食品进行感官评价；
3. 会记录及呈列感官评价数据，进行数据统计与结果分析，并规范书写感官检验报告。

**素养目标**

1. 树立食品质量与安全意识，履行职业道德准则和行为规范；
2. 培养学生良好的感觉综合能力，训练语言和文字表达能力；
3. 善于与工作团队成员沟通交流，具有团队合作意识。

**【工作任务】**

在市场消费过程中，消费者往往通过视觉、触觉和听觉对产品建立第一印象，某食品公司为提高产品销量，要对其销售的产品进行感官调研，需筛选感官评价员，因此将对评价员的视觉、触觉和听觉进行测试。

检出孔雀绿黄颡鱼涉嫌水产品受查处

**【任务分析】**

通过本任务的学习，对评价员进行色盲色弱测试、不同浓度有色溶液的视觉辨别检验、不同产品的质地描述测试等，并对结果进行统计和分析，对评价员进行打分和级别的分类，以筛选出适合此类检验的优秀感官评价员。

**【思维导图】**

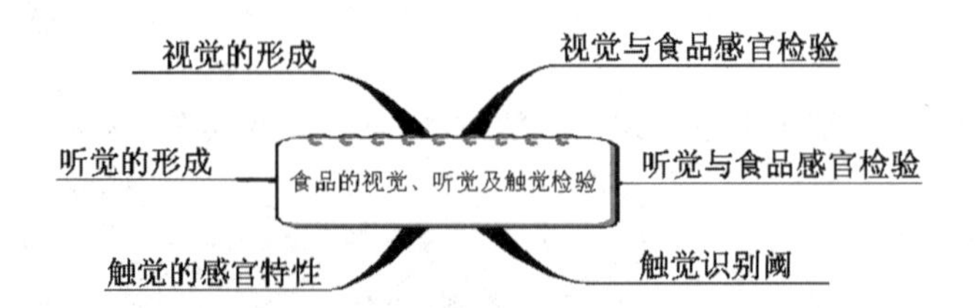

## 知识准备

### 一、视觉

视觉是人类最重要的感觉之一，人们在认识世界、获取知识的过程中，绝大多数信息要靠视觉来获取。在食品感官分析中，视觉检查占据着十分重要的地位，尤其是在市场消费过程中，视觉是消费者对产品建立第一印象最直接的途径。

1. 视觉的形成

视觉是眼球接受外界光线刺激后产生的感觉。眼球形状为圆球形，如图 1-9 所示，其表面由三层组织构成：最外层是巩膜，起保护作用，可使眼球免受损伤并保持形状不变；中间层是布满血管的脉胳膜，它可以阻止多余光线对眼球的干扰；最内层是对视觉感觉最重要的视网膜，它由大量光敏细胞组成，主要包括杆状细胞和锥状细胞。锥状细胞主要集中在视网膜的中心部分(黄斑区)，有辨色作用，能感受强光，表现为明视觉，有精细辨别力，形成了中心视力；而杆状细胞分布在黄斑区以外的视网膜，无辨色功能，对弱光非常敏感，表现为暗视觉，形成了周边视力(视野)。

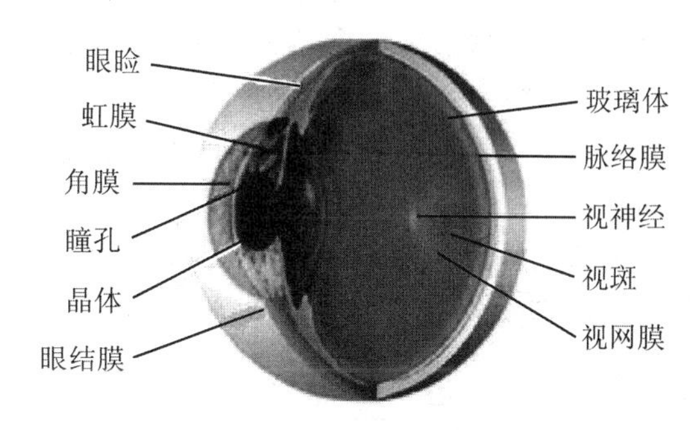


**图 1-9　眼球的结构**

在虹膜之后有一块透明的凸状体称为晶状体，具有弹性，可借助睫状肌的作用改变其屈光力从而保持外部物体的图像始终集中在视网膜上。晶状体的前部是瞳孔，人眼可以通过调节瞳孔的大小以控制进入眼球的光线。

## 想一想

**视觉是如何产生的**

在日常生活中，我们常常通过大小、外观、形状、色泽等去评价产品的好坏，那么，你知道产品的这些性质是如何被人体所感知的吗？

刺激视觉产生的物质是光波，但并非所有的光波都能被人所感受，通常只有波长在 380～770mm 范围内的光波才是人眼可接受的，大于或小于此波长的光波都被称为不可见光。

当物体的反射光或透射光经过角膜，由瞳孔进入眼球内部，经晶状体和玻璃体折射后，在视网膜上形成清晰的物像，视网膜上的视神经细胞(杆状细胞和锥状细胞)在受到光刺激时会改变形状，产生电神经冲动，并沿着视神经传递到大脑皮层的视觉中枢，再根据人的经验和记忆进行分析、判断，最终在大脑中转换形成视觉。

2. 视觉与食品感官检验

任何食品都有一定的外观及形态特征，而形态特征的变异，往往与其内在质量紧密相关。如从鱼或肉类表面的光泽、色泽可判断其新鲜度；从水果、蔬菜的色泽可以判断其成熟状况；从罐装食品包装的外观情况可判断其是否胀罐或泄漏；在西点制作过程中，可以通过视觉检查来控制烘烤温度和时间。在判断哪些食品的包装受消费者欢迎、哪种颜色可引起食欲等问题时，必须通过视觉感官评价，仪器是不能代替的。

因此，视觉对食品感官评价有重要影响，其中，食品的颜色变化往往会影响其他感觉。实验证实，只有当食品处于正常颜色范围内时，人的味觉和嗅觉评价才能正常发挥，否则这些感觉的灵敏度会下降，甚至不能正确感觉。颜色对于分析评价食品来说具有下列作用：

(1)便于挑选食品和判断食品的质量。食品的颜色比形状、质构等因素对食品的质量和接受性影响更直接、更大。

(2)食品的颜色决定其是否受欢迎。备受喜爱的食品往往是因为其带有令人愉悦的颜色；而没有吸引力的食品，颜色不受欢迎往往是其中一个重要因素。

(3)食品的色泽和接触食品时环境的颜色会显著影响消费者的食欲。

(4)通过经验的积累，人们掌握了不同食品应该具有的颜色，并据此来判断食品应有的特性。

综上所述，视觉在食品感官检验尤其是喜好性评价上占据重要地位。

3. 视觉辨别检验的方法

本方法根据的国家相关标准：GB/T 21172—2007《感官分析 食品颜色评价的总则检验方法》。

(1)色盲色弱检验

随机挑选3～5个色盲测试卡，如图1-10所示，让每个评价员进行辨别检验，并将答案填入表1-10。评价员应具有100%的选择正确率。

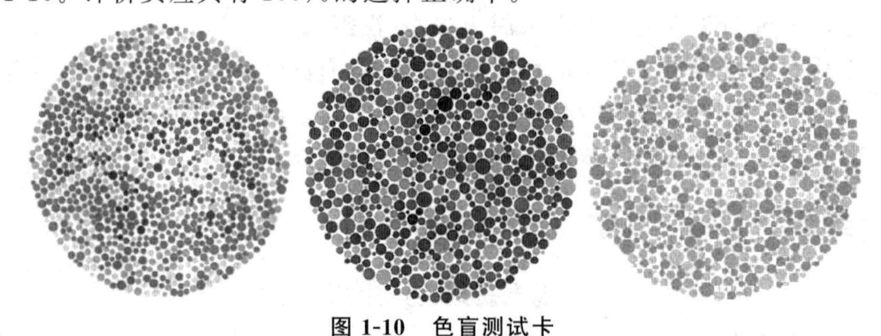

图1-10 色盲测试卡

表1-10 色盲色弱检验记录表

| 试验名称：色盲色弱检验 | | 试验日期： | | 试验员： |
|---|---|---|---|---|
| 卡片编号 | | | | |
| 评价结果 | | | | |

(2)视觉辨别检验

①样品制备

用胭脂红色素配制成不同浓度的水溶液(0.1%、0.2%、0.4%、0.8%、1.6%)，共分五个色阶，分别倒入一次性透明杯，对所有样品采用只有测试管理人员知道的唯一三位随机数编码。

②视觉检验

用眼正视和俯视，观察样品中有无色泽和色泽深浅，并由浅至深排列顺序，同时做好记录，见表1-11。在进行视觉测试时，用蒸馏水作为对照样，以提高辨别能力。

**表 1-11　视觉辨别测试记录表**

| 试验名称：视觉辨别测试 | | | 试验日期： | | 试验员： | |
|---|---|---|---|---|---|---|
| 样品编号 | | | | | | |
| 有无色泽 | | | | | | |
| 颜色深浅排序 | | | | | | |

注：经仔细辨色后，将颜色最深的样品标记为 1，随着颜色变浅依次标记为 2、3、4 等。

(3)数据统计与结果分析

①参加色盲色弱检验的评价员要 100%的正确率，如经过几次重复还不能辨别，则不能入选食品感官评价员。

②测试管理人将记录表中的结果与正确浓度顺序进行比对，判断其正确率。正确率不高的评价员，可进行反复训练，以达到正确辨别色泽深浅的目的。

## 二、听觉

### 1. 听觉的形成

耳包括外耳、中耳和内耳三部分，如图 1-11 所示。外耳就是我们能看见的耳廓和外耳道，而中耳和内耳却被包含在头侧部一块被称为“颞骨”的骨内部；中耳包括一个小腔——“鼓室”及咽鼓管和乳突小房，鼓膜分隔外耳道与鼓室，鼓室内含有听小骨；内耳，包括耳蜗、前庭和半规管等，听觉感受器就藏在耳蜗内的螺旋器中，螺旋器上的毛细胞接受听觉信息，再由听神经(蜗神经)传至大脑，从而产生听觉。

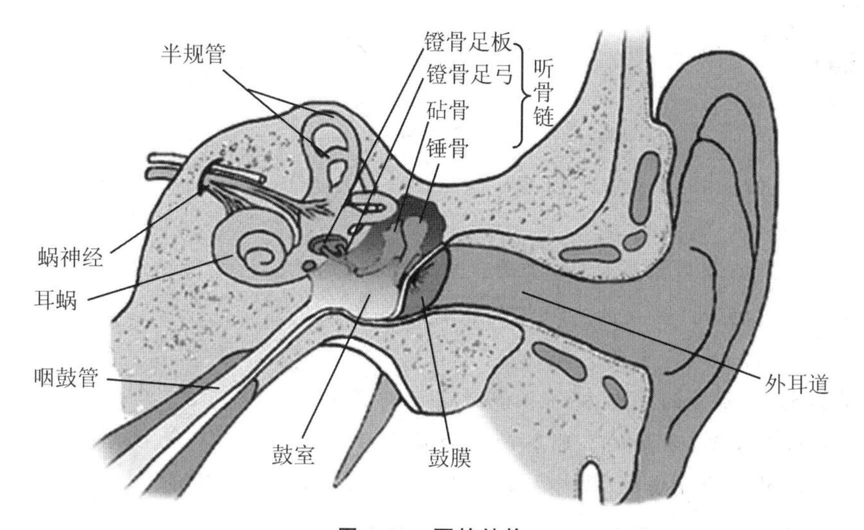


**图 1-11　耳的结构**

影响听觉的两大因素是声波的振幅和频率。声波的振幅大小决定声音的强弱，振幅越大，声音越强，反之，声音则弱。振幅通常用声压或声压级表示，即分贝(dB)。频率是指声波每秒振动的次数，是决定音高的主要因素之一，频率不同，给人的音感也不一样。正常人只能感受频率为 30～15000Hz 的声波，对其中 500～4000Hz 频率的声波最为敏感。通常，把感受音调和音强的能力称为听力。

2. 听觉与食品感官检验

利用听觉进行感官检验的应用范围非常广泛。对于同一种物品，在外来敲击下应该发出相同的声音，但当其中的一些成分、质量发生变化后可能会导致声音发生变化，我们可以根据这一特征来检查许多产品的质量，如敲打罐头，用听觉检查其质量(生产中称为“打检”)；用敲打的方式判断蛋品的新鲜程度；利用听觉判断容器有无裂缝等。

此外，听觉与食品感官评价也有一定联系。食品的质感特别是咀嚼食品时发出的声音，在决定食品质量和接受性上起重要作用。例如，焙烤制品中的爆米花和膨化食品等，咀嚼时应该发出特有的声响，否则可以认为产品质量已发生变化。

## 三、触觉

触觉是指分布于全身皮肤上的神经细胞接受来自外界的温度、湿度、疼痛、压力、振动等方面的感觉。多数动物的触觉感受器是遍布全身的，如人的皮肤位于体表，可依靠表皮的游离神经末梢感受温度、痛觉、触觉等多种感觉。狭义的触觉，指刺激轻轻接触皮肤触觉感受器所引起的肤觉。广义的触觉，还包括增加压力使皮肤部分变形所引起的肤觉，即压觉，一般统称为“触压觉”。

在感官检验中，触觉指人的口部和手与食品接触时产生的感觉，通过对食品的形变所加压力产生刺激的反应表现出来，表现为咬断、咀嚼、品味、吞咽的反应。触觉的感官特性包括大小和形状、口感、口腔中的相变化(溶化)、手感等。未来结合我国人民实际需求和食品工业发展，开发食品触觉、听觉、视觉食品检验技术和标准，培养相关职业技术人才势在必行。

**口感的分类**

Szczesniak(1979)将口感分为11类：

关于黏度(稀的、稠的)；

关于软组织表面相关的感觉(光滑的、有果肉浆的)；

与 $CO_2$ 饱和相关的(刺痛的、泡沫的、起泡性的)；

与主体相关的水质的(重的、轻的)；

与化学相关的(收敛的、麻木的、冷的)；

与口腔外部相关的(附着的、脂肪的、油脂的)；

与舌头运动的阻力相关的(黏糊糊的、黏性的、软的、浆状的)；

与嘴部的感觉相关的(干净的、逗留的)；

与生理的感觉相关的(充满的、渴望的)；

与温度相关的(热的、冷的)；

与湿润情况相关的(湿的、干的)。

人对食品美味(包括质地)的感觉机理十分复杂，它不仅与味觉、嗅觉、视觉、听觉、触觉有关，还和人的心理、习惯、唾液分泌以及口腔振动等有关。因此，深入了解感觉的机理，对设计食品感官试验和分析食品品质都有很大帮助。

**【知识拓展与链接】**

请同学们扫描封面二维码进行知识拓展学习：“皮肤触觉识别阈”。

**【任务测试】**

**一、多选题**

1. 下列对食品的感官检验中运用到视觉的有(　　)。

A. 从鱼或肉类表面的光泽、色泽判断其新鲜度

B. 从罐装食品包装的外观情况判断其是否胀罐或泄漏

C. 从咀嚼时是否发出脆响来判断爆米花的质量是否发生变化

D. 从水果、蔬菜的色泽判断其成熟状况

2. 影响听觉的因素是声波的(　　)。

A. 振幅　　B. 音色　　C. 频率　　D. 音调

3. 触觉的感官特性包括食品的(　　)。

A. 大小　　B. 形状　　C. 滋味　　D. 口感

**二、填空题**

1. 刺激视觉产生的物质是________，通常只有波长在________范围内的光波才是人眼可接受的，大于或小于此波长的光波都称为________。

2. 振幅通常用______________表示，即________。

3. 频率是指______________，是决定________的主要因素之一，频率不同，给人的音感也不一样。

4. 触觉是指分布于全身皮肤上的神经细胞接受来自外界的________、________、________、________等方面的感觉。

**三、简答题**

1. 简述视觉在食品感官检验中的作用。

2. 简述听觉在食品感官检验中的应用。

## 方案设计与实施

### 一、感官评价小组制订工作方案，确定人员分工

在教师的引导下，以学习小组为单位制订工作方案，感官评价小组讨论，确定人员分工。

1. 工作方案

**表 1　方案设计表**

| 组长 | | 组员 | | | |
|---|---|---|---|---|---|
| 学习项目 | | | | | |
| 学习时间 | | 地点 | | 指导教师 | |
| 准备内容 | 检验方法 | | | | |
| | 仪器试剂 | | | | |
| | 样　　品 | | | | |
| 具体步骤 | | | | | |

2. 人员分工

表 2 感官评价员工作分工表

| 姓名 | 工作分工 | 完成时间 | 完成效果 |
| --- | --- | --- | --- |
| | | | |
| | | | |
| | | | |

## 二、试剂配制、仪器设备的准备

请同学按照实验需求配制相应的试剂和准备仪器设备，根据每组实际需要用量填写领取数量，并在实验完成后，如实填写仪器设备的使用情况。

1. 试剂配制

表 3 试剂配制表

| 组号 | 试剂名称 | 浓度 | 用量 | 配制方法 |
| --- | --- | --- | --- | --- |
| | | | | |
| | | | | |
| | | | | |

2. 仪器设备

表 4 仪器设备统计表

| 仪器设备名称 | 型号(规格) | 数量(个) | 使用前情况 | 使用后情况 |
| --- | --- | --- | --- | --- |
| | | | | |
| | | | | |
| | | | | |

## 三、样品制备

表 5 样品制备表

| 样品名称 | 取样量 | 制备方法 | 储存条件 | 制造厂商 |
| --- | --- | --- | --- | --- |
| | | | | |
| | | | | |
| | | | | |

## 四、品评检验

表 6 感官检验方法与步骤表

| 检验方法 | 检验步骤 | 检验中出现的问题 | 解决办法 |
| --- | --- | --- | --- |
| | | | |

## 五、感官检验报告的撰写

**表 7　感官检验报告单**

<table>
<tr><td rowspan="2">基本信息</td><td>样品名称</td><td></td><td>检测项目</td><td colspan="2"></td></tr>
<tr><td>检测方法</td><td></td><td>检测日期</td><td colspan="2"></td></tr>
<tr><td rowspan="2">检测条件</td><td>国家标准</td><td></td><td></td><td colspan="2"></td></tr>
<tr><td>实验环境</td><td>温度</td><td>℃</td><td>湿度</td><td>%</td></tr>
<tr><td>检测数据</td><td colspan="5"></td></tr>
<tr><td>感官评价结论</td><td colspan="5"></td></tr>
</table>

## 评价与反馈

1. 学完本项目后，你都掌握了哪些技能？

2. 请填写评价表，评价表由自我评价、组内互评、组间评价和教师评价组成，分别占 15%、25%、25%、35%。

(1)自我评价

**表 1　自我评价表**

<table>
<tr><th>序号</th><th>评价项目</th><th>评价标准</th><th>参考分值</th><th>实际分值</th></tr>
<tr><td>1</td><td>知识准备，查阅资料，完成预习</td><td>回答知识目标中的相关问题；观看主要基本感觉的微课，并完成任务测试</td><td>5</td><td></td></tr>
<tr><td>2</td><td>方案设计，材料准备，操作过程</td><td>方案设计正确，材料准备及时、齐全；设备检查清洗良好；认真完成感官检验的每个环节</td><td>5</td><td></td></tr>
<tr><td>3</td><td>实验数据处理与统计</td><td>实验数据处理与统计方法与结果正确，出具感官检验报告</td><td>5</td><td></td></tr>
<tr><td colspan="3">合　计</td><td>15</td><td></td></tr>
<tr><td colspan="5">感想：</td></tr>
</table>

(2)组内互评

请感官评价小组成员根据表现打分，并将结果填写至评价表。

**表 2　组内评价表**

| 序号 | 评价项目 | 评价标准 | 参考分值 | 实际分值 |
|---|---|---|---|---|
| 1 | 学习与工作态度 | 实验态度端正，学习认真，责任心强，积极主动完成感官评价的每个环节 | 5 | |
| 2 | 完成任务的能力 | 材料准备齐全、称量准确；设备的检查及时清洗干净；感官评价过程未出现重大失误 | 10 | |

续表

| 序号 | 评价项目 | 评价标准 | 参考分值 | 实际分值 |
| --- | --- | --- | --- | --- |
| 3 | 团队协作精神 | 积极与小组成员合作，服从安排，具有团队合作精神 | 10 | |
| 合　计 | | | 25 | |
| 评价人签字： | | | | |

(3)组间评价(不同感官评价小组之间)

**表3　组间评价表**

| 序号 | 评价内容 | 评价标准 | 参考分值 | 实际分值 |
| --- | --- | --- | --- | --- |
| 1 | 方案设计与小组汇报 | 方案设计合理，小组汇报条理逻辑，实验结果分析正确。 | 10 | |
| 2 | 环境卫生的保持 | 按要求及时清理实训室的垃圾，及时清洗设备和感官评价用具 | 5 | |
| 3 | 顾全大局意识 | 顾全大局，具有团队合作精神。能够及时沟通，通力完成任务 | 10 | |
| 合　计 | | | 25 | |
| 评价人签字： | | | | |

(4)教师评价

**表4　教师评价表**

| 序号 | 评价项目 | 评价标准 | 参考分值 | 实际分值 |
| --- | --- | --- | --- | --- |
| 1 | 学习与工作态度 | 态度端正，学习认真，积极主动，责任心强，按时出勤 | 5 | |
| 2 | 制订检验方案 | 根据检测任务，查阅相关资料，制订味觉、嗅觉、视觉、听觉和触觉检验方案 | 5 | |
| 3 | 感官品评 | 合理准备工具、仪器、材料，会制订感官检验问答表，检验过程规范 | 10 | |
| 4 | 数据记录与检验报告 | 规范记录实验数据，实验报告书写认真，数据准确，出具感官评价结论 | 10 | |
| 5 | 职业素质与创新意识 | 能快速查阅获取所需信息，有独立分析和解决问题的能力，工作程序规范、次序井然，具有一定的创新意识 | 5 | |
| 合　计 | | | 35 | |
| 教师签字： | | | | |

# 项目二
# 食品感官检验条件的控制

**【案例导入】**

**建立规范化的感官分析实验室保障食品安全**

党的二十大报告指出：我们坚持把实现人民对美好生活的向往作为现代化建设的出发点和落脚点。进入新时代，人民对美好生活的需要日益广泛，人们不但要吃饱，还讲究吃的色、香、味俱全。感官检验是唯一将人与食品、企业与市场、产品与品牌、生存与享受紧密关联起来的分析技术，应用感官检验技术可以测知人感知的食品质量，了解产品的功能需求和感官享受，并有针对性的进行让消费者满意的产品设计、生产和营销。感官分析在我国有悠久的历史，特别是在白酒、茶叶的生产加工与流通中。但是，我国感官分析总体上发展较为缓慢，不能满足新时代消费者对于食品高品质的需求。尽管国内一些食品企业建立了感官分析实验室，但与GB/T 13868—2009《感官分析　建立感官分析实验室的一般导则》标准实验室建设与管理差距较大，因此，需要建立规范化、标准化的食品感官分析实验室，并筛选培养专业的感官检验从业人员来保障食品安全，促进食品行业的高质量发展。

**思考问题：**

1. 建立规范化、标准化的食品感官分析实验室应包括哪些部分？从哪些方面对环境条件控制？

2. 如何对感官分析方法的进行选择与控制？

## 任务1　食品感官分析实验室的控制

**【学习目标】**

**知识目标**

1. 了解食品感官检验中环境条件的影响因素；

2. 熟悉食品感官分析实验室的分类与基本组成；

3. 掌握食品感官分析实验室的安全措施；

4. 掌握样品检验区、准备区和其他附属设施的功能要求。

**能力目标**

1. 会设计食品感官分析实验室的平面图；

2. 能根据国家标准对食品感官分析实验室的环境合理布局，使实验室保持适用状态；

3. 能对食品感官分析实验室的安全管理、温度和湿度、光线和照明、空气纯净度和换气、位置、装饰颜色、噪声等影响因素进行控制。

**素养目标**

1. 建立感官分析实验室安全意识，使学生严格遵守实验安全操作规程；

2. 培养严谨求实，精益求精、规范操作的工作态度；

3. 培养学生具备感官检验组织、策划和控制意识。

**【工作任务】**

感官检验是以人作为测量工具的，为了减少干扰，确保实验数据真实、可靠，感官评价一定要在被控制的条件下进行，其中感官分析实验室的控制包括实验室的环境、光线与照明、空气、准备间的面积和出入口的控制等。请感官评价员明确感官分析实验室的规范要求，掌握食品感官分析环境控制的方法。

**GB/T 27476.1—2014《检测实验室安全 第1部分：总则》**

**【任务分析】**

通过本任务的学习，能够清楚感官分析实验室的布局规划，了解感官分析实验室的规范要求和环境控制的方法，为科学的感官评价做好准备。

本任务依据的国家相关标准：GB/T 13868—2009《感官分析 建立感官分析实验室的一般导则》。

**【思维导图】**

## 知识准备

在食品感官评定中，环境条件的影响主要体现在两个方面：对鉴评人员心理和生理上的影响；对样品品质的影响。食品感官检验通常是在感官分析实验室中进行，因此，对于感官分析的环境控制，也主要是指感官分析实验室的环境控制。食品感官分析实验室的环境控制主要包括感官分析实验室的环境、光线与照明、空气、出入口等。总体设计应该从如何达到最能使感官发挥良好的作用，减少对鉴评人员的干扰以及对样品品质的影响着手。因此，应从这些要求出发，结合试验类型去考虑食品感官分析实验室的设置和各种条件控制。

### 一、食品感官分析实验室的分类

感官分析实验室主要有两种类型，一是分析研究型实验室：企业和研究机构用于对食品原料、产品等的感官品质进行分析评价并指导产品配方、工艺的确定或改进等；二是教学研究型实验室：高等院校或教育培训机构，用于食品专业学生及感官品评从业人员的培训，兼具分析研究型实验室的部分功能。

## 二、食品感官分析实验室的基本组成

一般情况下，食品感官分析实验室主要包括样品检验区、样品制备区和其他附属设施。图 2-1 至图 2-4 为食品感官分析实验室平面图。

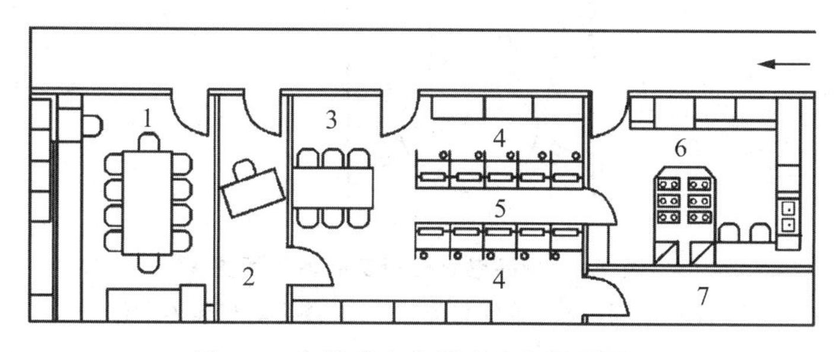


**图 2-1　食品感官分析实验室平面图 1**

1—会议室；2—办公室；3—集体讨论区；4—评价小间；
5—样品分发区；6—样品制备区；7—储藏室

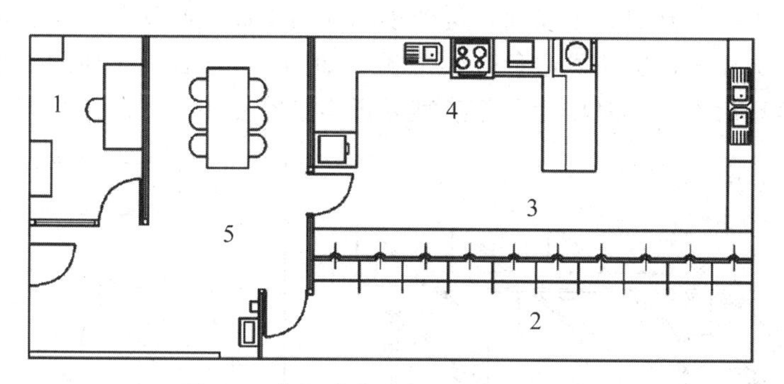


**图 2-2　食品感官分析实验室平面图 2**

1—办公室；2—评价小间；3—样品分发区；4—样品准备区；5—会议室和集体工作区

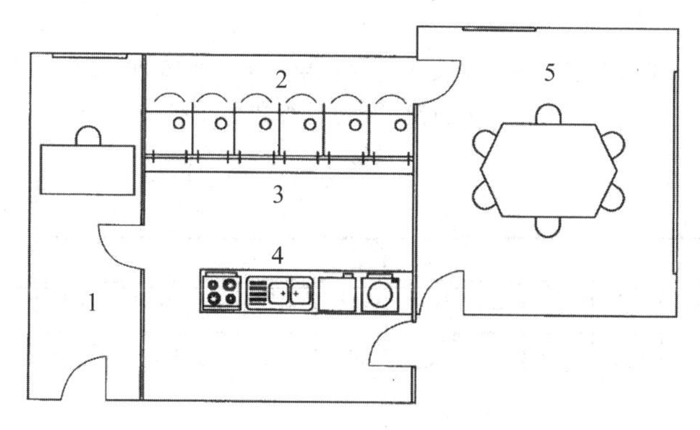


**图 2-3　食品感官分析实验室平面图 3**

1—办公室；2—评价小间；3—样品分发区；4—样品准备区；5—会议室和集体工作区

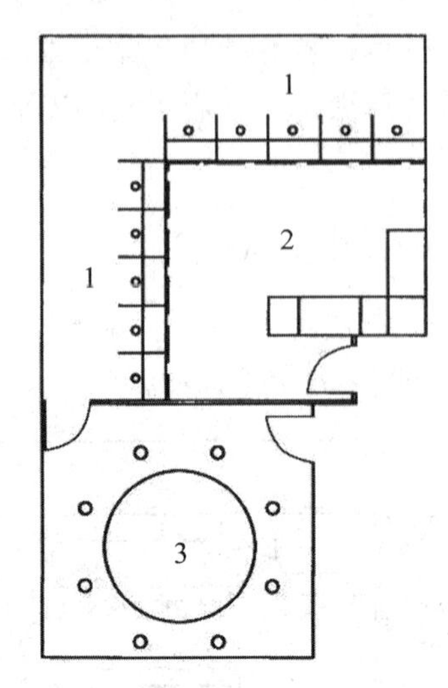


**图 2-4　食品感官分析实验室平面图 4**

1—评价小间；2—样品准备区；3—会议室和集体工作区

1. 样品检验区

样品检验区是感官检验人员进行感官试验的场所。早期的食品感官分析实验室样品检验区因经济原因或使用频率低，通常没有专门的评价小间，往往采用一些临时性的布置，一般是将一张实验台分割成若干隔间，每个小隔间的桌面上都摆放上待检验的样品，这样可以防止鉴评人员互相接触从而避免受到干扰，如图 2-5 至图 2-8 所示。按这种方式，普通实验室经过整理后也可临时作为食品感官分析实验室使用。

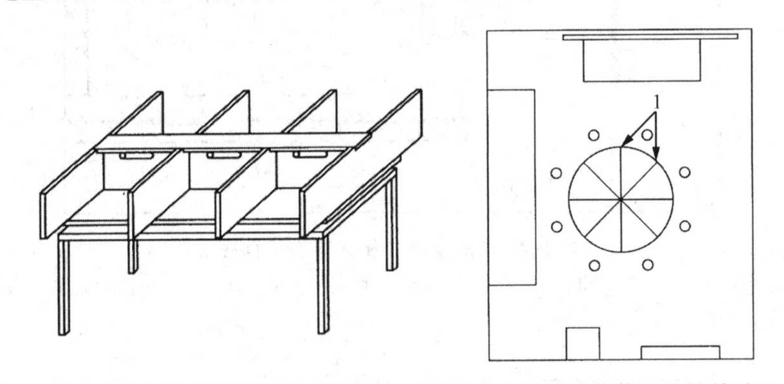


**图 2-5　左：带有可拆卸隔板的桌子；右：用于个人检验或集体工作的检验区的建筑平面图，1 为可拆卸的隔板**

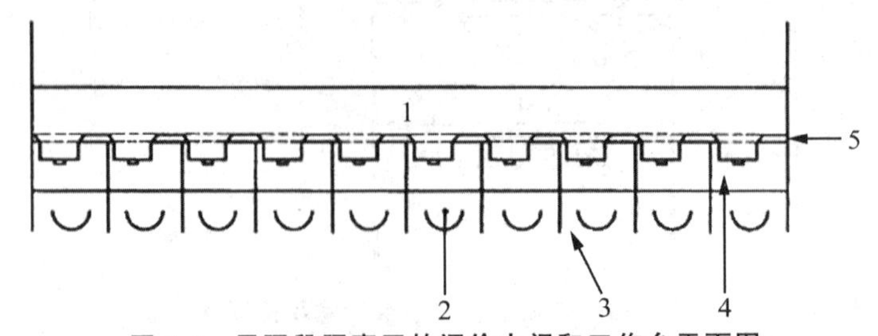


**图 2-6　用隔段隔离开的评价小间和工作台平面图**

1—工作台；2—评价小间；3—隔板；4—小窗；5—开有样品传递窗口的隔段

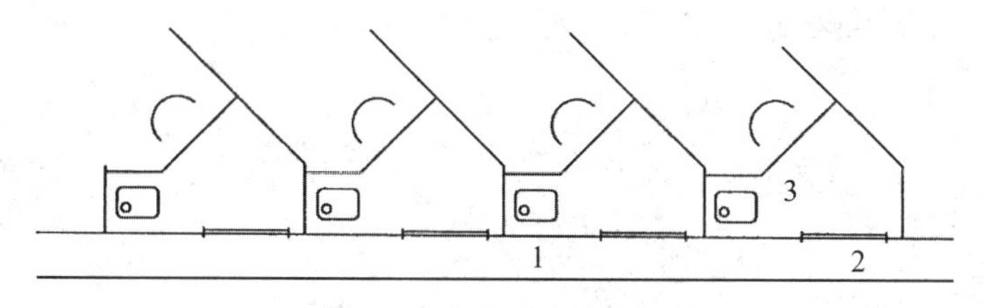


**图 2-7　人字形评价小间**

1—工作台；2—小窗；3—水池

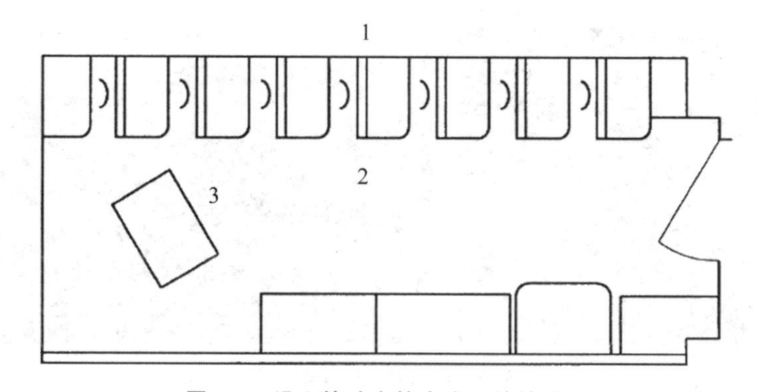


**图 2-8　设立检验主持人座位的检验区**

1—横向布置的评价小间；2—分发区；3—检验主持人座位

现在所使用的食品感官分析实验室，样品检验区通常是由多个(一般 6～10 个)相邻的而又相互隔开的评价小间构成。

评价小间的面积很小，一般只能容纳一名感官检验人员在内独自进行感官检验试验。每个评价小间内要有一个小的窗口，用来传递检验所用的样品，如图 2-9 所示。

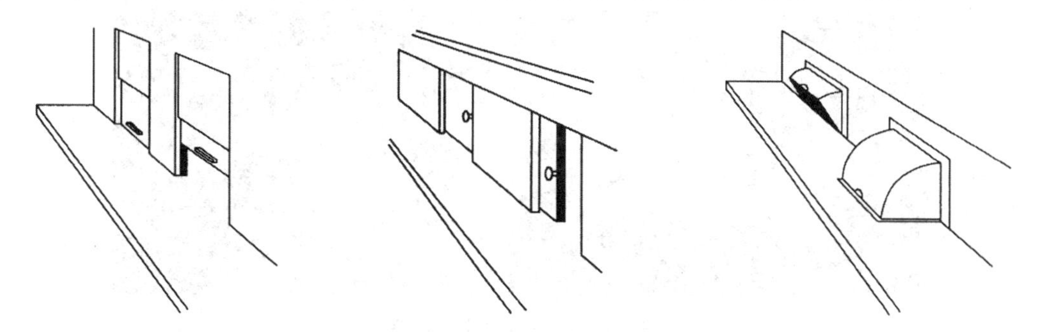

**图 2-9　传递样品窗口的式样：依次为上下开启、左右开启、翻转式开启窗口**

小间内要带有供感官检验人员使用的工作台和座椅，同时还要备有一大杯漱口用的清水，以及盛用吐出的废液用的容器。如果条件允许的话，尽可能配备固定的水龙头和漱口池。通常评价小间内还要配备数个一次性纸杯、餐巾纸、答题用的铅笔，电源插座和控制本房间的电源开关，配备好的鉴评室还装有用来答题的电脑。

图 2-10　食品感官分析实验室评价小间和集体讨论区实景图

图 2-11　评价小间实景图

2. 样品制备区

(1)样品制备区是准备感官检验试验用样品的场所。样品制备区的设置应遵循以下原则：①应靠近样品检验区；②避免感官检验人员进入样品检验区时经过制备区看到所制备的各种样品，嗅到样品气味后产生影响；③防止制备样品时的气味传入样品检验区；④使用的器皿、用具和设施都应无气味。

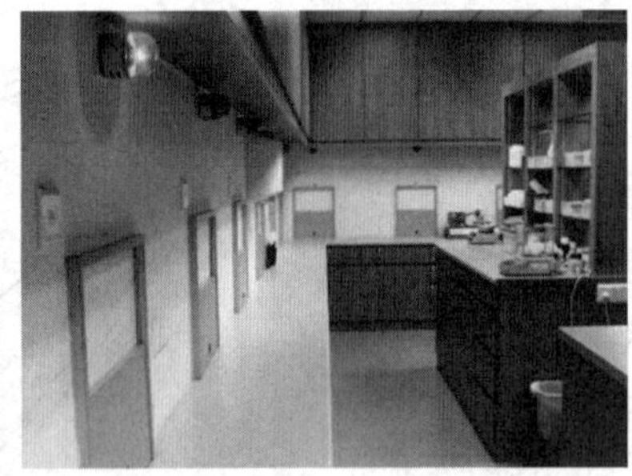

图 2-12　样品制备区实景图

图 2-13　样品分发区实景图

(2)常用设施和用具。样品制备区应配备必要的加热、保温设施(电炉、燃气炉、微波炉、烤箱、恒温箱、干燥箱等)，以保证样品能适当处理和按要求维持在规定的温度下。样品制备区还应配备储藏设施，能存放样品，试验器皿和用具。根据需要还可配备一定的厨房用具和办公用具。

(3)样品制备区工作人员。感官检验试验室内样品制备区的工作人员应是经过适当训练，具有常规化学实验室工作能力，熟悉食品感官鉴评有关要求和规定的人员。工作人员最好是专职固定的。未经训练的临时人员不适合从事样品制备区的工作，因为感官评价试验室各项条件的控制和精确的样品制备对试验成功与否起决定性作用，否则试验终将失去作用。

3. 其他附属设施

若条件允许，食品感官分析实验室也可设置一些附属设施，例如工作人员办公室、休息室、数据处理室等。感官分析实验室常设有一个集体工作区，如图 2-14 所示，用于评价员之间以及与检验主持人之间的讨论，也用于评价初始阶段的培训，以及任何需要讨论时使用。集体工作区应足够宽大，能摆放一张桌子及配置舒适的椅子供参加检验的所有评价员同时使用。桌子应宽大，便以放置以下物品：供每位评价员使用的盛放答题卡和样品的托盘或其他用具；其他的物品，如经常会用到的参照样品、钢笔、铅笔和水杯等。必要时，实验室内还应配备计算机工作站。

**图 2-14　集体工作区实景图**

## 三、感官评价环境条件控制

感官评价环境条件控制一般包括：温度和湿度、光线和照明、空气纯净度和换气设置、位置选择、噪声、装饰等条件的控制。

1. 温度和湿度控制

检验区的温度应可控。如果相对湿度会影响样品的评价，那么检验区的相对湿度也应可控。除非样品评价有特殊条件要求，检验区的温度和相对湿度都应尽量让评价员感到舒适。

人的味觉和对食品的喜好通常会受到环境中的温度和湿度的影响。当人处于不适当的温度、湿度环境中时，由于感官同样在不舒适的环境中，感官的感觉能力就会受到环境条件的影响而发挥失常，因此在进行食品感官检验过程中，食品感官分析实验室样品检验区的温度、湿度需要进行控制。通常情况下，样品检验区需要安装空气调节装置，使得样品检验区内的温度和湿度能够恒定在规定范围内，一般将温度设置在 21～25℃，湿度设置在 50％～60％。

2. 光线和照明控制

所有检验场所都应该有适宜和足够的灯光照明。感官评价中，照明的来源、类型和强度非常重要。应注意所有房间的普通照明及评价小间的特殊照明。检验区应具备均匀、无影、可调控的照明设施。例如：色温为6500K的灯能提供良好的、中性的照明，类似于"北方的日光"；色温为5000～5500K的灯，具有较高的显色指数，能模仿"中午的日光"。

进行产品或材料的颜色评价时，特殊照明尤其重要。为掩蔽样品不必要的、非检验变量的颜色或视觉差异，可能需要特殊照明设施的帮助。一般来说，可使用的照明设施包括：调光器，彩色光源，滤光器，黑光灯，单色光源，如钠光灯。

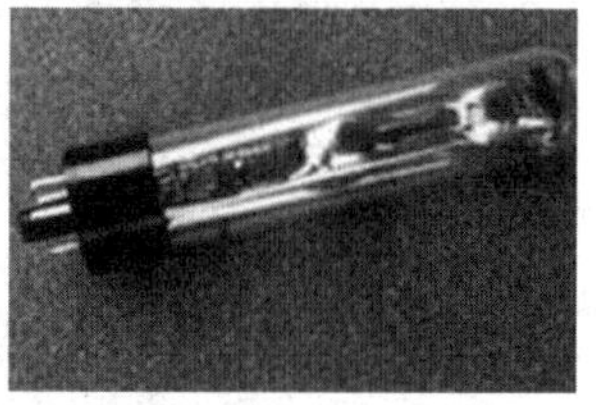

图 2-15　照明设施依次为调光器、彩色光源、滤光片滤光器、黑光灯、钠光灯

在消费者检验中，通常选用日常使用产品时类似的照明，检验中所需照明的类型应根据具体检验的类型而定。

自然采光时，由于时间、气候不同，光线变化很大，因此检验区应适当采用窗帘和百叶窗调节光线。大多数感官检验室检验区的适宜照度在200～400lx，分析样品外观或色泽的试验，需要增加检验区亮度，使样品表面光亮度达到1000lx为宜。

3. 空气纯净度和换气设置

检验区应尽量保持无气味，一种方式是安装带有活性炭过滤器的换气系统，另一种利用形成正压的方式减少外界气味的侵入。通常选用活性炭过滤器换气系统时，过滤器每隔2～3个月应更换一次，并定时检查以免活性炭失效或产生臭味。此外，检验区内应保持适当正压，以减少样品制备室的空气扩散入内；空气流速应小于0.3m/s，每分钟换气量一般为室内容积的2倍，避免评价员感觉到有风，又不影响产品气味的嗅入。

检验区的建筑材料应易于清洁，不吸附和不散发气味。检验区内的设施和装置(如地毯、椅子等)也不应散发气味以免干扰评价。根据实验室用途，应尽量减少使用织物，因为它极易吸附气味且难以清洗。使用的清洁剂在检验区内也不应留下气味。

图 2-16　某机构食品感官分析实验室灯光、换气装置实景图

4. 食品感官分析实验室的位置控制

食品感官分析实验室的位置控制可以从两方面来考虑：一是食品感官分析实验室位置

的选择；二是食品感官分析实验室内部控制。

首先，食品感官分析实验室的位置应设置在较低的楼层，而且设计时要考虑检验人员的出入问题。其次，食品感官分析实验室需要远离噪声等外界环境的干扰，例如道路附近、工地附近或者大型机械作业场所附近等。再次，食品感官分析实验室的位置在建筑物内时，应当避开噪声较大的门厅、楼梯口以及主要安全通道附近。

当食品感官分析实验室的位置无法满足选择原则时，可以从检验室的内部设施控制来满足检验室的使用需求。例如在外界环境噪声较大的食品感官分析实验室内部进行隔音处理，以此来保证感官检验人员在安静的环境中进行检验工作。

5. 装饰颜色控制

室内色彩不仅与人的视觉有关，也与人的情绪有关。检验区内的色彩要适应人的视觉特点，不仅要有助于改善采光照明的效果，更要明朗开阔，有助于消除疲劳，创造较安静、良好的工作环境，避免使人产生郁闷情绪。检验区墙壁和内部设施的颜色应为中性色，以免影响对被检验样品颜色的评价，采用稳重、柔和的颜色，以乳白色或中性灰色为主，其反射率为40%～50%，其颜色不能影响被检样品的色泽。(地板和椅子可适当使用暗色)。

6. 噪声控制

噪声会影响人的听力，使人的血压升高，呼吸困难，唾液分泌减退，还会使人产生不快感、焦躁感，导致工作效率降低等。一般情况下，人们进行交谈时的音量是50～60dB，感官检验实验室在检验期间应控制噪声，要求音量低于40dB。为防止噪声，可采取音源隔离、吸音处理、遮音处理、防震处理等方法。检验区的地板宜使用降噪地板，最大限度降低因步行或移动物体等情况产生的噪声。任何干扰因素都会对检验人员产生影响，也会因此影响到检验结果的准确性。食品感官检验样品检验区的环境条件控制要多方考虑，重点是以上几个方面，具体设置情况仍要结合实际环境进行合理控制，以便于感官检验人员能够在良好的检验环境条件下进行检验工作，从而得出准确的试验数据，产生合理的试验结果。

## 四、感官分析实验室的安全措施

1. 应考虑建立与实验室类型相适应的特殊安全措施。若检验有气味的样品，应配置特殊的通风橱；若使用化学药品，应建立化学药品清洗点；若使用烹调设备，应配备专门的防火设施。

2. 无论何种类型的实验室，应适当设置安全出口标志。

**【知识拓展与链接】**

请同学们扫描封面二维码进行知识拓展学习：“食品感官评价员的准备与组织”。

**【任务测试】**

**一、填空题**

1. 环境条件对食品感官检验的结果有很大影响，主要体现在________和________两个方面。

2. ________是准备感官鉴评试验样品的场所。

3. 品评区和讨论区的温度一般控制在________℃。

**二、简答题**

1. 食品感官分析实验室一般应包括哪几部分？
2. 食品感官分析实验室对光线的要求是什么？
3. 食品感官分析实验室的位置应如何选择？

## 任务2 感官分析方法的选择与控制

**【学习目标】**

**知识目标**

1. 了解食品感官分析方法的分类；
2. 了解各类食品感官分析方法在食品生产中的应用；
3. 掌握食品感官分析方法的选择原则与要求。

**能力目标**

1. 会根据感官检验的目的选择适合的检验方法；
2. 能够区分差别检验法、排序检验法、分级检验法与描述性检验法；

**素养目标**

1. 树立食品质量与安全意识，履行职业道德准则和行为规范；
2. 善于与工作团队成员沟通交流，具有团队合作意识。
3. 培养学生具备感官检验组织、策划和控制意识。

**【思维导图】**

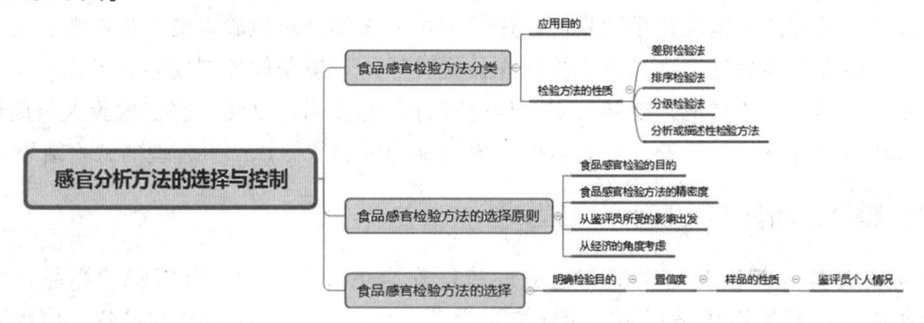

GBT10220—2012
《感官分析 方法学 总论》

食品感官检验的基本方法其实就是依靠视觉、嗅觉、味觉、听觉、触觉等来对食品的外观、形态、色泽、气味、滋味、硬度、稠度等进行评价。食品感官检验的方法多种多样，根据应用目的和检验方法的性质分别分类如下：

### 一、食品感官检验方法分类

1. 按应用目的分类

按应用目的可分为分析型感官评定和嗜好型感官评定。分析型感官评定是把人的感觉作为测定仪器，测定食品的特性或差别的方法。例如：检验酒的杂味；在香肠加工中，判断用多少人造肉代替动物肉，人们才能识别出它们之间的差别；评定各种食品的外观、香味、滋味等特性都属于分析型感官评定。嗜好型感官评定是根据消费者的嗜好程度评定食品特性的方法。

2. 按检验方法的性质分类

按检验方法的性质可分为差别检验法、排序检验法、分级检验法以及分析或描述性检验方法。

(1)差别检验法。差别检验法只是要求鉴评员评定两个或两个以上的样品中是否存在感官差异(或偏爱其一)。差别检验法的结果分析是以每一类别的鉴评员数量为基础的。例如，有多少人回答样品 A，多少人回答样品 B，多少人回答正确，解释其结果主要运用统计学的二项分布参数检查。差别检验法中，一般规定不允许“无差异”的回答，即强迫选择。差别检验法中需要注意样品外表、形态、温度和数量等的明显差别所引起的误差。

(2)排序检验法。排序检验法是对某种食品的质量指标，按照大小或强弱顺序对样品进行排序，并记上 1、2、3、4 等序号。它具有简单并且能够评判两个以上样品的特点，但它只是一个初步的分辨实验形式，无法判断样品之间差别的大小和程度，只在其实验数据之间进行比较。实验结果的分析常用查表法和方差分析法。

(3)分级检验法。分析检验法是指按照特定的分级尺度，对样品进行评判，并给以适当的级数值。分级实验是以某个级数值来描述食品的属性，如食品的甜度、咸度、酸度、硬度、脆性、黏性、喜欢程度或者其他指标等。级数可以是分数、数值范围或图解等。

(4)分析或描述性检验法。在分析或描述性检验法中，要求鉴评员判定出一个或多个样品的某些特征或对某特定特征进行描述和分析，通过检验可得出样品各个特性的强度或样品全部感官特征。分析或描述性检验法中常用的方法有简单描述性检验法及定量描述和感官剖面检验法。

## 二、食品感官检验方法的选择原则

感官检验的方法较多，如何选择最佳的方案应根据具体情况而定，一般建议考虑以下几个方面。

1. 从食品感官检验的目的出发

对于任何检验都是有明确目的的，所以，在对食品进行感官检验之前首先需要做的就从检验的目的出发，来选择适合的检验方法。一般有两类不同目的，一类主要是描述产品，另一类主要是区分两种或多种产品(包括确定差别、确定差别的大小、确定差别的方向、确定差别的影响)。

例如：对于三个以上的食品样品评定，需要了解全部样品之间的品质、嗜好等关系时，可以采用分类检验法、评分法等。

对于两个食品样品，需要了解两个样品之间的差别关系时，则可以采用两点检验法、三点检验法、五中取二检验法、评分法等。

2. 食品感官检验方法的精密度出发

在实际检验过程中，如遇到检验两个样品之间的差异要求时，对同样的试验次数，同样的差异水平，使用三点检验法、成对比较检验法、评估法、评分法等，成对比较检验法要求的正解数少，从这一点来看，成对比较检验法优于其他检验法。

3. 从鉴评员所受的影响出发

食品感官检验试验方法中，就复杂的试验方法而言，它也会使得熟练且经过专业培训的鉴评员产生不安和压迫感。若是把这样复杂的检验方法用于普通的消费者，即使方法的精度很高，也不会得到更好的结果。

4. 从经济的角度考虑

从经济的角度考虑去选择食品的感官检验方法，要结合多方面的因素去考虑，也就是要考虑以下几个因素：样品用量，评价人员、试验时间，统计处理数据的难易程度。

## 三、食品感官检验方法的选择

在选择适合的检验方法之前，首先要明确检验目的。当检验目的明确后，选择检验方法时还需要兼顾置信度、样品的性质以及鉴评员个人情况等因素，主要取决于食品的性质和鉴评员个人情况两方面的因素。

根据感官检验工作的目的和要求，常用检验方法的选择如表 2-1 所示。

**表 2-1 食品感官检验方法的选择**

| 实际应用项目 | 主要检验目的 | 适合的检验方法 |
|---|---|---|
| 生产过程中的品质控制 | 检验出与标准品有无差别 | 两点检验法(单边)<br>两点检验法(双边)<br>二、三点检验法<br>三点检验法<br>选择法<br>配偶法 |
| | 检出与标准差异的量 | 评分法<br>成对比较检验法<br>三点检验法 |
| 原料品质控制检查 | 原料的分等 | 评分检验法<br>分等检查法(总体的) |
| 成品质量控制检查 | 检出趋向性差异 | 评分法：分等法 |
| 消费者嗜好调查<br>成品品质研究 | 获知嗜好程度或品质好坏 | 成对比较检验法<br>三点检验法<br>排序法<br>选择法 |
| | 嗜好程度或感官品质顺序评分法的数量化 | 评分法<br>多重比较法<br>配偶法 |
| 品质研究 | 分析品质内容 | 分析或描述性检验法 |

食品感官检验中不同的检验方法所需的评价人数也不相同，具体情况如表 2-2 所示。

表 2-2　不同检验方法所需的评价人数

| 方法 | 所需鉴评员人数 | | |
|---|---|---|---|
| | 专家型 | 优秀鉴评员 | 初级鉴评员 |
| 成对比较检验法 | 7 名以上 | 20 名以上 | 30 名以上 |
| 三点检验法 | 6 名以上 | 15 名以上 | 25 名以上 |
| 二、三点检验法 | — | — | 20 名以上 |
| 五中取二检验法 | — | 10 名以上 | — |
| “A”-非“A”检验法 | — | 20 名以上 | 30 名以上 |
| 排序检验法 | 2 名以上 | 5 名以上 | 10 名以上 |
| 分类检验法 | 3 名以上 | 3 名以上 | — |
| 评估检验法 | 1 名以上 | 5 名以上 | 20 名以上 |
| 评分检验法 | 1 名以上 | 5 名以上 | 20 名以上 |
| 分等检验法 | 按具体的分等方法定 | 按具体的分等方法定 | — |
| 简单描述检验法 | 5 名以上 | 5 名以上 | — |
| 定量描述或感官剖面检验法 | 5 名以上 | 5 名以上 | — |

**【知识拓展与链接】**

请同学们扫描封面二维码进行知识拓展学习：“食品感官检验常用的实验方法”。

**【任务测试】**

**一、单选题**

1. 对候选人感官灵敏度的检验，选用的方法不适合的是(　　)。

A. 三点检验法　　B. 五中取二检验法　C. 配比实验法　　D. 排序检验法

2. 感官分析实验中，以随机的顺序向候选评价员提供一系列样品，并要求描述这些样品的质地特征，此试验为(　　)。

A. 感官剖面试验　B. 差别试验　　C. 质地描述试验　D. 气味描述试验

**二、填空题**

1. ________是以随机的顺序同时出示两个样品给鉴评员，要求鉴评员对这两个样品进行比较，判别整个样品或某些特征强度顺序的检验方法。

2. ________是先给鉴评员一个对照样品，接着提供两个样品，其中一个与对照样品相同，要求鉴评员挑选出哪个与对照样品相同的检验方法。

3. ________是把数个样品分成两群，逐个取出各群的样品，进行两两归类的检验方法。

**三、简答题**

1. 简述评估检验法和评分检验法的差别。

2. 蜘蛛网形图是哪种分析法常用的图表？

# 项目三

# 样品的制备与呈送

**【案例导入】**

**葡萄酒的最佳饮用温度知多少?**

在葡萄酒品鉴时对葡萄酒温度的波动很敏感,会因温度的冷、热影响着葡萄酒的品质,尤其是会影响到香味。每一种葡萄酒应该在根据酒的种类选择适当的饮用温度。白葡萄酒一般在8~12℃饮用,甜白葡萄酒的饮用温度在8℃左右,而白葡萄酒的饮用温度在12℃左右。干白葡萄酒在20℃时也有很好的表现。红葡萄酒的品尝温度是18~22℃。气泡酒的饮用温度在4~8℃。这个温度范围可以使烧烤的香味更加明显,并且有利于气泡缓慢、稳定的释放。雪莉酒一般在6~8℃饮用,这个温度可以使其花香味更加浓郁,并且降低对过度甜味的感知。波特酒的饮用温度是18℃,这个温度可以降低酒精带来的灼热感,并使释放的香气更加复杂。温度对味觉也有明显的作用。低温可以降低舌头对糖的感知增加对酸的咸知。因此,在低温条件下饮用甜酒口感会更加平衡。低温下葡萄酒可以在口中产生令人愉悦的清爽感。相反,较高的温度可以降低对苦味和收敛性的感知。这就是为什么红葡萄酒要在18℃以上饮用的原因。

**思考问题:**

1. 葡萄酒品鉴时,如何对不同的葡萄酒进行样品的制备?
2. 样品的编码和呈送有什么要求?

**【工作任务】**

我国5000多年前的黄帝神农时代,就有人们采集植物作为医药用品,并用植物挥发出来的香气来驱疫避秽的记载。随着生活水平的提高,人们对高品质香精的要求越来越高。广州某香精香料公司利用生物酶解萃取技术生产了一款纯天然柠檬液体香精,可赋予食品新鲜的柠檬风味,让产品清新可人又韵味无穷,而且还绿色环保,提高了产品的附加值。请评香员对此液体柠檬香精样品进行制备与呈送,并建立感官检验方案。

【任务分析】

香精的应用效果需要科学合理准确的感官品评方法，要建立香精科学合理的品评方法及品评表，对描述性术语进行统一规范。该工作任务的目的是对液体柠檬香精样品制备，按照感官检验方案合理编号并呈送样品，为后续香精的品鉴做好准备。本任务依据国家相关标准：GB/T 10220—2012《感官分析方法学　总论》。

## 任务1　感官检验样品取样

【学习目标】

知识目标

1. 了解食品感官检验的样品取样要求；
2. 了解不同样品取样的数量要求；
3. 掌握样品的取样方法；
4. 掌握样品的保存要求。

能力目标

1. 会填写采样记录表；
2. 会正确进行样品的取样和保存。

素养目标

1. 具有严谨求实，精益求精、规范操作的工作态度；
2. 正确履行岗位职责，树立环保意识，具备爱岗敬业、吃苦耐劳的品质；
3. 善于与工作团队成员沟通交流，具有团队合作意识。

【思维导图】

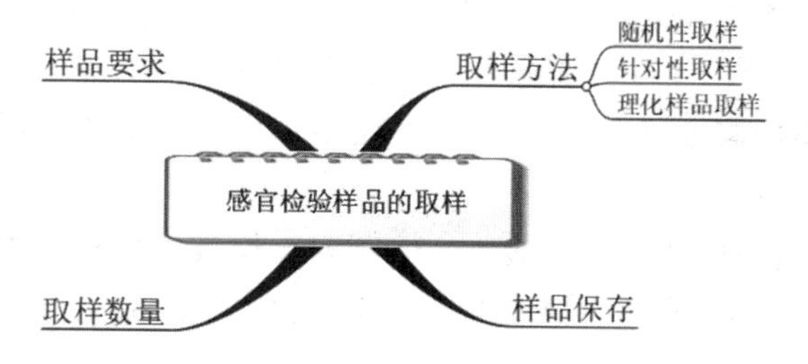

GB/T 30642—2014
《食品抽样检验通用导则》

## 知识准备

### 一、取样要求

采样时必须注意样品的代表性和均匀性。要认真填写采样记录，写明样品的生产日期、批号、采样条件、包装情况等，外地调入的食品应结合运货单、商品检验机关或卫生部门的化验单、厂方化验单来了解起运日期、来源地点、数量、品质情况，并填写检验项目及采样人。采样记录表见表3-1。

表 3-1 采样记录表

| 样品采样单 | | | |
|---|---|---|---|
| 样品名称 | | 品种 | |
| 采样日期 | 年 月 日 | 时间 | |
| 采样单位 | | 样品性状 | |
| 采样地点 | | | |
| 样品种类 | | 采样数量 | |
| 采样方法 | | | |
| 包装方法 | ________袋(盒)装 | | |
| 采样人 | | 采样陪同人 | |
| 储存方式 | ________℃下保存 | | |
| 储存地点 | | 储存时间 | ________小时(天) |
| 采样时的环境条件和气候条件 | | | |
| 采样人签名：____________ | | 采样陪同人签名： | |

## 二、取样数量

确定采样的数量，应考虑分析项目的要求、分析方法的要求和被分析物的均匀程度三个因素。一般样品的平均数量不少于全部检验项目的 4 倍；检验样品复验样品和保留样品一般每份数量不少于 0.5kg。检验掺伪物的样品，与一般的成分分析的样品不同，分析项目事先不明确，属于捕捉性分析，因此，相对来讲，取样数量要多一些。

1. 大容量容器的取样

如果产品是由大槽或槽车等大容器盛装，在每个大容量容器内，从上层表面算起，取出 1/10 总深度、1/3 总深度、1/2 总深度、2/3 总深度、9/10 总深度的 5 个局部样品，把在每个容器内所取得的 5 个局部样品集中起来混合均匀，再从中取出 3 个有代表性的样品。

2. 一般容器的取样

如果产品是由桶、坛、罐或瓶子盛装，应按表 3-2 中所列取样容器的最低数，分别从每个容器中取出不同深度的样品，然后集中混合均匀，再从其中抽取 3 个有代表性的样品。

表 3-2 取样数量表

| 委托分析容器总数/个 | 取样容器的最低数/个 |
|---|---|
| 1～3 | 每个容器取 1 个 |
| 4～20 | 3 |
| 21～60 | 4 |
| 61～80 | 5 |
| 81～120 | 6 |
| 120 以上 | 每 20 个容器取 1 个 |

## 三、取样方法

1. 随机性取样

均衡地不加选择地从全部批次的各部分按规定数量取样。采用随机性取样方式时，必须克服主观倾向性。

2. 针对性取样

根据已掌握的情况有针对性地选择。如怀疑某种食物可能是导致食物中毒的来源，或者感官上已初步判定出该食品存在卫生质量问题时，应有针对性地选择采集样品。

3. 理化样品取样

(1)散装食品取样方法

①液体、半液体样品：采样前先检查样品的感官性状，然后将样品搅拌均匀后取样，采用三层五点法，对流动的液体样品，可定时定量，从输出口取样后混合留取检验所需样品。

②固体食品：采用三层五点法，从各点采出的样品要做感官检查。感官性状基本一致，可以混合成一个样品；如果感官性状明显不同，则不要混合，要分别盛装。

(2)大包装食品取样方法

①液体、半液体食品：取样前摇动或搅拌液体，尽量使其达到均质。取样前应先将采样用具浸入液体内略加漂洗，然后再取所需量的样品；取样量不应超过其容器量的四分之三，以便于检验前将样品摇匀。大包装食品常用铁桶或塑料桶，容器不透明，很难看清楚容器内物质的实际情况。取样前，应先将容器盖子打开，用采样管直通容器底部，将液体吸出，置于透明的玻璃容器内，进行现场感官检查。检查液体是否均有无杂质和异味后，将这些液体充分搅拌均匀，装入样本容器内。

②颗粒或粉末状的固体食品：每份样品应用采样器由几个不同部位分层采取，一起放入一个容器内。

(3)小包装食品取样方法

直接食用的小包装食品，尽可能取原包装，直到检验前都不要开封，以防止污染。

(4)其他食品采样方法

①肉类：在同质的一批肉中，采用三层五点法；如品质不同，可将肉品分类后再分别取样。也可按分析项目的要求重点采取某一部位。

②鱼类：经感官检查质量相同的鱼采用三层五点法；大鱼可只割取其局部作为样品。

③烧烤熟肉(猪、鹅、鸭)：检查表面污染情况，采样方法可用表面涂抹法。大块熟肉采样，可在肉块四周外表均匀选择几个点。

④食具：采用试纸法采样检测。

⑤冷冻食品：对于大块冷冻食品，应从几个不同部位采样。样品检验前，要始终保持样品处于冷冻状态。样品一旦融化，不可使其再次冷冻，保持冷却即可。

⑥生产过程中的采样：应划分检验批次，注意同批产品质量的均一性。

## 四、样品保存

样品采集后应尽快进行分析，否则应密塞加封，进行妥善保存。由于食品中含有丰富的营养物质，在合适的温度、湿度条件下，微生物迅速生长繁殖，会导致样品的腐败变质；同时，样品中易含挥发性、易氧化及热敏性物质，所以保存过程中应注意以下几个方面：防止污染；防止腐败变质；防止样品中的水分蒸发或干燥的样品吸潮。

**【知识拓展与链接】**

请同学们扫描封面二维码进行知识拓展学习：“食品样品的取样与保存”。

**【任务测试】**

**一、填空题**

1. 采样时必须注意样品的________和________。

2. 取样的方法包括________、________和________三种。

3. 固体样品的取样采用________。

4. 啤酒样品的品评温度应控制在________为宜。

**二、判断题**

1. 对于大包装的液体样品取样，取样量不应超过其容器量的三分之一，以便于检验前将样品摇匀。（　　）

2. 对于食具应采用试纸法采样检测。（　　）

3. 一般平均样品的取样数量不少于全部检验项目的四倍。（　　）

**三、简答题**

1. 确定采样的数量，应考虑哪些方面因素的影响？

2. 取样的产品应如何保存？

## 任务 2　感官检验样品的制备

**【学习目标】**

**知识目标**

1. 掌握样品的制备要求；
2. 掌握不能直接感官分析样品的制备方法。

**能力目标**

1. 会根据不同样品的要求制订样品的制备方案；
2. 能按照国标方法进行样品的制备操作；
3. 评估样品本身的性质，会对不能直接感官分析的样品进行处理。

**素养目标**

1. 具有严谨求实，精益求精、规范操作的工作态度；
2. 正确履行岗位职责，树立环保意识，具备爱岗敬业、吃苦耐劳的品质；
3. 善于与工作团队成员沟通交流，具有团队合作意识。

**【思维导图】**

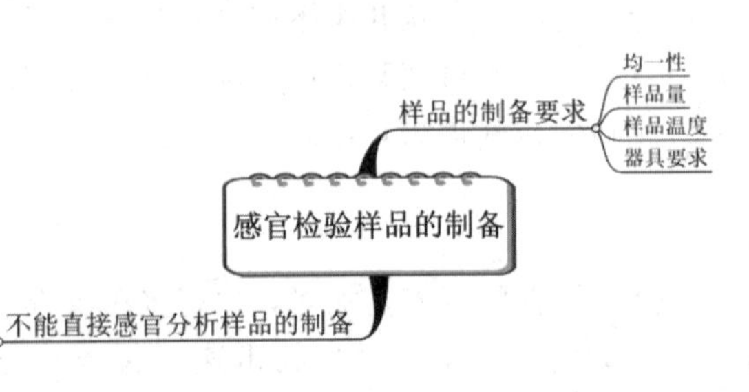

GB/T 12314—1990
《感官分析方法 不能直接感官分析的样品制备准则》

## 知识准备

### 一、样品的制备要求

样品是感官评价的对象，样品的制备方法和呈送方式将影响感官评价员对样品的评价心理，这决定着感官评价试验能否获得可靠的结果。样品制备的具体要求如下。

1. 均一性

这是感官评价试验样品制备中最重要的因素。所谓均一性就是指制备的样品除所要评价的特性外，其他特性应完全相同，包括每份样品的量、颜色、外观、形态、温度等。样品在其他感官质量上的差别会造成对所要评价特性的影响，甚至会使评价结果完全失去意义。在样品制备中要达到均一目的，除精心选择适当的制备方式以减少出现特性差别的可能性外，还应选择一定的方法以掩盖样品间的某些明显的差别。对不希望出现差别的特性，采用不同方法消除样品间该特性上的差别。例如，在品评某样品的风味时，可使用无味的色素物质来掩盖样品间的色差，使检验人员在品评样品风味时，不受样品颜色差异的干扰。

样品的均一性，除受样品本身性质的影响外，也会受到摆放顺序或呈送顺序的影响均一性。

2. 样品量

样品量对感官评价试验的影响，体现在两个方面，即感官评价人员在一次试验中所能评价的样品个数及试验中可供每个评价人员分析的样品数量。

感官评价人员在感官评价试验期间，理论上可以评价许多不同类型的样品，但实际上能够评价的样品数取决于下列几个因素：

(1)感官评价人员的预期值。是指参加感官评价的人员，事先对试验了解的程度和根据各方面的信息对所进行试验难易程度的预估。有经验的评价员还会注意到试验设计是否得当的问题，若由于对样品、试验方法了解不够，或对试验难度估计不足，而造成拖延了试验的时间，就会降低可评价样品数，而且会导致结果误差的增大。

(2)感官评价人员的主观因素。参加感官评价试验的人员对试验重要性的认识，对试验的兴趣、理解、分辨未知样品特性和特性间差别的能力等因素，也会影响到其所能正常评价的样品数。

(3)样品特性。样品的性质对可评价样品有很大的影响。特性强度的不同，可评价的样品数量的差别也不同。通常，样品特性强度越高，能够正常评价的样品数越少。因为强烈的气味或味道会明显减少可评价的样品数。

除上述主要因素外，噪声、不适当光线等也会降低评价人员评价样品的数量。

呈送给每个鉴评员的样品分量应根据试验方法和样品种类的不同而分别控制。有些试验(如二、三点试验)应严格控制样品分量，另一些试验则不须控制，可提供给评价人员足够评价的量。

通常，对需要控制用量的差别试验，每个样品的分量控制在液体 30mL，固体 28g 左右为宜。嗜好试验的样品分量可比差别试验的样品分量高一倍。描述性试验的样品分量可依实际情况而定。例如饼干，每次品尝 8～10 片是上限，而啤酒每次品尝 6～8 口是上限。

对于风味持久的食品，如熏肉、有苦味的物质、油腻的物质，则每次只能品尝1～2份。另外，对于仅需视觉检验的样品，每次评定20～30份才会达到精神疲劳。

3. 样品温度

在食品感官评价试验中，样品的温度是一个值得考虑的因素，只有以恒定和适当的温度提供样品才能获得稳定的检验结果。

样品温度的控制应以最容易感受样品间所评价特性为基础，通常是将样品温度保持在该种产品日常食用的温度。

温度对样品的影响，除过冷、过热的刺激造成感官不适、感觉迟钝和日常饮食习惯会限制温度变化外，还包括温度升高后，挥发性气味物质挥发速度加快，会影响其他的感觉，以及食品的品质及多汁性随温度变化所产生的相应变化也会影响感官评价。在试验中，可事先制备好样品保存在恒温箱内，然后统一呈送，保证样品温度的恒定和均一。表3-3列出了几种样品在感官检验时的最佳温度。

**表3-3　几种样品在感官检验时的最佳温度**

| 食品种类 | 最佳温度/℃ | 食品种类 | 最佳温度/℃ |
|---|---|---|---|
| 啤酒 | 11～15 | 食用油 | 55 |
| 白葡萄酒 | 13～16 | 肉饼、热蔬菜 | 60～65 |
| 乳制品 | 18～20 | 汤 | 68 |
| 红葡萄酒、餐味葡萄酒 | 15 | 面包、糖果 | 室温 |
| 冷冻橙汁 | 10～13 | 鲜水果、咸肉 | 室温 |

4. 器具要求

样品制备及呈送的器具要仔细地选择，以免引入偏差或新的可变因素。同一个试验内所用器皿最好外形、颜色和大小相同，器皿本身应无气味或异味。大多数塑料器具、包装袋等都不适用于食品、饮料等的制备，因为这些材料中挥发性物质较多，其气味与食物气味之间的相互转移将影响样品本身的气味或风味特性。通常采用玻璃或陶瓷器皿比较合适，但清洗比较麻烦。也有可采用一次性塑料或纸塑杯、盘作为感官评价试验用器皿。木质材料不能用作切肉板、和面板、混合器具等，因为木材多孔，易于渗水和吸水，易沾油，并会将油转移至与其接触的样品上。

因此，用于样品的储藏、制备、呈送的器具最好是玻璃器具、光滑的陶瓷器具或不锈钢器具，因为这些材料中挥发性物质较少。另外，经过试验，低挥发性物质且不易转移的塑料器具也可使用，但必须保证被测样品在器具中的呈放时间(从制备到评定过程)不超过10min。

试验器皿和用具的清洗应慎重选择洗涤剂。不应使用会遗留气味的洗涤剂。清洗时应小心清洗干净并用不会给器皿留下毛屑的布或毛巾擦拭干净，以免影响下次使用。

## 二、不能直接感官分析样品的制备

本任务依据的国家相关标准：GB/T 12314－1990《感官分析方法 不能直接感官分析的样品制备准则》。

对于具有浓郁气味的产品(如香料和调味品)和特别浓的液体产品(如糖浆和某些提取液)，不能直接品评，需要用中性载体进行稀释。根据检验的需要，通过处理制备，使样品的某一感官特性能直接评估。载体及其用量的选择必须避免样品所测特性的改变，即不会产生拮抗作用或协同作用。常用的中性载体有：牛奶、油、面条、大米饭、馒头、菜泥、面包、乳化剂和奶油等。这里存在两种情况：

1. 评估样品本身的性质

方法一：与化学组分确定的物质混合。根据实验目的，确定稀释载体最适宜的温度。将均匀定量的样品用一种化学组分确定的物质(如水、乳糖、糊精等)稀释或在这些物质中分散样品。每一个实验系列的每个样品使用相同的稀释倍数或分散比例。由于这种稀释可能改变样品的原始风味，因此配制时应避免改变其所测特性。当确定风味剖面时，对于相同样品有时推荐使用增加稀释倍数和分散比例的方法。

方法二：添加到中性的食品载体中。在选择样品和载体混合的比例时，应避免两者之间的拮抗或协同效应。将样品定量地混入选用的载体中或放在载体上面。在检验系列中，被评估的每种样品应使用相同的样品、载体比例。根据分析的样品种类和实验目的选择制备样品的温度。但评估时，同一检验系列的温度应与制备样品的温度相同。

2. 评估食物制品中样品的影响

方法：添加到复杂的食品载体中。一般情况下使用一种较复杂的制品，样品混于其中。在这种情况下，样品将与其他风味竞争。在同一检验系列中评估的每个样品使用相同的样品、载体比例。制备样品的温度应与评估时的正常温度相同(如冰激凌处于冰冻状态)，同一检验系列的样品温度也应相同。

表 3-4 列出了常见的不能直接进行感官分析的食品的通常实验方法及条件。

**表 3-4　不能直接进行感官分析的食品通常实验方法及条件**

| 样品 | 实验方法 | 器皿 | 数量及载体 | 温度/℃ |
|---|---|---|---|---|
| 果冻片 | P | 小盘 | 夹于 1/4 三明治中 | 室温 |
| 油脂 | P | 小盘 | 一个炸面包圈或 3～4 个油炸点心 | 烤热或油炸 |
| 果酱 | D、P | 小杯和塑料匙 | 30g 夹于淡饼干中 | 室温 |
| 糖浆 | D、P | 小杯 | 30g 夹于威化饼干中 | 32 |
| 芥末酱 | D | 小杯和塑料匙 | 30g 混于适宜肉中 | 室温 |
| 色拉调料 | D | 小杯和塑料匙 | 30g 混于蔬菜中 | 60～65 |
| 奶油沙司 | D、P | 小杯 | 30g 混于蔬菜中 | 室温 |
| 卤汁 | D<br>DA | 小杯<br>150mL 带盖杯，不锈钢匙 | 30g 混于土豆泥中<br>60g 混于土豆泥中 | 60～65<br>65 |
| 火腿胶冻 | P | 小杯、碟或塑料匙 | 30g 与火腿丁混合 | 43～49 |
| 酒精 | D | 带盖小杯 | 4 份酒精加 1 份水混合 | 室温 |
| 热咖啡 | P | 陶瓷杯 | 60g 加入适宜乳、糖 | 65～71 |

注：D 表示差别检验；P 表示嗜好检验；DA 表示描述检验。

**【知识拓展与链接】**

请同学们扫描封面二维码进行知识拓展学习：“矿泉水的感官检验制备方案”。

**【任务测试】**

**一、单选题**

1. 以下盛样品的容器中最不适合采用的材料为（ ）。

A. 玻璃制品 B. 陶瓷制品 C. 不锈钢制品 D. 木质制品

2. 通常对于差别试验每个样品的分量控制在液体（ ）mL 为宜。

A. 15 B. 30 C. 45 D. 60

3. 通常对于差别试验每个样品的分量控制在固体（ ）g 为宜。

A. 1～10 B. 10～20 C. 30～40 D. 50～60

**二、填空题**

1. 感官评价试验样品制备中最重要的因素是________。

2. 啤酒样品的品评温度应控制在________为宜。

3. 对于具有浓郁气味的产品和特别浓的液体产品，需要用________进行稀释。

**三、简答题**

1. 感官评价中，评价员实际能够评价的样品数取决于哪些因素？

2. 某感官评价实验需要制备香草精样品，请问如何制备？

## 任务 3 样品的编码与呈送

**【学习目标】**

**知识目标**

1. 了解样品顺序以及样品的编号要求；
2. 熟悉样品呈送的顺序效应、位置效应和预期效应；
3. 掌握样品制备与呈送的方法。

**能力目标**

1. 能根据编码原则对样品编码；
2. 会按照样品的呈送顺序对样品呈送。

**素养目标**

1. 具有严谨求实，精益求精、规范操作的工作态度；
2. 正确履行岗位职责，树立环保意识，具备爱岗敬业、吃苦耐劳的品质；
3. 善于与工作团队成员沟通交流，具有团队合作意识。

**【思维导图】**

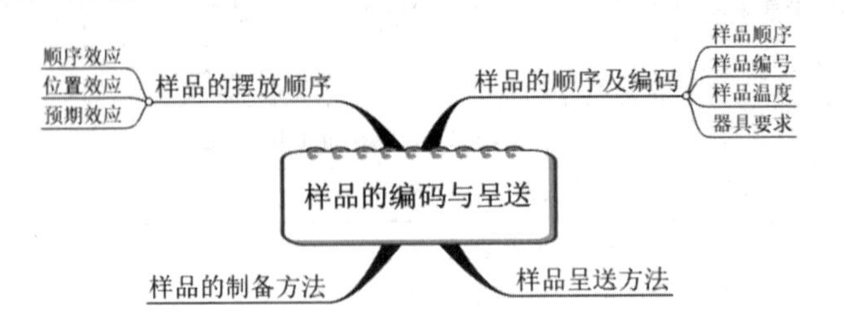

动画：样品的编码与呈送

## 一、样品的顺序及编码

### 1. 样品顺序

呈送给每一位评价员的样品的顺序、编号、数量都要经过合理的设置。样品呈送的顺序要达到平衡，即保证每个样品在同一位置出现的次数相同。例如，A、B、C 三个不同样品在一次序列实验中可按以下顺序呈送：

ABC ACB BCA BAC CBA CAB

这就需要参加的感官评价试验评价员的人数应是 6 的倍数。

### 2. 样品编号

所有呈送给评价员的样品都应适当编号，但样品编号时代码不能太特殊，以免提供给评价员任何相关信息。样品编号工作应由实验组织者或样品制备工作人员进行，实验前不能告知评价员编号的含义或给予任何暗示。可以用数字、拉丁字母或字母和数字结合的方式对样品进行编号。用数字编号时，最好采用从随机数表上选择三位数的随机数字，三位随机数字表见附录 1。用字母编号时，则应该避免按字母顺序编号或选择喜好感较强的字母(如最常用字母、相邻字母、字母表中开头与结尾的字母等)进行编号。除以上要求外，编号时还应注意以下几点：

(1)用字母编号时，应避免使用字母表中相邻字母或开头与结尾字母，双字母最好，以防产生记号效应；

(2)用数字编号时，最好采用三位数以上的随机数字，但同次试验中各个编号的位数应一致，数字编号比字母编号干扰小；

(3)不要使用人们忌讳的数字或字母；

(4)人们具有倾向性的编号也要尽量避免；

(5)同次试验中所用的编号位数应相同，同一个样品应编几个不同号码，以保证每个评价员所拿到的样品编号不重复；

(6)在进行较频繁的试验时，必须避免使用重复编号数，以免使评价员联想起以前检验过的同样编号的样品而产生干扰。

## 二、样品的摆放顺序

呈送给评价员的样品的摆放顺序也会对感官评定实验结果产生影响，要避免产生顺序效应、位置效应、预期效应。这种影响涉及两方面：一是在比较两个与客观顺序无关的刺激时，常常会过高地评价最初的刺激或第二次刺激，造成所谓的第一类误差或第二类误差。二是在评价员较难判断样品间差别时，往往会多次选择放在特定位置上的样品。如在三点检验法中选择摆放在中间的样品，在五中取二检验法中，则选择位于两端的样品。因此，在给评价员呈送样品时，应注意让样品在每个位置上出现的概率相同或采用圆形摆放法。

**顺序效应、位置效应、预期效应**

顺序效应是指由于试样的提供顺序对感官评价产生的影响。如在比较两种试样滋味时，往往对最初的刺激评价过高，这种倾向称为正顺序效果，反之称为负顺序效果。一般品尝两种试样的间隔时间越短越容易产生正顺序效果；间隔时间越长，负顺序效果产生的可能性越大。为避免这种倾向，一是可在品尝每一种试样后都用蒸馏水漱口，二是均衡安排样品不同的排定顺序。

位置效应是指将试验样品放在与试验质量无关的特定位置时，评价员往往会多次选择特定位置上试样的现象。在试样之间的感官质量特性差别很小或分析人员经验较少的情况下，位置效应特别显著。

预期效应是指将试验样品按连续性或对称性规则摆放时，往往会使评价员获得暗示而引起评价能力偏差的现象。在评价样品质量好坏时，如样品连续都是质量差的，评价员就会怀疑自己的能力而认为其中有一个质量好的。样品好坏依次排列或对称排列，也会使评价员对自己的评价结果产生怀疑。如品尝一组样品的浓度次序从高到低，评价人员无需品尝后面的样品便会察觉出样品浓度排列顺序而引起判断力的偏差。这种从样品排列规则上领会出的暗示现象，也称为预期效应。

摆放过程中要遵循“平衡”的原则，让每一个样品出现在某个特定位置上的次数是一样的。例如，对A、B、C三个样品进行打分，则这三个样品所有可能的排列顺序为：ABC、ACB、BAC、BCA、CAB、CBA。在这种组合的基础上，样品的呈送是随机的，通常可采用两种呈送方法，可以把全部样品随机分送给每个评价员，即每个评价员只品尝一种样品；也可以让所有参加实验的评价员对所有的样品进行品尝。前一种方法适合在不能让所有参试人员将所有样品尝一遍的情况下使用，如在不同地区进行的实验；而后一种方法是感官评价中经常使用的方法。

## 三、样品的制备方法

(1)记录：内容包括：样品的来源(名称、制造商、生产日期等)、实验所需样品数量(要求来源一致)、储存条件(时间、地点、温度、湿度)；

(2)工具准备：锥形瓶、具塞棕色小瓶、天平、量筒、小烧杯、小托盘、温度计、标签纸、废液缸、纸巾、纯净水。

(3)含有转基因成分的甜橙香味物质和不含有转基因成分的甜橙香味物质分别取样，从1批容器或1个容器中取出在质量上和组成上都具有代表性的样品，以便进行感官评价。

(4)室温时是液体的甜橙香味物质，在室温中即可把它注入锥形瓶中，装入量不超过该容器体积的2/3。在室温下是固体的甜橙香味物质，则应置于烘箱内，控制在合适的温度进行液化，然后灌装。在后续操作中，始终使精油保持处于液态的最低温度。两种样品分别用A、B标注。

(5)取锥形瓶中2种甜橙香味物质，用纯净水制成0.5%～1%的水溶液后，分装到棕色具塞小瓶中，并分别在装有两种不同样品的小瓶底部分别贴上A、B标签。

(6)根据随机号码表，选取号码写在标签纸上并贴在装有两种样品的棕色具塞小瓶上。每个样品给出4个编码，以备4组检验之用。

## 四、样品呈送方法

1. 确定呈送顺序

根据随机数字表，确定呈送顺序，按呈送顺序排列4组，组合顺序应为AB、BA、AA、BB。

2. 记录

将样品呈送顺序记录在事先准备好的表格中。

3. 呈送样品

将每组的2个样品按随机排列好的顺序码放在托盘中，共4盘，分别呈送给感官评价员。

**【知识拓展与链接】**

请同学们扫描封面二维码进行知识拓展学习："感官分析技术应用的前提条件"。

**【任务测试】**

**一、填空题**

1. 样品呈送顺序应坚持________原则，每个样品出现在某个特定位置上的次数一样。

2. 呈送给评价员的样品的摆放顺序也会对感官评定实验结果产生影响，要避免产生________、________和________。

3. 对样品进行编号时，可采用________、________和________的方式。

**二、名词解释**

1. 顺序效应

2. 位置效应

3. 预期效应

**三、简答题**

1. 简述样品编号的注意事项。

2. 简述样品呈送顺序对感官品评的影响。

# 方案设计与实施

## 一、感官评价小组制订工作方案，确定人员分工

在教师的引导下，以学习小组为单位制订工作方案，感官评价小组讨论，确定人员分工。

1. 工作方案

**表1　方案设计表**

| 组长 | | 组员 | | | |
|---|---|---|---|---|---|
| 学习项目 | | | | | |
| 学习时间 | | 地点 | | 指导教师 | |
| 准备内容 | 检验方法 | | | | |
| | 仪器试剂 | | | | |
| | 样　　品 | | | | |

续表

| 具体步骤 | |
|---|---|

2. 人员分工

表 2 感官评价员工作分工表

| 姓名 | 工作分工 | 完成时间 | 完成效果 |
|---|---|---|---|
| | | | |
| | | | |
| | | | |

## 二、试剂配制、仪器设备的准备

请同学按照实验需求配制相应的试剂和准备仪器设备，根据每组实际需要用量填写领取数量，并在实验完成后，如实填写仪器设备的使用情况。

1. 试剂配制

表 3 试剂配制表

| 组号 | 试剂名称 | 浓度 | 用量 | 配制方法 |
|---|---|---|---|---|
| | | | | |
| | | | | |
| | | | | |

2. 仪器设备

表 4 仪器设备统计表

| 仪器设备名称 | 型号(规格) | 数量/个 | 使用前情况 | 使用后情况 |
|---|---|---|---|---|
| | | | | |
| | | | | |
| | | | | |

## 三、样品制备

表 5 样品制备表

| 样品名称 | 取样量 | 制备方法 | 储存条件 | 制造厂商 |
|---|---|---|---|---|
| | | | | |
| | | | | |
| | | | | |

样品制备员按照甜橙风味的感官品评准备工作表进行样品制备和呈送，如表 6 所示。

**表 6　甜橙风味的感官品评准备工作表**

<table>
<tr><td colspan="3">样品准备工作表<br>日期：________　　编号：________</td></tr>
<tr><td colspan="3">样品类型：<br>试验类型：</td></tr>
<tr><td>产品情况</td><td colspan="2">编码</td></tr>
<tr><td>A：新产品</td><td colspan="2">862　245　458　396</td></tr>
<tr><td>B：原产品(对比)</td><td colspan="2">223　398　183　765</td></tr>
<tr><td>呈送容器标记情况小组</td><td>号码顺序</td><td>代表类型</td></tr>
<tr><td>1</td><td>AB</td><td>862　223</td></tr>
<tr><td>2</td><td>BA</td><td>398　245</td></tr>
<tr><td>3</td><td>AA</td><td>458　396</td></tr>
<tr><td>4</td><td>BB</td><td>183　765</td></tr>
<tr><td colspan="3">样品准备程序：<br>1. 两种产品各准备 4 个，分 2 组(A 和 B)放置，不要混淆；<br>2. 按照上表的编码，每个号码准备 1 个，将两种产品分别标好。即新产品(A)中标有 862、245、458 和 396，原产品(B)中标有 223、398、183 和 765。如果品评人数较多，按此表顺序继续编码；<br>3. 将标记好的样品按照上表进行组合，每份相应的小组号码和样品号码也应写在问答卷上，呈送给品评人员</td></tr>
</table>

## 评价与反馈

1. 学完本项目后，你都掌握了哪些技能？
2. 将评价员的评价填写到表 1 中。

**表 1　评价表**

<table>
<tr><td colspan="2">项目考核</td><td rowspan="2">评价内涵与标准</td><td rowspan="2">项目内权重(%)</td><td rowspan="2">学生自评(20%)</td><td rowspan="2">学生互评(30%)</td><td rowspan="2">教师评价(50%)</td></tr>
<tr><td>考核内容</td><td>指标分解</td></tr>
<tr><td rowspan="3">知识内容</td><td>取样</td><td>掌握取样概念、原则、取样方法及取样注意事项</td><td>10</td><td></td><td></td><td></td></tr>
<tr><td>样品的制备</td><td>样品制备概念、方法、样品制备数量</td><td>10</td><td></td><td></td><td></td></tr>
<tr><td>样品编码与呈送</td><td>样品的编码、样品呈送的顺序及注意事项</td><td>10</td><td></td><td></td><td></td></tr>
</table>

续表

| 项目考核 | | 评价内涵与标准 | 项目内权重（%） | 学生自评（20%） | 学生互评（30%） | 教师评价（50%） |
|---|---|---|---|---|---|---|
| 考核内容 | 指标分解 | | | | | |
| 项目完成度 | 取样 | 能正确设计感官检验样品的取样 | 10 | | | |
| | 样品制备方案设计 | 能根据要求制备感官检验的样品 | 20 | | | |
| | 样品呈送顺序 | 能根据要求确定呈送顺序，分发样品 | 10 | | | |
| | 任务实施过程 | 知识应用能力，应变能力；能正确地分析和解决遇到的问题 | 10 | | | |
| 表现 | 团队的协作能力 | 能正确、全面地获取信息并进行有效地归纳 | 5 | | | |
| | | 能积极参与合成方案的制订，进行小组讨论，提出自己的建议和意见 | 5 | | | |
| | | 善于沟通，积极与他人合作完成作任务；能正确分析和解决遇到的问题 | 5 | | | |
| | 课堂纪律 | 遵守纪律及着装形体表现 | 5 | | | |
| 综合评分 | | | | | | |
| 综合评语 | | | | | | |

# 项目四
# 食品感官评价员的选拔与培训

**【案例导入】**

**国家职业技能标准品酒师**

品酒的历史在我国源远流长，不少古代文人学士写下了许多品评鉴赏美酒佳酿的著作和诗篇。明·袁宏道的《筋政》中说："凡酒以色清味冽为圣。色如金而醇苦为贤。色黑味酸国离者为愚。以糯酿醉人者为君子。以腊酿醉人者为中人。以巷醒烧酒醉人者为小人。"清·梁绍圭《两般秋雨庵随笔》对酒的香、味、色等方面均有精辟的品评论述。说明品酒在我国古代已经达到了很高的水平。新中国成立以后，党和政府十分关心这一古老文化的继承和发展，先后举行了共举办了5次全国评酒大会，对提高我国饮料酒的产品质量起到了重要的促进作用。仅靠仪器的测定数值是不能全面地评价酒的品质优劣的，根据中华人民共和国人力资源和社会保障部制定的国家职业技能标准品酒师(职业编码6—02—06—07)规定，品酒师作为感官分析评价员，是应用感官品评技术，从色泽、香气、滋味和典型性评价酒体质量，从而指导酿酒工艺、贮存和勾调，要求品酒师具备秉公守法，大公无私，传承匠心，创新技艺；客观准确，科学评判，精心勾兑，用心品评；质量第一，客户至上，安全环保，清洁卫生的职业道德。进行酒体设计和新产品开发，生产品质更高的酒类产品。本职业共设三个等级，分别为：三级品酒师(国家职业资格三级)、二级品酒师(国家职业资格二级)、一级品酒师(国家职业资格一级)。

**思考问题：**

1. 品酒师职业包括哪几个等级？各等级的品酒师需具备哪些要求？
2. 如何招募和初选感官分析评价员？
3. 感官分析评价员的筛选和培训方法是什么？

# 任务1 感官分析评价员的招募与初选

【学习目标】

**知识目标**

1. 了解感官分析评价员的类型及各类评价员的基本情况；
2. 掌握感官评价员的招募与初选的方法；
3. 了解候选评价员面试的注意事项。

**能力目标**

1. 设计一套简单的候选评价员初选调查表；
2. 会制订候选评价员面试的方案；
3. 能完成感官分析评价员的招募与初选。

**素养目标**

1. 具有健全人格和健康体魄，能适应感官检验的工作环境；
2. 恪守职业道德，能遵守企业规章制度；
3. 善于与工作团队成员沟通交流，具有团队合作意识。

【工作任务】

党的二十大报告指出："科技是第一生产力、人才是第一资源、创新是第一动力。要把技能人才作为第一资源来对待，特别是要将高技能人才纳入高层次人才进行统一部署。"北京某乳品生产企业研发部为组建感官评价小组，筛选一批感官灵敏，具有良好语言表达能力，同时对感官检验工作感兴趣的人员。那么如何对感官分析评价员招募与初选？

T/FDSA 014—2021《食品感官分析职业技能等级要求》

【任务分析】

通过本任务的学习，能够运用问卷调查的方法，收集报名者的背景信息，确定初选人员，并进行结果统计与数据分析，出具初选报告。

本任务依据的国家相关标准：GB/T 16291.1—2012《感官分析 选拔、培训与管理评价员一般导则 第1部分：优选评价员》。

【思维导图】

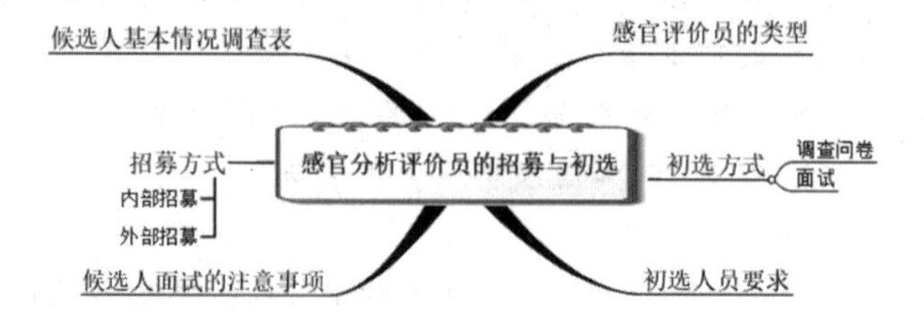

## 知识准备

### 一、感官分析评价员的类型

食品感官检验是以人的感觉为基础，通过感官评价食品的各种属性后，再经过统计分析而得到客观结果的实验方法。所以其结果不仅要受到客观条件的影响，而且要受到主观条件的影响。食品感官检验的客观条件包括外部环境条件和样品的制备，而主观条件则涉及参与感官分析实验人员的基本条件和素质。因此对于食品感官检验，外部的环境条件、参与实验的鉴评人员和样品的制备皆符合要求是实验得以顺利进行并获得理想结果的三个必备要素。当客观条件都具备时，只有参加实验的感官检验评价人员密切配合，才能取得可靠而且重现性强的客观分析结果。参加分析评价人员的感官灵敏性与稳定性会严重影响最终检验结果的趋向性和有效性。由于个体感官灵敏性差异较大，且有许多因素会影响到感官灵敏性的正常发挥，因此，做好食品感官检验人员的选拔和培训是使感官检验实验结果稳定和可靠的首要条件。

通常根据感官实验人员在感官分析上的经验及相应的层次，可以把参加感官鉴评试验的人分为五类。

1. 专家型

专家型感官评价员是食品感官鉴评人员中层次最高的一类，专门从事产品质量控制、评估产品特定属性与记忆该属性标准之间的差别和评选优质产品等工作。专家型鉴评人员数量最少而且不容易培养，如品酒师、品茶师等均属于这一类人员。他们不仅需要积累多年专业工作经验和感官鉴评经历，而且在特性感觉上具有一定的天赋，在特征表述上具有突出的能力。品酒师的最高级别是考取伦敦葡萄酒学院的 Master of Wine，直译为葡萄酒硕士。但实际上，这是世界上最难的资格考试，自 20 世纪 50 年代学院成立以来，全世界目前只有几百人获得资格。

2. 消费者型

这是食品感官鉴评人员中代表性最广泛的一类。通常这种类型的评价人员由各个阶层的食品消费者的代表组成。与专家型感官鉴评人员相反，消费者型感官鉴评人员仅从自身的主观愿望出发，评价是否喜爱或接受所试验的产品，以及喜爱和接受的程度。这类人员不对产品的具体属性或属性间的差别做出评价，一般适合于嗜好型感官评价。

3. 无经验型

这也是一类只对产品的喜爱和接受程度进行评价的感官鉴评人员，但这类人员不及消费者型人员代表性强。一般是在实验室这样的小范围内进行感官评价，由与所试产品有关的人员组成，无须经过特性的筛选和训练程序，而是根据实际情况轮流参加感官鉴评试验。

4. 有经验型

有经验的感官鉴评人员是通过感官鉴评人员筛选并具有一定分辨差别能力的感官鉴评试验人员，他们可专职从事差别类试验，但是要经常参与有关的差别试验，以保持分辨差别的能力。

5. 培训型

这是从有经验型感官鉴评人员中经过进一步筛选和训练而获得的感官鉴评人员。通常他们都具有描述产品感官品质特性及特性差别的能力，专门从事对产品品质特性的评价。

在以上提到的五种类型的感官鉴评员中，由于各种因素的限制，建立在感官实验室基础上的感官鉴评员不包括专家型和消费者型，而只考虑其他三类人员(无经验型、有经验型和培训型)。

食品感官评价试验能顺利进行，必须有充分可利用的感官评价员，这些感官评价员的感官灵敏度和稳定性，严重影响最终结果的趋向性和有效性。在初步确定感官评价员候选人后，应进行筛选工作。在实际工作中，为满足试验方便的需要，这些感官评价员通常来自机构组织内部，比如研究机构内部、大学的学科内部、公司研发部门等。当所需人数较多时，还需要从外部招募，进行消费者调查等情况。

## 二、感官分析评价员的招募

对大部分企业而言，其招募方式包括内部招募和外部招募。内部招募是指从办公室、工厂或实验室职员中招募。外部招募是指从单位外部招募。最常用的招募方式有：当地出版社、专业刊物或免费报刊等的分类广告招募；通过调查机构进行招募，这些机构能够提供可能感兴趣的候选人的姓名和联系方式；内部"消费者"档案，如来自广告宣传活动或产品投诉记录等信息；单位来访人员；个人推荐等等。内部招募和外部招募这两种招募方式各有优缺点，具体见表 4-1。

**表 4-1　内部和外部招募的优缺点**

| 招募形式 | 优点 | 缺点 |
| --- | --- | --- |
| 内部招募 | 1. 人员都在现场；<br>2. 无须支付酬金；<br>3. 更好地确保结果的保密性；<br>4. 评价小组人员有更好的稳定性 | 1. 候选人的判断由于了解产品而受到影响；<br>2. 本单位的产品难以升级；<br>3. 候选人替换较困难(小单位人员数量有限)；<br>4. 可用性低 |
| 外部招募 | 1. 挑选范围广；<br>2. 补充新候选人能随叫随到；<br>3. 不存在级别问题；<br>4. 人员选拔更容易，淘汰不适合工作的评价人员时，不存在冒犯的风险；<br>5. 可用性高 | 1. 此招募费用高，要额外支付酬劳；<br>2. 更适用于居民人数众多的城市地区，而乡村则不适合单独采用外部招募；<br>3. 由于必须招募有空闲时间的人员，应聘者中退休老人、家庭妇女，学生等较多，难以招募到在职人员；<br>4. 经过选拔和培训后，评价员仍可能会随时退出 |

招募后由于味觉灵敏度、身体状况等原因，选拔过程中大约要淘汰一半人。需要招募人数至少是最后实际组成评价小组人数的 2～3 倍。例如：为了组成 10 个人的评价小组，需要招募 40 人，从中挑选 20 名候选人。

## 三、感官评价员的初选

1. 目的

初选包括报名、填表、面试等阶段，目的是淘汰那些明显不适宜担任感官分析评价员的候选者。初选合格的候选评价员将参加筛选检验。

2. 人数

参加初选的人数一般应是实际需要的评价员人数的 2～3 倍。

3. 人员基本情况

选择候选人员就是感官试验组织者按照制订的标准和要求在能够参加试验的人员中挑选合适的人选。食品感官分析实验根据试验的特性对感官分析评价实验的人员提出不同的标准和要求。组织者可以通过调查问卷方式或者面谈来了解和掌握每个人的情况，下列几个因素是挑选各种类型感官评价人员都必须考虑的，组织者应了解候选评价员基本情况并依此决定候选评价员是否能参加筛选检验，如表 4-2 所示。

**表 4-2　评价员报名基本情况调查**

| 项目 | 内容 |
| --- | --- |
| 1. 兴趣和动机 | 兴趣是调动主观能动性的基础，只有对感官评价感兴趣的人，才能在感官评价试验中集中注意力，并圆满完成试验所规定的任务 |
| 2. 对评价对象的态度 | 应了解候选评价员是否对某些评价对象(如食品或饮料)特别厌恶，特别是对将来可能进行检验的评价对象的态度。同时应了解是否由于文化上、种族上、宗教上或其他方面的原因而对某种食品有所禁忌 |
| 3. 知识和才能 | 候选人应能说明和表达出第一感知，这需要其具备一定的生理和才智方面的能力，同时具备思想集中和不受外界影响的专注力。如果只要求报名者评价种类型的产品，最好从掌握这类产品各方面知识的人中挑选 |
| 4. 健康状况 | 报名者应健康状况良好，且没有影响他们感官功能、过敏反应或疾病，并且未服用损害感官能力进而可能影响感官判定可靠性的药物。戴假牙者不宜担任某些质地特性的食品感官评价。感冒或其他暂时状态(如怀孕等)不应成为淘汰报名者的理由 |
| 5. 表达能力 | 在考虑选拔描述性检验员时，候选人表达和描述感觉的能力尤为重要。这种能力可在面试以及随后的筛选检验中进一步考察 |
| 6. 个性特点 | 报名者应在感官分析工作中表现出兴趣和积极性，能长时间集中精力工作，能准时出席评价会，并在工作中表现出诚实可靠的品质 |
| 7. 可用性 | 候选评价员应能参加培训和进行持续的感官评价工作。那些经常出差和工作繁重的人不宜从事感官分析工作 |
| 8. 其他情况 | 招募时需要记录的其他信息有姓名、年龄、性别、国籍、教育背景、现任职务和感官分析经验。抽烟习惯等资料也可记录，但不能以此作为淘汰报名者的理由 |

4. *初选方式*

(1)调查问卷

候选评价员的有关情况主要通过填写各种调查问卷或面谈获得。调查问卷要精心设计，不但要求包含候选人员的基本情况，而且要能够通过答卷人的回答获得准确信息。调查问卷的设计一般要满足以下要求：①应能提供尽量多的信息；②应能满足组织者的需求；③应能初步识别出合格与不合格人选；④应通俗易懂、容易理解；⑤应容易回答。

(2)面试

面试能够得到更多的信息，通过感官评价试验组织者和候选人员之间的双向交流，可以直接了解候选人员的有关情况。在面谈中，候选人会提出一些相关问题，而组织者也可以向候选者介绍感官评价方面的信息资料，以及从候选人那里获得相应的反馈，面试也可以收集调查问卷中没有或者不能反映的问题，从而获取更丰富的信息。面谈应以感官评价组织者的精心准备和其所拥有的感官评价知识和经验为基础，否则难以达到预期的效果。

为了使面谈更富有成效，应注意：①感官评价组织者应具有专业的感官分析知识和丰富的感官评价经验；②面谈之前，感官评价组织者应准备所有的要询问的问题要点；③面谈的气氛应轻松缓和，不能严肃紧张；④感官评价组织者应认真记录面谈内容；⑤面谈中提出的问题应遵循一定的逻辑性，避免随意发问。

**【知识拓展与链接】**

请同学们扫描封面二维码进行知识拓展学习："感官检验技术职业发展"。

**【任务测试】**

**一、单选题**

1. 为组成10个人的评价小组，需要招募(　　)人。

A. 10　　B. 20　　C. 40　　D. 80

2. 初选时可以不考虑候选评价员的(　　)。

A. 兴趣　　B. 健康　　C. 喜好　　D. 表达能力

3. (　　)感官品评员是通过感官鉴评人员筛选的并具有一定分辨差别能力的感官鉴评试验人员，可专职从事差别类试验。

A. 消费者　　B. 专家型　　C. 无经验型　　D. 有经验型

**二、填空题**

1. 根据在感官分析上的经验及相应的层次可以把参加感官鉴评试验的人分为________、________、________、________、________五类。

2. 招募感官评价员时可通过________和________两种方式。

3. 获得候选评价员基本情况的途径可通过________或________获得。

4. 参加初选的人数一般应是实际需要的评价员人数的________倍。

**三、简答题**

1. 试比较内部招募和外部招募的优缺点。

2. 评价员初选需要考虑哪些因素？

3. 评价员初选时设计的调查问卷要满足哪些要求？

**四、设计题**

请设计一套简单的候选评价员基本情况调查表。

## 方案设计与实施

下面是感官评价员初选调查表举例，试验目的是了解报名者的背景信息。

### 一、风味评价员筛选调查表举例(表 4-3)

**表 4-3　风味评价员初选调查表**

·个人情况：

姓名：________　性别：________　年龄：________

地址：________________________

联系电话：____________________

你从哪里知道我们这个项目：____________________

·时间：

1. 周一至周五，一般你哪一天有空余时间？

______________________________

续表

2. 从×月×日至×月×日，你是否要外出，如果外出要多长时间？

________________

· 健康状况：

1. 你有下列情况吗？

假牙________________

糖尿病________________

口腔或牙龈疾病________________

低血糖________________

食物过敏________________

高血压________________

2. 你是否在服用对感官有影响的药物，尤其对味觉和嗅觉有影响。

________________

· 饮食习惯：

1. 你之前正在限制饮食，如果有，是哪一种食物？

________________

2. 你每个月有几次外出就餐？________________

3. 你每个月有几次吃速冻食品？________________

4. 你每个月吃几次快餐？________________

5. 你最喜欢的食物是什么？________________

6. 你最不喜欢的食物是什么？________________

7. 你不能吃什么食物？________________

8. 你不愿意吃什么食物？________________

9. 你认为你的味觉和嗅觉的辨别能力如何？

| | 嗅觉 | 味觉 |
|---|---|---|
| 高于平均水平 | ________ | ________ |
| 平均水平 | ________ | ________ |
| 低于平均水平 | ________ | ________ |

10. 你目前的家庭成员中有人在食品公司工作吗？

________________

11. 你目前的家庭成员中有人在广告公司或市场研究机构工作吗？

________________

· 风味测验：

1. 如果一种配方需要橘子香味物质，而手头又没有，你会用什么来代替？

________________

2. 还有哪些食物吃起来感觉像酸奶？

________________

3. 为什么往肉汁里加咖啡会使其风味更好？

________________

4. 你怎样描述风味和香味之间的区别？

________________

5. 你怎样描述风味和质地之间的区别？

________________

续表

| 6. 用于描述啤酒的最合适的词语(一个或两个字)?<br>______________________ |
|---|
| 7. 请对酱油的风味进行描述?<br>______________________ |
| 8. 请对可乐的风味进行描述。<br>______________________ |
| 9. 请对某种火腿的风味进行描述。<br>______________________ |
| 10. 请对苏打饼干的风味进行描述。<br>______________________ |

## 二、口感、质地评价员初选调查表举例(表 4-4)

**表 4-4　口感、质量评价员初选调查表**

·个人情况:

姓名:________　性别:________　年龄:________

地址:______________________

联系电话:____________________

你从哪里知道我们这个项目:____________________

·时间:

1. 周一至周五,一般你哪一天有空余时间?

______________________

2. 从×月×日到×月×日,你是否要外出,如果外出要多长时间?

______________________

·健康状况:

1. 你有下列情况吗?

假牙______________________

糖尿病______________________

口腔或牙龈疾病______________________

低血糖______________________

食物过敏____________

高血压______________________

2. 你是否在服用对感官有影响的药物,尤其对味觉和嗅觉有影响。

______________________

·饮食习惯:

1. 你之前正在限制饮食,如果有,是哪一种食物?

______________________

2. 你每个月有几次外出就餐?______________________

3. 你每个月有几次吃速冻食品?______________________

4. 你每个月吃几次快餐?______________________

5. 你最喜欢的食物是什么?______________________

续表

6. 你最不喜欢的食物是什么？______
7. 你不能吃什么食物？______
8. 你不愿意吃什么食物？______
9. 你认为你的味觉和嗅觉的辨别能力如何？

| | 嗅觉 | 味觉 |
|---|---|---|
| 高于平均水平 | ______ | ______ |
| 平均水平 | ______ | ______ |
| 低于平均水平 | ______ | ______ |

10. 你目前的家庭成员中有人在食品公司工作吗？
______
11. 你目前的家庭成员中有人在广告公司或市场研究机构工作吗？
______

· 质地测验：
1. 你如何描述风味和质地之间的不同？
______
2. 请在一般意义上描述一下食品的质地。
______
3. 请描述一下咀嚼食品时能够感到的比较明显的几个特性。
______
4. 请对食品当中的颗粒做一下描述。
______
5. 描述一下脆性和易碎性之间的区别。
______
6. 马铃薯片的质地特性是什么？
______
7. 花生酱的质地特性什么？
______
8. 麦片粥的质地特性是什么？
______
9. 面包的质地特性是什么？
______
10. 质地对哪一类食品比较重要？
______

## 三、香味评价员初选调查表举例(表 4-5)

**表 4-5　香味评价员初选调查表**

· 个人情况：
姓名：______　性别：______　年龄：______
地址：______
联系电话：______
你从哪里知道我们这个项目：______

续表

· 时间：

1. 周一至周五，一般你哪一天有空余时间？

___

2. 从×月×日至×月×日，你是否要外出，如果外出要多长时间？

___

· 健康状况：

1. 你有下列情况吗？

鼻腔疾病___

低血糖___

过敏___

经常感冒___

2. 你是否在服用一些对感官，尤其是对嗅觉有影响的药物？

___

日常生活习惯：

1. 你是否使用香水？如果用，是什么牌子？

___

2. 你喜欢带香味，还是不带香味的物品，如香皂等___

陈述理由：___

3. 请列出你喜欢的香味产品：___

它们的品牌是：___

4. 请列出你不喜欢的香味产品：___

陈述理由：___

5. 你最讨厌哪些气味？___

陈述理由：___

6. 你最喜欢哪些香气或者气味？___

7. 你认为你辨别气味的能力处于何种水平？

高于平均水平___

平均水平___

低于平均水平___

8. 你目前的家庭成员中有在香精、食品或者广告公司工作的吗？如果有，是在哪一个单位？

___

9. 评价员在品评期间不能用香水，在评价员集合之前也不能吸烟，如果你被选为评价员，你愿意遵守规定吗？

___

· 香气测验：

1. 如果某种香水类型是果香，你还可以用什么词汇来描述？

___

2. 哪些产品具有植物气味？

___

3. 哪些产品具有甜味？

___

4. 哪些气味与“干净”“新鲜”有关？

___

续表

| |
|---|
| 5. 你怎样描述水果味和柠檬味之间的不同？ |
| 6. 你用哪些词汇来描述男用香水和女用香水的不同？ |
| 7. 哪些词汇可以用来描述一下篮子刚洗过的衣服的气味？ |
| 8. 请描述一下面包房里的气味。 |
| 9. 请你描述一下某品牌的洗涤剂气味。 |
| 10. 请你描述一下某品牌的香皂气味。 |
| 11. 请你描述一下某食品的气味。 |
| 12. 请你描述一下地下室的气味。 |
| 13. 请你描述一下香精开发实验室的气味。 |

## 评价与反馈

1. 学完本项目后，你都掌握了哪些技能？
2. 对候选评价员的情况调查及面谈后，对候选评价员的评价可填入表 1 中。

**表 1　评价表**

| 项目考核 | | 评价内涵与标准 | 项目内权重（%） | 学生自评（20%） | 学生互评（30%） | 教师评价（50%） |
|---|---|---|---|---|---|---|
| 考核内容 | 指标分解 | | | | | |
| 知识内容 | 感官评价员的初选 | 了解候选评价员基本情况调查表的内容；熟悉感官分析评价员初选的流程及内容 | 15 | | | |
| | 候选评价员的面试 | 掌握候选评价员面试的注意事项 | 15 | | | |
| 项目完成度 | 感官评价员的初选 | 完成感官分析评价员初选的整个流程；熟悉初选方案的设计原理 | 30 | | | |
| | 面试方案设计 | 能够正确设计候选评价员面试的方案，方案的格式及质量 | 20 | | | |

续表

| 项目考核 | | 评价内涵与标准 | 项目内权重（%） | 学生自评（20%） | 学生互评（30%） | 教师评价（50%） |
|---|---|---|---|---|---|---|
| 考核内容 | 指标分解 | | | | | |
| 表现 | 团队的协作能力 | 能正确、全面地获取信息并进行有效地归纳 | 5 | | | |
| | | 能积极参与合成方案的制订，进行小组讨论，提出自己的建议和意见 | 5 | | | |
| | | 善于沟通，积极与他人合作完成作任务；能正确分析和解决遇到的问题 | 5 | | | |
| | 课堂纪律 | 遵守纪律及着装形体表现 | 5 | | | |
| 综合评分 | | | | | | |
| 综合评语 | | | | | | |

## 任务2 感官分析评价员的筛选

**【学习目标】**

**知识目标**

1. 了解感官分析评价员的筛选实验的内容及其注意事项；

2. 掌握味觉敏感度测定、配比检验、三点检验、排序检验、嗅觉辨别检验以及气味描述检验的方法和步骤。

**能力目标**

1. 会设计感官分析评价员筛选的实验方案；

2. 能依据国家标准方法对感官分析评价员的味觉敏感度、感官灵敏度和描述能力筛选；

3. 能正确分析感官分析评价员筛选的实验结果，并对候选人的感官功能、感官灵敏度和描述表达能力进行判定。

**素养目标**

1. 树立职业生涯规划意识和自我管理能力，具有较高的科学素养；

2. 具有严谨的工作态度，具备爱岗敬业、吃苦耐劳的品质；

3. 善于与工作团队成员沟通交流，具有团队合作意识。

《说文解字》：品酒

【思维导图】

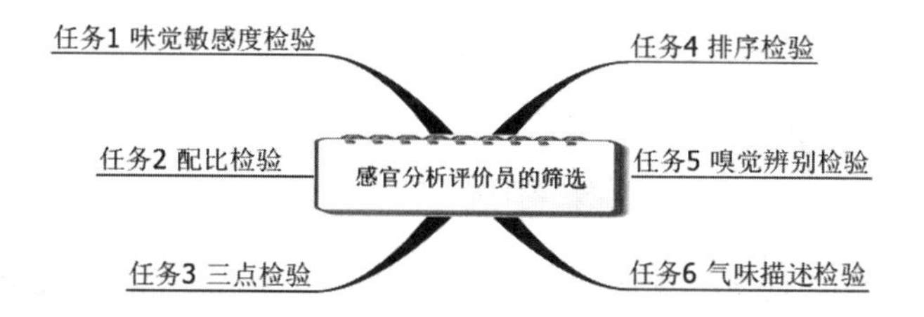


【工作任务】

研发部小李通过调查问卷形式从公司内部招募了一批候选评价员，那么该如何对这批候选评价员进行筛选，最终成立感官评价小组，以满足感官评价要求？

【任务分析】

在初步确定评价候选人后，要通过一系列筛选检验，进一步淘汰那些不适宜担任感官分析工作的候选者。筛选就是指通过一定的筛选方法观察候选人员是否具有感官评价能力，例如对感官评价实验的兴趣、普通的感官分辨能力、适当候选评价人员行为(如主动性、合作性、准时性等)，从而决定候选人是否符合参加感官评价的条件。通过筛选检验的候选评价员将参加评价员的培训。

本任务依据的国家相关标准：GB/T 16291.1—2012《感官分析 选拔、培训与管理评价员一般导则 第1部分：优选评价员》；GB/T 16291.2—2012《感官分析 选拔、培训与管理评价员一般导则 第2部分：专家评价员》。

## 知识准备

感官评价员的筛选通常包括基本识别试验，如味觉敏感度测定、嗅觉敏感度测定和差异分辨试验如配比检验、三点检验、排序检验等。根据需要，可设计一系列试验对候选人，或者初选人员分组进行后相互比较性质的试验。有些情况下，筛选试验和培训内容可以结合起来，在筛选的同时进行人员培训。

在感官评价员筛选过程中，应注意下列几个问题：

(1)最好使用与正式感官评价试验相类似的试验材料，这样既可以使参加筛选试验的人员熟悉今后试验中将要接触的样品的特性，也可以减少由于样品间差距而造成人员选择不适当。

(2)根据各次试验的结果随时调整试验的难度，难易程度的把握应以参加筛选试验人员整体能够分辨出差别或识别出味道(气味)，其中少数人员可能难以正确分辨或识别为依据。

(3)参加筛选试验的人数要多于预定参加实际感官评价试验的人数。若是多次筛选，则应采用一些简单易行的试验方法，并且在每一步筛选中随时淘汰明显不适合参加感官评价的人选。

(4)多次筛选以相对进展为基础，连续进行，直至挑选出人数适宜的最佳人选。

(5)筛选的时间应与人们正常的进食习惯相符，如早晨不宜品尝酒类食物或风味很重的食物，饭后或者喝完咖啡后也不宜进行感官评价。感官评价需要在合适的环境中进行。

(6)在感官评价员筛选中，感官评价的组织者起着决定性的作用。他们不但要收集有关信息，设计整体试验方案，组织具体实施过程，而且要对筛选试验取得进展的标准和选择人员所需要的有效数据作出正确判断。

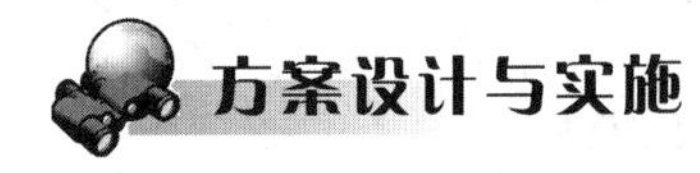

## 子任务 1 味觉敏感度检验——对候选人感官功能的检验

感官评价员应具有正常的感觉功能。每个候选者都要经过各种有关感官功能的检验，以确定其感官功能是否正常。如是否有视觉缺陷、嗅觉缺失或味觉缺陷等。此过程可采用相应的敏感性检验来完成。通过本任务的学习，学生在实际任务的引导下，经过逐步的品评实践操作，应融会贯通味觉的相关理论以及影响味觉识别的因素。本任务是选择及培训评价员的初始实验。

### 一、品评员的任务及分析品评要素

酸、甜、苦、咸是人类的四种基本味觉，取四种标准味感物质，按两种系列（几何系列和算术系列）稀释，以浓度递增的顺序向评价员提供样品，待评价员品尝后记录味感。

本法适用于评价员味觉敏感度的测定，可用作选择及培训评价员的初始实验，以测定评价员对四种基本味的识别及其察觉阈、识别阈、差别阈的值。

1. 四种基本味的识别

制备甜（蔗糖）、咸（氯化钠）、酸（柠檬酸）和苦（咖啡碱）四种呈味物质的两个或三个不同浓度的水溶液，按规定号码排列顺序，见表 4-6。然后，依次品尝各样品的味道。品尝时应注意品尝技巧：样品应一点一点地啜入口内，并使其滑动接触舌的各个部位（尤其应注意使样品能达到感觉酸味的舌边缘部位）；样品不得吞咽；在品尝两个样品的中间应用 35℃的温水漱口去味。可参考下表对候选者进行基本味道识别能力的测定。

表 4-6 四种基本识别的编码排列

| 样品 | 基本味 | 呈味物质 | 实验溶液/(g/100mL) | 样品 | 基本味 | 呈味物质 | 实验溶液/(g/100mL) |
|---|---|---|---|---|---|---|---|
| A | 酸 | 柠檬酸 | 0.02 | F | 甜 | 蔗糖 | 0.60 |
| B | 甜 | 蔗糖 | 0.40 | G | 苦 | 咖啡碱 | 0.03 |
| C | 酸 | 柠檬酸 | 0.03 | H | — | 水 | |
| D | 苦 | 咖啡碱 | 0.02 | I | 咸 | 氯化钠 | 0.15 |
| E | 咸 | 氯化钠 | 0.08 | J | 酸 | 柠檬酸 | 0.40 |

2. 四种基本味的阈值试验准备

味觉识别是味觉的定性认识，阈值试验才是味觉的定量认识。制备一种呈味物质（蔗糖、氯化钠、柠檬酸或咖啡碱）的一系列浓度的水溶液。然后按浓度递增的顺序依次品尝，以确定这种味道的察觉阈。

四种基本味的察觉阈如表 4-7 所示。

表 4-7　四种基本味的察觉阈

| 序号 | 蔗糖(甜) | 氯化钠(咸) | 柠檬酸(酸) | 咖啡碱(苦) |
|---|---|---|---|---|
| 1 | 0.00 | 0.00 | 0.000 | 0.000 |
| 2 | 0.05 | 0.02 | 0.005 | 0.003 |
| 3 | 0.10 | 0.04 | 0.010 | 0.004 |
| 4 | 0.20 | 0.06 | 0.013 | 0.005 |
| 5 | 0.30 | 0.08 | 0.015 | 0.006 |
| 6 | 0.40 | 0.10 | 0.018 | 0.008 |
| 7 | 0.50 | 0.13 | 0.020 | 0.010 |
| 8 | 0.60 | 0.15 | 0.025 | 0.015 |
| 9 | 0.80 | 0.18 | 0.030 | 0.020 |
| 10 | 1.00 | 0.20 | 0.035 | 0.030 |

注：带有下划线的数据为平均阈值。

## 二、品评步骤

(1)把稀释溶液分别放置在已编号的容器内，另准备一容器盛水。

(2)溶液依次从低浓度开始，逐渐提交给评价员，每次 7 杯，其中一杯为水。每杯约 15mL，杯号按随机数编码，品尝后按表 4-8 填写记录。

表 4-8　四种基本味测定记录

| 姓名：__________　时间：____年____月____日 | | | | | | |
|---|---|---|---|---|---|---|
| 项目 | 未知 | 酸味 | 苦味 | 咸味 | 甜味 | 水 |
| 1 | | | | | | |
| 2 | | | | | | |
| 3 | | | | | | |
| 4 | | | | | | |
| 5 | | | | | | |
| 6 | | | | | | |
| 7 | | | | | | |

## 三、品评结果分析及优化

根据评价员的品评结果，统计该评价员的察觉阈、识别阈和差别阈，总结品评结果以及最优方案。若经过几次重复检验，候选评价员还不能完全正确地觉察出差别，则表明其不适合担任这种检验的评价员。

## 四、注意事项

(1)要求评价员细心品尝每种溶液，如果溶液不下咽，需含在口中停留一段时间。每次品尝后，用水漱口。如果要再品尝另一种味液，需等待 1 分钟再品尝。

(2)试验期间样品和水温尽量保持在 20℃。

(3)试验样品的组合，可以是同一浓度系列的不同味液样品，也可以是不同浓度系列的同一味感样品或两三种不同味感样品，每批样品的数量一致。

(4)样品以随机数编号，无论哪种组合，各种浓度的试验溶液都应被品评过，浓度顺序应从低浓度逐步到高浓度。

## 子任务2　配比检验——对候选人感官灵敏度的检验

感官评价员不仅应能够区别不同产品之间的性质差异，而且应能够区别相同产品某项性能的差别程度或强弱。确定候选者具有正常的感官功能后，应对其进行感官灵敏度的测试。此过程可采用相应的灵敏度检验来完成。

### 一、实训目的

识别明显高于阈限水平的具有不同感官特性的材料样品。

### 二、实训器材及工具

制备明显高于阈值水平的材料的样品(配比检验所用材料见表4-9)。每个样品都采用不同的随机三位数码。

**表4-9　配比检验所用材料**

| 味道 | 材料 | 室温下水溶液浓度/(g/L) |
|---|---|---|
| 甜 | 蔗糖 | 16 |
| 酸 | 酒石酸或柠檬酸 | 1 |
| 苦 | 咖啡碱 | 0.5 |
| 咸 | 氯化钠 | 5 |
| 涩 | 鞣酸① | 1 |
|  | 豕草花粉苷(栎精) | 0.5 |
|  | 硫酸铝钾(明矾) | 0.5 |
| 金属味 | 水合硫酸亚铁②($FeSO_4 \cdot 7H_2O$) | 0.01 |

注：①该物质不溶于水；②尽管该物质有最典型的金属味，但其水溶液有颜色，所以最好在彩灯下用密闭不透明的容器盛放这种溶液。

### 三、品评步骤

向候选评价员提供同种类型的一个样品，并让其熟悉这些样品。然后向他们提供一系列同材料但带有不同编码的样品。让候选评价员将其与原来的样品进行配比并描述他们的感觉。

### 四、结果的评价

若候选评价员对表4-9中所给出的不同材料的浓度配比的测定正确率小于80%，则不能选为评价员。

## 子任务3　三点检验——对候选人感官灵敏度检验

### 一、实训目的

觉察某一特性，区别两种样品。

### 二、实训器材及工具

向每个候选评价员提供两份被检材料样品和一份水或者其他中性介质的样品；或提供一份被检材料的样品和两份水或其他中性介质。被检材料的浓度应在阈限水平之上，所用材料及浓度见表4-10。

**表4-10　三点检验所用材料及浓度**

| 材料 | 室温下的水溶液浓度 |
|---|---|
| 咖啡因 | 0.27g/L |
| 柠檬酸 | 0.60g/L |
| 氯化钠 | 2g/L |
| 蔗糖 | 12g/L |
| 3-顺-乙烯醇 | 0.4mg/L |

### 三、品评步骤

要求候选评价员区别所提供的样品。

### 四、结果的评价

经过几次重复检验如果候选评价员还不能完全正确地觉察出差别，则表明其不适合从事这种检验工作。

## 子任务4　排序检验——对候选人感官灵敏度的检验

### 一、实训目的

区别某种感官特性的不同水平。

### 二、实训器材及工具

在每次检验中，将4个具有不同特性强度的样品以随机的顺序提供给候选评价员，要求他们按强度递增的顺序对样品进行排序。在此过程中，应以相同的顺序向所有候选评价员提供样品以保证候选评价员排序结果的可比性，从而避免由于提供顺序的不同而对评价结果造成影响。所用材料及浓度见表4-11。

表 4-11 排序检验所用材料

| 检验 | 材料 | 室温下的水溶液浓度或特性强度/(g/L) |
| --- | --- | --- |
| 味道辨别 | 柠檬酸 | 0.4；0.2；0.1；0.05 |
| 气味辨别 | 丁子香酚 | 1；0.3；0.1；0.03 |
| 质地辨别 | 有代表性的样品(例如豆腐干、豆腐) | 例如，质地从硬到软 |
| 颜色辨别 | 布、颜色标度等 | 颜色强度可从强到弱 |

### 三、品评步骤

要求候选评价员区别所提供的样品。

### 四、结果的评价

应根据具体产品来确定实际排序水平的可接受程度。对表 4-11 中规定的浓度，候选评价员如果将顺序排错一个以上，则认为该候选评价员不适合作为该类分析的评价员。

## 子任务 5　嗅觉辨别检验——对候选人描述能力的检验

### 一、实训目的

检验候选评价员的嗅觉辨别能力。嗅觉属于化学感觉，是辨别各种气味的感觉。嗅觉的感受器位于鼻腔最上端的嗅上皮内，嗅觉的感受物质必须具有挥发性和可溶性的特点。嗅觉的个体差异很大，有嗅觉敏锐者和迟钝者。嗅觉敏锐者也并非对所有气味都敏锐，也会因不同气味而异，且易受身体状况和生理条件的影响。

### 二、实训器材及工具

(1)标准香精样品，例如，柠檬、苹果、茉莉、玫瑰、菠萝、香蕉、乙酸乙酯、丙酸异戊酯等。

(2)棕色具塞玻璃小瓶，辨香纸。

(3)溶剂：乙醇、丙二醇等。

### 三、实训步骤

1. 基础测试

挑选 3～4 个不同香型的香精(如柠檬、苹果、茉莉、玫瑰)，用无色溶剂(如丙二醇)稀释配制成 1%浓度的溶液。以随机数编码，提供给每个评价员 4 个样品，其中两个相同，一个不同，外加一个为稀释用的溶剂作为对照样品。

评价员应有 100%选择正确率。

2. 辨香测试

挑选 10 个不同香型的香精(其中有 2～3 个比较接近易混淆的香型)，适当稀释至相同香气强度，分别装入干净的棕色具塞玻璃瓶中，贴上标签名称，让评价员充分辨别并熟悉它们的香气特征。

3. 等级测试

将上述辨香试验的10个香精制成两份样品，一份写明香精名称，一份只写编号，让评价员对20瓶样品进行分辨评香，并填写表4-12。

表4-12 分辨评香记录表

| 标明香精名称的样品号码 | 1 | 2 | 3 | 4 | 5 |
|---|---|---|---|---|---|
| 你认为香型相同的样品编码 | | | | | |
| 标明香精名称的样品号码 | 6 | 7 | 8 | 9 | 10 |
| 你认为香型相同的样品编码 | | | | | |

4. 配对试验

在评价员经过辨香试验熟悉了评价样品后，任取上述香精中5个不同香型的香精稀释后制成外观完全一致的两份样品，分别写明随机数码编号。让评价员对10个样品进行配对试验，并填写表4-13。

表4-13 辨香配对试验记录表

| 相同的两种香精的编号 | | | | | |
|---|---|---|---|---|---|
| | | | | | |
| 它的香气特征 | | | | | |

## 四、结果分析

(1)参加基础测试的评价员最好有100%的选择正确率，如经过几次重复检验还不能觉察出差别，则不能入选评价员。

(2)等级测试中可用评分法对评价员进行初评，总分为100分，答对一个香型得10分。30分以下者为不合格；30～70分者为一般评香员；70～100分者为优选评香员。

(3)配对试验可用差别试验中的配偶试验法进行评估。

## 五、注意事项

(1)评香实验室应有足够的换气设备，以1分钟内可更换室内容积的2倍空气的换气能力为佳。

(2)香料：香气评定法参见GB/T 14454.2—2008《香料 香气评定法》。

# 子任务6 气味描述检验——对候选人描述能力的检验

## 一、实训目的

检验候选评价员描述气味刺激的能力。

## 二、样品的制备

向候选评价员提供5～10种不同的嗅觉刺激样品。这些刺激样品最好与最终评价的产品相联系。样品系列应包括比较容易识别的某些样品和一些不常见的样品。刺激强度应在识别阈之上，但不要超出在实际产品中可能遇到的水平。

制备样品主要有两种方法：一种是鼻后法；另一种是直接法。

鼻后法是从气体介质中评价气味，例如通过放置在口腔中的嗅条或含在嘴中的水溶液评价气味。

直接法是使用包含气味的瓶子、嗅条或空心胶丸，是最常用的样品制备方法。具体做法如下：将吸有样品气味的石蜡或棉绒置于深色无气味的50～100mL的有盖细口玻璃瓶中，使之有足够的样品材料挥发在瓶子的上部。将样品提供给评价员之前应检查一下气味的强度。

## 三、实训步骤

一次只提供给候选评价员一种样品，要求候选评价员描述或记录他们的感受。初次评价后，组织者可主持一次讨论以便引出更多的评论，以充分显露候选评价员描述刺激的能力。所用材料见表4-14。

**表4-14 气味描述检验所用材料**

| 材料 | 由气味引起的通常联想物的名称 | 材料 | 由气味引起的通常联想物的名称 |
|---|---|---|---|
| 苯甲醛 | 苦杏仁 | 薄荷醇 | 薄荷 |
| 辛烯-3-醇 | 蘑菇 | 丁子香酚 | 丁香 |
| 乙酸苯-2-乙酯 | 花卉 | 茴香脑 | 茴香 |
| 二烯丙基硫醚 | 大蒜 | 香兰醇 | 香草素 |
| 樟脑 | 樟脑丸 | β-紫罗酮 | 紫罗兰、悬钩子 |
| 乙酸 | 醋 | 二甲基噻吩 | 烤洋葱 |
| 乙酸异戊酯 | 水果 | | |

## 四、结果评价

按表4-15所示的标度给候选评价员的操作评分。

**表4-15 评分表**

| 标度 | 分值/分 |
|---|---|
| 描述准确的 | 5 |
| 仅能在讨论后较准确描述的 | 4 |
| 联想到产品的 | 2～3 |
| 描述不出的 | 1 |

应根据所使用的不同材料规定出合格操作水平。气味描述检验的候选评价员的得分应达到满分的65%，否则不宜担任这类检验的评价员。

评分结束后，选取分数最高的候选人，注意剔除团队中合作表现较差的人选。根据卷面总分设置一个及格线，如果分数最高的候选人最终无法参加，则依次往下录取，但分数不能低于及格线。

**【知识拓展与链接】**

请同学们扫描封面二维码进行知识拓展学习："英国葡萄酒业专家培训和检验的简要叙述"。

**【任务测试】**

**一、单选题**

1. 感官功能的测试通常要进行(　　)这几种基本味道的识别。

A. 酸、甜、苦、辣　B. 酸、甜、苦、咸　C. 酸、甜、苦、涩　D. 酸、甜、苦、淡

2. 在进行味觉敏感度检验时，试验期间，样品温度应尽量保持在(　　)℃。

A. 10　B. 15　C. 20　D. 25

3. 评价员品尝每种溶液不应太匆忙，大约要有(　　)s的时间间隔。

A. 10　B. 30　C. 60　D. 90

4. 评香实验室应有足够的换气设备，以1min内可换室内容积的(　　)倍量空气换气能力最好。

A. 1　B. 2　C. 3　D. 4

**二、判断题**

1. 评价员应按提供的顺序，依次喝一口各容器中的样品测试溶液，品尝过的样品测试溶液不再重复取样。　(　　)

2. 进行味道识别时，漱口水与制备稀释液的用水相同。　(　　)

3. 嗅觉敏锐者也应对所有气味都敏锐，不因不同气味而异。　(　　)

4. 参加基础测试的评价员最好有100%的选择正确率。　(　　)

**三、设计题**

完整设计一套对候选人感官功能的检验、感官灵敏度的检验、描述和表达感官反应能力的检验方案。

## 任务3　感官评价员的培训

**【学习目标】**

**知识目标**

1. 了解感官分析评价员培训的目的和基本要求；
2. 掌握感官分析评价员的培训内容；
3. 了解感官分析评价员考核与再培训的方法和流程。

**能力目标**

1. 会设计感官分析评价员培训的方案；
2. 能对感官分析评价员进行考核和再培训。

**素养目标**

1. 树立职业生涯规划意识和自我管理能力，具有较高的科学素养；
2. 具有严谨的工作态度，具备爱岗敬业、吃苦耐劳的品质；
3. 善于与工作团队成员沟通交流，具有团队合作意识。

**【工作任务】**

北京某啤酒酿造公司定期对感官评价员进行培训和考核，那么如何在成为评价员后保持和提高自己的感官评价能力？

优秀的品酒师是如何炼成的？

**【任务分析】**

经过一定程序和筛选实验挑选出来的人员，常常还要参加特定的培训才能真正适合感官评定的要求对待评定工作在不同的场合及不同实验中获得真实可靠的结果。

**【思维导图】**

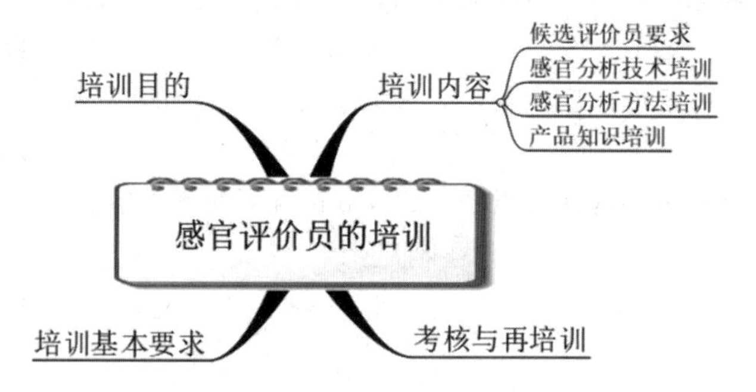

## 知识准备

每个感官评价员在感官上的差别是一种天性，是难以避免的。但培训好的品评员，可以使每个人的反应保持稳定，这对于产品的分析结果能否作为依据是非常重要的。因此，要想得到可靠有效的试验结果，对感官评价员的培训是必不可少的。通过培训，可以发现有的人对某种食物或者制品具有特殊的挑拣能力和描述其特点的能力。这种能力是通过培训得到启迪后具备的。有人发现，对 7 名品评人员分别进行 4 小时、60 小时和 120 小时的培训，在每次培训之后都对 3 种市售番茄酱进行品尝比较。在经过短期培训之后，品评人员可以发现 3 种番茄酱某些感官和风味上的差异；在培训 60 小时后，可发现更多的差别；在培训 120 小时后，每个品评员都可以发现 3 种产品之间的所有质地上的差异和绝大部分风味上的差异。这说明培训能够使评价员增强辨别能力。在描述咖啡的 17 种感官指标中，在培训之前，每个品评员能够识别的指标都低于 6 种；而在培训之后，有 8 人至少能够识别出其中的 8 种，有 2 人能够识别出 12 种以上。所以说，通过培训品评员将更加熟悉产品和品评技术，增强辨别能力。

### 一、培训的目的

培训的目的是向候选评价员提供感官分析的基本方法及有关产品的基本知识，提高他们觉察、识别和描述感官刺激的能力，使最终产生的评价员小组能作为特殊的“分析仪器”产生可靠的评价结果。对感官评价人员进行训练可以起到以下作用。

1. 提高和稳定感官评价人员的感官灵敏度

经过精心选择的感官训练方法，可以增强感官评价人员在各种感官试验中运用感官的能力，减少各种因素对感官灵敏度的影响，使感官经常保持在一定水平之上。

2. 降低感官评价人员之间及感官评价结果之间的偏差

通过特定的训练，可以保证所有感官评定人员对他们所要评价的特性、评价标准、评价系统、感官刺激量和强度间关系等有一致的认识。特别是在用描述性词汇作为度量值的评分试验中，训练的效果更加明显。通过训练可以使评价人员统一对评分系统所用描述性词汇所代表的分度值进行充分认识，减少感官评价人员之间在评分上的差别及误差方差。

3. 降低外界因素对评价结果的影响

经过训练后，感官评价人员能增强抵抗外界干扰的能力，将注意力集中于感官评价中。感官评价组织者在训练中不仅要选择适当的感官评价试验以达到训练的目的，也要向训练人员讲解感官评价的基本概念、感官分析程度和感官评价基本用语的定义和内涵，从基本感官知识和试验技能两方面对感官评价人员进行训练。

## 二、培训基本要求

1. 人数

参加培训的人数一般应是实际需要的评价员人数的 1.5～2 倍，以防止因疾病、度假或因工作繁忙造成人员调配困难。

2. 培训场所

所有的培训都应在 GB/T 13868－2009、ISO 8589－2014《感官分析 建立感官分析实验室的一般导则》规定的适宜环境中进行。

3. 培训时间

根据不同产品、所使用的检验程序以及培训对象的知识与技能确定适宜的培训时间。对于没有接受太多培训的评价人员，最好安排他们在该产品通常被食用的时间进行试验，比如牛奶安排在早上，披萨安排在中午，味道浓的产品和酒精类产品一般不在早上试验。还要避免在刚刚用餐、喝过咖啡后进行试验，如果食用过味道浓重的食物，比如辛辣类零食、口香糖，使用过香水，都要在对口腔和皮肤做过一定处理之后才能参加试验，因为这些都会对试验结果产生影响。

## 三、培训内容

1. 对候选评价员的基本要求

(1)候选评价员应提高对将要从事的感官分析工作及培训重要性的认识，以保持其参加培训的积极性。

(2)除偏爱检验以外，应指示候选评价员在任何时候都要客观评价，不应掺杂个人喜好和厌恶情绪。

(3)应避免可能影响评价结果的外来因素。例如，在评价味道或气味时，在评价之前和评价过程中不能使用的气味的化妆品，手上不得有洗手液的气味等；至少在评价前一个小时内不要接触烟草和其他有强烈气味与味道的物质；如果在试验中有过敏现象发生，应及时通知品评小组负责人；如果有感冒等疾病，评价员应主动提出不参加试验。

2. 感官分析技术培训

(1)认识感官特性的培训。认识并熟悉各有关感官特性，例如颜色、质地、气味、味道、声响等。

(2)接受感官刺激的培训。应培训候选评价员正确接受感官刺激的方法。例如，在评价气味时，应浅吸不要深吸，并且吸的次数不要太多，以免嗅觉混乱和疲劳。对液体和固体样品，在用嘴评价时应事先告诉评价员可吃多少、样品在嘴中停留的大约时间、咀嚼的次数以及是否可以吞咽。另外，要告知评价员如何适当地漱口，以及两次评价之间的时间间隔以保证感觉恢复，同时要避免间隔时间过长而失去区别能力。

(3)使用感官检验设备的培训。应培训候选评价员正确并熟练使用有关感官检验设备。

3. 感官分析方法的培训

(1)差别检验方法的培训。差别检验方法的培训是为了让候选评价员熟练掌握差别检验的各种方法，包括成对比较检验、三点检验、“A”-“非 A”检验等。在培训过程中，样品的制备应体现由易到难循序渐进的原则。如有关味道和气味的感官刺激的培训，刺激物最初可由水溶液给出，在有一定经验后可用实际的食品或饮料代替，也可以使用按不同比例混合的两种成分的样品。在评价气味和味道差别时，变换与样品的味道和气味无关的样品外观，有助于增加评价的客观性。此外，用于培训和检验的样品应具有市场产品的代表性，同时应尽可能与最终评价的产品相联系。

(2)使用标度的培训。运用一些实物作为参照物，向品评人员介绍标度的概念、使用方法等。通过按样品的单一特性强度将样品进行排序的过程，向评价员介绍名义标度、顺序标度等距离标度和等比率标度的概念。在培训中要强调“描述”和“标度”在描述分析中同等重要，让品评人员既要注重感官特征，又要注重这些特性的强度，让他们清楚地知道描述分析是使用词汇和数字对产品进行定义和度量的过程。表 4-16 给出了培训阶段可用的物质实例。

**表 4-16 标度的使用培训时可用的材料实例**

| 序号 | 标度的使用培训时可用的材料 |
|---|---|
| 1 | 蔗糖(10g/L、5g/L、1g/L、0.1g/L) |
| 2 | 咖啡因(0.15 g/L、0.22 g/L、0.34 g/L、0.51 g/L) |
| 3 | 酒石酸(0.05 g/L、0.15 g/L、0.4 g/L、0.7 g/L)<br>乙酸己酯(0.5 mg/L、5mg/L、20 mg/L、50 mg/L) |
| 4 | 干乳酪：成熟的硬干酪，如 Cheddar 或 Gruyere；成熟的软干酪，如 Camembert |
| 5 | 果胶凝胶 |
| 6 | 柠檬汁和稀释的柠檬汁(10mL/L、50mL/L) |

(3)设计和使用描述词的培训。提供一系列简单样品并要求制订出描述其感官特性的术语或词汇，特别是那些能将样品进行区别的术语或词汇。向品评人员介绍这些描述性的词汇，包括外观、风味、口感和质地方面的词汇，并使用事先准备好的与这些词汇相对应的一系列参照物，要尽可能多地反映样品之间的差异。表 4-17 给出了可用于描述词培训的产品实例。

表 4-17　产品描述培训时可用产品的实例

| 序号 | 产品描述培训时可用的产品 |
|---|---|
| 1 | 市售果汁产品和混合物 |
| 2 | 面包 |
| 3 | 干酪 |
| 4 | 粉碎的水果或蔬菜 |

同时，向品评人员介绍一些感官特性在人体上产生感应的化学和物理原理，从而使品评人员有丰富的知识背景，让他们适应各种不同类型产品的感官特性。表 4-18 所示为一些食品质量感官评定常用的一般术语及其含义，评价人员通过学习，可以了解描述所用的词汇。关于感官分析方法的培训，具体可参见后面各项目内容。

表 4-18　食品质量感官评定常用术语

| 术语 | 含义 |
|---|---|
| 外观 | 一种物质或物体的外部可见特征 |
| 味道 | 能产生味觉的产品的特性 |
| 基本味道 | 4 种独特味道的任何一种(酸、甜、苦、咸) |
| 酸味 | 由某些酸性物质(如柠檬酸、酒石酸等)的水溶液产生的一种基本味道 |
| 甜味 | 由某些物质(例如蔗糖)的水溶液产生的一种基本味道 |
| 苦味 | 由某些物质(例如奎宁、咖啡因等)的水溶液产生的一种基本味道 |
| 咸味 | 由某些物质(例如氯化钠)的水溶液产生的基本味道 |
| 碱味 | 由某些物质(例如碳酸氢钠)在嘴里产生的复合感觉 |
| 涩味 | 某些物质(例如多酚类)产生的使皮肤或黏膜表面收敛的一种复合感觉 |
| 风味 | 品尝过程中感受到的嗅觉、味觉和三叉神经觉特性的复杂结合。它可能受触觉、温度觉、痛觉和(或)动觉效应的影响 |
| 异常风味 | 非产品本身所具有的风味(通常与产品的腐败变质相联系) |
| 沾染 | 与该产品无关的外来味道、气味等 |
| 厚味 | 味道浓的产品 |
| 平味 | 一种产品，其风味不浓且无任何特色 |
| 乏味 | 一种产品，其风味远不及预料的那样 |
| 无味 | 没有风味的产品 |
| 风味增强剂 | 一种能使某种产品的风味增强而本身又不具有这种风味的物质 |
| 口感 | 在口腔内(包括舌头与牙齿)感受到的触觉 |

续表

| 术语 | 含义 |
| --- | --- |
| 后味、余味 | 在产品消失后产生的嗅觉和(或)味觉。它有时不同于产品在嘴里时的感受 |
| 芳香 | 一种带有愉快内涵的气味 |
| 气味 | 嗅觉器官感受到的感官特性 |
| 特征 | 可区别及可识别的气味或风味特色 |
| 异常特征 | 非产品本身所具有的特征(通常与产品的腐败变质相联系) |
| 质地 | 用机械的、触觉的方法或在适当条件下，用视觉及听觉感受器感觉到的产品的所有流变学的和结构上的(几何和表面)特征 |
| 稠度 | 由机械的方法或触觉感受器，特别是口腔区域受到的刺激而觉察到的流动特性。它随产品的质地不同而变化 |
| 硬 | 描述需要很大力量才能造成一定的变形或穿透的产品的质地特点 |
| 结实 | 描述需要中等力量可造成一定的变形或穿透的产品的质地特点 |
| 柔软 | 描述只需要小的力量就可造成一定的变形或穿透的产品的质地特点 |
| 嫩 | 描述很容易切碎或嚼烂的食品的质地特点，常用于肉和肉制品 |
| 老 | 描述不易切碎或嚼烂的食品的质地特点，常用于肉和肉制品 |
| 酥 | 修饰破碎时带响声的松而易碎的食品 |
| 有硬壳 | 修饰具有硬而脆的表皮的食品 |
| 无毒、无害 | 不造成人体急性、慢性疾病，不构成对人体健康的危害；或者含有少量有毒有害物质，但尚不足以危害健康的食品 |
| 营养素 | 正常人体代谢过程中所利用的任何有机物质和无机物质 |
| 色、香、味 | 食品本身固有的和加工后所应当具有的色泽、香气、滋味 |

4. 产品知识的培训

通过讲解生产过程或到工厂参观，向评价员提供所需评价产品的基本知识，内容包括：商品学知识，特别是原料、配料和成品的一般和特殊的质量特征的知识；有关技术，特别是会改变产品质量特性的加工和储藏技术。

## 四、考核与再培训

进行了一个阶段的培训后，需要对评价员进行考核以确定优选评价员的资格，从事特定检验的评价员小组成员就从具有优选评价员资格的人员中产生。考核主要是要检验候选人操作的正确性、稳定性和一致性。正确性，即考察每个候选评价员是否能够正确地评价样品，如是否能正确区别，正确分类，正确排序，正确评分等。稳定性，即考察每个候选评价员对同一组样品先后评价的再现度。一致性，即考察各候选评价员之间是否掌握统一标准并做出一致的评价。

不同类型的感官分析评价试验要求评价员具有不同的能力。对于差别检验，要求评价员具有以下能力：区别不同产品之间性质差异的能力；区别相同产品某项性质程度的大小、强弱的能力。对于描述分析检验，要求评价员具有以下能力：对感官性质及其强度进行区别的能力；对感官性质进行描述的能力，包括用言语来描述性质和用标尺来描述强度；抽象归纳的能力。被选择作为适合一种目的的评价员，不必要求他符合能适合于其他目的，不适合某种目的的评价员也不一定不适合于从事其他目的的评价。

评价员的评价水平可能会下降，因此，对其操作水平应定期检查和考核。达不到规定要求的应重新培训。

评价员成为培训评价员、专家评价员以及具备专业知识的专家评价员，一般要遵循一定的选拔培训流程或步骤，如图 4-1、图 4-2 所示。

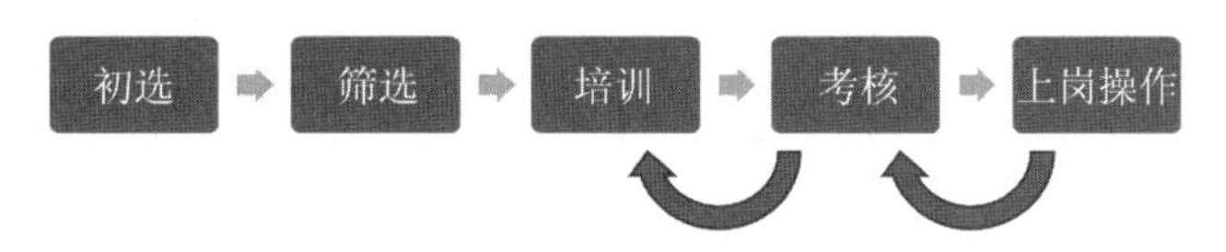


**图 4-1　感官评价员选拔培训流程图**

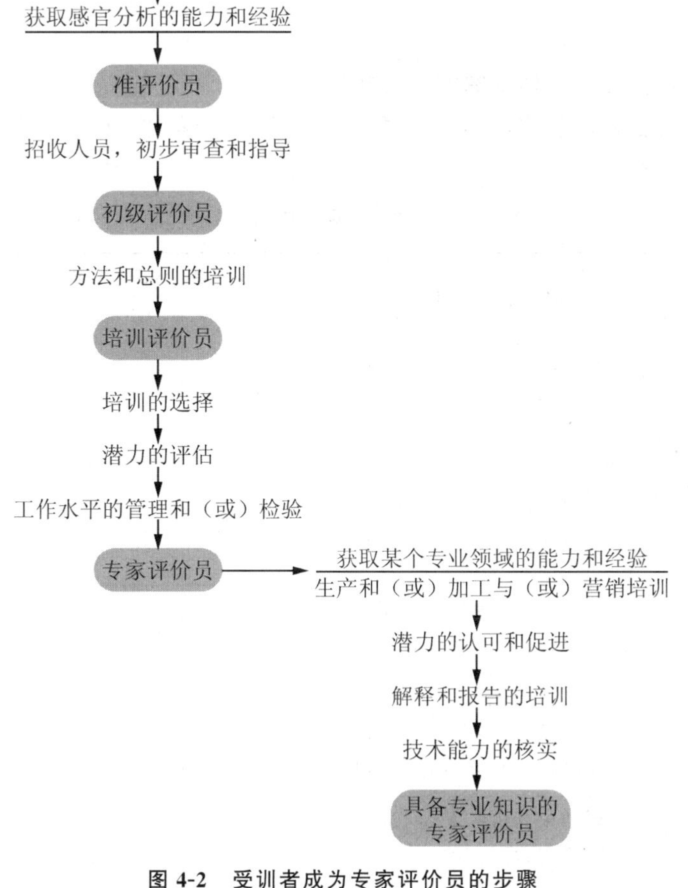


**图 4-2　受训者成为专家评价员的步骤**

**【知识拓展与链接】**

请同学们扫描封面二维码进行知识拓展学习："中国茶叶评价员培训和检验的简要叙述"。

**【任务测试】**

**一、判断题**

1. 参加培训的人数一般应是实际需要的评价员人数的1.5～2倍。（　）
2. 对于候选评价员在任何实验中都不应掺杂个人喜好。（　）
3. 不同类型的感官分析评价试验要求评价员具有的能力是一样的。（　）

**二、名词解释**

1. 外观
2. 风味
3. 口感
4. 质地

**三、简答题**

1. 对感官评价员进行培训有什么作用？
2. 感官评价员培训的内容有哪些？

## 评价与反馈

1. 学完本工作任务后，你都掌握了哪些技能？

2. 请填写评价表，评价表项目内权重由学生自评、学生互评和教师评价组成，分别占20%、30%、50%。

**表1　评价表**

| 项目考核 | | 评价内涵与标准 | 项目内权重（%） | 学生自评（20%） | 学生互评（30%） | 教师评价（50%） |
|---|---|---|---|---|---|---|
| 考核内容 | 指标分解 | | | | | |
| 知识内容 | 感官评价员筛选 | 结合学生自查资料，熟悉食品感官评价员筛选的基础知识 | 20 | | | |
| 项目完成度 | 品评员的任务、分析品评要素 | 实验前物质准备、预备情况，正确分析品评过程各要素 | 10 | | | |
| | 品评方案设计 | 能正确设计感官功能检验、感官灵敏度检验及描述能力检验的品评方案 | 20 | | | |
| | 品评过程 | 知识应用能力，应变能力；能正确地分析和解决遇到的问题 | 20 | | | |
| | 品评结果分析及优化 | 品评结果分析的表达与展示，能准确表达制订的合成方案，准确回答师生提出的疑问 | 10 | | | |

续表

<table>
<tr><th colspan="2">项目考核</th><th rowspan="2">评价内涵与标准</th><th rowspan="2">项目内权重（%）</th><th rowspan="2">学生自评（20%）</th><th rowspan="2">学生互评（30%）</th><th rowspan="2">教师评价（50%）</th></tr>
<tr><th>考核内容</th><th>指标分解</th></tr>
<tr><td rowspan="4">表现</td><td rowspan="3">团队的协作能力</td><td>能正确、全面地获取信息并进行有效地归纳</td><td>5</td><td></td><td></td><td></td></tr>
<tr><td>能积极参与合成方案的制订，进行小组讨论，提出自己的建议和意见</td><td>5</td><td></td><td></td><td></td></tr>
<tr><td>善于沟通，积极与他人合作完成作任务；能正确分析和解决遇到的问题</td><td>5</td><td></td><td></td><td></td></tr>
<tr><td>课堂纪律</td><td>遵守纪律及着装形体表现</td><td>5</td><td></td><td></td><td></td></tr>
<tr><td colspan="3">综合评分</td><td colspan="4"></td></tr>
<tr><td>综合评语</td><td colspan="6"></td></tr>
</table>

# 项目五
# 食品差别检验

**【案例导入】**

**"中华名果"赣南脐橙与其他产地的差别**

近年来，由于受到恶劣气候和土地价格等影响，美国、巴西等柑橘生产大国种植面积和产量大幅度减少，橙汁加工原料价格大幅度攀升，国际橙汁价格成倍上扬，我国橙汁加工也面临着机遇和挑战。赣南脐橙是中国国家地理标志产品，被列为全国十一大优势农产品之一，荣获"中华名果"等称号。赣南脐橙年产量达百万吨，原产地江西省赣州市已经成为脐橙种植面积世界第一，年产量世界第三、全国最大的脐橙主产区。赣南脐橙果大形正，橙红鲜艳，光洁美观，比其他产地的橙子颜色略深；果皮光滑、细腻，果形以椭圆形多见，可食率达85%，肉质脆嫩、化渣，含果汁55%以上，风味浓郁，适宜加工橙汁。可溶性固形物含量14%以上，含糖10.5%—12%，含酸0.8—0.9%，固酸比15—17∶1。与美国脐橙相比，可溶性固形物含量高2个百分点，与日本脐橙相比含量高3个百分点，营养丰富、清火养颜、理气和中、防癌健身，深受消费者欢迎。因此，企业需要对不同产地的橙子原料供应商生产的橙汁进行差别检验，根据橙汁产品的质量调整橙子加工产业结构，从而提升橙子产业化整体水平和高品质橙汁产品的竞争力。

**思考问题：**

1. 差别检验在食品领域的应用范围包括哪些？
2. 如何对食品进行差别检验？

## 一、差别检验的概念

差别检验(Difference Test)是感官分析中最常使用的一种方法，要求评价员评定两个或两个以上的样品中是否存在感官差异(或偏爱其一)的方法，特别适用于容易混淆的刺激、产品或者产品的感官性质的分析。

## 二、差别检验的应用范围

差别检验方法广泛应用于食品配方设计、产品优化、成本降低、质量控制、包装研究、货架寿命、原料选择等方面的感官评价。其适用范围包括：①确定样品是否不同；②确定样品是否相似。

需要说明的是，如果样品间的差异非常大，以至很明显，则差别检验是无效的；当样品间的差别很微小时，差别检验才是有效的。例如在储藏试验中，可以比较不同的储藏时间对食品的味觉、口感、鲜度等质量指标的影响。在外包装试验中，可以判断哪种包装形式更受欢迎，而成本高的包装形式有时并不一定受消费者欢迎，都可以用差别试验方法进行检验。

## 三、差别检验的分类

差别检验可以分为两大类：总体差别检验和性质差别检验。

(1)总体差别检验(Overall Differential Test)是不对产品的感官性质进行限制，没有方向性，对比较的产品的总体感官差异进行评价和分析的一类感官检验方法。这些方法主要有成对比较检验，三点检验，二、三点检验，五中取二检验，“A”-“非 A”检验，选择性检验等方法。

(2)性质差别检验(Attribute Difference Test)是测定两个或多个样品之间某一特定感官性质的差别，如甜度、苦味强度等的感官检验方法，在进行评价时要确定评定的感官性质。性质差别检验法是在检验时限定检验产品的某个感官性质在产品间是否有可以感觉出的差异。根据样品的数量可以分为成对比较检验法和多个样品性质差别检验法。当只有两个样品时，可以采用成对比较检验法，当样品数量大于两个时，可以采用多个样品性质差别检验法。

## 四、差别检验的敏感参数

如图 5-1 所示，差别检验的敏感参数包括 $\alpha$-风险与 $\beta$-风险。

**图 5-1　差别检验的 $\alpha$-风险与 $\beta$-风险**

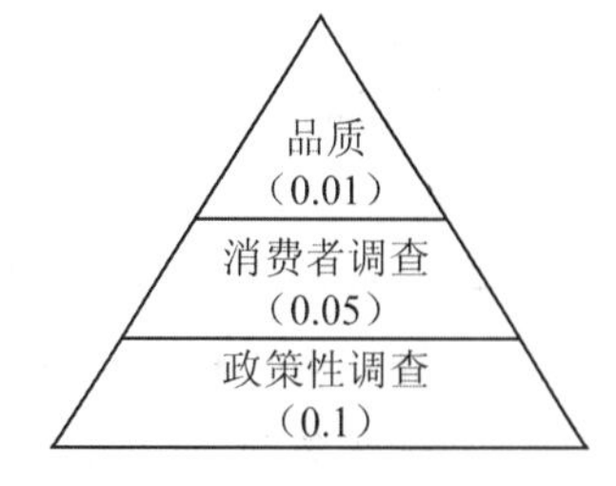


**图 5-2　$\alpha$ 值的确定**

$\alpha$($\alpha$-风险，Ⅰ型错误)：是错误的估计两者之间差别存在的可能性。即错误的认为存在差别，实际上没有差别。最常用的 $\alpha$ 值为 0.01、0.05、0.10。一般情况下，食品加工中涉及到品质安全时通常取 $\alpha$ 值为 0.01，新产品开发、配方选择或消费者调查时一般选择 $\alpha$ 值为 0.05，涉及政策性调查 $\alpha$ 值为 0.1，如图 5-2 所示。

$\beta$($\beta$-风险，Ⅱ型错误)：是错误地估计两者之间差别不存在的可能性。差别存在，但没有发现。

显著性检验：就是事先对总体(随机变量)的参数或总体分布形式做出一个假设，然后利用样本信息来判断这个假设(原假设)是否合理，即判断总体的真实情况与原假设是否有显著性差异。或者说，显著性检验要判断样本与我们对总体所做的假设之间的差异是纯属机会变异，还是由我们所做的假设与总体真实情况之间不一致所引起的。显著性检验是针对我们对总体所做的假设做检验，其原理就是“小概率事件实际不可能性原理”来接受或否定假设。

其统计上是按 95％的概率来估计体参数所在的可能范围，如图 5-3 所示。

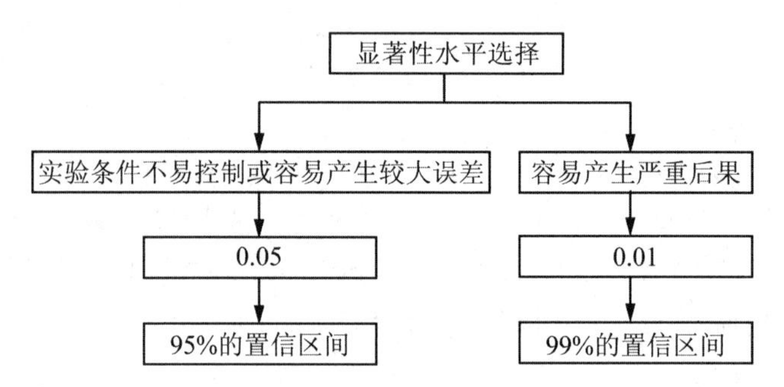


**图 5-3 显著性水平的选择**

Pd(Proportion of Distinguisher)：能够分辨出差异的人数比例。

$\alpha$ 和 $\beta$ 是差别检验统计结果时可能发生的两类错误，Ⅰ型错误 $\alpha$ 就是以真为假，Ⅱ型错误 $\beta$ 就是以假为真。

若以寻找差异为目的，只考虑 $\alpha$-风险，$\alpha$ 通常要选的比较小。

若以寻找样品间相似性为目的，则应选择一个合理的值 Pd，确定一个较小的 $\beta$ 值，$\alpha$ 值可以大一些。

## 任务 1 啤酒苦味的成对比较检验

**【学习目标】**

**知识目标**

1. 掌握成对比较检验法的概念、分类与应用范围；
2. 了解定向比较检验法和差别成对比较检验法的区别与特点；
3. 了解啤酒的苦味来源，熟悉啤酒感官检验的国家标准要求；
4. 掌握成对比较检验的测定方法与步骤。

**能力目标**

1. 会设计啤酒苦味成对比较的检验方案，并制订成对比较检验问答表；
2. 能完成啤酒样品制备与编号，准备所需的实验物料、设备及设施，运用国家标准方法对啤酒苦味进行成对比较检验；

3. 会对感官评价小组的结果数据统计，并进行结果分析；

4. 规范书写感官检验报告，并对啤酒的品质感官评价。

**素养目标**

1. 坚定中华优秀传统文化自信，厚植家国情怀；

2. 具备食品质量与安全意识，具有严谨求实、精益求精、依法检测、规范操作的工作态度；

3. 善于发现问题和解决问题，能够钻研专业技术岗位，培养工匠精神和创新精神；

4. 善于与工作团队成员沟通交流，具有团队合作意识。

**【工作任务】**

中国古代啤酒酿造：
“曲法酿酒、蘖法酿醴”

行稳致远、守正创新，中国食品企业以高品质食品践行初心。北京某啤酒酿造公司得到的市场报告结果显示，他们酿造的小度啤酒产品A苦味强度不够。为了提高啤酒的口感和品质，公司多年来坚定探索中国啤酒的传承与创新，针对小度啤酒普遍寡淡、单一的口感问题研发创新，秉承“小度酒，大滋味”理念改进工艺，从独创啤酒花颗粒品种快速鉴定技术(SNP-KASP)，到开发酵母絮凝机理研究及精准调控技术体系，坚守质量意识，创新升级品质，每一个啤酒酿造环节都始终坚持用户至上、品质为尊。公司使用研制的啤酒花酿造了新产品B，希望生产一种苦味重一些的啤酒，为人们提供更好的味蕾体验，致力于实现中国啤酒优质高阶的品牌进阶。公司希望知道新产品B的苦味是否比原产品啤酒A强，新产品是否更受人们的喜爱。

**【任务分析】**

企业要对新酿的啤酒苦味做分析评价，感官品评可以直观地对样品的风味做出综合评价。因此啤酒的感官评价是质量改进的驱动力，也是质量把关的最基本的手段之一。请评价员精心设计一套啤酒苦味成对比较检验方案，对啤酒进行感官评价，确定出哪一个啤酒样品更苦，并进行结果统计与数据分析，出具啤酒苦味成对比较检验的感官检验报告。

本任务依据的国家相关标准：GB/T 12310—2012《感官分析 成对比较检验》。

**【思维导图】**

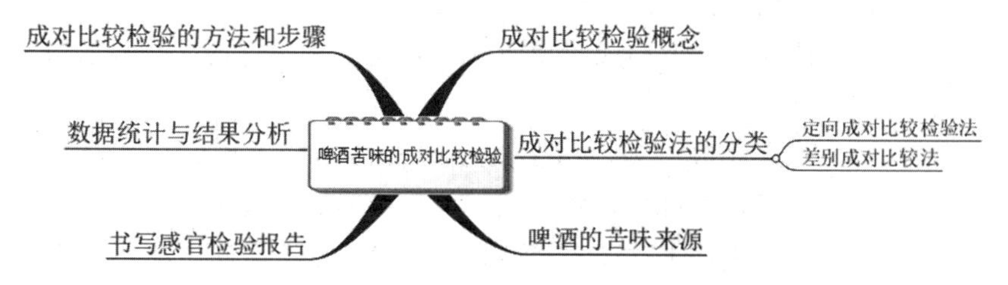

## 一、成对比较检验概念

1. 概念

成对比较检验是以随机顺序同时出示两个样品给评定员，要求评定员对这两个样品进行比较，判定整个样品或某些特征强度顺序的一种评定方法。如果想确定两个样品(A 和 B)间某一个特定的感官性质是否存在显著性差异，如哪一个样品更甜或更苦等感官性质，可采用成对比较检验法。这种方法也叫作 2 项必选检验，即 2-AFC(2-Alternative Forced Choice)检验。

**成对比较检验主要应用于哪些方面**

成对比较检验可用于确定两种样品之间是否存在差异，或者确定是否偏爱两种样品中的某一种；也可以用于对评价员进行选择和培训的测试中。

2. 成对比较检验法的分类

成对比较检验法分为两种形式，一种是定向成对比较法，也称为单边检验。另一种是差别成对比较法，也称为双边检验。我们在食品感官检验中，设计问答表时，感官评价员首先应该根据实验目的和样品的特性确定是采用定向成对比较法还是差别成对比较法。

(1)定向成对比较检验法

定向成对比较检验法又称为单边检验，用于确定两个产品在某一特性上是否存在差异，如甜度、酸度、苦味、红色度、易碎度等，对感官评价员的要求是将两个样品同时呈送给评价员，要求评价员识别出在这一指标感官属性上程度较高的样品，是更甜还是更苦等强度。这种方法的特点是：

①试验中，样品有两种可能的呈送顺序(AB、BA)，这些顺序应在评价员间随机处理，评价员先收到样品 A 或样品 B 的概率应相等。

②这种方法要求评价员必须清楚地理解感官专业人员所指定的特定属性的含义，评价员应在识别指定的感官属性方面受过专门训练。

③该检验是单向的。定向成对比较检验的对立假设是：如果感官评价员能够根据指定的感官属性区别样品，那么在指定方面程度较高的样品，由于高于另一样品，因此被选择的概率较高。该检验结果可给出样品间指定属性存在差别的方向。

④感官专业人员必须保证两个样品只在单一的所指定的感官方面有所不同，否则此检验法则不适用。例如，增加蛋糕中的糖添加量，会使蛋糕变得比较甜，但同时会改变蛋糕的色泽和质地。在这种情况下，定向成对比较法并不是一种很好的区别检验方法。

(2)差别成对比较检验法

差别成对比较法又称为双边检验，用于确定两种样品的不同。对样品制备员的要求是，同时呈送两个样品给感官评价员，要求其回答样品是相同还是不同。这种方法对感官评价员要求是，只需要比较两个样品，判断它们是相似还是不同，而不需要识别出在某一指标感官属性上程度较高的样品。这种方法的特点是：

①差别成对比较试验中，样品有 4 种可能的呈送顺序(AA、BB、AB、BA)。这些顺序应在评价员中交叉进行随机处理，每种顺序出现的次数相同。

②评价员的任务是比较两个样品，并判断它们是相同还是相似。这种工作比较容易进行，评价员只需熟悉评价的感官特性，可以理解评分单中所描述的任务，不需要接受评价特定感官属性的训练。一般要求 20～50 名品评人员来进行试验，最多可以用 200 人。试

验人员或者都接受过培训，或者都没接受过培训，但在同一个试验中，参评人员不能既有受过培训的也有没受过培训的。

③该检验是双边的。差别成对比较检验的对立假设规定：样品之间可觉察出不同，而且品评员可正确指出样品间是相同或不相同的概率大于50%。此检验只表明评价员可辨别两种样品，并不表明某种感官属性方向性的差别。

④当试验的目的是要确定产品之间是否存在感官上的差异，而产品由于供应不足而不能同时呈送2个或多个样品时，选取此试验较好。

**甜橙的风味检验**

试验目的：研究人员想知道两种香味物质的甜橙香气是否存在显著差异。即：检验两种甜橙风味是否不同，那么该试验适合使用差别检验中的________检验方法。

## 二、啤酒的苦味来源

啤酒深受人们的喜爱，消费者对啤酒的口感和风味等品质要求也越来越较高，因此保持啤酒良好的风味稳定性和调整啤酒口感成为啤酒行业的必然发展趋势。对啤酒的感官评价，是控制啤酒质量的重要手段之一，有助于把握啤酒的风味特征，对啤酒的质量管理、过程监控，以及新产品开发都非常重要。

**啤酒的苦味来源**

衡量啤酒口感的一个重要指标就是苦味，这也是啤酒的魅力所在。正常的苦味一般消失较快，不留后苦，饮后给人以爽快的感觉。那么你知道啤酒的苦味来自于哪里？

啤酒苦味来自啤酒花(图5-4)，啤酒花由小苞片、苞叶、苦味素腺体组成，是赋予啤酒独特风味的关键物质。在生产实践过程中，人们认识到啤酒苦味质量与酒花品种、酒花添加方式和工艺、啤酒生产实践、储存条件等有关。《本草纲目》上称其为蛇麻花，是一种多年生草本蔓性植物，古人取为药材。啤酒花主枝按顺时针方向右旋攀沿而上，蔓长6m以上，通体密生细毛，并有倒刺。叶对生、纸质，卵形或掌形，3～5裂，边缘具粗锯齿。啤酒花为雄雌异株植物，雄花的球果较小，没有酿造价值；雌花为松果状球果，是不折不扣的“娘子花”。

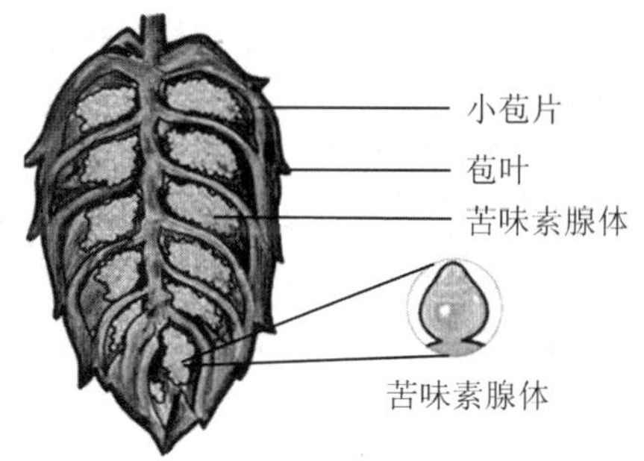


图5-4　啤酒花

1079年，德国人首先在酿制啤酒时添加了啤酒花，从而使啤酒具有了清爽的苦味和芬芳的香味。从此以后，啤酒花被誉为“啤酒的灵魂”。不同啤酒中啤酒花的含量不同，也使得各类啤酒带有其不同风味，口感独特。酒花的芳香与麦芽的清香赋予了啤酒含蓄的风味，现在已成为了现代啤酒工业的不可或缺的原料。在每100L麦汁或啤酒中，啤酒花的添加量在120～500g，具体添加量可根据啤酒的类型以及啤酒花的质量而定。啤酒的苦味和防腐力主要来源于异$\alpha$-酸。而$\beta$-酸具有抑菌防腐作用，可使啤酒易于保存。$\alpha$-酸含量的高低是衡量啤酒花质量的重要指标之一，占到干基啤酒花的3%～12%。$\alpha$-酸是赋予啤酒特征苦味的核心物质，也是使啤酒具有饮用功能的成分之一。

## 三、成对比较检验的方法

1. 样品制备

准备两种不同工艺的啤酒，原产品啤酒A和新产品啤酒B。评价员每次得到2个(1对)样品，被要求回答样品是相同还是不同。在呈送给评价员的样品中，相同和不相同的样品数是一样的。样品有四种可能的呈送顺序(AA、BB、AB、BA)样品制备的要求要满足均一性和样品量的要求。

2. 样品的编号

样品的编号可以用数字、拉丁字母或字母和数字结合的方式。用数字编号时，采用从随机数表上选择三个数的随机数字。

3. 制订问答表

由于成对比较检验主要是在样品两两比较时用于鉴别两个样品是否存在差异，故问答表应便于评价员表述样品间的差异，同时要尽量简单明了。成对比较检验问答表如下，问答表的设计应和产品特性及试验目的相一致。呈送给品评员两个带有编号的样品，要使组合形式AB和BA数目相等，并随机呈送，要求品评员从左到右尝试样品，然后填写问卷。成对比较检验的问答表如表5-1所示。

**表5-1 啤酒苦味成对比较检验问答表**

| 啤酒苦味成对比较检验 |
| --- |
| 感官评价员：________ 日期：________<br>试验指令：<br>在你的面前有两种不同的啤酒产品，从左到右依次品尝这2个样品，在你认为更苦的样品编号上画钩。在品尝一种样品后，应用清水漱口，然后进行下一组品尝。你可以猜测，但必须有所选择。<br>319 568<br>意见： |

4. 样品的呈送

在食品感官鉴评试验中，只有以恒定和适当的温度提供样品才能获得稳定的结果。样品温度的控制应以最容易感受样品间所鉴评特性为基础，通常是将样品温度保持在该产品日常食用的温度。在试验中，可采用事先制备好样品保存在恒温箱内，然后统一呈送保证样品温度恒定和均一(图5-5)。

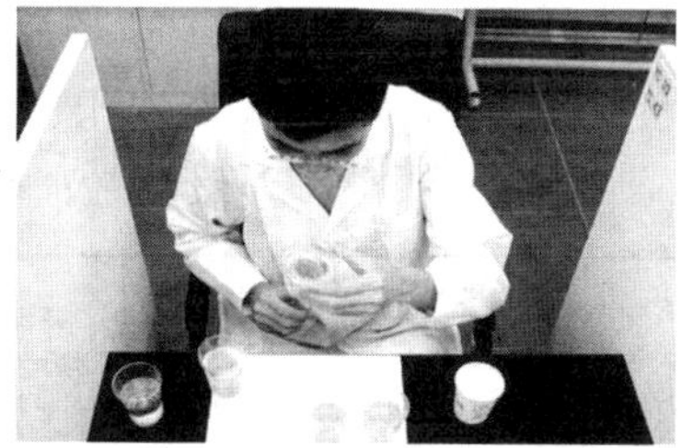

图 5-5　啤酒样品的呈送

5. 品评检验

将按照准备表组合并标记好的样品连同问答表一起呈送给评价员。每个评价员每次得到一组 2 个样品，依次品评，并填好问答表。在评价同一组 2 个被检样品时，评价员对每种被检样品可重复检验(图 5-6)。

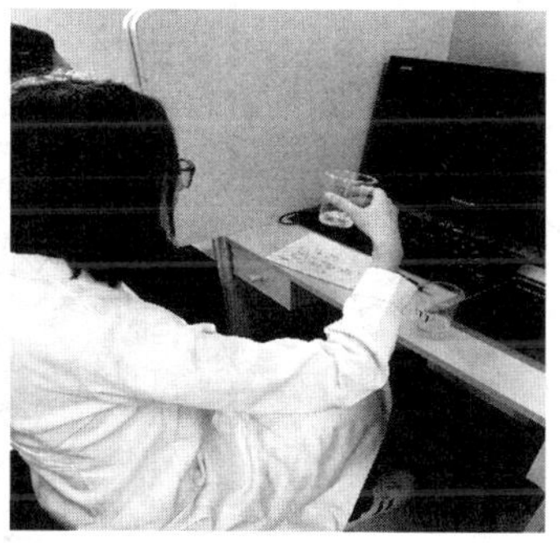

图 5-6　啤酒的品评检验

6. 说明及注意事项

进行成对比较检验时，从一开始应确定是差别成对比较检验还是定向成对比较检验，如果检验目的只是关心两个样品是否不同，则是差别成对比较检验；如果想具体知道样品的特性，比如哪一个更好，更受欢迎，则是定向成对比较检验。

## 四、数据统计与结果分析

1. 统计感官评价小组数据

成对比较检验在进行数据统计与结果判断，首先要将统计全组人数和正确答案数，才能根据成对比较检验法表得出结果，判断两种不同啤酒样品之间苦味是否有显著差异。

2. 结果分析与判断

(1)单边检验

对于单边检验是希望某一指定样品具有较大的强度(强度检验)或者被偏爱(偏爱检验)。具体做法是：假定问题仅为评定两个样品中哪个最强，即为差异识别，要求有效评价表的正解数，此正确数与表 5-2 中相应的某显著的水平的数比较，若大于等于表中的数，则说明在此显著水平上样品间有显著性差异。当有效鉴评表数大于 100 时($n>100$)表明有差异的鉴评最小数为$\frac{n+1}{2}+k\sqrt{n}$的最近整数。

例如：品评结果分析，在 28 张有效鉴评表中，有 20 张回答正确，查表 5-2，19(5%)＜20＜21(1%)，说明在 5%的显著水平两个样品间有显著性差异。

**表 5-2　成对比较检验法单边检验表**

| 答案数 | 不同显著水平所需肯定答案最少数 | | | 答案数 | 不同显著水平所需肯定答案最少数 | | |
|---|---|---|---|---|---|---|---|
| | $\alpha \leqslant 0.05$ | $\alpha \leqslant 0.01$ | $\alpha \leqslant 0.001$ | | $\alpha \leqslant 0.05$ | $\alpha \leqslant 0.01$ | $\alpha \leqslant 0.001$ |
| 7 | 7 | — | — | 32 | 22 | 24 | 26 |
| 8 | 8 | 8 | — | 33 | 22 | 24 | 26 |
| 9 | 8 | 9 | — | 34 | 23 | 25 | 27 |
| 10 | 9 | 10 | 10 | 35 | 23 | 25 | 27 |
| 11 | 9 | 10 | 11 | 36 | 24 | 26 | 28 |
| 12 | 10 | 11 | 12 | 37 | 24 | 27 | 29 |
| 13 | 10 | 12 | 13 | 38 | 25 | 27 | 29 |
| 14 | 11 | 12 | 13 | 39 | 26 | 28 | 30 |
| 15 | 12 | 13 | 14 | 40 | 26 | 28 | 31 |
| 16 | 12 | 14 | 15 | 41 | 28 | 30 | 32 |
| 17 | 13 | 14 | 16 | 42 | 28 | 30 | 32 |
| 18 | 13 | 15 | 16 | 43 | 29 | 31 | 33 |
| 19 | 14 | 15 | 17 | 44 | 28 | 31 | 33 |
| 20 | 15 | 16 | 18 | 45 | 29 | 31 | 34 |
| 21 | 15 | 17 | 18 | 46 | 30 | 32 | 34 |
| 22 | 16 | 17 | 19 | 47 | 30 | 32 | 35 |
| 23 | 16 | 18 | 20 | 48 | 31 | 33 | 35 |
| 24 | 17 | 19 | 20 | 49 | 31 | 34 | 36 |
| 25 | 18 | 19 | 21 | 50 | 32 | 34 | 37 |
| 26 | 18 | 20 | 22 | 60 | 37 | 40 | 43 |
| 27 | 19 | 20 | 22 | 70 | 43 | 46 | 49 |
| 28 | 19 | 21 | 23 | 80 | 48 | 51 | 55 |
| 29 | 20 | 22 | 24 | 90 | 54 | 57 | 61 |
| 30 | 20 | 22 | 24 | 100 | 59 | 63 | 66 |
| 31 | 21 | 23 | 25 | | | | |

(2)双边检验

对于双边检验，只需要发现两种样品在特性强度上是否存在差别(强度检验)，或者是否其中之一更被消费者偏爱(偏爱检验)。假定要求评定最喜欢哪个样品，则为两点嗜好检验。从有效的鉴评表中收集较喜欢 A 的回答数和较喜欢 B 的回答数，运用回答数较多的数与表 5-3 所得各显著水平的数比较，若此数大于或等于表中某显著水平的相应数字，则说明两样品的嗜好程度有差异，若小于表中的任何显著水平的数，则说明两样品间无显著差异。

表 5-3 成对比较检验法双边检验表

| 答案数 | 不同显著水平所需肯定答案最少数 | | | 答案数 | 不同显著水平所需肯定答案最少数 | | |
|---|---|---|---|---|---|---|---|
| | $\alpha \leqslant 0.05$ | $\alpha \leqslant 0.01$ | $\alpha \leqslant 0.001$ | | $\alpha \leqslant 0.05$ | $\alpha \leqslant 0.01$ | $\alpha \leqslant 0.001$ |
| 7 | 7 | — | — | 32 | 23 | 24 | 26 |
| 8 | 8 | 8 | — | 33 | 23 | 25 | 27 |
| 9 | 9 | 9 | — | 34 | 24 | 25 | 27 |
| 10 | 9 | 10 | — | 35 | 24 | 26 | 28 |
| 11 | 10 | 11 | 11 | 36 | 25 | 27 | 29 |
| 12 | 10 | 11 | 12 | 37 | 25 | 27 | 29 |
| 13 | 11 | 12 | 13 | 38 | 26 | 28 | 30 |
| 14 | 12 | 13 | 14 | 39 | 27 | 28 | 31 |
| 15 | 12 | 13 | 14 | 40 | 27 | 29 | 31 |
| 16 | 13 | 14 | 15 | 41 | 28 | 30 | 32 |
| 17 | 13 | 15 | 16 | 42 | 28 | 30 | 32 |
| 18 | 14 | 15 | 17 | 43 | 29 | 31 | 33 |
| 19 | 15 | 16 | 17 | 44 | 29 | 31 | 34 |
| 20 | 15 | 17 | 18 | 45 | 30 | 32 | 34 |
| 21 | 16 | 17 | 19 | 46 | 31 | 33 | 35 |
| 22 | 17 | 18 | 19 | 47 | 31 | 33 | 36 |
| 23 | 17 | 19 | 20 | 48 | 32 | 34 | 36 |
| 24 | 18 | 19 | 21 | 49 | 32 | 34 | 37 |
| 25 | 18 | 20 | 21 | 50 | 33 | 35 | 37 |
| 26 | 19 | 20 | 22 | 60 | 39 | 41 | 44 |
| 27 | 20 | 21 | 23 | 70 | 44 | 47 | 50 |
| 28 | 20 | 22 | 23 | 80 | 50 | 52 | 56 |
| 29 | 21 | 22 | 24 | 90 | 55 | 58 | 61 |
| 30 | 21 | 23 | 25 | 100 | 61 | 64 | 67 |
| 31 | 22 | 24 | 25 | | | | |

当表中 $n$ 值大于 100 时，答案最少数按以下公式计算，取得接近的整数值：

$$X=\frac{n+1}{2}+k\sqrt{n}$$

式中，$n$——答案数；

$X$——不同显著水平所需样品答案最少数；

$k$——单边检验与双边检验系数，参见表 5-4。

表 5-4 单边检验与双边检验系数表

| 单边检验 | 双边检验 |
|---|---|
| $\alpha \leqslant 0.05$ $k=0.82$ | $\alpha \leqslant 0.05$ $k=0.98$ |
| $\alpha \leqslant 0.01$ $k=1.16$ | $\alpha \leqslant 0.01$ $k=1.29$ |
| $\alpha \leqslant 0.001$ $k=1.55$ | $\alpha \leqslant 0.001$ $k=1.65$ |

当有效评价表数大于 100 时($n>100$)，表明有差异的鉴评最少数为$\frac{n+1}{2}+k\sqrt{n}$的最近整数。

式中 $k$ 值为：

| 显著水平 | 5% | 1% | 0.1% |
|---|---|---|---|
| 单边检验 $k$ 值 | 0.83 | 1.16 | 1.55 |
| 双边检验 $k$ 值 | 0.98 | 1.29 | 1.65 |

例如：150 张有效评价表，在各显著水平下，表明有差异的鉴评最小数为：

$$\frac{150+1}{2}+0.98\times\sqrt{150}=87.5\approx88$$

$$\frac{150+1}{2}+1.29\times\sqrt{150}=91.3\approx91$$

$$\frac{150+1}{2}+1.65\times\sqrt{150}=95.7\approx96$$

在 5%显著水平下，有显著差异的评价最小数为 88 张；在 1%显著水平下，有显著差差的评价最少数为 91 张；在 0.1%显著水平下，有显著差异的评价最少数为 96 张。

3. 感官小组汇报结论

由感官评价小组组长汇报感官检验的结果，并得出两个啤酒样品之间是否存在显著差异的结论。

**【知识拓展与链接】**

请同学们扫描封面二维码进行知识拓展学习：“啤酒的感官品评方法”。

**【任务测试】**

**一、多选题**

1. 啤酒的感官品评是判断啤酒质量优劣的重要手段，主要对啤酒的(　　)指标进行评价。

A. 外观　　B. 泡沫　　C. 香气　　D. 口味特征

2. 下列属于啤酒的感官检验指标的是(　　)。

A. 泡持性　　B. 酒精度　　C. 浊度　　D. 原麦芽汁浓度

3. 定向成对比较试验中，受试者每次得到 2 个样品，组织者要求回答这些样品在某一特性方面是否存在差异，比如在(　　)等方面的差异。

A. 甜度　　B. 酸度　　C. 红色度　　D. 易碎度

**二、填空题**

1. 啤酒的苦味来源是________，它含有的________物质是赋予啤酒特征苦味的核心物质，也是使啤酒具有饮用功能的成分之一。

2. 成对比较检验法分为________和________，又分别称为________和________。

3. 成对比较检验的样品有________种可能的呈送顺序，分别是________、________、________、________。

4. 啤酒样品的品评温度应控制在________为宜。

**三、简答题**

1. 简述出啤酒成对比较检验的操作过程。

2. 如何对啤酒的感官检验结果进行科学的分析和判断？

**四、分析题**

某饮料厂生产有四种果汁，编号分别为“798”“379”“527”和“806”。其中，两种编号为“798”和“379”的果汁，其中一个略甜，但两者都有可能使评价员感到更甜。编号为

“527”和“806”的两种果汁，其中“527”配方明显较甜。请设计实验方案，通过成对比较试验来确定哪种样品更甜，您更喜欢哪种样品。

## 任务2　橙汁甜度的三点检验

**【学习目标】**

**知识目标**

1. 掌握三点检验法的概念；
2. 了解三点检验法的应用领域和范围；
3. 熟悉三点检验的国家标准要求，以及橙汁的品质评价方法；
4. 掌握三点检验的测定方法与步骤。

**能力目标**

1. 会设计橙汁三点检验的检验方案，并制订三点检验问答表；
2. 能完成橙汁样品制备与编号，准备所需的实验物料、设备及设施，运用国家标准方法对橙汁甜度进行三点检验；
3. 会对感官评价小组的结果数据统计，并进行结果分析；
4. 规范书写感官检验报告，并对橙汁的品质感官评价。

**素养目标**

1. 认识偏差，找准定位，具有独立分析事物优劣势的能力；
2. 具备食品质量与安全意识，具有严谨求实、精益求精、依法检测、规范操作的工作态度；
3. 善于发现问题和解决问题，能够钻研专业技术岗位，培养工匠精神和创新精神；
4. 善于与工作团队成员沟通交流，具有团队合作意识。

**【工作任务】**

**GBT21731－2008**
**《橙汁及橙汁饮料》**

为保障NFC(非浓缩)橙汁产品的美味口感与健康品质，打造出“中国制造”的橙汁品牌，上海市某饮品公司严选直采优质时令鲜橙，将橙子原料供应商更换为国内一家通过ISO9001质量管理体系认证橙子供应商，从中筛选适宜加工的优质甜橙，并通过严苛把控生产细节，采用杯式压榨工艺，实现分离压榨，榨汁、去皮、去核工序一次完成，最大程度地保留了橙汁中的天然营养成分与完美口感。请感官评价员确定两个橙子产地加工的NFC橙汁产品A和B之间的甜度是否存在差异，以满足人们对于营养安全和美味食品的需求。

**【任务分析】**

橙汁的感官品质是各种风味成分相互配合、彼此协调后的综合反映，其中甜度是橙汁的重要品质指标之一。感官品质决定其受欢迎程度，直接影响消费者的购买意向。请评价员精心设计一套橙汁甜度三点检验方案，对两种橙汁样品A和B进行感官评价，确定出哪一个橙汁样品更甜，并进行结果统计与数据分析，出具橙汁甜度三点检验的感官检验报告。请评价员精心设计一套橙汁甜度三点检验方案，对两种橙汁样品A和B进行感官评价，确定出哪一个橙汁样品更甜，并进行结果统计与数据分析，出具橙汁甜度三点检验的感官检验报告。

本任务依据的国家相关标准：GB/T 12311－2012《感官分析方法 三点检验》。

【思维导图】

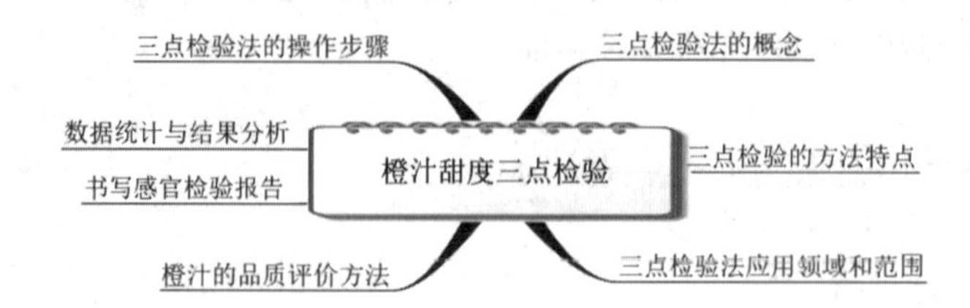

## 一、三点检验法的概念

1. 概念

在感官评定中，三点检验法(Triangle Test)是差别检验当中最常用的方法，可用于两种产品的样品间的差异分析，也可用于挑选和培训品评员。三点检验法是由美国嘉士伯饮料公司的 Bengtson(本格逊)及其同事于 1946 年首先提出来的，是指同时提供三个编码样品，其中有两个是相同的(如 ABB、BBA)，要求鉴评员挑选出其中不同于其他两种样品的样品的检查方法，也称为三角试验法。三点检验法中样品的组合形式有：ABB、BAA、AAB、BBA、ABA、BAB。

一般来说，三点检验法要求评价员在 20～40 名。如果产品之间的差别比较大时，12 名评价员基本可以实施感官评价。

2. 应用领域和范围

(1)此法适用于鉴别两个样品之间的细微差异，如品质管理和仿制产品。此法的猜对率为 1/3，因此要比两点法的 1/2 猜对率精确度高得多，单次评价统计学上的风险比成对比较检验法和二、三点检验法略低。

(2)在原料、加工工艺、包装储藏条件发生变化的情况下，确定产品感官特征是否发生变化时，三点检验是较为有效的方法。此法在产品开发、工艺开发、产品匹配、质量控制等过程中可确定产品的感官特征是否随之发生变化，如图 5-7 所示。

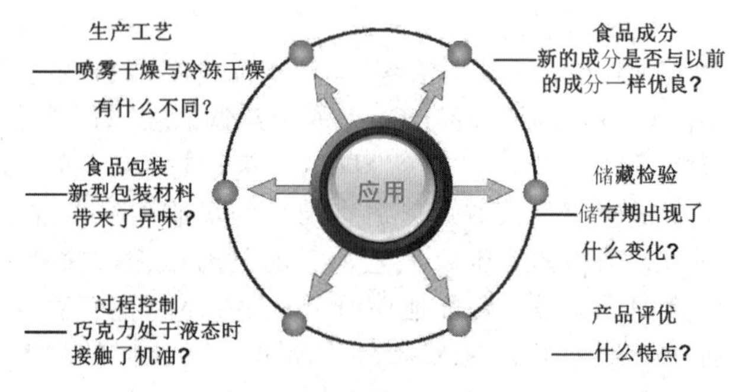


图 5-7 三点检验法的应用

(3)此法可用于筛选和培训感官评价员或者考核鉴评员的能力，以培养其发现产品差别的能力。

(4)在评价风味强烈的样品时，由于样品需要量较大、不经济等原因，运用三点检验法比成对比较检验法和二、三点检验法更容易使评价员受到感官疲劳的影响，产生适应或滞留效应。因此对于刺激性强的产品，则应限制三点检验法的应用。

### 三点检验样品的制备

三点检验中，如果有 12 名感官评价员，那么需要准备________个样品，其中 A 样品的个数是________，B 样品的个数是________。

## 二、橙汁甜度的三点检验方法

1. 样品制备

制备两种不同品牌的橙汁。为了使三个样品的排列次序和出现次数的概率相等，可运用以下6组组合：

BAA ABA AAB ABB BAB BBA

在实验中，6组出现的概率也应相等，当鉴评员人数不足6的倍数时，可舍去多余样品组，或向每个鉴评员提供6组样品进行重复检验。

2. 样品编号

用数字编号时，采用从随机数表上选择三个数的随机数字。用字母编号时，则应该避免按字母顺序编号或选择喜好感较强的字母(如最常用字母、相邻字母、字母表中开头与结尾的字母等)进行编号。同次试验中所用编号位数应相同。同一个样品应编几个不同号码，保证每个鉴评员所拿到的样品编号不重复。

3. 样品准备程序

(1)将原配方产品和新配方产品分成“A”和“B”两组。

(2)按要求准备一定数目的品评杯，将“A”和“B”两组样品分别装入品评杯中，按照随机编码进行编号，每个容器中的样品量应保持一致。

(3)在进行三点检验时，要使每个样品在每个位置上安排的次数相同，所以总的样品组数和评价员数量应该是6的倍数，例如安排12名感官评价员或者30名感官评价员等。如果样品数量或评价员数量不能实现6的倍数，至少应该做到“含有2个A的号码使用情况”和“含有2个B的号码使用情况”的样品组数一致。每位评价员得到哪一组的样品是随机安排的。样品编码后，按照评价员的数量，将每个评价员得到的样品组先随机安排，见表5-5，呈送样品时根据此表呈送样品。

**表5-5 橙汁甜度三点检验样品准备表**

| 检验日期：______ 评价员号：______<br>样品类型：______ 检验类型：______ | | |
|---|---|---|
| 产品 | 含有2个A的号码使用情况 | 含有2个B的号码使用情况 |
| A：新配方产品 | 533 681 | 576 |
| B：原配方产品 | 298 | 885 372 |
| 评价员号 | 样品编码及顺序 | 样品排列 |
| 1 | 533 681 298 | AAB |
| 2 | 576 885 372 | ABB |
| 3 | 885 372 576 | BBA |
| 4 | 298 681 533 | BAA |
| 5 | 533 298 681 | ABA |
| 6 | 885 576 372 | BAB |
| 7 | 533 681 298 | AAB |
| 8 | 576 885 372 | ABB |
| 9 | 885 372 576 | BBA |
| 10 | 298 681 533 | BAA |
| 11 | 533 298 681 | ABA |
| 12 | 885 576 372 | BAB |

4. 制订问答表

三点检验问答表如下。问答表的设计应和产品特性及试验目的相一致。呈送给品评员两个带有编号的样品，要使组合形式三个样品出现的数目和机率相等，并随机呈送，要求品评员按照样品从左到右的顺序依次品尝，然后填写如下问答表(表 5-6)。

**表 5-6 橙汁甜度的三点检验问答表**

| 橙汁甜度的三点检验 |
|---|
| 感官评价员：________　　检验日期：________<br>试验指令：<br>在你的面前有 3 个带有编号的样品，其中有 2 个是一样的，而另外 1 个和其他两个不同。请从左到右依次品尝 3 个样品，然后在你认为更甜的样品编号上画勾。在品尝一种样品后，应用清水漱口，并休息 1～2min，然后进行下一组品尝。你可以多次品尝，但必须有所选择。谢谢您的参与！<br>533　　681　　298<br>备注： |

5. 样品的呈送

按照样品的呈送温度、器皿、摆放要求进行呈送，样品分发时可以排成一个三角形，但通常排成一列。

6. 品评检验

将按照准备表组合并标记好的样品连同问答表一起呈送给评价员，如图 5-8 所示。每个评价员每次得到一组 3 个样品，依次品评，并填好问答表，如图 5-9 所示。检验时，应告知评价员按照样品的呈送顺序进行检验。在评价同一组 3 个被检样品时，评价员对每种被检样品可重复检验。

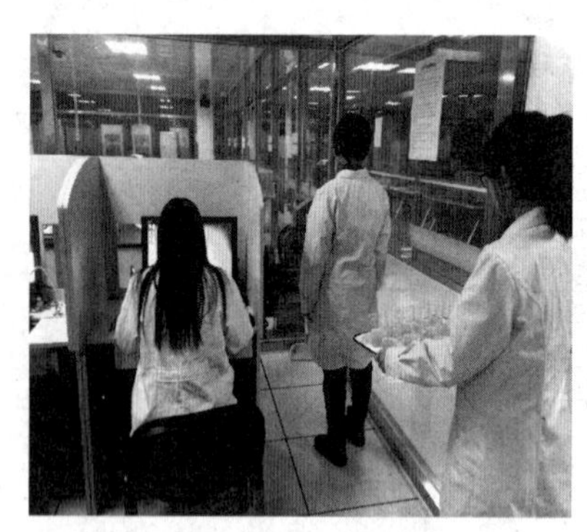

图 5-8 橙汁三点检验样品的呈送

图 5-9 橙汁的感官检验方法

7. 说明及注意事项

(1)要求品评人员的数量为 20～40 人，如果实验目的是检验两种产品是否相似时，则人数则为 50～100。

(2)检验时，每次必须按照从左到右的顺序品尝样品，允许重复检验已品尝过的样品。

(3)评价者不知道样品的排列顺序，因此为了结果判断正确，样品的制备员不能参加评价。

## 三、数据统计与结果分析

1. 统计感官评价小组数据

首先收回评价单，按照三点试验法要求，统计各感官评价员正确选择的人数 $X$，然后根据三点检验法表得出结果，比较判断两种不同橙汁样品甜味是否存在显著性差异。

2. 结果分析与判断

根据试验确定已知的显著性水平 $\alpha$（一般为 5%或 1%），感官评价员的数量为 $n$，对应的答案数目也等于 $n$，可以查到相应的临界值 $X_{\alpha,n}$。如果试验得到的正确选择的答案数为 $X \geqslant X_{\alpha,n}$，则表明比较的两个样品间有显著性的差异；如果 $X < X_{\alpha,n}$，则表明比较的两个样品间无显著性的差异。

三点检验法检验表见表 5-7。

**表 5-7　三点检验法检验表**

| 答案数目（$n$） | 显著水平 | | | 答案数目（$n$） | 显著水平 | | | 答案数目（$n$） | 显著水平 | | |
|---|---|---|---|---|---|---|---|---|---|---|---|
| | 5% | 1% | 0.1% | | 5% | 1% | 0.1% | | 5% | 1% | 0.1% |
| 4 | 4 | — | — | 33 | 17 | 18 | 21 | 62 | 28 | 30 | 33 |
| 5 | 4 | 5 | — | 34 | 17 | 19 | 21 | 63 | 28 | 31 | 34 |
| 6 | 5 | 6 | — | 35 | 17 | 19 | 22 | 64 | 29 | 31 | 34 |
| 7 | 5 | 6 | 7 | 36 | 18 | 20 | 22 | 65 | 29 | 32 | 35 |
| 8 | 6 | 7 | 8 | 37 | 18 | 20 | 22 | 66 | 29 | 32 | 35 |
| 9 | 6 | 7 | 8 | 38 | 19 | 21 | 23 | 67 | 30 | 33 | 36 |
| 10 | 7 | 8 | 9 | 39 | 19 | 21 | 23 | 68 | 30 | 33 | 36 |
| 11 | 7 | 8 | 10 | 40 | 20 | 21 | 24 | 69 | 31 | 33 | 36 |
| 12 | 8 | 9 | 10 | 41 | 20 | 22 | 24 | 70 | 31 | 34 | 37 |
| 13 | 8 | 9 | 11 | 42 | 20 | 22 | 25 | 71 | 31 | 34 | 37 |
| 14 | 9 | 10 | 11 | 43 | 20 | 23 | 25 | 72 | 32 | 34 | 38 |
| 15 | 9 | 10 | 12 | 44 | 21 | 23 | 26 | 73 | 32 | 35 | 38 |
| 16 | 9 | 11 | 12 | 45 | 21 | 24 | 26 | 74 | 32 | 35 | 39 |
| 17 | 10 | 11 | 13 | 46 | 22 | 24 | 27 | 75 | 33 | 36 | 39 |
| 18 | 10 | 12 | 13 | 47 | 22 | 24 | 27 | 76 | 33 | 36 | 39 |
| 19 | 11 | 12 | 14 | 48 | 22 | 25 | 27 | 77 | 34 | 36 | 40 |
| 20 | 11 | 13 | 14 | 49 | 23 | 25 | 28 | 78 | 34 | 37 | 40 |
| 21 | 12 | 13 | 15 | 50 | 23 | 26 | 28 | 79 | 34 | 37 | 41 |
| 22 | 12 | 14 | 15 | 51 | 24 | 26 | 29 | 80 | 35 | 38 | 41 |
| 23 | 12 | 14 | 16 | 52 | 24 | 26 | 29 | 82 | 35 | 38 | 42 |
| 24 | 13 | 15 | 16 | 53 | 25 | 27 | 29 | 84 | 36 | 39 | 43 |
| 25 | 13 | 15 | 17 | 54 | 25 | 27 | 30 | 86 | 37 | 40 | 44 |
| 26 | 14 | 15 | 17 | 55 | 26 | 28 | 30 | 88 | 38 | 41 | 44 |
| 27 | 14 | 16 | 18 | 56 | 26 | 28 | 31 | 90 | 38 | 42 | 45 |
| 28 | 15 | 16 | 18 | 57 | 26 | 29 | 31 | 92 | 39 | 42 | 46 |
| 29 | 15 | 17 | 19 | 58 | 26 | 29 | 32 | 94 | 40 | 43 | 47 |
| 30 | 15 | 17 | 19 | 59 | 27 | 29 | 32 | 96 | 41 | 44 | 48 |
| 31 | 16 | 18 | 20 | 60 | 27 | 30 | 33 | 98 | 41 | 45 | 48 |
| 32 | 16 | 18 | 20 | 61 | 28 | 30 | 33 | 100 | 42 | 45 | 49 |

例如：36张有效鉴评表，有21张正确选择出单个样品，查表5-7中$n=36$栏，由于21大于1%显著水平的临界值20，小于0.1%显著水平的临界值22，则说明在1%显著水平，两样品间有差异。

当有效鉴评表中，答案的数大于100时($n>100$)，表明存在差异的鉴评最少数为$0.4714z\sqrt{n}+\frac{(2n+3)}{6}$的近似整数；若同答正确的鉴评表数大于或等于这个最少数，则说明两样品间有差异。

式中$z$值为：

| 显著水平 | 5% | 1% | 0.1% |
| --- | --- | --- | --- |
| $z$值 | 1.64 | 2.33 | 3.10 |

3. 感官小组汇报结论

由感官评价小组组长汇报感官检验的结果(图5-10)，并得出两个橙汁样品之间甜度是否存在显著差异的结论。

**图5-10　感官小组在汇报统计结果**

**【知识拓展与链接】**

请同学们扫描封面二维码进行知识拓展学习："橙汁的感官品评与品质评价"。

**【任务测试】**

**一、单选题**

1. 三点检验时，要求品评人员在(　　)；如果实验目的是检验两种产品是否相似时人数则为(　　)。

A. 10～20，20～30　　B. 10～20，30～40

C. 20～40，50～100　　D. 20～40，30～50

2. 以下不在三点检验法的适用范围内的是(　　)。

A. 考核鉴评员的能力　　B. 品质管理和仿制产品

C. 挑选和培训鉴评员　　D. 鉴别两个样品之间的明显差异

3. 在三点检验实验中，6组出现的几率应相等，当鉴评员人数不足6的倍数时，可(　　)，或向每个鉴评员提供6组样品进行重复检验。

A. 增加样品组　　B. 舍去多余样品组

C. 减少鉴评员　　D. 以上均可

**二、填空题**

1. 三点检验的依据是________________。

2. 三点检验法是指同时提供三个编码样品，其中有两个是相同的，要求鉴评员挑选出其中________________的检验方法称为三点试验法。

**三、简答题**

1. 什么是三点检验法？

2. 简述出橙汁甜度三点检验法的操作过程。

3. 如何对橙汁甜度三点检验结果进行分析和判断？

## 任务 3　黄桃罐头酸度的二、三点检验

**【学习目标】**

**知识目标**

1. 掌握二、三点检验法的概念，以及固定参比技术或平衡参比技术两种检验形式的区别；

2. 了解二、三点检验法的应用领域和范围；

3. 熟悉二、三点检验法的国家标准要求，以及罐头的品质评价方法；

4. 掌握二、三点检验的测定方法与步骤。

**能力目标**

1. 会设计黄桃罐头二、三点检验的检验方案，并制订二、三点检验问答表；

2. 能完成黄桃罐头样品制备与编号，准备所需的实验物料、设备及设施，运用国家标准方法对黄桃罐头二、三点检验；

3. 会对感官评价小组的结果数据统计，并进行结果分析；

4. 规范书写感官检验报告，并对黄桃罐头的品质感官评价。

**素养目标**

1. 认识偏差，找准定位，具有独立分析事物优劣势的能力；

2. 具备食品质量与安全意识，具有严谨求实、精益求精、依法检测、规范操作的工作态度；

3. 善于发现问题和解决问题，能够钻研专业技术岗位，培养工匠精神和创新精神；

4. 善于与工作团队成员沟通交流，具有团队合作意识。

**【工作任务】**

某厂家生产的黄桃罐头品质一直很好，可是由于柠檬酸原料供应商没有通过 ISO 22000 认证，采购员重新评价了原料供应商，并更换了另外一家具备资质的柠檬酸供应商，将原来的酸度配比进行了小型实验室测试。请消费者对变更原料供应商后生产出来的黄桃罐头的酸度进行感官评价，以确定罐头新产品(A)和原产品(B)酸度是否存在差别，柠檬酸的添加量是不是需要调整。

**“封坛退鲊”贤母颂，千年古史罐藏说**

**【任务分析】**

请感官分析师精心设计一套黄桃罐头酸度的二、三点检验方案，对黄桃罐头进行感官评价，确定出黄桃罐头酸度是否有所改变。评价员得到一组三个样品，一个样品被标记为参照样，另外两个样品编码不同，并告知评价员其中一个样品与参照样不同。根据检验前的训练和指导，评价员应辨别出哪个样品与参照样相同，或哪个样品与参照样不同，进行结果统计与数据分析，并出具黄桃罐头酸度二、三点检验的感官检验报告。

本任务依据的国家相关标准：GB/T 17321—2012《感官分析方法 二、三点检验》。

**【思维导图】**

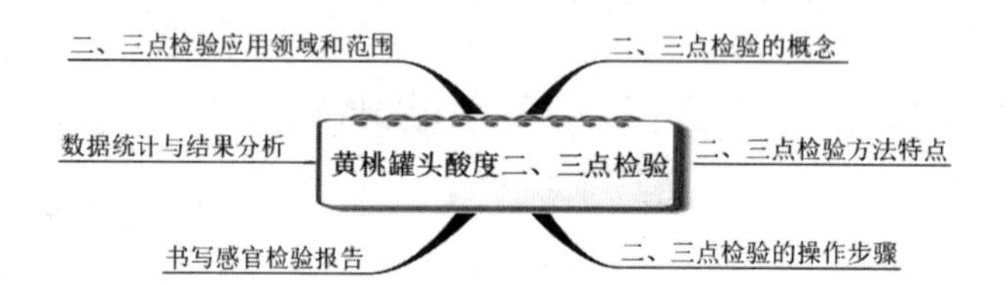

## 一、二、三点检验法的概念

1. 概念

二、三点检验法(Duo-Trial Test)是指首先提供给评定员一个参照样品，让评价员对其特征进行充分了解后，再提供两个样品，且其中一个与参照样品相同或者相似，要求评定员从另外两个样品中挑选出与参照样品相同的样品的一种检验方法。二、三点检验法最早是由 Peryam 和 Swartz 于 1950 年提出的，属于差别检验的一种，是在食品的质量检验、产品评优中常用的感官检验方法之一。二、三点检验法的目的是区别两个同类样品是否存在感官差异，但差异的方向不能被检验指明。即感官评定员只能知道样品可察觉到差别，而不知道样品在何种性质上存在差别。

2. 应用领域和范围

(1)当试验目的是确定两种样品之间是否存在感官上的不同时，常常应用这种方法。特别是比较的两个样品中有一个是标准样品或对照样品时，评价员很熟悉的情况下，本方法更为适合。从统计学上来讲其检验效率不如三点检验，因为它是从两个样品中选出一个，猜中的概率大，但其优点是比较简单，评价员较容易实施。

(2)二、三点检验可以应用于由于原料、加工工艺、包装或储藏条件发生变化时确定产品感官特征是否发生变化，或者在无法确定某些具体性质的差异时来确定两种产品之间是否存在总体差异。由于精度较差(猜对率为 1/2)，一般用于风味较强、刺激较烈、余味较持久的产品检验，以降低检验次数，避免感觉疲劳。但外观有明显差别的样品不适宜此法。

(3)通常评定时，在评定标准样品后，最好有 10s 左右的停息时间，避免味觉和嗅觉疲劳，以提高检验的准确性。同时要求两个样品作为对照品的概率应相同。这些情形可能发生在产品开发、工艺开发、产品匹配、质量控制等过程中。二、三点检验也可以用于对评价员的筛选和培训。

3. 检验形式

二、三点检验法有两种形式：固定参比技术和平衡参比技术。

（1）固定参比技术 当评价员对一个产品熟悉时（如样品来自固定生产线），总是以正常生产的产品为参照样，此时用固定参比技术；如果参评人员是受过培训的，他们对参照样品很熟悉的情况下，也使用固定参比技术。样品的组合有两类：$A_R$AB、$A_R$BA（A 为参比样，即 $A_R$），或者 $B_R$AB、$B_R$BA（B 为参比样，即 $B_R$）。

（2）平衡参比技术 当评价员对一个产品不比另一个产品更熟悉时，使用平衡参比技术。正常生产的样品和要进行检验的样品被随机用作参照样品。当参评人员对两种样品都不熟悉，而他们又没有接受过培训时，也使用平衡参比技术。在平衡参比技术中，一般来说，参加评定的人员可以没有专家，但要求人数较多，其中选定评定员通常 20 人，临时参与的可以多达 30 人，甚至 50 人之多。样品的组合有四种形式：$A_R$AB、$A_R$BA、$B_R$AB、$B_R$BA。

根据【工作任务】的描述，消费者对于两种黄桃罐头的产品都不太熟悉，因此选择____________的方法对罐头的酸度进行检测。

4. 方法特点

（1）此方法是常用的三点检验法的一种替代法。样品在相对具有浓厚的味道、强烈的气味或者其他冲动效应时，会使人的敏感性受到抑制，这时才使用这种方法。

（2）这种方法比较简单，容易理解和实施。但从统计学上来讲不如三点检验法具有说服力，因为该方法是从两个样品中选择一个，精度较差（猜对率为 1/2）。

（3）该方法具有强制性。该实验中已经确定两个样品是不同的，因此不必像三点检验法去猜测。但样品间差异不大的情况依然是存在的。当区别的确不大时，评定员必须去猜测，他的正确回答的概率是 50%。为了提高结果的准确性，二、三点检验法要求有 25 组样品。如果这项检验非常重要，样品组数应适当增加，其组数一般不超过 50 个。

（4）该检验过程中，在品尝时，要特别强调漱口。在样品风味很强烈的情况下，品尝下一个样品之前都必须彻底地洗漱口腔，不得有残留物和残留味的存在。检验完一批样品后，如果后面还存一批同类的样品检验，最好离开现场一定时间，或回到品尝室饮用一些白开水等净水。

## 二、二、三点检验的方法

1. 样品制备

两种不同黄桃罐头样品：新配方 A 样品和原配方 B 样品。

2. 样品编码

（1）若采用 36 名感官评价员，显著水平 $\alpha=0.05$，分别制备新配方 A 样品和原配方 B 样品各 54 个，并随机编码。

（2）将标记好的样品按照表 5-8“黄桃罐头酸度二、三点检验样品准备表”，每组 3 个样品进行组合，呈送样品时按照表的样品顺序提供给各评价员。

**表 5-8 黄桃罐头酸度二、三点检验样品准备表**

| 检验日期：________ 样品名称：________ | 评价员号：________ 检验方法：________ | |
|---|---|---|
| A：新配方产品 | A 样品 | |
| B：原配方产品 | B 样品 | |
| 评价员号 | 样品排列顺序 | 样品编码 |
| 1 | ABA | R-034-743 |
| 2 | BAB | R-738-636 |
| 3 | AAB | R-964-736 |
| 4 | BBA | R-614-698 |
| 5 | AAB | R-637-162 |
| 6 | BBA | R-977-424 |
| 7 | AAB | R-676-242 |
| 8 | ABA | R-811-457 |
| 9 | BAB | R-204-253 |
| 10 | AAB | R-323-732 |
| 11 | AAB | R-167-602 |
| 12 | ABA | R-276-656 |
| … | … | … |
| 36 | ABA | R-336-692 |
| 备注 | R 为参照，将以上顺序依次重复，直到 36 组。 | |

在平衡参比技术检验时，待测的两个样品(A 和 B)都可以作为对照样，样品的组合有四种形式：$A_R$AB、$A_R$BA、$B_R$AB、$B_R$BA。

A 和 B 作为对照样的次数应该相等，样品总的评价次数应该是 4 的倍数。

3. 制订问答表

二、三点检验问答表如表 5-9 所示。问答表的设计应和产品特性及试验目的相一致。呈送给品评员两个带有编号的样品，要使组合形式三个样品出现的数目和机率相等，并随机呈送，要求品评员从左到右品尝样品，然后填写如下问答表。

**表 5-9 黄桃罐头酸度二、三点检验问答表**

| 黄桃罐头酸度二、三点检验 |
|---|
| 评价员号：________　　检验日期：________<br>试验指令：<br>(1)在你的面前有 3 个带有编号的样品，请从左到右依次评价样品；<br>(2)最左边的为参照样，确定哪一个带有编号的样品与参照样不同，在你认为不同的编号上画勾。<br>(3)品尝完一种样品后请吞咽，在评价下一个样品前请用清水漱口，并休息 1～2min。<br>(4)如果你认为带有编号的两个样品非常接近，没有什么差别，您也必须在其中选一个，在备注中说明。谢谢您的参与！<br>参照样 738　636<br>备注： |

4. 样品的呈送

按照样品的呈送温度、器皿、摆放要求以及样品顺序进行呈送。各评价员得到的样品次序应该是随机的，评价时从左到右按照呈送顺序评价样品。

5. 品评检验

将按照准备表组合并标记好的样品连同问答表一起呈送给评价员。每个评价员每次得到一组 3 个样品，依次品评，并填好问答表。在评价同一组 3 个被检样品时，评价员对每种被检样品可重复检验。

6. 说明及注意事项

(1)要求品评人员至少要 15 人，如果感官品评人数在 30 人以上的时候，试验效果会更好。

(2)检验时，每次必须按照从左到右的顺序品尝样品，允许重新检验已品尝过的样品。

(3)评价者不知道样品的排列顺序。

## 三、数据统计与结果分析

1. 统计感官评价小组数据

首先收回评价单，按照二、三点试验法要求，统计各感官评价员正确选择的人数 $X$，然后根据二、三点检验法表得出结果，比较判断两种不同黄桃罐头酸味是否存在显著性差异。

2. 结果分析与判断

根据试验确定已知的显著性水平 $\alpha$(一般为 5%或 1%)，感官评价员的数量为 $n$，对应的答案数目也等于 $n$，可以查到相应的临界值 $X_{\alpha,n}$。如果试验得到的正确选择的答案数为 $X \geq X_{\alpha,n}$，则表明比较的两个样品间有显著性的差异；如果 $X < X_{\alpha,n}$，则表明比较的两个样品间无显著性的差异。

二、三点检验法检验表见表 5-10。

**表 5-10　二、三点检验法检验表**

| 答案数目($n$) | 显著水平 | | | 答案数目($n$) | 显著水平 | | | 答案数目($n$) | 显著水平 | | |
|---|---|---|---|---|---|---|---|---|---|---|---|
| | 5% | 1% | 0.1% | | 5% | 1% | 0.1% | | 5% | 1% | 0.1% |
| 7 | 7 | 7 | — | 24 | 17 | 19 | 20 | 41 | 27 | 29 | 31 |
| 8 | 7 | 8 | — | 25 | 18 | 19 | 21 | 42 | 27 | 29 | 32 |
| 9 | 8 | 9 | — | 26 | 18 | 20 | 22 | 43 | 28 | 30 | 32 |
| 10 | 9 | 10 | 10 | 27 | 19 | 20 | 22 | 44 | 28 | 31 | 33 |
| 11 | 9 | 10 | 11 | 28 | 19 | 21 | 23 | 45 | 29 | 31 | 34 |
| 12 | 10 | 11 | 12 | 29 | 20 | 22 | 24 | 46 | 30 | 32 | 34 |
| 13 | 10 | 12 | 13 | 30 | 20 | 22 | 24 | 47 | 30 | 32 | 35 |
| 14 | 11 | 12 | 13 | 31 | 21 | 23 | 25 | 48 | 31 | 33 | 35 |
| 15 | 12 | 13 | 14 | 32 | 22 | 24 | 26 | 49 | 31 | 34 | 36 |
| 16 | 12 | 14 | 15 | 33 | 22 | 24 | 26 | 50 | 32 | 34 | 37 |
| 17 | 13 | 14 | 16 | 34 | 23 | 25 | 27 | 60 | 37 | 40 | 43 |
| 18 | 13 | 15 | 16 | 35 | 23 | 25 | 27 | 70 | 43 | 46 | 49 |
| 19 | 14 | 15 | 17 | 36 | 24 | 26 | 28 | 80 | 48 | 51 | 55 |
| 20 | 15 | 16 | 18 | 37 | 24 | 27 | 29 | 90 | 54 | 57 | 61 |
| 21 | 15 | 17 | 18 | 38 | 25 | 27 | 29 | 100 | 59 | 63 | 66 |
| 22 | 15 | 17 | 19 | 39 | 26 | 28 | 30 | | | | |
| 23 | 16 | 18 | 20 | 40 | 26 | 28 | 31 | | | | |

例如：36张有效鉴评表，有19张正确选择出单个样品，查表5-10中$n=36$栏。由于19小于5%显著水平的临界值24，则说明在5%显著水平，两样品间没有显著性差异。结论说明，在5%显著水平上，不能区分新配方产品和原产品。

3. 感官小组汇报结论

由感官评价小组组长汇报感官检验的结果，并得出两个黄桃罐头样品之间酸度是否存在显著差异的结论。

**【知识拓展与链接】**

请同学们扫描封面二维码进行知识拓展学习："奶粉风味的二、三点检验"。

**【任务测试】**

**一、填空题**

1. 平衡参比技术样品的组合有四种形式：________、________、________和________。

2. 二、三点检验法分为________和________。

3. 用于评价员对一个产品熟悉时(如样品来自固定生产线)，总是以正常生产的产品为参照样；如果参评人员是受过培训的，他们对参照样品很熟悉的情况下，使用________。

**二、简答题**

1. 什么是二、三点检验法？
2. 简述二、三点检验法的操作过程。
3. 如何对二、三点检验结果进行分析和判断？

## 任务4　火腿肠弹性"A"-"非A"检验

**【学习目标】**

**知识目标**

1. 掌握"A"-"非A"检验的概念及特点；
2. 了解"A"-"非A"检验的应用领域和范围；
3. 熟悉"A"-"非A"感官检验的国家标准要求，以及罐头的品质评价方法；
4. 掌握"A"-"非A"检验的测定方法与步骤。

**能力目标**

1. 会设计火腿肠"A"-"非A"的检验方案，并制订"A"-"非A"检验问答表；
2. 能完成火腿肠样品制备与编号，准备所需的实验物料、设备及设施，运用国家标准方法对火腿肠"A"-"非A"检验；
3. 会对感官评价小组的结果数据统计，并进行结果分析；
4. 规范书写感官检验报告，并对火腿肠的品质感官评价。

**素养目标**

1. 树立大食物观，养成逻辑思维习惯，培养学生追求真理的科学理想；
2. 具备食品质量与安全意识，具有严谨求实、精益求精、依法检测、规范操作的工作态度；

3. 善于发现问题和解决问题，能够钻研专业技术岗位，培养工匠精神和劳动精神；

4. 善于与工作团队成员沟通交流，具有团队合作意识。

**【工作任务】**

树立大食物观，端稳“中国饭碗”

习近平总书记在党的二十大报告中指出：“树立大食物观，发展设施农业，构建多元化食物供给体系。”在新观念的指引下，食品行业需要依靠科技创新，运用新技术，将更多的元素纳入食品原料中，还能够实现减少碳排放的生态环境目标。随着新时代消费者需求日益多元化，人们对高蛋白、低脂肪、多纤维植物类食品需求强烈。魔芋又称磨芋、鬼芋、蒟蒻，为天南星科魔芋属多年生宿根草本植物的块茎食品，不仅味道鲜美，营养丰富，而且有减肥健身、治病抗癌等功效。在我国古代医学典籍《本草纲目》等均有所记载：“味辛、性寒，有解毒、消肿、行於、化痰、散积”等多种功能。

南京某肉制品公司为生产品质更好的火腿肠产品，研发了新产品魔芋火腿肠，在新配方中添加了30%的魔芋，请感官评价员确定添加魔芋后火腿肠的弹性是否改变。

**【任务分析】**

请评价员精心设计一套火腿肠弹性“A”-“非A”检验方案，其中，添加魔芋的火腿肠新样品为“A”，原产品火腿肠为“非A”，请对火腿肠进行感官评价，并进行结果统计与数据分析，确定出不同火腿肠弹性是否存在差异，并出具火腿肠弹性“A”-“非A”检验的感官检验报告。

本任务依据的国家相关标准：GB/T 39558—2020《感官分析 方法学“A”-“非A”检验》。

**【思维导图】**

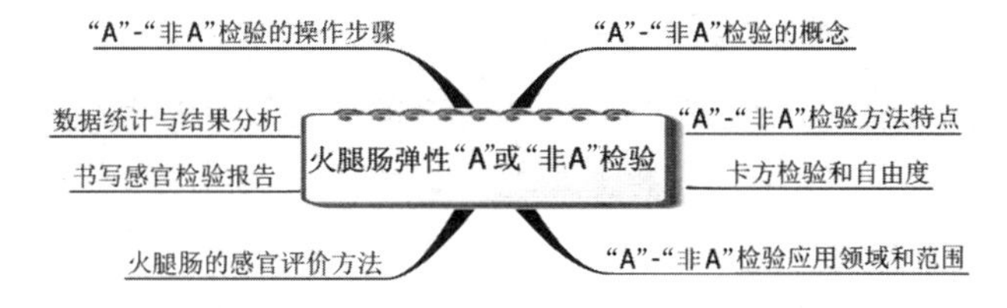

## 一、“A”-“非A”检验法的概念

1. 概念

以随机的顺序分发给评价员一系列的样品，在鉴评员熟悉样品“A”以后，再将一系列样品提供给鉴评员，其中有“A”也有“非A”，要求鉴评员指出哪些是“A”，哪些是“非A”的检验方法称为“A”-“非A”检验法。

评价员一般由7名以上的专家或者20名以上优选评价员，30名以上初级评价员组成。试验中每个样品呈送20～50次，每个品评员可能收到一个样品（“A”或非“A”）或两个样品（“A”与非“A”），或连续收到多达10个样品，视评价员生理和心理状态而定。

2. 应用领域和范围

此试验适用于确定由于原料、加工、处理、包装和储藏等各环节的不同所造成的产品感官特性的差异，特别适用于检验具有不同外观或后味样品的差异检验，也适用于确定鉴评员对某一种特性的灵敏度或用于品评员的筛选，如检验品评员是否能从其他甜味料中辨认出一种特别的甜味料。

“A”-“非 A”检验本质上是一种顺序成对差别检验或简单差别检验，当两种不同类型的食品没有相同的颜色、形状或者大小，而颜色、形状或者大小与实验目的并不相关的时候，可采取“A”-“非 A”检验。前提是这两种食品的颜色、形状或者大小的差别是非常细微的，只有当样品同时呈现出来时差别才比较明显。否则，这些特征很容易被记住，并根据外观差异做出判断而影响结论。

3. 方法特点

(1)此检验本质上是一种顺序成对差别检验或简单差别检验。此试验的结果只能表明评价员可觉察到样品的差异，但无法知道样品品质差异的方向。

(2)此试验中，样品有 4 种可能的呈送顺序：AA、BB、AB、BA。这些顺序要能够在评价员之间交叉随机化。在呈送给评价员的样品中，分发给每个品评员的样品数应相同，但样品“A”的数目与样品“非 A”的数目不必相同。

(3)评价员必须经过训练，使之能够理解评分表所描述的任务，但他们不需要接受特定感官方面的评价训练。通常需要 10～50 名品评人员参加试验。

(4)需要强调的是参加检验评定的人员一定要提前对样品“A”和“非 A”非常熟悉，否则没有标准或参照，结果将失去意义。

(5)感官检验过程中，每次样品的出示时间间隔非常重要，一般是 2～5min。

## 二、“A”-“非 A”检验法的方法

1. 样品制备

样品制备：两种不同配方的火腿肠。添加魔芋的火腿肠新样品为“A”，原产品火腿肠为“非 A”。

样品制备：用刀切成 1cm 厚的薄片。

样品储藏：样品的温度应保持一致。品评托盘按实验人数、轮次数准备。

2. 检验前的样品识别

感官检验前，感官评价员应对样品 A 有清晰的体验，并能识别它。先将产品“A”呈送给评价员，评价员进行感官评定并充分熟悉产品的感官性质，必要时可对非“A”进行识别。检验开始后，评价员一般情况下，不应再接近清楚表明的样品“A”，必要时，可让评价员在检验期间对样品“A”或非“A”再体验一次，以提醒评价员。

3. 样品的编号

采用从随机数表上选择三个数的随机数字，样品以随机的顺序或平衡的方式进行呈送，但样品“A”和“非 A”的数量应该相同。

**“A”-“非 A”检验样品编号有几种方法？**

(1)如果是两个“非 A”样品，和三个“A”样品，为使样品平衡，样品排列方法有如下 10 种，见表 5-11。

**表 5-11　两个"非 A"和三个"A"样品排列方法**

| | | | | |
|---|---|---|---|---|
| A A A<br>"非 A""非 A" | A A"非 A"<br>"非 A" A | A"非 A""非 A"<br>A A | "非 A""非 A"<br>A A A | A A"非 A"<br>A "非 A" |
| A"非 A"A<br>"非 A" A | A A "非 A"<br>"非 A "A | A"非 A"<br>"非 A" A A | "非 A""非 A" A A A | A A"非 A"<br>A"非 A" |

(2)如果是两个"A"样品，和三个"非 A"样品，为使样品平衡，样品排列方法有如下10种，见表 5-12。

**表 5-12　两个"A"和三个"非 A"样品排列方法**

| | | | | |
|---|---|---|---|---|
| "非 A""非 A"<br>"非 A" A A | "非 A""非 A"<br>A A "非 A" | "非 A"A A<br>"非 A""非 A" | A A "非 A"<br>"非 A""非 A" | "非 A""非 A"<br>A"非 A" A |
| "非 A"A "非 A"<br>A "非 A" | A"非 A" A<br>"非 A""非 A" | "非 A"A "非 A"<br>"非 A"A | A"非 A""非 A"<br>A "非 A" | A"非 A""非 A"<br>"非 A" A |

(3)如果是两个"A"样品，和两个"非 A"样品，为使样品平衡，样品排列方法有如下6种，见表 5-13。

**表 5-13　两个"A"和两个"非 A" 样品排列方法**

| | | |
|---|---|---|
| A A "非 A""非 A" | "非 A"A A"非 A" | "非 A""非 A" A A |
| A"非 A"A "非 A" | "非 A"A "非 A "A | A"非 A""非 A" A |

4. 制订问答表

"A"-"非 A"检验问答表的设计应和产品特性及试验目的相一致。呈送给品评员两个带有编号的样品，要求品评员从左到右品尝样品，然后填写问答表(表 5-14)。

**表 5-14　火腿肠弹性"A"-"非 A"检验问答表**

"A"或"非 A"检验问答表

评价员：____________　　　　日期：____________

样品：____________

试验指令：

1. 在试验之前对样品"A"或"非 A"进行熟悉，并记忆样品"A"，将其还给组织人员；
2. 取出编码样品，请写下编码并按从左到右的顺序依次品评；
3. 在品评完每一个样品之后，判断样品是"A"还是"非 A"，在相对应位置上打"√"；

注意：在你所得到的样品中，"A"和"非 A"的数量是相同的。

| 样品编码 | 样品为"A" | 样品为"非 A" |
|---|---|---|
| | | |
| | | |
| | | |
| | | |

备注：

谢谢您的参与！

5. 样品的呈送

以随机顺序向评价员分发样品，不能使评价员从样品提供的方式中对样品的性质作出判断，并按照样品的呈送温度、器皿、摆放要求进行呈送。

6. 品评检验

将标记好的样品连同问答表一起呈送给评价员。每个评价员每次得到一组“A”和“非A”的样品，依次品评，并填好问答表，要求评价员，在限定时间内将系列样品按照顺序识别为“A”和“非 A”。

7. 说明及注意事项

(1)要求品评人员数量为 20～40 人，如果实验目的是检验两种产品是否相似时则人数为 50～100 人。

(2)检验时，每次必须按照从左到右的顺序品尝样品，允许重新检验已做过的样品。

(3)试验过程与三点检验相同，同时向品评员提供记录表和样品。样品随机编号随机呈送，使品评员无法察觉“A”与“非 A”的组合模式。一般规则如下：①品评员必须在试验前获得“A”与“非 A”样品；②在每个试验中只能有一个“非 A”样品；③在每次试验中，都要提供相同数量的“A”与“非 A”样品，如每位评价员有两个“A”样品与三个“非 A”样品。

## 三、数据统计与结果分析

1. 统计感官评价小组数据

首先收回评价单，按照“A”-“非 A”检验法要求，统计各感官评价员正确选择的人数，然后根据“A”和“非 A”检验法表得出结果，比较判断两种不同火腿肠弹性是否存在显著性差异。

2. 结果分析与判断

(1)统计鉴评表的结果，并汇入表 5-15 中。表中 $n_{11}$ 为样品本身是“A”，鉴评员也认为是“A”的回答总数；统计 $n_{22}$ 为样品本身为“非 A”，鉴评员也认为是“非 A”的回答总数；$n_{21}$ 为样品本身是“A”，而鉴评员认为是“非 A”的回答总数；$n_{12}$ 为样品本身是“非 A”，而鉴评员认为“A”的回答总数。$n_{1.}$、$n_{2.}$ 为第 1、2 行回答数之和，$n_{.1}$、$n_{.2}$ 为第 1、2 列回答数之和，$n_{..}$ 为所有回答数，然后用 $x^2$ 检验来进行解释。

**表 5-15 “A”-“非 A”结果统计表**

| 判别数 | 样品数 | | |
|---|---|---|---|
| | “A” | “非 A” | 累计 |
| 判为“A”的回答数 | $n_{11}$ | $n_{12}$ | $n_{1.}$ |
| 判为“非 A”的回答数 | $n_{21}$ | $n_{22}$ | $n_{2.}$ |
| 总计 | $n_{.1}$ | $n_{.2}$ | $n_{..}$ |

其中，$n_{11}$——样品本身为“A”，而评价员也认为是“A”的回答总数；

$n_{22}$——样品本身为“非 A”，而评价员也认为是“非 A”的回答总数；

$n_{21}$——样品本身为“A”，而评价员认为是“非 A”的回答总数；

$n_{12}$——样品本身为“非 A”，而评价员认为是“A”的回答总数；

$n_{1.}$——第一行回答数的总和；

$n_{2.}$——第二行回答数的总和；

$n_{.1}$——第一列回答数的总和；

$n_{.2}$——第二列回答数的总和；

$n_{..}$——所有答案数。

(2)计算 $\chi^2$ 值。用 $\chi^2$ 检验来表示检验结果。

①检验原假设：假设鉴评员的判断(认为样品是“A”或非“A”)与样品本身的特性无关。

②检验备择假设：评价员的判别与样品本身特性有关。即当样品是“A”而评价员认为是“A”的可能性大于样品本身是“非 A”而评价员认为是“A”的可能性。

当回答总数为 $n_{..} \leqslant 40$ 或 $n_{ij}(i=1,\ 2;\ j=1,\ 2) \leqslant 5$ 时，$\chi^2$ 的统计量为：

$$\chi^2=\frac{[|n_{11}\times n_{22}-n_{12}\times n_{21}|-(n_{..}/2)]^2\times n_{..}}{n_{.1}\times n_{.2}\times n_{1.}\times n_{2.}}$$

当回答数 $n>40$ 和 $n_{ij}>5$ 时，$\chi^2$ 的统计量为：

$$\chi^2=\frac{(|n_{11}\times n_{22}-n_{12}\times n_{21}|)^2\times n_{..}}{n_{.1}\times n_{.2}\times n_{1.}\times n_{2.}}$$

将 $\chi^2$ 统计量与附录 3 中的 $\chi^2$ 分布临界值比较：

$\chi^2$ 对应的自由度为 $df=1$，即 $df=(2-1)\times(2-1)=1$。

当 $\chi^2 \geqslant 3.84$($\alpha=0.05$ 显著水平的情况)

当 $\chi^2 \geqslant 6.63$($\alpha=0.01$ 显著水平的情况)

因此，在此选择的显著水平上拒绝原假设，即认为鉴评员的判断与样品本身特性有关，则认为样品“A”与“非 A”有显著差异。

当 $\chi^2<3.84$($\alpha=0.05$ 显著水平的情况)

当 $\chi^2<6.63$($\alpha=0.01$ 显著水平的情况)

因此，在此选择的显著水平上接受原假设，即认为鉴评员的判断与样品本身特性无关，则认为样品“A”与“非 A”无显著差异。

3. 得出判断结论

假定有 30 位鉴评员参与判定添加魔芋的火腿肠新产品“A”和原产品火腿肠“非 A”二者的差异关系，每位鉴评员评价 3 个“A”和 2 个“非 A”，则结果见表 5-16。

**表 5-16　评价结果统计表**

| 判别数 | 样品数 | | |
|---|---|---|---|
| | “A” | “非 A” | 累计 |
| 判为“A”的回答数 | 40 | 40 | 80 |
| 判为“非 A”的回答数 | 20 | 50 | 70 |
| 总计 | 60 | 90 | 150 |

由于 $n=150>40$，$n_{ij}>5$，则

$$\chi^2=\frac{(|n_{11}\times n_{22}-n_{12}\times n_{21}|)^2\times n_{..}}{n_{.1}\times n_{.2}\times n_{1.}\times n_{2.}}=\frac{(|40\times 50-20\times 40|)^2\times 150}{60\times 90\times 80\times 70}=7.14$$

因为 $\chi^2=7.14>6.63$，所以两种火腿肠的弹性在 1%显著水平上有显著差异。

4. 感官小组汇报结论

由感官评价小组组长汇报感官检验的结果，并得出两种火腿肠样品弹性是否存在显著差异的结论。

**【知识拓展与链接】**

请同学们扫描封面二维码进行知识拓展学习："火腿肠的感官评价方法"和"饮料品质的'A'-'非 A'检验"。

**【任务测试】**

**一、单选题**

1. 食品感官评价的方法包括(　　)。

A. 差别检验法　　B. 描述性分析检验法

C. 排列检验法　　D. 以上方法均可以

2. "A"-"非 A"检验的步骤包括(　　)。

A. 检验前的体验　　B. 分发样品　　C. 检验技术　　D. 以上均正确

**二、判断题**

1. 感官评价的器具由检验负责人按照样品的性质、数量等条件选定；使用的器具不应以任何方式影响检验的结果；应优先选用符合检验需要的标准化器具。(　　)

2. "A"-"非 A"检验抽样检验方法包括有标准和无标准两种。(　　)

**三、填空题**

1. "A"-"非 A"检验分发给每个评价员的样品"A"或样品"非 A"的数目应________。

2. 在"A"-"非 A"检验中，感官评价员应对样品 A 有清晰的体验，并能________。

**四、简单题**

1. 火腿肠的感官检验要求是什么?

2. 如何对火腿肠弹性的"A"-"非 A"检验结果进行判断和分析?

3. 简述火腿肠弹性的"A"-"非 A"检验的过程。

## 任务 5　饼干的五中取二检验

**【学习目标】**

**知识目标**

1. 掌握五中取二检验的概念及特点；

2. 了解五中取二检验的应用领域和范围；

3. 掌握五中取二检验的测定方法与步骤。

**能力目标**

1. 会设计饼干的五中取二检验的检验方案，并制订五中取二检验问答表；

2. 能完成饼干样品制备与编号，准备所需的实验物料、设备及设施，规范对饼干五中取二检验；

3. 会对感官评价小组的结果数据统计，并进行结果分析；

4. 规范书写感官检验报告，并对饼干的品质感官评价。

**素养目标**

1. 树立营养健康理念，养成勤学明辨，勇于实践的科学精神；

2. 具备食品质量与安全意识，具有严谨求实、精益求精、依法检测、规范操作的工作态度；

3. 善于发现问题和解决问题，能够钻研专业技术岗位，培养工匠精神和劳动精神；

4. 善于与工作团队成员沟通交流，具有团队合作意识。

**【工作任务】**

近年来，随着人们对全谷物营养健康促进作用认识的逐步深入，以及大量的流行病学和基础性研究的证明，人们普遍认识到经常食用全谷物食品可以显著降低血清低密度脂蛋白胆固醇和总胆固醇的浓度，并可有效地预防多种慢性疾病。某苏打饼干生产企业想研发一种全麦酥性饼干新产品，在饼干中添加一定量的全麦粉，但随着全麦粉添加量的增加，酥性饼干的酥脆度呈下降的趋势，过多的全麦粉不利于形成酥性饼干的层次结构及酥脆口感。厂商想知道添加30%全麦粉之后，酥性饼干的酥脆度是否有所降低，以决定是否在饼干中添加全麦粉。

全谷物的营养价值

**【任务分析】**

对酥性饼干品质的评价中一个重要的标准是饼干脆性大，酥松性好。请评价员精心设计一套饼干五中取二检验方案，对酥性饼干进行感官评价，确定这两种饼干样品是否在酥脆度方面存在统计学上的差异，并进行结果统计与数据分析，出具酥性饼干五中取二检验的感官检验报告。

**【思维导图】**

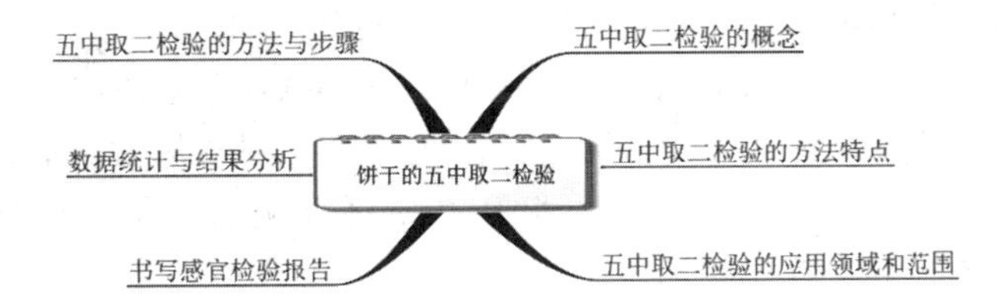

## 一、五中取二检验法的概念

1. 概念

同时提供给鉴评员五个以随机顺序排列的样品，其中两个是同一类型，另三个是另一种类型。要求鉴评员将这些样品按类型分成两组的一种检验方法，称为五中取二试验法(Two Out of Five Test)。在试验前所有评价员必须经过训练。按照三角实验所述的方法，对评价员进行选择、训练及指导。通常需要10～20个评价员，当差异显而易见时，5～6个评价员也可以。

2. 方法特点

(1)品评人员必须经过培训，一般需要的人数是10～20人，当样品之间的差异很大、非常容易辨别时，5人也可以。当评定员人数少于10个时，多用五中取二检验法。

(2)此检验方法可识别出两样品间的细微感官差异。

(3)从统计学上讲，在这个实验中纯粹猜中的概率是 1/10，比三点检验(1/3)和二、三点检验(1/2)猜中的概率低很多，因此在统计上更具有可靠性。

3. 应用领域和范围

此试验可识别出两样品间的细微感官差异。当鉴评员人数少于 10 个时，多用此试验。但此试验易受感官疲劳和记忆效果的影响，并且需用样品量较大。检验中受感官疲劳和记忆效应的影响比较大，一般只用于视觉、听觉和触觉方面的检验，而不用来进行气味或者滋味的检验。

## 二、五中取二检验法的方法

1. 样品制备

两种不同的酥性饼干产品，一种是新产品 A，一种是原产品 B。首先准备 5 个样品，其中 2 个是相同的一种样品，另外 3 个是相同的另一种样品。试验中，提供给评定员 5 个被编号的样品，分为两组，一组含 2 个样品，另一组含 3 个样品，要求评价员在品尝之后挑选出 5 个样品中相同的那两个样品。

2. 样品的编号

用数字编号时，采用从随机数表上选择三个数的随机数字。用字母编号时，则应该避免按字母顺序编号或选择喜好感较强的字母(如最常用字母、相邻字母、字母表中开头与结尾的字母等)进行编号。同次试验中所用编号位数应相同。同一个样品应编几个不同号码，保证每个鉴评员所拿到的样品编号不重复。向每位品评员提供一组 5 个已编码的样品，其中 2 个是一种类型，另外 3 个是另一种类型，要求品评员将这些样品按类型分成两组。其平衡的排列方式有以下 20 种：AAABB、BBBAA、AABAB、BBABA、ABAAB、BABBA、BAAAB、ABBBA、AABBA、BBAAB、ABABA、BABAB、BAABA、ABBAB、ABBAA、BAABB、BABAA、ABABB、BBAAA、AABBB。

如果要使得每个样品在每个位置被评定的次数相等，则参加试验放的评价员数量应该是 20 的倍数。如果参评人数低于 20 人，组合方式可以从以下组合中随机选取，但含有 3 个 A 和含有 3 个 B 的组合数要相同。

3. 制订问答表

五中取二检验问答表的设计应和产品特性及试验目的相一致。呈送给品评员两个带有编号的样品，要求品评员从左到右品尝样品，然后填写问答表 5-17。

**表 5-17 饼干的五中取二检验问答表**

| 评价员编号________ 日期________ 产品________<br>1. 品尝并评价面前的两种酥性饼干，其中有 2 个样品是同一类型，另外 3 个样品是另外一种类型；<br>2. 按以下顺序观察或感觉两种饼干样品的酥脆度，测试之后在你认为相同的两种样品的编码后面画“√” | |
|---|---|
| 编号 | 评价 |
| 892 ________ | ________ |
| 576 ________ | ________ |
| 253 ________ | ________ |
| 842 ________ | ________ |
| 918 ________ | ________ |
| 备注： | |

4. 样品的呈送

以随机顺序向评价员分发样品，不能使评价员从样品提供的方式中对样品的性质做出判断，并按照样品的呈送温度、器皿、摆放要求进行呈送(图 5-11)。

**图 5-11　饼干样品呈送与感官评价**

5. 品评检验

将标记好的样品连同问答表一起呈送给评价员。每个评价员每次得到一组“A”和“B”的样品，依次品评，并填好问答表，要求评价员，在限定时间内将系列样品按照顺序识别为“A”和“B”。

6. 说明及注意事项

(1)此检验法可识别出两样品间的细微感官差异。

(2)人数不要求很多，通常只需 10 人或稍多一些。

(3)每次评定试验中，样品呈送有一个排列顺序，其可能组合有 20 种，分别是：AAABB、ABABA、BBBAA、BABAB、AABAB、BAABA、BBABA、ABBAB、ABAAB、ABBAA、BABBA、BAABB、BAAAB、BABAA、ABBBA、ABABB、AABBA、BBAAA、BBAAB、AABBB。

## 三、数据统计与结果分析

1. 统计感官评价小组数据

首先收回评价单，按照“A”和“B”检验法要求，统计各感官评价员正确选择的人数 X，然后根据“A”和“B”检验法表得出结果，比较判断两种不同饼干样品酥脆度是否存在显著性差异。

2. 结果分析与判断

根据试验中正确作答的人数，查表得出五种取二检验正确回答人数的临界值，最后作比较。假设有效鉴评表数为 $n$，回答正确的鉴评表数为 $k$，查表 5-18 中 $n$ 栏的数值。若 $k$ 小于这一数值，则说明在 5%显著水平两种样品间无差异；若 $k$ 大于或等于这一类值，则说明在 5%显著水平两种样品有显著差异。

表 5-18 五中取二检验法检验表($\alpha=5\%$)

| 评价员数($n$) | 正确答案最少数($k$) | 评价员数($n$) | 正确答案最少数($k$) | 评价员数($n$) | 正确答案最少数($k$) |
|---|---|---|---|---|---|
| 9 | 4 | 23 | 6 | 37 | 8 |
| 10 | 4 | 24 | 6 | 38 | 8 |
| 11 | 4 | 25 | 6 | 39 | 8 |
| 12 | 4 | 26 | 6 | 40 | 8 |
| 13 | 4 | 27 | 6 | 41 | 8 |
| 14 | 4 | 28 | 7 | 42 | 9 |
| 15 | 5 | 29 | 7 | 43 | 9 |
| 16 | 5 | 30 | 7 | 44 | 9 |
| 17 | 5 | 31 | 7 | 45 | 9 |
| 18 | 5 | 32 | 7 | 46 | 9 |
| 19 | 5 | 33 | 7 | 47 | 9 |
| 20 | 5 | 34 | 7 | 48 | 9 |
| 21 | 6 | 35 | 8 | 49 | 10 |
| 22 | 6 | 36 | 8 | 50 | 10 |

例如：有 15 名评价员参加五中取二检验，回收答案表后核对，发现有 6 人回答正确，即 $n=15$，正确答案数为 6，查表 5-18，得出正确答案数最少数目是 5。由于 $6>5$，说明两个样品间有显著性差异。由此可得结论：新配方的饼干原料不可替代原有配方。

3. 感官小组汇报结论

由感官评价小组组长汇报感官检验的结果，并得出两种酥性饼干样品酥脆度是否存在显著差异的结论。

**【知识拓展与链接】**

请同学们扫描封面二维码进行知识拓展学习："卡方检验和自由度"和"饼干的感官检验国家标准"。

**【任务测试】**

**一、单选题**

1. 向每位品评员提供一组(　　)个已编码的样品，其中(　　)个是一种类型，剩下(　　)个是另一种类型，要求品评员将这些样品按类型分成两组。

A. 5，2，3　　B. 5，1，4　　C. 6，3，3　　D. 6，2，4

2. 以下是五中取二检验法的适用范围内的是(　　)。

A. 饮料甜度检验　　B. 牛肉风味检验

C. 酸乳的酸度检验　　D. 奶酪质感的检验

3. 当鉴评员人数少于(　　)个时，多用五中取二检验。

A. 5　　B. 8　　C. 7　　D. 10

**二、填空题**

1. 同时提供给鉴评员五个以随机顺序排列的样品，其中 2 个是同一类型，另 3 个是另一种类型，要求鉴评员将这些样品按类型分成两组的一种检验方法称为________。

2. 五中取二试验法识别出两样品间的________。

**三、简答题**

1. 酥性饼干的感官检验要求是什么？

2. 如何对酥性饼干的五中取二检验结果进行判断和分析？

3. 简述酥性饼干的五中取二检验的过程。

## 方案设计与实施

### 一、感官评价小组制订工作方案，确定人员分工

在教师的引导下，以学习小组为单位制订工作方案，感官评价小组讨论，确定人员分工。

1. 工作方案

**表 1　方案设计表**

| 组长 | | 组员 | | | |
|---|---|---|---|---|---|
| 学习项目 | | | | | |
| 学习时间 | | 地点 | | 指导教师 | |
| 准备内容 | 检验方法 | | | | |
| | 仪器试剂 | | | | |
| | 样　　品 | | | | |
| 具体步骤 | | | | | |

2. 人员分工

**表 2　感官评价员工作分工表**

| 姓名 | 工作分工 | 完成时间 | 完成效果 |
|---|---|---|---|
| | | | |
| | | | |
| | | | |

### 二、试剂配制、仪器设备的准备

请同学按照实验需求配制相应的试剂和准备仪器设备，根据每组实际需要用量填写领取数量，并在实验完成后，如实填写仪器设备的使用情况。

1. 试剂配制

**表 3　试剂配制表**

| 组号 | 试剂名称 | 浓度 | 用量 | 配制方法 |
| --- | --- | --- | --- | --- |
| | | | | |
| | | | | |
| | | | | |

2. 仪器设备

**表 4　仪器设备统计表**

| 仪器设备名称 | 型号(规格) | 数量(个) | 使用前情况 | 使用后情况 |
| --- | --- | --- | --- | --- |
| | | | | |
| | | | | |
| | | | | |

## 三、样品制备

**表 5　样品制备表**

| 样品名称 | 取样量 | 制备方法 | 储存条件 | 制造厂商 |
| --- | --- | --- | --- | --- |
| | | | | |
| | | | | |
| | | | | |

## 四、品评检验

**表 6　感官检验方法与步骤表**

| 检验方法 | 检验步骤 | 检验中出现的问题 | 解决办法 |
| --- | --- | --- | --- |
| | | | |

## 五、感官检验报告的撰写

**表 7　感官检验报告单**

| 基本信息 | 样品名称 | | 检测项目 | |
| --- | --- | --- | --- | --- |
| | 检测方法 | | 检测日期 | |

<table>
<tr><td rowspan="2">检测条件</td><td>国家标准</td><td></td><td></td><td colspan="2"></td></tr>
<tr><td>实验环境</td><td>温度</td><td>℃</td><td>湿度</td><td>%</td></tr>
<tr><td>检测数据</td><td colspan="5"></td></tr>
<tr><td>感官评价结论</td><td colspan="5"></td></tr>
</table>

## 评价与反馈

1. 学完本项目后，你都掌握了哪些技能？

2. 请填写评价表，评价表由自我评价、组内互评、组间评价和教师评价组成，分别占15%、25%、25%、35%。

(1)自我评价

**表1　自我评价表**

| 序号 | 评价项目 | 评价标准 | 参考分值 | 实际分值 |
|---|---|---|---|---|
| 1 | 知识准备，查阅资料，完成预习 | 回答知识目标中的相关问题；观看食品差别检验的微课，并完成任务测试 | 5 | |
| 2 | 方案设计，材料准备，操作过程 | 方案设计正确，材料准备及时、齐全；设备检查清洗良好；认真完成感官检验的每个环节 | 5 | |
| 3 | 实验数据处理与统计 | 实验数据处理与统计方法与结果正确，出具感官检验报告 | 5 | |
| 合　计 | | | 15 | |
| 感想： | | | | |

(2)组内互评

请感官评价小组成员根据表现打分，并将结果填写至评价表。

**表2　组内评价表**

| 序号 | 评价项目 | 评价标准 | 参考分值 | 实际分值 |
|---|---|---|---|---|
| 1 | 学习与工作态度 | 实验态度端正，学习认真，责任心强，积极主动完成感官评价的每个环节 | 5 | |
| 2 | 完成任务的能力 | 材料准备齐全、称量准确；设备的检查及时清洗干净；感官评价过程未出现重大失误 | 10 | |
| 3 | 团队协作精神 | 积极与小组成员合作，服从安排，具有团队合作精神 | 10 | |
| 合　计 | | | 25 | |
| 评价人签字： | | | | |

(3)组间评价(不同感官评价小组之间)

**表3 组间评价表**

| 序号 | 评价内容 | 评价标准 | 参考分值 | 实际分值 |
|---|---|---|---|---|
| 1 | 方案设计与小组汇报 | 方案设计合理,小组汇报条理逻辑,实验结果分析正确 | 10 | |
| 2 | 环境卫生的保持 | 按要求及时清理实训室的垃圾,及时清洗设备和感官评价用具 | 5 | |
| 3 | 顾全大局意识 | 顾全大局,具有团队合作精神。能够及时沟通,通力完成任务 | 10 | |
| 合 计 | | | 25 | |
| 评价人签字: | | | | |

(4)教师评价

**表4 教师评价表**

| 序号 | 评价项目 | 评价标准 | 参考分值 | 实际分值 |
|---|---|---|---|---|
| 1 | 学习与工作态度 | 态度端正,学习认真,积极主动,责任心强,按时出勤 | 5 | |
| 2 | 制订检验方案 | 根据检测任务,查阅相关资料,制订食品差别检验的工作方案 | 5 | |
| 3 | 感官品评 | 合理准备工具、仪器、材料,会制订感官检验问答表,检验过程规范 | 10 | |
| 4 | 数据记录与检验报告 | 规范记录实验数据,实验报告书写认真,数据准确,出具感官评价结论 | 10 | |
| 5 | 职业素质与创新意识 | 能快速查阅获取所需信息,有独立分析和解决问题的能力,工作程序规范、次序井然,具有一定的创新意识 | 5 | |
| 合 计 | | | 35 | |
| 教师签字: | | | | |

# 项目六
# 食品排列检验

**【案例导入】**

**葡萄酒选酒黄金定律：产地**

中国酒文化源远流长，是中国传统文化的重要组成部分。中国地大物博，在我国北纬25℃～45℃广阔的地域里，分布着各具特色的葡萄及葡萄酒产地，近年来中国葡萄酒市场正在经历快速的发展，中国广袤的地域里分布着多个葡萄酒产地，多样的气候和地形也为不同的葡萄品种提供了良好的生长条件。主要葡萄酒产区包括：环渤海湾产区、怀涿盆地、贺兰山东麓、河西走廊、新疆产区、云贵高原、东北产区。挑选葡萄酒时，首先要看的是产地，而不是葡萄本身。山东作为“世界七大葡萄酒海岸”之一，是中国最大的葡萄酒产区，不同于宁夏，新疆等中国内陆葡萄酒产区大陆性气候明显的特点，这里四季分明、雨热同期、气候相对湿润、冬季相对温和。产区内分布着140多家酒庄，葡萄酒产量占中国葡萄酒总产量的近40%，各个产区的葡萄酒产业也逐渐形成了自己的特色，其中重要子产区烟台出产的葡萄酒更是以高品质闻名全国。如今中国葡萄酒不仅品质越来越好，各地葡萄酒产区也正摸索出各自特色葡萄酒产业之路，为了将中国葡萄酒产业做大做强，赢得更广泛的口碑，许多热爱葡萄酒的有志之士正在为之努力。

**思考问题：**

1. 葡萄酒的产地对葡萄酒品质有什么影响？
2. 如何对葡萄酒的品质进行感官评价？

## 任务1　葡萄酒的排序检验

**【学习目标】**

**知识目标**

1. 掌握排序检验的概念及特点；

2. 了解排序检验的的应用；

3. 熟悉排序检验法的国家标准要求，掌握葡萄酒的品质评价方法；

4. 掌握排序检验法的测定方法与步骤。

**能力目标**

1. 会设计葡萄酒的排序检验方案，并制订排序检验问答表；

2. 能完成葡萄酒样品制备与编号，准备所需的实验物料、设备及设施，运用国家标准方法对葡萄酒排序检验；

3. 会对感官评价小组的结果数据统计，并进行结果分析；

4. 规范书写感官检验报告，并对葡萄酒的品质感官评价。

**素养目标**

1. 树立“中国制造”葡萄酒的文化自信，增强职业荣誉感；

2. 具备较高的食品质量与安全意识，具有严谨求实、精益求精、依法检测、规范操作的工作态度；

3. 培养创新思维意识，钻研设计和实施感官检验方法，培养工匠精神和创新精神；

4. 具有团队合作意识并能激发团队活力，培养良好的组织与策划能力。

**【工作任务】**

中华优秀传统文化源远流长、博大精深，是中华文明的智慧结晶。葡萄酒在中国已经有两千多年的文化传承。“葡萄美酒夜光杯，欲饮琵琶马上催。”唐代诗人王翰用最精炼的诗句表达出盛唐时期诗人对于葡萄酒的喜爱。

“葡萄美酒夜光杯，欲饮琵琶马上催”——中国葡萄酒悠久的历史文化

西依巍巍贺兰山，东临滔滔黄河水。昔日荒芜、贫瘠的贺兰山东麓如今已是藤蔓千顷。经过 30 多年的持续发展，这里已成为我国最大的酿酒葡萄集中连片种植区和酒庄酒产区，为塞上儿女“酿”出了美好生活。宁夏某葡萄酒生产企业为打造深度迎合中国消费需求的葡萄酒产品，发掘葡萄酒的“中国味道”，建立了示范园用于研究适宜本土生长的葡萄，选用紫黛夫、美乐等小品种葡萄，生产了 4 款干红葡萄酒。酒体颜色好看，单宁轻薄，口感更容易被国人接受。并采用微氧发酵技术，酿造葡萄酒的口感更接近葡萄本身的味道，酒体也会更加圆润。请感官评价员对这 4 款干红葡萄酒的喜好度排序检验，确定哪款葡萄酒的品质最好，口感更受人们的喜爱。

**【任务分析】**

请评价员精心设计一套葡萄酒排序检验方案，对葡萄酒进行感官评价，要求按照葡萄酒的综合感官指标对其感官品质优劣进行排序，并进行结果统计与数据分析，出具葡萄酒排序检验的感官检验报告。

本任务依据的国家相关标准：GB/T 12315－2008《感官分析 方法学 排序法》。

**【思维导图】**

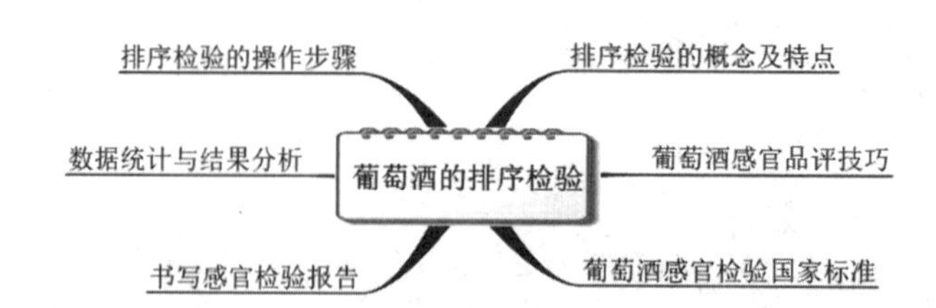

## 一、排序检验的概念

1. 概念

排序检验的概念是同时比较数个样品，按照其某项品质程度(如某特性的强度或嗜好程度等)的大小进行排序的方法。其形式可以分为三种：①按某种特性(如甜度、黏度等)的强度递增顺序；②按质量顺序(如竞争食品的比较)；③赫道尼克(Hedonic)顺序(如喜欢或不喜欢)。

该法只排出样品的次序，表明样品之间的相对大小、强弱、好坏等，属于程度上的差异，而不评价样品间的差异大小。

**排序检验方法的优点**

此法的优点是可利用同一样品，对其各类特征进行检验，排出优劣，且方法较简单，结果可信度高。即使样品间差别很小，只要评价员很认真，或者具有一定的检验能力，都能在相当精确的程度上排出顺序。

2. 排序检验的应用

排序法比任何其他方法更节省时间，它常被用在以下几个方面：

(1)确定由于不同原料、加工、处理、包装和储藏等各环节而造成的产品感官特性差异。

(2)当样品需要为下一步的试验预筛或预分类，即对样品进行更精细的感官分析之前，可应用此方法。

(3)对消费者或市场经营者订购的产品的可接受性调查。

(4)企业产品的精选过程。

(5)可用于品评员的选择和培训。

3. 排序检验的方法特点

(1)此法的试验原则是：以均衡随机的顺序将样品呈送给品评员，要求品评员就指定指标将样品进行排序，计算序列和，然后利用 Friedman 法等对数据进行统计分析。

(2)参加试验的人数不得少于 8 人，如果参加人数在 16 以上，区分效果会较为明显。根据试验目的，品评人员要有区分样品指标之间细微差别的能力。

(3)当评定少量样品的复杂特性时，选用此法是快速而又高效的。此时的样品数一般小于 6 个。但样品数量较大(如大于 20 个)，且不是比较样品间的差别大小时，选用此法也具有一定优势。

(4)进行检验前，应由组织者对检验提出具体的规定，对被评价的指标和准则要有一定的理解，如对哪些特性进行排列；排列的顺序是从强到弱还是从弱到强；检验时操作要求如何；评价气味时是否需要摇晃等。

(5)排序检验只能按照一种特性进行，如要求对不同的特性进行排序，则按不同的特性安排不同的顺序。

(6)在检验中，每个评价员以事先确定的顺序检验编码的样品，并安排出一个初步顺序，然后进一步整理调整，最后确定整个系列的强弱顺序，如果实在无法区别两种样品，则应在问答表中注明。

**食醋的质量好坏评价**

试验目的：为食醋的新产品开发，研究人员准备对食醋的质量好坏进行评价。即：通过感觉器官来比较多个食品样品，针对某一个质量特征，按其强度或嗜好程度，将样品排出顺序，这是一种________感官评价方法。该方法在味觉灵敏度测试、同类产品比较、新产品配方的筛选、消费者喜好调查等食品感官分析中得到了广泛的应用。

## 二、排序检验的方法

下面以葡萄酒的排序检验为例，讲解排序检验的方法。

1. 样品制备与呈送

准备4种不同品牌的干红葡萄酒，以平衡或者随机的顺序将样品同时呈送给评价员，评价员根据干红葡萄酒感官特性，即香气、滋味、典型性等综合指标的强弱将样品进行排序。

2. 样品编号

样品制备员给每个样品编出三位数的代码，每个样品给出3个编码，作为3次重复检验之用，随机数码取自随机数表。样品编码及供样方案分别见表6-1和表6-2。

**表6-1　样品编码**

| 样品名称 | 重复检验编码 | | |
|---|---|---|---|
| | 1 | 2 | 3 |
| A | 463 | 973 | 434 |
| B | 995 | 607 | 225 |
| C | 067 | 635 | 513 |
| D | 695 | 654 | 490 |

**表6-2　样品供样方案**

| 检验员 | 供样顺序 | 号码顺序 |
|---|---|---|
| 1 | CADB | 067 463 695 995 |
| 2 | ACBD | 463 067 995 695 |
| 3 | ABDC | 463 995 695 067 |
| 4 | BADC | 995 463 695 067 |
| 5 | CCAB | 695 067 463 995 |
| 6 | DACB | 695 463 067 995 |
| 7 | DCAB | 695 067 463 995 |
| 8 | ABDC | 463 995 695 067 |
| 9 | CDBA | 067 695 995 463 |
| 10 | BACD | 995 463 067 695 |

3. 问答表的设计

在进行问答表的设计时，应明确评价的指标和准则，如对哪些特性进行比较，是对产品的一种特性进行排序，还是对一种产品的多种特性进行比较；排列顺序是从强到弱还是从弱到强；要求的检验操作过程如何；是否进行感官刺激的评价，如果是，应使评价员在不同的评价之间使用水、淡茶或无味面包等以恢复原感觉能力。葡萄酒排序检验法问答表的一般形式如表 6-3 所示。

**表 6-3 葡萄酒排序检验问答表的一般形式**

| 葡萄酒排序检验 |
|---|
| 感官评价员：________ 日期：________<br>试验指令：在你的面前有 4 种不同品牌的干红葡萄酒，从左到右依次品尝这 4 个样品，请根据您所感受的葡萄酒的外观(颜色、浓度、色调、澄清度、气泡存在与否及持续性)；香气(类型、浓度、和谐程度)；滋味(协调性、结构感、平衡性、后味等)；典型性(外观、香气与滋味之间的平衡性)等综合指标给它们排序，最好的排在左边第 1 位，依次类推，最差的排在右边最后一位，将样品编号填入对应横线上。在品尝一种样品后，应用清水漱口，然后进行下一组品尝。<br>样品排序(最好) 1 2 3 4 (最差)<br>样品编号 ____ ____ ____ ____ |

葡萄酒每次品尝量为 6～10mL，品尝时用舌头搅拌以使葡萄酒与口腔内的各部位充分接触，品尝后可以吞咽也可吐出。每次品尝之后要用纯净水漱口，不同样品品尝之间要间隔 1～2min。品尝之后对各项指标进行打分。

## 三、数据统计与结果分析

1. 结果汇集

试验负责小组组织者将评价员的排序结果填入表 6-4。

**表 6-4 评价员的排序结果**

| 评价员 | 秩次 | | | |
|---|---|---|---|---|
| | 1 | 2 | 3 | 4 |
| 1 | | | | |
| 2 | | | | |
| … | | | | |

2. 结果分析与判断

根据检验目的选择统计检验方法。

(1)个人表现判断：Spearman 相关系数

在比较两个排序结果，如两个评价员做出的评定结果之间或评价员排序的结果与样品的理论排序之间的一致性时，可利用式(6-1)计算 Spearman 相关系数，并参考表 6-5 列出的临界值 $r_s$ 来判定相关性是否显著。

$$r_s = 1 - \frac{6\sum d_i^2}{p(p^2 - 1)} \tag{6-1}$$

式中，$d_i$——样品 $i$ 两个秩次的差；

$p$——参加排序的样品(产品)数。

**表 6-5　Spearman 相关系数的临界值表**

| 样品数 | 显著水平 $\alpha$ | | 样品数 | 显著水平 $\alpha$ | |
|---|---|---|---|---|---|
| | $\alpha=0.05$ | $\alpha-0.01$ | | $\alpha=0.05$ | $\alpha=0.01$ |
| 6 | 0.886 | 1.000 | 19 | 0.460 | 0.584 |
| 7 | 0.786 | 0.929 | 20 | 0.447 | 0.570 |
| 8 | 0.738 | 0.881 | 21 | 0.435 | 0.556 |
| 9 | 0.700 | 0.833 | 22 | 0.425 | 0.544 |
| 10 | 0.648 | 0.794 | 23 | 0.415 | 0.532 |
| 11 | 0.618 | 0.755 | 24 | 0.406 | 0.521 |
| 12 | 0.587 | 0.727 | 25 | 0.398 | 0.511 |
| 13 | 0.560 | 0.703 | 26 | 0.390 | 0.501 |
| 14 | 0.538 | 0.675 | 27 | 0.382 | 0.491 |
| 15 | 0.521 | 0.654 | 28 | 0.375 | 0.483 |
| 16 | 0.503 | 0.635 | 29 | 0.368 | 0.475 |
| 17 | 0.485 | 0.615 | 30 | 0.362 | 0.467 |
| 18 | 0.472 | 0.600 | 31 | 0.356 | 0.459 |

(2)小组表现判定：Page 检验

有时样品有自然的顺序，例如样品成分的比例、温度、不同的储藏时间等可测因素造成的自然顺序。为了检验该因素的效应，可以使用 Page 检验。该检验也是一种秩和检验，在样品有自然顺序的情况下，Page 检验比 Friedman 检验更有效。

假设 $R_1$，$R_2$，…，$R_p$ 是以确定的顺序排列的 $p$ 个样品的理论上的秩和，如果样品之间没有差别，则：

①原假设可以写成：

$$H_0:\ R_1=R_2=\cdots=R_p$$

备选假设则为：$H_1$：$R_1\leqslant R_2\leqslant\cdots\leqslant R_p$，其中至少有一个不等式是严格成立的。

②为了检验该假设，计算 $Page$ 系数 $L$。

若试验设计为完全区组设计，则：

$$L=R_1+2R_2+3R_3+\cdots+pR_p,$$

其中，$R_1$ 是已知样品顺序中排序为第一的样品的秩和，依次类推，$R_p$ 是排序为最后的样品的秩和。

③得出统计结论。

根据完全区组设计中 $L$ 的临界值，其临界值与样品数、评价员人数以及选择的统计学水平有关，当评价员的结果与理论值一致时，$L$ 有最大值。

比较 $L$ 与完全区组设计中 Page 检验临界值表(表 6-10)，如果 $L<L_\alpha$，则产品间没有显著差异；如果 $L\geqslant L_\alpha$，则产品间存在显著差异，拒绝原假设而接受备选假设(可以做出结论：评价员做出了与预知的次序相一致的排序)。

如果评价员的人数和样品数没有在附表完全区组设计中 Page 检验临界值表中列出，则按照式(6-2) 计算 $L'$统计量：

$$L'=\frac{12L-3jp(p+1)^2}{p(p+1)\sqrt{j(p-1)}} \tag{6-2}$$

式中，$p$——参加排序的样品数；

$j$——评价员人数；

$L'$——统计量近似服从标准正态分布。

当 $L\geqslant 1.64$ ($\alpha=0.05$) 或 $L'\geqslant 2.33$ ($\alpha=0.01$) 时，拒绝原假设而接受备选假设。

(3)产品理论顺序未知条件下的产品比较：Friedmam 检验

Friedman 检验能最大限度地显示评价员对样品间差别的识别能力。在样品自然或理论顺序未知的情况下采用弗里德曼(Friedman)检验；若样品间具有显著差异，可采用多重比较和分组计算最小显著差数(LSD)，判断哪些样品可以划分为一组。

①至少有两个产品间存在显著差异。

该检验应用于 $j$ 个评价员对 $p$ 个产品进行评价。$R_1$，$R_2$，…，$R_p$ 分别是 $j$ 个评价员给出的 $1-p$ 个样品的秩和。

A. 原假设可以写成：

$$H_0: R_1=R_2=\cdots=R_p$$

即认为样品间无显著性差异。

备选假设则为：$H_1$：$R_1=R_2=\cdots=R_p$，其中至少有一个等式不成立。

B. 为了检验该假设，按式(6-3)计算 $F_{test}$ 值。

$$F_{test}=\frac{12}{jp(p+1)}(R_1^2+R_2^2+\cdots+R_p^2)-3j(p+1) \tag{6-3}$$

其中，$j$=评价员数，$p$=样品数，$R_i$=第 $i$ 个样品的秩和。

若允许评价员把不同的样品排在同一秩次，则需要再计算统计量：

$$F'=\frac{F}{1-\{E/[jp(p^2-1)]\}}$$

其中，$E=n_i^3-n_i$，$n_i$ 为第 $i$ 次出现相同秩次的样品个数。

平衡不完全区间设计中，按照式(6-4)计算 $F_{test}$ 值。

$$F_{test}=\frac{12}{jp(k+1)}(R_1^2+R_2^2+\cdots+R_p^2)-\frac{3rn^2(k+1)}{g} \tag{6-4}$$

式中，$k$——每个评价员排序的样品数；

$R_i$——$i$ 产品的秩和；

$r$——重复次数；

$n$——每个样品被评价的次数；

$g$——每两个样品被评价的次数。

得出结论：$F_{test}>F$，根据表 6-6 中的评价员人数、样品数和显著性水平，可否定原假设，认为产品的秩次间存在显著差异，即产品间存在显著差异。

表 6-6 Friedman 检验临界值(0.05 和 0.01 水平)

| 评价员人数 | 样品数(p) | | | | | | | | | |
|---|---|---|---|---|---|---|---|---|---|---|
| | 3 | 4 | 5 | 6 | 7 | 3 | 4 | 5 | 6 | 7 |
| | 显著水平 α=0.05 | | | | | 显著水平 α=0.01 | | | | |
| 7 | 7.143 | 7.8 | 9.11 | 10.62 | 12.07 | 8.857 | 10.371 | 11.97 | 13.69 | 15.35 |
| 8 | 6.25 | 7.65 | 9.19 | 10.68 | 12.14 | 9.00 | 10.35 | 12.14 | 13.87 | 15.53 |
| 9 | 6.222 | 7.66 | 9.22 | 10.73 | 12.19 | 9.667 | 10.44 | 12.27 | 14.01 | 15.68 |
| 10 | 6.20 | 7.67 | 9.25 | 10.76 | 12.23 | 9.60 | 10.53 | 12.38 | 14.12 | 15.79 |
| 11 | 6.545 | 7.68 | 9.27 | 10.79 | 12.27 | 9.455 | 10.6 | 12.46 | 14.21 | 15.89 |
| 12 | 6.176 | 7.7 | 9.29 | 10.81 | 12.29 | 9.50 | 10.68 | 12.53 | 14.28 | 15.96 |
| 13 | 6.00 | 7.7 | 9.30 | 10..83 | 12.37 | 9.385 | 10.72 | 12.58 | 14.34 | 16.03 |
| 14 | 6.143 | 7.71 | 9.32 | 10.85 | 12.34 | 9.00 | 10.76 | 12.64 | 14.4 | 16.09 |
| 15 | 6.40 | 7.72 | 9.33 | 10.87 | 12.35 | 8.933 | 10.8 | 12.68 | 14.44 | 16.14 |
| 16 | 5.99 | 7.73 | 9.34 | 10.88 | 12.37 | 8.79 | 10.84 | 12.72 | 14.48 | 16.18 |
| 17 | 5.99 | 7.73 | 9.34 | 10.89 | 12.38 | 8.81 | 10.87 | 12.74 | 14.52 | 16.22 |
| 18 | 5.99 | 7.73 | 9.36 | 10.9 | 12.39 | 8.84 | 10.9 | 12.78 | 14.56 | 16.25 |
| 19 | 5.99 | 7.74 | 9.36 | 10.91 | 12.4 | 8.86 | 10.92 | 12.81 | 14.58 | 16.27 |
| 20 | 5.99 | 7.74 | 9.37 | 10.92 | 12.41 | 8.87 | 10.94 | 12.83 | 14.6 | 16.3 |
| ∞ | 5.99 | 7.81 | 9.49 | 11.07 | 12.59 | 9.21 | 11.34 | 13.28 | 15.09 | 16.81 |

当评价员数较大或样品数大于 5 时，统计量 $F$ 或 $F'$ 近似服从自由度为 $\chi^2$ 分布。若 $F$ 或 $F'$ 值大于或等于相应的 $\chi^2$ 值，可以判定比较的样品间有显著性整体差异；反之，若小于相应的 $\chi^2$ 值，则可以判定比较的样品间无显著性整体差异。$\chi^2$ 分布的临界值参照表 6-7。

表 6-7 $\chi^2$ 分布临界值

| 样品数 | 自由度 | 显著水平 | | 样品数 | 自由度 | 显著水平 | |
|---|---|---|---|---|---|---|---|
| | $V=p-1$ | $\alpha=0.05$ | $\alpha=0.01$ | | $V=p-1$ | $\alpha=0.05$ | $\alpha=0.01$ |
| 3 | 2 | 5.99 | 9.21 | 17 | 16 | 26.30 | 32.00 |
| 4 | 3 | 7.81 | 11.34 | 18 | 17 | 27.59 | 33.41 |
| 5 | 4 | 9.49 | 13.28 | 19 | 18 | 28.87 | 34.80 |
| 6 | 5 | 11.07 | 15.09 | 20 | 19 | 30.14 | 36.19 |
| 7 | 6 | 12.59 | 16.81 | 21 | 20 | 31.40 | 37.60 |
| 8 | 7 | 14.07 | 18.47 | 22 | 21 | 32.70 | 38.90 |
| 9 | 8 | 15.51 | 20.09 | 23 | 22 | 33.90 | 40.29 |
| 10 | 9 | 16.92 | 21.67 | 24 | 23 | 35.20 | 41.64 |
| 11 | 10 | 18.31 | 23.21 | 25 | 24 | 36.42 | 42.98 |
| 12 | 11 | 19.67 | 24.72 | 26 | 25 | 37.70 | 44.30 |
| 13 | 12 | 20.03 | 26.22 | 27 | 26 | 38.90 | 45.60 |
| 14 | 13 | 22.36 | 27.69 | 28 | 27 | 40.11 | 47.00 |
| 15 | 14 | 23.68 | 29.14 | 29 | 28 | 41.30 | 48.30 |
| 16 | 15 | 25.00 | 30.58 | 30 | 29 | 42.60 | 49.60 |

②至少有两个产品间存在显著差异

检验哪些产品与其他产品存在差异，当 Friedman 检验判定产品间存在显著性差别时，则需要进一步判定哪些产品与其他产品存在显著差别。可通过选择可接受显著性水平，计算最小显著差数($LSD$)来判定。其中，显著性水平的选择，可以采取以下两种方法之一。

如果风险由每对因素单独控制，则其与 $\alpha$ 相关。如当 $\alpha=0.05$ 时，在计算 $LSD$ 时的 $z$ 值为 1.96(相当于正态分布概率)称其为比较性风险或个体风险。

如果风险由所有可能因素同时控制，则其与 $\alpha'$ 相关，$\alpha'=2\alpha/p(p-1)$。如 $p=8$，$\alpha'=0.05$ 时，则 $\alpha'=0.0018$，$z=2.91$，称其为实验性风险或整体风险。大多数情况下采用此方法，即实验性风险被用于产品间显著性差别的实际判定。

在完全区组实验设计中，$LSD$ 值由式(6-5)得出：

$$LSD=z\sqrt{\frac{jp(p+1)}{6}} \tag{6-5}$$

通过最小显著性差异值 $LSD$ 比较时，首先根据公式 $LSD=1.96\sqrt{\frac{jp(p+1)}{6}}$ ($\alpha=0.05$ 时)或 $LSD=2.58\sqrt{\frac{jp(p+1)}{6}}$ ($\alpha=0.01$ 时)计算临界值，若比较的两个样品的秩和差大于或等于相应的 $LSD$ 值，则表示这两个样品之间有显著性差异。反之，若小于相应的 $LSD$ 值，则表示这两个样品之间无显著性差异。

**【实例】四种品牌干红葡萄酒品评结果统计与分析**

葡萄酒品评中，10 位评价员对 4 种品牌的干红葡萄酒(分别用 A、B、C、D 表示)的喜爱程度排序的统计结果，用 1～4 的顺序表示喜好程度的顺序(表 6-8)。其中，1 表示最喜欢，4 表示最不喜欢。

**表 6-8　评价员的排序结果**

| 评价员 | 秩次 | | | |
|---|---|---|---|---|
| | 1 | 2 | 3 | 4 |
| 1 | A | C | D | B |
| 2 | C | D | A | B |
| 3 | A | D | B | C |
| 4 | C | A | B | D |
| 5 | A | B | D | C |
| 6 | C | A | D | B |
| 7 | A | D | C | B |
| 8 | C | D | A | B |
| 9 | A | D | B | C |
| 10 | C | D | A | B |

将表 6-8 的结果转换为秩次，即将排列第一位的转换为数值 1，排列为第二位的转换为数值 2，依此类推。上述的排序结果转化为秩次结果，见表 6-9。

表 6-9 排序检验秩次和计算表

| 评价员 | A | B | C | D | 合计 |
|---|---|---|---|---|---|
| 1 | 1 | 4 | 2 | 3 | 10 |
| 2 | 3 | 4 | 1 | 2 | 10 |
| 3 | 1 | 3 | 4 | 2 | 10 |
| 4 | 2 | 3 | 1 | 4 | 10 |
| 5 | 1 | 2 | 4 | 3 | 10 |
| 6 | 2 | 4 | 1 | 3 | 10 |
| 7 | 1 | 4 | 3 | 2 | 10 |
| 8 | 3 | 4 | 1 | 2 | 10 |
| 9 | 1 | 3 | 4 | 2 | 10 |
| 10 | 3 | 4 | 1 | 2 | 10 |
| 秩次和(R) | 18 | 35 | 22 | 25 | 100 |

1. Friedmam 检验

(1)计算统计量

统计量 $F$ 值的计算公式如下：

$$F_{test}=\frac{12}{jp(p+1)}(R_1^2+R_2^2+\cdots+R_p^2)-3j(p+1)$$

式中，$j$——评价员数；

$p$——样品数；

$R_i$——第 $i$ 个样品的秩和。

根据上述公式计算出的 $F$ 值如下：

$$F=\frac{12}{10\times4(4+1)}(18^2+35^2+22^2+25^2)-3\times10(4+1)=9.48$$

(2)做统计结论

计算出 $F$ 值后，与表 6-6 Friedman 检验临界值表中的数据进行比较，如果计算的 $F$ 值大于或等于表中对应的临界值，则可判断样品之间有显著性的差异；若小于表中的临界值，则可以据此判断样品之间没有显著性差异。

根据表 6-9 中的数据计算出 $F$ 值为 9.48，在样品数为 4，评价员为 10，显著水平为 0.05 时，查表 6-6 得出临界值 $F$ 为 7.67，小于实际算出的 $F$ 值，表明评价员对 4 种干红葡萄酒的喜好程度有显著性差异。

2. 多重比较和分组

如果两个样品秩和之差的绝对值大于最小显著差 $LSD$，可认为二者有显著差异。

(1)计算最小显著差 $LSD$

$$LSD=1.96\sqrt{\frac{10\times4(4+1)}{6}}=11.32(\alpha=0.05)$$

(2)比较与分组

在显著水平为 0.05 时，A 与 B、B 与 C 的差异是显著的，它们秩和之差的绝对值分别为：

$$A-B:\ |35-18|=17,\ B-C:\ |35-22|=13$$

以上比较的结果表示如下：

A　C　D　B

可知未经连续的下划线连接的两个样品之间有显著性差异(在5%的显著水平下)；由连续的下划线连接的两个样品间无显著差异。

3. Page 检验

根据秩和顺序，可将样品初步排序为：A≤C≤D≤B，Page 检验可检验该推论。

(1)计算 $L$ 值

$$L=(1\times18)+(2\times22)+(3\times25)+(4\times35)=277$$

(2)做统计推论

查表6-10完全区组设计中 Page 检验临界值表可知，$j=10$，$p=4$，$\alpha=0.05$ 时，Page 检验的临界值为266。

因为 $L>266$，所以当 $\alpha=0.05$ 时，拒绝原假设，样品之间存在显著差异。

**表6-10　完全区组设计中 Page 检验临界值表**

| 检验员数目($j$) | 样品数($p$) | | | | | | | | | | | |
|---|---|---|---|---|---|---|---|---|---|---|---|---|
| | 3 | 4 | 5 | 6 | 7 | 8 | 3 | 4 | 5 | 6 | 7 | 8 |
| | 显著水平 $\alpha=0.05$ | | | | | | 显著水平 $\alpha=0.01$ | | | | | |
| 7 | 91 | 189 | 338 | 550 | 835 | 1204 | 93 | 193 | 346 | 563 | 855 | 1232 |
| 8 | 104 | 214 | 384 | 925 | 950 | 1371 | 106 | 220 | 393 | 540 | 972 | 1401 |
| 9 | 116 | 240 | 431 | 701 | 1065 | 1537 | 119 | 246 | 441 | 717 | 1088 | 1569 |
| 10 | 128 | 266 | 477 | 777 | 1180 | 1703 | 131 | 272 | 487 | 793 | 1205 | 1736 |
| 11 | 141 | 292 | 523 | 852 | 1295 | 1868 | 144 | 298 | 534 | 869 | 1321 | 1905 |
| 12 | 153 | 317 | 570 | 928 | 1410 | 2035 | 156 | 324 | 584 | 946 | 1437 | 2072 |
| 13 | 165 | 343* | 615* | 1003* | 1525* | 2201* | 169 | 350* | 628* | 1022* | 1553* | 2240* |
| 14 | 178 | 368* | 661* | 1078* | 1639* | 2367* | 181 | 376* | 674* | 1098* | 1668* | 2407* |
| 15 | 190 | 394* | 707* | 1153* | 1754* | 2532* | 194 | 402* | 721* | 1174* | 1784* | 2574* |
| 16 | 202 | 420* | 754* | 1228* | 1868* | 2697* | 206 | 427* | 767* | 1249* | 1899* | 2740* |
| 17 | 215 | 445* | 800* | 1303* | 1982* | 2862* | 218 | 453* | 814* | 1325* | 2014* | 2907* |
| 18 | 227 | 471* | 846* | 1378* | 2097* | 3068* | 231 | 479* | 860* | 1401* | 2130* | 3073* |
| 19 | 239 | 496* | 891* | 1453* | 2217* | 3193* | 243 | 505* | 906* | 1476* | 2245* | 3240* |
| 20 | 251 | 522* | 937* | 1528* | 2325* | 3358* | 256 | 531* | 953* | 1552* | 2360* | 3406* |

注：标“*”的值是通过正态分布近似计算得到的临界值。

4. 结论

(1)基于 Friedmam 检验

在5%的显著水平下，A与C、D之间无显著性差异；D和B无显著性差异；但A与B、B与C有显著差异。

(2)基于 Page 检验

在5%的显著水平下，评价员辨别出了样品之间存在差异，并且给出的排序与预先设定的顺序一致。

## 四、感官小组汇报结论

由感官评价小组组长汇报感官检验的结果，并得出四种葡萄酒样品之间的喜好度是否存在显著差异，和喜好度排列顺序的结论。

**【知识拓展与链接】**

请同学们扫描封面二维码进行知识拓展学习："葡萄酒的品评技巧"。

**【任务测试】**

**一、单选题**

1. 排序检验中，评价员同时接受(　　)份或(　　)份以上随机排列的样品。

A. 3　　B. 2　　C. 1　　D. 4

2. 如对2个样品进行排序时，通常采用(　　)。

A. 三点检验　　B. 成对比较法　　C. 二、三点检验　　D. 五中取二检验

3. 排序检验可以按照(　　)种特性进行。

A. 3　　B. 2　　C. 1　　D. 4

**二、填空题**

1. 比较数个样品，按照其某项________(如某特性的强度或嗜好程度等)的大小进行排序的方法，称为排序检验法。

2. 排序检验的统计检验方法选择中，Page检验主要应用于对样品具有________或________已经确定的情况下。

3. 当样品需要为下一步的________或预分类，即对样品进行更精细的感官分析之前，可应用排序检验法。

**三、判断题**

1. 排序检验方法比任何其他方法更节省时间。(　　)

2. 排序检验方法，即使样品间差别很小，只要评价员很认真，或者具有一定的检验能力，都能在相当精确的程度上排出顺序。(　　)

3. 排序检验中，排序的顺序只能是从强到弱。(　　)

**四、简答题**

1. 简述排序检验法的定义和应用范围。

2. 排序检验法应注意哪些问题？

3. 简述排序检验法的方法步骤。

## 任务2　酸乳的分类检验

**【学习目标】**

**知识目标**

1. 掌握分类检验法的概念及特点；

2. 了解分类检验法的应用；

3. 掌握酸乳分类检验的测定方法与步骤。

**能力目标**

1. 会设计酸乳的分类检验方案，并制订分类检验问答表；

2. 能完成酸乳样品制备与编号，准备所需的实验物料、设备及设施，运用国家标准方法对酸乳分类检验；

3. 会对感官评价小组的结果数据统计，并进行结果分析；

4. 规范书写感官检验报告，并对酸乳的品质感官评价。

**素养目标**

1. 具备较高的食品质量与安全意识，具有严谨求实、精益求精、依法检测、规范操作的工作态度；

2. 培养创新思维意识，钻研设计和实施感官检验方法，培养工匠精神和创新精神；

3. 通过感官检验组织与策划，培养学生的团队合作意识并能激发团队活力。

**【工作任务】**

凝固型酸奶的品质控制

乳业是关系国计民生的重要产业，党中央和国家高度重视乳品科技创新。面对食品科技创新发展的新挑战和新需求，众多国内乳品企业响应国家的制造强国和质量强国号召，坚定创新驱动发展，汇聚科研力量开展全方位的工艺研发创新攻关，用更多食品工业前沿技术研究成果，助力乳业产品升级，持续推动行业高质量发展。

酸乳是以鲜乳为原料，经过预处理，然后接入纯粹培养的保加利亚乳杆菌和嗜热链球菌作为发酵剂，并保温一定时间，因产生乳酸而使酪蛋白凝结的成品。北京某乳品生产企业现有 4 种不同工艺生产的同类型的酸乳，根据不同的质量标准分级，拟通过分类检验法对 4 种产品的质量进行分类检验，据此判断不同的加工方法对产品质量是否有明显的影响。

**【任务分析】**

请评价员精心设计一套酸乳分类检验方案，对酸乳进行感官评价，要求按照酸乳的综合感官指标对其感官品质优劣进行评价，并进行结果统计与数据分析，判断酸乳产品的感官质量是否有明显的差异，最后出具酸乳分类检验的感官检验报告。

**【思维导图】**

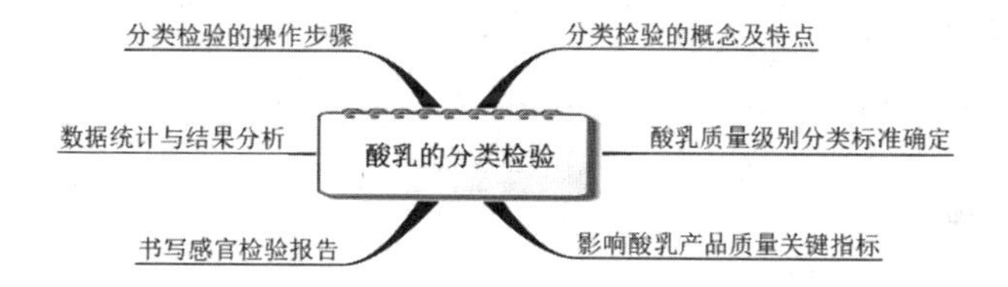

## 知识准备

### 一、分类检验法的概念

1. 概念

分类检验法是在确定产品类别标准的情况下，要求评价员在品尝样品后，将样品划分为相应的类别的检验方法。

试验中，评价员首先对产品做出评价，然后统计每一种产品分属每一类别的频数，以 $\chi^2$ 检验比较两种或多种产品落入各种类别的分布，最终确定每一种产品应属的级别。它是先由专家根据某样品的一个或多个特征，确定出样品的质量或其他特征类别，再将样品归纳入相应类别或等级的办法。此法是为了使样品按照已有的类别划分，可在任何一种检验方法的基础上进行。

2. 方法特点

(1)此法是以过去积累的已知结果为根据，在归纳的基础上进行产品分类。

(2)当样品打分有困难时，可用分类法评价出样品的好坏差异，得出样品的级别、好坏，也可以鉴定出样品的缺陷等。

## 二、分类检验法的方法

1. 产品级别分类标准的确定与评分表的准备

在确定采用分类检验法后应确定将产品划分的类别的数量，并制订出每一类别的标准。不同的产品，分类的方法不同，分类的标准也不一样。

在分类检验法的评分表中，要给评价员指明产品分类的数量及分类的标准。然后，将样品用三位随机数字进行编码处理。

2. 样品制备与呈送

把4种不同产品特点的酸乳样品以随机的顺序出示给鉴评员，要求鉴评员按顺序鉴评样品后，根据鉴评表中所规定的分类方法对样品进行分类。

3. 问答表设计

把样品以随机的顺序出示给鉴评员按顺序鉴评样品后，根据鉴评表中所规定的分类方法对样品进行分类，填入表6-11和表6-12中。

**表6-11　分类检验法问答表示例1**

| 感官评价员：______ 日期：______ 样品类型：______ | | | | |
|---|---|---|---|---|
| 试验指令：<br>(1)从左到右依次品尝样品。<br>(2)品尝后把样品划入你认为应属的预先定义的类型。 | | | | |
| 试验结果： | | | | |
| 样品 | 一级 | 二级 | 三级 | 合计 |
| A | | | | |
| B | | | | |
| C | | | | |
| D | | | | |
| 合计 | | | | |

**表6-12　分类检验法问答表示例2**

| 感官评价员：______ 日期：______ 样品类型：______ |
|---|
| 评定您面前的4个样品，请按规定的级别定义，把它们分为3个级别，并在适当的级别下填上适当的样品编码。<br>级别1：……<br>级别2：……<br>级别3：…… |
| ______样品应为1级<br>______样品应为2级<br>______样品应为3级 |

## 三、数据统计与结果分析

### 1. 检验结果数据统计

在所有评价员完成评价任务后，由组织者将每位评价员的结果统计在表 6-13 中，这样就可很直观地看出每个样品各级别评价员的数量，结果的分析就是基于每一个样品各级别的频数。

表 6-13 分类检验法结果统计表

| 样品 | 一级 | 二级 | 三级 | 合计 |
| --- | --- | --- | --- | --- |
| A | | | | ($R_1$) |
| B | | | | ($R_2$) |
| C | | | | ($R_3$) |
| D | | | | ($R_4$) |
| 合计($C_j$) | ($C_1$) | ($C_2$) | ($C_3$) | ($n$) |

### 2. 结果分析与判断

分类结果的分析可采用卡方($\chi^2$)检验以判断样品组别间的差异性。表 6-14 属于 $R\times C$ 列联表格式，其中 $R$ 为样品数(行数)，$C$ 为分类(组别)数(列数)。统计每个样品通过检验后分属每一级别的评价员的数量，然后用 $\chi^2$ 检验比较两种或多种产品不同级别的评价员数量，从而得出每个样品应属的级别，并判断样品间的感官质量是否有差异。

下面列举实例进行具体分析。

**【实例】**现有 4 种不同工艺生产的同类型的酸乳，根据不同的质量标准分为 3 级，拟通过分类检验法对 4 种产品的质量进行检验，据此判断不同的加工方法对产品质量是否有明显的影响。4 种产品分别用 A、B、C、D 表示，试验挑选了 30 位评价员参与鉴评分级，检验的结果见表 6-14，试判断 4 种产品的感官质量是否有明显的差异。

表 6-14 分类检验法结果统计表

| 样品 | 一级 | 二级 | 三级 | 合计($R_i$) |
| --- | --- | --- | --- | --- |
| A | 7 | 21 | 2 | 30 |
| B | 18 | 9 | 3 | 30 |
| C | 19 | 9 | 2 | 30 |
| D | 12 | 11 | 7 | 30 |
| 合计($C_j$) | 56 | 50 | 14 | 120 |

(1)计算各级别的期待值($E$)

假设各样品的级别分布相同，那么各级别的期待值 $E$(理论值)可以用下面的公式计算：

$$E=\frac{\text{该等级的次数}}{\text{总人数}}\times \text{评价员的数量}$$

根据上述公式计算出各级别的期待值如下：

一级：$E_1=56\div 120\times 30=14$

二级：$E_2=50\div 120\times 30=12.5$

三级：$E_3=14\div120\times30=3.5$

(2)计算每个样品相应级别的实际测定值($Q$)与期待值($E$)之差

实际测定值($Q$)与期待值($E$)之差，结果列入表 6-15。

**表 6-15　各级别实际测定值与期待值之差**

| 样品 | 一级 | 二级 | 三级 | 合计 |
|---|---|---|---|---|
| A | −7 | 8.5 | −1.5 | 0 |
| B | 4 | −3.5 | −0.5 | 0 |
| C | 5 | −3.5 | −1.5 | 0 |
| D | −2 | −1.5 | 3.5 | 0 |
| 合计 | 0 | 0 | 0 | 0 |

从表 6-15 可见，B 号样品与 C 号样品作为一级的实际测定值均大大高于期望值，故 B 号与 C 号样品应为一级样品。A 号样品作为二级的实际测定值大大高于期望值，故 A 号样品应为二级样品。D 号样品作为三级的实际测定值大大高于期望值，故 D 号样品应为三级品。

这 4 个样品间有无显著差异呢？可通过 $\chi^2$ 检验来确定。

(3)计算 $\chi^2$ 值

$$\chi_0^2=\sum\frac{(Q_{ij}-E_{ij})^2}{E_{ij}}=\frac{(-7)^2}{14}+\frac{4^2}{14}+\cdots+\frac{3.5^2}{3.5}=19.49$$

(4)结果判断

根据计算结果，查表 6-7 中的 $\chi^2$ 值。如果计算出来的数值大于或者等于相应显著水平下的 $\chi^2$ 值，则表明样品间有显著的差异。然后，根据检验的情况对产品进行分级。

本例中，误差自由度 $df$ = 样品自由度×级别自由度 =（样品数 − 1）×（级别数 − 1）= (4−1)×(3−1) = 6。

查表 $\chi^2$ 分布表：

$\chi^2(6, 0.05)=12.59$，$\chi^2(6, 0.01)=16.81$

由于 $\chi^2=19.49>16.81$，所以，这 4 种酸乳的感官质量在 1% 显著水平有显著差异，即这四个样品可以分成三个等级。其中，C、B 之间相近，可表示为 C 和 B 为一类，A 为一类，D 为一类，即 C 和 B 为一级，A 为二级，D 为三级。

## 四、感官小组汇报结论

由感官评价小组组长汇报感官检验的结果，并得出 4 种酸乳样品之间是否存在显著差异的结论。

**【知识拓展与链接】**

请同学们扫描封面二维码进行知识拓展学习：“乳及乳制品的感官评定方法”。

**【任务测试】**

**一、多选题**

1. 分类检验结果判断中，根据计算的结果，先查附录中的 $\chi^2$ 表。如果计算出来的数值(　　)相应显著性水平下的 $\chi^2$ 值，则表明样品间有显著性的差异。然后根据检验的情况对产品进行分级。

A. 大于　　B. 小于　　C. 不等于　　D. 等于

2. 在评定样品的质量时，有时对样品进行评分会比较困难，这时可选择分类检验法评价出样品的差异，得出样品的(　　)，也可鉴定出(　　)。

A. 级别　　B. 好坏　　C. 是否存在缺陷　　D. 特性

**二、填空题**

1. 分类检验法是使样品按照已有的________，可在任何一种检验方法的基础上进行。

2. 分类检验的结果分析，是先统计每一种产品分属每一类别的________，然后用________检验比较两种或多种产品落入不同类别的分布，从而得出每一种产品应属的级别。

3. 分类试验法是以过去积累的________为根据，在归纳的基础上，进行产品分类。

**三、简答题**

1. 什么是分类检验？

2. 简述分类检验法的方法特点。

**四、计算题**

有生产工艺不同的 A、B、C、D 四种花生油，通过分类检验法，了解生产工艺对油品质量所造成的影响。有 40 位评价员进行评价，品评结果如表 6-16 所示。

**表 6-16　分类检验品评结果**

| 各等级的次数 \ 等级 $i$ / 样品 | 1 级 | 2 级 | 3 级 | 4 级 |
|---|---|---|---|---|
| A | 9 | 28 | 3 | 40 |
| B | 24 | 12 | 4 | 40 |
| C | 26 | 12 | 2 | 40 |
| D | 16 | 15 | 9 | 40 |
| 合计 | 75 | 67 | 18 | 160 |

$\chi^2$ 分布表见表 6-17，试通过统计计算：

(1)确定这四种花生油的等级。

(2)说明生产工艺对油品的质量影响大吗？

**表 6-17　$\chi^2$ 分布表**

| $f$ | $\alpha$ | | | | | |
|---|---|---|---|---|---|---|
| | 0.25 | 0.10 | 0.05 | 0.025 | 0.01 | 0.005 |
| 1 | 1.323 | 2.706 | 3.841 | 5.024 | 6.635 | 7.879 |
| 2 | 2.773 | 4.605 | 5.991 | 7.378 | 9.210 | 10.597 |
| 3 | 4.108 | 6.251 | 7.815 | 9.348 | 11.345 | 12.838 |
| 4 | 5.385 | 7.779 | 9.488 | 11.143 | 13.277 | 14.860 |
| 5 | 6.626 | 9.236 | 11.071 | 12.833 | 15.086 | 16.750 |
| 6 | 7.841 | 10.645 | 12.592 | 14.449 | 16.812 | 18.548 |

# 任务3　食品的量值估计检验

**【学习目标】**

**知识目标**

1. 掌握量值估计检验的概念及基本变化形式；

2. 了解量值估计检验法的应用范围；

3. 了解专项培训内容，以及评价员的选拔和培训、数量等要求；

4. 掌握食品量值估计检验的测定方法与步骤。

**能力目标**

1. 会设计食品的量值估计检验方案以及制订量值估计检验问答表；

2. 能完成食品样品制备与编号，准备所需的实验物料、设备及设施，运用国家标准方法对食品量值估计检验；

3. 会对感官评价小组的结果数据统计，并进行结果分析；

4. 规范书写感官检验报告，并应用量值估计检验对食品的品质感官评价。

**素养目标**

1. 具备较高的食品质量与安全意识，具有严谨求实、精益求精、依法检测、规范操作的工作态度；

2. 培养创新思维意识，钻研设计和实施感官检验方法，培养工匠精神；

3. 通过感官检验组织与策划，培养学生的团队合作意识并能激发团队活力。

**【工作任务】**

党的二十大报告提出，必须坚持科技是第一生产力、人才是第一资源、创新是第一动力，深入实施科教兴国战略、人才强国战略、创新驱动发展战略，开辟发展新领域新赛道。为做好感官评价员的培训工作，培养更多感官检验人才，北京某食品公司研发部想考察新建立的9点硬度参比样体系(奶油奶酪、鸡蛋白、奶酪、哈尔滨红肠、青梅、花生、胡萝卜、杏仁、冰糖)，各个样品间是否存在显著差异，感官评价小组经训练后是否能达稳定一致。

古代度量衡单位

**【任务分析】**

请评价员精心设计一套量值估计检验方案，对9类样品进行硬度估计，要求检验9点硬度参比样体系各个样品间是否存在显著差异，评价小组是否稳定一致。最后，通过量值估计检验，完成结果统计与数据分析，出具量值估计检验的感官检验报告。

本任务依据的国家相关标准：GB/T 19547－2004《感官分析 方法学 量值估计法》。

**【思维导图】**

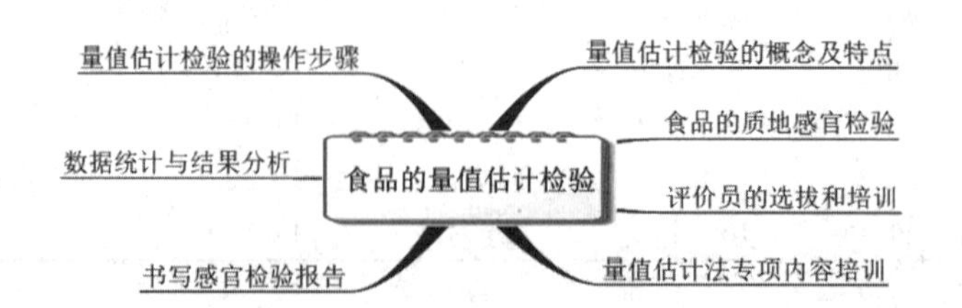

## 一、量值估计检验的概念

1. 概念

量值估计检验(Magnitude Estimation)是一种心理物理学标度方法，由心理学家Stevens创建。量值估计的本质是按比例标度，通过评价员对某一感官特性进行评分的一种方法。该方法要求评价员做出的评分要符合比例原则，即如果样品B某个特性的强度是样品A的两倍，则样品B的评分值应是样品A评分值的两倍。诸如强度、愉悦度和可接受性等特性均可用量值估计法进行评定。

量值估计方法是较流行的标度技术，它不受限制地应用数字来表示感觉的比率。

**量值估计检验可以允许用数字“0”**

在量值估计检验这种方法中，有时允许用数字0，因为在检验时有些产品实际上没有甜味，或者没有需评价的感官特性。但参照样品不能用0来赋值，参照样最好能选择在强度范围的中间点附近。没有感觉特征的产品定值为0可以理解，但会使数据分析复杂化。

2. 基本变化形式

量值估计有两种基本变化形式。

第一种形式，给受试者一个标准刺激作为参照或基准，此标准刺激一般给它一个固定数值。所有其他刺激与此标准刺激相比较而得到标示，这种标准刺激有时称为“模数”。

另一种主要的变化形式则是不给出标准刺激，参与者可选择任意数字赋予第一个样品，然后所有样品与第一个样品的强度比较而得到标示。实践中受试者可能“一环套一环”地根据系列中最靠近的一个样品给出评估。

3. 应用范围

在实践中，量值估计法可应用于训练有素的评价小组、消费者甚至是儿童。但是，比起受到限制的标度方法，量值估计法的数据变化更大，特别是出自未经训练的消费者之手的数据。该标度法的无界限特性，使得它特别适合于那些上限会限制评价人员在评估感官特征中区分感官体验的能力情况。例如，像辣椒的辣度这样的刺激或痛觉，在类项标度法中可能都被评估为接近上限的强度。但在端点开放的量值估计法中，允许评价人员有更大的自由度来运用数字反映极强烈的感觉变化。

**橙汁饮料酸度的量值估计检验**

试验目的：为橙汁饮料的新产品开发，研究人员准备对橙汁饮料的酸度进行评价。

具体步骤：提供一个编号为“R”的橙汁作为参比样品给评价员，这个参比样的酸度给出的值是50，评价员应先品尝样品记住它的酸度。然后，提供6个橙汁饮料给评价员，评价员依序对每个样品酸度的强度参照参比样“R”的值(50)等比例地给出一个评分值。注意：

在品尝每个样品之前，评价员必须重新品尝参比样。请问，这是一种________类型的量值估计检验感官评价方法。

## 二、评价员的选拔和培训

1. 选拔和培训的基本条件

选拔和培训的基本条件应符合 GB/T 16291 和 GB/T 14195。和其他的分析方法一样，评价小组的组长应负责判断评价员具有的熟练程度。在制订培训计划时，应考虑检验的目标、评价员的可用性、召集新评价员所需经费。一般来说，评价员应经过 3～4 次检验培训后，就可使用量值估计法进行评价。

2. 量值估计法的专项内容培训

(1)几何图形面积的评估已被证明特别适合于引导评价员掌握量值估计法的基本概念。见表 6-18，有 18 个图形，包括 6 个圆形、6 个等边三角形和 6 个正方形，大小范围大致从 $2cm^2$ 到 $200cm^2$，已经被成功地用来培训评价员。

**表 6-18 培训图形的边长和面积**

| 圆 | | 等边三角形 | | 正方形 | |
|---|---|---|---|---|---|
| 半径/cm | 表面积/$cm^2$ | 边长/cm | 表面积/$cm^2$ | 边长/cm | 表面积/$cm^2$ |
| 1.4 | 6.2 | 2.2 | 2.1 | 3.2 | 10.2 |
| 2.5 | 19.6 | 4.1 | 7.3 | 4.2 | 17.6 |
| 3.7 | 43.0 | 7.6 | 25.0 | 8.5 | 72.3 |
| 5.4 | 91.6 | 12.2 | 64.4 | 11.1 | 123.2 |
| 6.8 | 145.3 | 15.5 | 104.0 | 11.1 | 123.2 |
| 8.3 | 216.4 | 19.2 | 159.6 | 14.2 | 201.6 |

注：引进两个边长为 11.1cm 的正方形是为了评估评价员的可重复能力。

(2)将这些图形提供给评价员之前，告诉他们这种方法的基本原则。这些原则应包括(不局限于)下列三点：

①评分应按比例进行：如果某个特性的某一强度是另一强度的 2 倍，它的评分值也应是另一强度评分值的 2 倍；

②使用的标度没有上限；

③只有某一特性感觉不到时才能评为 0 分。

应告诉评价员，在培训时评分值通常用整数(如 5、10、20、25 等)，但使用这种方法时，所有的数字都允许使用。由于评价员也容易受到培训中提到的比例的影响，所以建议他们使用不同的比例，例如 3/1、1/3、7/5、5/6 等比例，而不必仅限制于使用 2/1 或 1/2。

在图上编号，并将这些图形分别放置在一张白色 A4 纸(21cm×29.7cm)的中央。指导每个评价员进行数字评估，从边长 8.5cm 的正方形(外部参比样)开始，分别给出这一系列的正方形图形，记录反应。

根据检验阶段采用的程序，训练评价员用固定模数或非固定模数方法进行分析。使用固定模数进行培训时，检验负责人对边长为 8.5cm 的正方形给出一个 30 到 100 之间的评分值。

用非固定模数进行培训时，让评价员自由选定第一个数值(参比样的值)，但建议他们不要选择太小的值。

每次评分前，按随机的顺序给出样品，以保证对这些图形的形状和边长不形成特定的样式。

在完成一组图形的评定后，让评价员将各自评分结果与评价小组的平均值进行比较，如果这不可行，则将他们的评分结果与前一个评价小组的评分结果进行比较。这样做的目的是提供正面的反馈，从而保证每一位评价员能够明白该培训的目的。注意不要造成一种有正确答案的印象。除非评分结果相差很大，否则应将与评价小组平均评分结果有明显偏差的评分解释为顺序效应。即由于评价员评估样品的顺序不同而产生了不同反应。如果一些评价员的评分结果相差很大，应再次向这些评价员解释这种方法的原则。

当评价员成功完成面积估计的培训后，应根据在实际检验中待评价的产品和物质类型进一步培训。这可增加评价员在应用量值估计法区别待测物质特性方面的经验。评价小组组长可能需要设计一些练习，使评价员能正确认知待测物质的特性。这部分培训可根据 GB/T 16291 和 GB/T 14195 中的总体指南来设计。

## 三、评价员的数量

### 1. 一般原则

与其他标度分析的检验技术一样，评价员的数量要根据以下原则确定：

(1)待评价的不同产品的特性之间的接近程度；

(2)评价员所接受的培训；

(3)这个评价结果所得结论的重要性(见 GB/T 16291 和 GB/T 14195)；

(4)可根据统计学的功效确定的目标。

### 2. 分析和研究评价小组

评价小组应由表 6-19 所列的成员组成。

**表 6-19　评价小组的组成**

| 评价员的类型 | 评价员最少数量 | 推荐人数 |
|---|---|---|
| 有经验的评价员，在所研究的产品及特性评估方面经过高度专业培训 | 5 | 10 |
| 有经验的评价员在所研究的产品及特性方面经过专业培训 | 15 | 20～25 |
| 新培训的评价员 | 20 | 至少 20 |

注：统计学的功效应根据不同评分值之间的方差以及需要评价结果的精确度来确定。

### 3. 消费者评价小组

消费者评价小组和市场调查研究也可以使用量值估计法。消费者组的数量与检验类型所需的消费人群有关。就所需评价员数量方面而言，量值估计法并没有任何优势。其数目应与典型的消费者类型检验所需的数目相同，即至少 50 人，通常是更多。

## 四、量值估计检验的方法

1. 样品提供

所有样品用同一种方式提供(即相同的盛装容器、产品数量等)。盛装样品的容器尽量随机选用 3 位数字编号。

应将样品同时全部或依次提供给评价员。评价员应遵守指定的顺序进行评价。和所有感官分析一样，每个评价员的评价顺序是不一样的，理想的样品提供顺序是均衡的。

2. 问答表设计

在进行问答表的设计时，应明确评价的指标和准则，如对哪些特性进行比较，是对产品的一种特性进行排序，还是对一种产品的多种特性进行比较；排列顺序是从强到弱还是从弱到强；要求的检验操作过程如何；是否进行感官刺激的评价，如果是，应使评价员在不同的评价之间使用水、淡茶或无味面包等以恢复原感觉能力。排序检验法问答表的一般形式如表 6-20 所示。

**表 6-20　硬度参比样量值估计问答表**

感官评价员：__________　　　　日期：__________

提示语：

(1)请对提供的样品按从左至右的顺序依次对其硬度给出估计值；

(2)用门牙将样品切至适当大小，用舌头拨置臼齿部位，评价上下牙齿穿透样品所施力的大小，咀嚼并吞咽样品；

(3)以奶油奶酪为参比样，其固定模数为 10；

(4)与紧邻的前一个样品进行比较，按比例原则给出该样品的硬度估计值；

(5)可重复评价，评价下一个样品前请漱口，并休息 1～2min。

样品：奶油奶酪　蛋白　奶酪　香肠　青梅　胡萝卜　花生　杏仁　冰糖

评分值

谢谢您的参与！

## 五、数据统计与结果分析

1. 结果分析与判断

将评价员的评分结果取自然对数后，进行方差分析，结果如表 6-21 所示。

**表 6-21 方差分析表**

| 方差来源 | 自由度 | 平方和 | 均方 | $F$ |
|---|---|---|---|---|
| 评价员 | 6 | 0.0042 | 0.0007 | 2.7 |
| 样品 | 8 | 28.1372 | 3.5171 | 13392.4 |
| 误差 | 48 | 0.0126 | 0.0003 | |
| 校正后总误差 | 62 | 28.1540 | | |

方差分析结果表明，样品间存在高度显著性差异，由评价员产生的差异在 $\alpha=0.01$ 水平上不显著，说明每位评价员的打分趋势相同，即他们对产品的理解是一致的，评价小组达到了稳定一致。

2. 感官小组汇报结论

由感官评价小组组长汇报感官检验的结果，并得出9类硬度参比样之间存在高度显著性差异，而评价员之间无显著差异，评价小组达到了稳定一致的结论。

**【知识拓展与链接】**

请同学们扫描封面二维码进行知识拓展学习："感官检验进行度量的方法"。

**【任务测试】**

**一、多选题**

1. 量值估计法中使用的数字虽然本义是表示比例，但实际上通常是既表示(　　)也表示(　　)。

A. 比例　　B. 间距　　C. 类别　　D. 特征

2. 参照样品或赋以固定数值模数的量值估计应用中，你可以使用任意的(　　)。

A. 正数　　B. 小数　　C. 分数　　D. 负数

**二、填空题**

1. 在量值估计法中，品评人员得到的第一个样品被某项感官性质随意给定了一个数值，这个数值既可以是由________给定(将其作为模型)，也可以由________给定。

2. 量值估计的数据常常在数据分析前转换成________，这主要是因为数据趋向于________，或者至少是正偏离。

**三、简答题**

1. 量值估计法有哪两种基本变化形式?

2. 简述量值估计法的操作步骤。

## 方案设计与实施

### 一、感官评价小组制订工作方案，确定人员分工

在教师的引导下，以学习小组为单位制订工作方案，感官评价小组讨论，确定人员分工。

1. 工作方案

**表1　方案设计表**

| 组长 | | 组员 | | | |
|---|---|---|---|---|---|
| 学习项目 | | | | | |
| 学习时间 | | 地点 | | 指导教师 | |
| 准备内容 | 检验方法 | | | | |
| | 仪器试剂 | | | | |
| | 样　　品 | | | | |
| 具体步骤 | | | | | |

2. 人员分工

表 2 感官评价员工作分工表

| 姓名 | 工作分工 | 完成时间 | 完成效果 |
| --- | --- | --- | --- |
| | | | |
| | | | |
| | | | |

## 二、试剂配制、仪器设备的准备

请同学按照实验需求配制相应的试剂和准备仪器设备，根据每组实际需要用量填写领取数量，并在实验完成后，如实填写仪器设备的使用情况。

1. 试剂配制

表 3 试剂配制表

| 组号 | 试剂名称 | 浓度 | 用量 | 配制方法 |
| --- | --- | --- | --- | --- |
| | | | | |
| | | | | |
| | | | | |

2. 仪器设备

表 4 仪器设备统计表

| 仪器设备名称 | 型号(规格) | 数量(个) | 使用前情况 | 使用后情况 |
| --- | --- | --- | --- | --- |
| | | | | |
| | | | | |
| | | | | |

## 三、样品制备

表 5 样品制备表

| 样品名称 | 取样量 | 制备方法 | 储存条件 | 制造厂商 |
| --- | --- | --- | --- | --- |
| | | | | |
| | | | | |
| | | | | |

## 四、品评检验

**表 6　感官检验方法与步骤表**

| 检验方法 | 检验步骤 | 检验中出现的问题 | 解决办法 |
|---|---|---|---|
| | | | |

## 五、感官检验报告的撰写

**表 7　感官检验报告单**

<table>
<tr><td rowspan="2">基本信息</td><td>样品名称</td><td></td><td>检测项目</td><td colspan="2"></td></tr>
<tr><td>检测方法</td><td></td><td>检测日期</td><td colspan="2"></td></tr>
<tr><td rowspan="2">检测条件</td><td>国家标准</td><td></td><td></td><td colspan="2"></td></tr>
<tr><td>实验环境</td><td>温度</td><td>℃</td><td>湿度</td><td>%</td></tr>
<tr><td>检测数据</td><td colspan="5"></td></tr>
<tr><td>感官评价结论</td><td colspan="5"></td></tr>
</table>

## 评价与反馈

1. 学完本项目后，你都掌握了哪些技能？

2. 请填写评价表，评价表由自我评价、组内互评、组间评价和教师评价组成，分别占 15%、25%、25%、35%。

(1)自我评价

**表 1　自我评价表**

| 序号 | 评价项目 | 评价标准 | 参考分值 | 实际分值 |
|---|---|---|---|---|
| 1 | 知识准备，查阅资料，完成预习 | 回答知识目标中的相关问题；观看食品排列检验的相关微课，并完成任务测试 | 5 | |
| 2 | 方案设计，材料准备，操作过程 | 方案设计正确，材料准备及时、齐全；设备检查清洗良好；认真完成感官检验的每个环节 | 5 | |
| 3 | 实验数据处理与统计 | 实验数据处理与统计方法与结果正确，出具感官检验报告 | 5 | |
| 合　计 | | | 15 | |
| 感想： | | | | |

(2)组内互评

请感官评价小组成员根据表现打分，并将结果填写至评价表。

**表 2 组内评价表**

| 序号 | 评价项目 | 评价标准 | 参考分值 | 实际分值 |
|---|---|---|---|---|
| 1 | 学习与工作态度 | 实验态度端正，学习认真，责任心强，积极主动完成感官评价的每个环节 | 5 | |
| 2 | 完成任务的能力 | 材料准备齐全、称量准确；设备的检查及时清洗干净；感官评价过程未出现重大失误 | 10 | |
| 3 | 团队协作精神 | 积极与小组成员合作，服从安排，具有团队合作精神 | 10 | |
| 合 计 | | | 25 | |
| 评价人签字： | | | | |

(3)组间评价(不同感官评价小组之间)

**表 3 组间评价表**

| 序号 | 评价内容 | 评价标准 | 参考分值 | 实际分值 |
|---|---|---|---|---|
| 1 | 方案设计与小组汇报 | 方案设计合理，小组汇报条理逻辑，实验结果分析正确 | 10 | |
| 2 | 环境卫生的保持 | 按要求及时清理实训室的垃圾，及时清洗设备和感官评价用具 | 5 | |
| 3 | 顾全大局意识 | 顾全大局，具有团队合作精神。能够及时沟通，通力完成任务 | 10 | |
| 合 计 | | | 25 | |
| 评价人签字： | | | | |

(4)教师评价

**表 4 教师评价表**

| 序号 | 评价项目 | 评价标准 | 参考分值 | 实际分值 |
|---|---|---|---|---|
| 1 | 学习与工作态度 | 态度端正，学习认真，积极主动，责任心强，按时出勤 | 5 | |
| 2 | 制订检验方案 | 根据检测任务，查阅相关资料，制订食品排列检验的工作方案 | 5 | |
| 3 | 感官品评 | 合理准备工具、仪器、材料，会制订感官检验问答表，检验过程规范 | 10 | |
| 4 | 数据记录与检验报告 | 规范记录实验数据，实验报告书写认真，数据准确，出具感官评价结论 | 10 | |

续表

| 序号 | 评价项目 | 评价标准 | 参考分值 | 实际分值 |
|---|---|---|---|---|
| 5 | 职业素质与创新意识 | 能快速查阅获取所需信息，有独立分析和解决问题的能力，工作程序规范、次序井然，具有一定的创新意识 | 5 | |
| 合　计 | | | 35 | |
| 教师签字： | | | | |

# 项目七

# 食品描述性分析检验

**【案例导入】**

**中国重要农业文化遗产实录　浙江青田稻鱼共生系统**

浙江青田县稻田养鱼历史悠久，至今已有1200多年的历史。清光绪《青田县志》曾记载："田鱼，有红、黑、驳数色，土人在稻田及圩池中养之"。金秋八月，家家"尝新饭"：一碗新饭，一盘田鱼，祭祀天地，庆贺丰收，祝愿年年有余(鱼)。稻田养鱼产业是青田县农业主导产业，面积8万亩，标准化稻田养鱼基地3.5万亩，是青田县东部地区农民主要收入来源。种养模式生态高效，鱼为水稻除草、除虫、耘田松土，水稻为鱼提供小气候、饲料，减少化肥、农药、饲料的投入，鱼和水稻形成和谐共生系统。青田田鱼品种优良，肉质甘甜鲜美，肉质细嫩，鳞软可食，体短身厚，体色鲜艳，有红、黄、白、粉、黑或其混色，是观赏、鲜食、加工的优良彩鲤品种。

**思考问题：**

1. 青田田鱼的风味特点有哪些？
2. 如何建立食品的描述性分析检验词汇？

## 一、描述性分析检验的概念

食品感官分析中用于了解产品之间的差异所在，采用描述性分析检验可以获得关于产品完整的感官描述。它可以为产品提供量化描述，可获得所有可感知的感觉，包括视觉、听觉、嗅觉、味觉和触觉等，当然评估也可以只针对某个方面进行。

描述性分析检验方法是对样品与标准样品之间进行比较，给出较为准确的描述。描述性分析检验要求试验人员对食品的质量指标用合理、清楚的文字做准确的描述。描述检验包括颜色和外表描述、风味描述、质构描述和定量描述。其主要用途有：新产品的研制与开发；鉴别产品间的差别；质量控制；为仪器检验提供感官数据；提供产品特性的永久记录；监测产品在储藏期间的变化等。

运用描述性检验，可以得到有关食品感官特征的最详细的资料，用于鉴别配方和加工方式的变化且能精确分析一系列不同产品感官之间具体差异、储藏条件及获得它们化学性质和感官特征之间相关性，以提高产品质量，寻找所有感官品质中对消费者喜好和接受性影响最显著的因素。所以，很多产品感官评定都需采用描述性分析。

## 二、描述性分析检验的主要程序

描述性分析检验的有效性和可靠性取决于：第一，选择恰当词汇，一定做到对风味、质地、外观等感官特性产生的原理有全面的理解，正确选择进行描述的词汇；第二，对感官评定人员进行全面、系统的培训，使感官评定人员对所用描述性词汇的理解和应用统一；第三，合理使用参照词汇表，保证试验的一致性。

在描述分析方法中，评价员需要有招募、筛选、培训以及维护的环节，尤其是在培训环节，为了确保能够找到产品的差异和结果的可重复性，需要对评价员进行严格的训练。经过训练的评价员，要求形成共同的感官语言，具有利用标准参比样准确判断样品的感官属性强度的能力，且在大多数情况下，还要求评价员判断的正确率达到一个较为合理的水平。经过训练的评价员对样品与标准样品之间进行比较，对食品的质量指标用合理、清楚的文字做准确的描述，然后通过不同的分析方法对试验结果进行分析评价。

## 三、描述性分析检验的方法分类

进行描述检验有多种方法，总的来说可分为定性描述和定量描述两个大类。

定性分析主要有风味剖面，定量分析包括质地剖面、定量描述性分析(QDA)等。

### 1. 风味剖面

风味剖面是一种定性描述性分析方法，只考虑产品整体风味和个别能鉴别的风味，再对这些风味强度进行估计。评价产品时，4～6位专业评价员经讨论达成一致，组织者将结果记录下即可。鉴于风味剖面的局限性，现在一般不单独采用这种方法对食品进行感官评价，而是与其他方法或仪器相结合使用。

### 2. 质地剖面

质地剖面是从食品机械性、几何性质等方面对食品进行描述，各属性定义一般由评定小组商讨决定，各属性所采用的参照样品标度则根据文献或国标确定。此外，在质地剖面时，所有评价员在培训和实际评价时所用样品都必须相同，包括样品准备、呈递顺序等。质地剖面已广泛应用于谷物面包、大米、饼干和肉类等多种食品感官评定。

### 3. 定量描述性分析(Quantitative Descriptive Analysis，QDA)

定量描述性分析弥补风味剖面和质地剖面不足，其主要具有以下几个特点：

(1)建立对产品所有属性进行评价词汇表。在QDA培训中，评价员必须建立产品各方面属性词汇表，包括外观、风味、质地等，对产品进行全面感官分析。

(2)适用于所有产品。据文献报道，QDA已用于各种食品。Ghosh等采用QDA评价发酵食品感官属性，评价员要评价颜色、外形、风味、质地、发酵食品总酸度和可接受性等属性。

(3)评价员数量和培训都有严格要求。QDA一般聘用10～12位评价员，在正式评价前须经严格培训。评价员要通过标准气味、口感、颜色及记忆力、语言表达和创造性测试，在实际评价产品前，又经过较长时间的培训才能参与到感官评定中。

(4)利用定量标度和重复试验。对于QDA，定量是从以下两个方面进行：使用一个适当标度尺和重复评价来确定评价员重复性好坏。一般采用能直观反映评价员对感官强度感受的直线标度尺，从左至右强度逐渐增强，评价员在直线相应位置上做标记，以代表自己对产品强度的评价。

(5)具有系统数据分析模型。在QDA数据分析时，最常采用主成分分析法(PCA)和方差分析法(AVOVA)。

## 任务1　罐头类食品简单描述分析检验

**【学习目标】**

**知识目标**

1. 掌握简单描述分析检验的概念，了解其分类、特点以及优缺点；
2. 了解简单描述分析检验法对评价员的要求；
3. 熟悉国家标准中罐头类食品的感官要求；
4. 掌握简单描述分析检验法的测定方法与步骤。

**能力目标**

1. 会设计罐头类食品简单描述分析的检验方案，能查阅各类食品描述性检验常用的指标，制订简单描述分析检验的品评表；
2. 能完成罐头类食品样品制备与编号，准备所需的实验物料、设备及设施，运用国家标准方法对罐头类食品简单描述分析检验；
3. 会对感官评价小组的结果数据统计，并进行结果分析；
4. 规范书写感官检验报告，并应用简单描述分析检验法对罐头类食品的品质感官评价。

**素养目标**

1. 培养良好的人际沟通能力、管理能力、口头与书面表达能力；
2. 通过感官检验组织与策划，培养系统化的判断、决策，分析与评价思维；
3. 具备较高的食品质量与安全意识，具有严谨求实、精益求精、依法检测、规范操作的工作态度。

**【工作任务】**

为了适应产业发展和拓展国内外市场的需要，积极调整产品产业结构，大力发展大健康食品产业，山东某罐制品生产企业通过技术创新研发，引进先进的车间管理理念，并以信息化、数据化手段了解国人口味喜好，消费习惯等，开发了高品质，个性化的一系列罐头产品。请感官评价员按照国家标准中的感官指标要求，利用简单描述分析检验法对公司生产的肉类罐头、水果罐头、果酱罐头的外观、密封性、容器内外表面以及内容物的色泽、气味、滋味、组织形态等方面进行感官评价。

GB 7098—2015
《食品安全国家标准
罐头食品》

**【任务分析】**

通过本任务的学习，能够根据几种典型罐头产品的感官指标评价标准，对照产品的感官指标，检验出样品与标准品之间，或样品与样品之间的差异以及差异的程度，并客观描述评价出样品的特性，对实验样品进行感官评定并记录。

**【思维导图】**

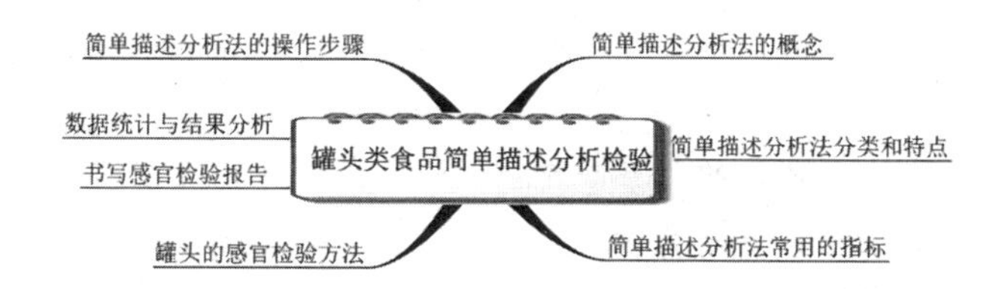

## 一、简单描述分析法的概念

1. 概念

评价员用合理、清楚的文字，对构成样品质量特征的各个指标尽量完整、准确地进行定性描述，以定性评价样品感官品质的检验方法，称为简单描述分析(Simple Descriptive Analysis)。简单描述分析可识别或描述某一特殊样品或许多样品的特殊指标，或将感觉到的特性指标建立一个序列。

**简单描述分析法的应用范围**

简单描述分析法可多用在食品加工中质量控制、产品原料变化的结果描述，或者已经确定的差别检测，以及评价员培训等情况。

2. 简单描述分析法的分类和特点

简单描述分析按评定方式可分为自由式描述和界定式描述。

(1)自由式描述。这是由评价员自由选择认为合适的词汇，对样品的特性进行描述。这种方法往往会使评价员不知所措，所以应尽量由非常了解产品特性的或受过专门培训的评价员来回答。

(2)界定式描述。即首先提供指标检查表，或是评价某类产品时的一组专用术语，由评价员选用其中合适的指标或术语对产品的特性进行描述。

简单描述分析法的优点是耗时短，感官评定的时间大约为1小时，由感官评定人员对产品的各项性质进行评价，然后得出综合结论。为了避免试验结果不一致或重复性差，可以加强对感官评定人员的培训，并要求每个感官评定人员都使用相同的评价方法。

这种方法主要不足之处是：感官评定小组的意见可能被小组当中地位较高的人或具有权威人士影响，而其他感官评定人员的意见则得不到充分体现；不同评价员对特殊气味或风味的识别能力不同，而这种能力对某些产品是非常重要的，因此可能会对试验某个“隐形”特征有影响，从而影响样品的最终结论。

3. 简单描述分析法对评价员的要求

评价员能够用精确的语言对风味等感官品质进行描述，经过一定的培训是非常必要的。感官评价员如果没有接受过培训，那么他会对同一个词语的理解会存在很大差异。这些感官特性的选择和对这些特性给出的定义一定要和产品真正的理化性质相联系，因为对产品理化性质的理解会有助于对这些描述性的数据的解释和结论的得出。培训的目的就是要使所有的感官评定人员都能使用相同的概念，并且能够与其他人进行准确的交流，并采用约定俗成的科学语言(所谓的“行话”)，把这种概念清楚地表达出来。而普通消费者用来描述感官特性的语言，大多采用日常用语或大众用语，并且带有较多的感情色彩，因而不太精确和特定。

4. 简单描述分析检验中常用的指标

简单描述是识别或描述某一特殊样品或许多样品性质的“感官参数”，也就是感官特性，或者按照设计者制订的属性进行描述，如性质、指标、描述性词汇或术语等。所用词汇要简洁、规范。

**描述检验中常用的指标有哪些**

首先是外观，包括颜色(色彩、纯度、一致性、均匀性等)；大小和形状(尺寸和几何形状等)；表面质地(光泽度、平滑/粗糙度等)；内部片层和颗粒之间的关系(黏性、成团性、松散性等)。

其次是滋味，包括气味和风味。气味是通过嗅觉感应的(香草味、水果味、花香、凉的、刺激性的等)。风味主要是从口腔中获得的感觉，如味觉感应(咸、甜、酸、苦、热、凉、焦糊感、涩、金属味等)；同时还可以获得样品中的气味，如香草味、水果味、花香、臭鼬味、巧克力味、酸败味等。

最后是口感、质地的评价。包括机械参数，也就是产品对作用力的反应(硬度、黏度、变形性或脆性等)；几何参数，如大小、形状和颗粒在产品内部的分布、排列(小粒的、大粒的、成条的、成片的等)；水分或油脂参数，如水分的多少、含油脂情况，感觉是油的、腻的、多汁的、潮的、湿的等。

## 二、简单描述分析法的方法

按评定方式可分为自由式描述和界定式描述，自由式描述即评定员可用任意的词语，对样品特性进行描述，这个用于评定员对产品特性非常熟悉或受过专门训练的情况下，评价员一般都是某领域的技术专家，对评价的语言的含义有充分正确的理解和熟练使用的能力。界定式描述则在评定前由评定组织者提供指标检查表，评定员是在指标检查表的指导下进行评定的。

1. 明确描述的指标

一般有对照样品，先由评价小组组织者或组长主持一次讨论，明确描述的指标，然后再评价。评价时对照样品作为第一个样品分发。检验时应提供指标检查表，使评价员能根据指标检查表进行评价，评价完成后由评价小组组织者进行统计，根据每一描述性词汇的使用频数得出评价结果。

2. 建立评价小组

由 5 名或 5 名以上专家或优选评价员组成。品评人员通过味觉、味觉强度、嗅觉区别和描述等试验进行筛选，然后进行面试，以确定评价人员的兴趣、参与试验的时间以及是否适合进行品评小组这种集体工作。

3. 评价前培训

为了避免试验结果不一致或重复性不好，可以加强对品评人员的培训，并要求每个品评人员都使用相同的评价方法和评价标准。提供给评价员足够的参照样品及单一成分的参照样品，使用合适的参比标准，有助于提高描述的准确度。感官评定人员对样品进行品尝之后，将感知到的所有风味特征，按照香气、风味、口感和余味分别记录，多次评价之后，进行讨论，对形成的词汇进行改进，最后由感官评定人员共同形成一份带有定义的描述词汇(表)，供正式试验使用。

4. 问答表设计

首先应了解产品的整体特征或该产品对人的感官属性有重要作用或贡献的某些特征，将这些特征列入评价表中，评价员逐项进行品评，并用适当的词汇予以表达，或者用某一种标度进行评价。罐头食品感官检验品评表见表 7-1。

**表 7-1　罐头食品感官检验品评表**

| 样品名称： | | 评价员： | | 评价时间： | | |
|---|---|---|---|---|---|---|
| 样品编号 | | 样品 1 | 样品 2 | 样品 3 | 样品 4 | 样品 5 |
| 感官描述项目 | 色泽 | | | | | |
| | 滋味与气味 | | | | | |
| | 组织 | | | | | |
| | 形态 | | | | | |
| | 综合评价 | | | | | |

5. 检验步骤

(1)外观和外包装检验

检查容器的密封完整性，有无泄漏及胖听现象。容器外表有无锈蚀，开罐后的空罐内壁涂料有无脱落及腐蚀等。

(2)组织、形态与色泽检验

①肉、禽、水产类罐头先经加热至汤汁溶化(有些罐头如午餐肉、凤尾鱼等，不经加热)，然后将内容物倒入白瓷盘中，观察其组织、形态和色泽是否符合标准。将汤汁注入量筒中，静置 3min 后，观察色泽和澄清程度。

②糖水水果类及蔬菜类罐头在室温下将罐头打开，先滤去汤汁，然后将内容物倒入白瓷盘中观察组织、形态和色泽是否符合标准。将汁液倒在烧杯中，观察是否清亮透明，有无夹杂物及引起混浊之果肉碎屑。

③果酱类罐头在室温(15～20℃)下开罐后，用匙取果酱(20g)置于干燥的白瓷盘上，在 1min 内观察酱体有无流散和汁液分泌现象，并察看色泽是否符合标准。

④果汁类罐头在玻璃容器中静置 30min 后，观察其沉淀过程，有无分层和油圈现象，浓淡是否适中。

⑤糖浆类罐头开罐后，浆内容物平倾于不锈钢圆筛中，静置 3min，观察组织，形态

及色泽是否符合标准。另将一罐全部倒入白瓷盘中观察是否混浊，有无胶冻，大量果屑及夹杂物存在。

(3)气味和滋味检验

①肉、禽及水产类罐头检验其是否具有该产品应有的气味和滋味，有无哈喇味及异味。

②果蔬类罐头检验其是否具有与原水果、蔬菜相近似的香味，浓缩果汁稀释至规定浓度后再嗅其香味，然后评定酸甜是否适口。

## 三、数据统计与结果分析

对照产品的感官指标，对实验样品进行感官评定并记录。几种典型产品的感官指标评价标准参见表7-2至表7-4。

**表7-2 午餐肉罐头的感官要求**

| 项目 | 优级品 | 一级品 | 合格品 |
| --- | --- | --- | --- |
| 色泽 | 表面色泽正常，切面呈粉红色 | 表面色泽正常，无明显变色；切面呈淡粉红色，稍有光泽 | 表面色泽正常，允许带浅黄色；切面呈浅粉红色 |
| 滋味与气味 | 具有午餐肉罐头浓郁的滋味与气味 | 具有午餐肉罐头较好滋味与气味 | 具有午餐肉罐头应有的滋味与气味 |
| 组织 | 组织紧密、细嫩，切面光洁，夹花均匀，无明显的大块肥肉、夹花和大蹄筋，富有弹性，允许存在极少量的小气孔 | 组织较紧密、细嫩，切面较光洁，夹花均匀，稍有大块肥肉、夹花或大蹄筋，有弹性，允许存在少量的小气孔 | 组织尚紧密，切片完整，夹花尚均匀，略有弹性，允许存在小气孔 |
| 形态 | 表面平整，无收腰，缺角不超过周长的10%，接缝处略有粘罐 | 表面较平整，稍有收腰，缺角不超过周长的30%，粘罐面积不超过罐内壁总面积的10% | 表面尚平整，略有收腰，缺角不超过周长的60%，粘罐面积不超过罐内壁总面积的20% |
| 析出物 | 脂肪和胶冻析出量不超过净含量的0.5%，净含量为198g的析出量不超过1.0%，无析水现象 | 脂肪和胶冻析出量不超过净含量的1.0%，净含量为198g的析出量不超过1.5%，无析水现象 | 脂肪和胶冻析出量不超过净含量的2.5%，无析水现象 |

**表7-3 橘子囊胞罐头的感官要求**

| 项目 | 优级品 | 一级品 | 合格品 |
| --- | --- | --- | --- |
| 色泽 | 囊胞呈金黄色至橙黄色，汤汁清 | 囊胞呈橙黄色至黄色；汤汁较清 | 囊胞呈黄色；汤汁尚清，允许有少量白色沉淀 |
| 滋味与气味 | 具有橘子囊胞罐头应有的良好风味，无异味 | 具有橘子囊胞罐头应有的风味，无异味 | 具有橘子囊胞罐头应有的风味，无异味 |

续表

| 项目 | 优级品 | 一级品 | 合格品 |
| --- | --- | --- | --- |
| 组织 | 囊胞饱满，颗粒分明；橘核质量不超过固形物的1%，破囊胞和瘪子质量不超过固形物的10% | 囊胞较饱满，颗粒较分明；橘核质量不超过固形物的2%，破囊胞和瘪子质量不超过固形物的20% | 囊胞尚饱满，颗粒尚分明；橘核质量不超过固形物的3%，破囊胞和瘪子质量不超过固形物的30% |
| 形态 | 表面平整，无收腰，缺角不超过周长的10%，接缝处略有粘罐 | 表面较平整，稍有收腰，缺角不超过周长的30%，粘罐面积不超过罐内壁总面积的10% | 表面尚平整，略有收腰，缺角不超过周长的60%，粘罐面积不超过罐内壁总面积的20% |

**表7-4　苹果酱罐头的感官要求**

| 项目 | 优级品 | 一级品 | 合格品 |
| --- | --- | --- | --- |
| 色泽 | 酱体呈红褐色或琥珀色，有光泽 | 酱体呈红褐色或琥珀色 | 酱体呈红褐色或黄褐色 |
| 滋味与气味 | 具有苹果酱罐头应有的滋味与气味，无异味 | 具有苹果酱罐头应有的滋味与气味，无异味 | 具有苹果酱罐头应有的滋味与气味，允许有轻微焦糊味 |
| 块状酱组织形态 | 酱体呈软胶凝状，徐徐流散，酱体保持部分果块，无汁液析出，无糖的结晶 | 酱体呈软胶凝状，徐徐流散，酱体保持部分果块，无汁液析出，无糖的结晶 | 酱体呈软胶凝状，酱体保持部分果块，允许有少量汁液析出，无糖的结晶 |
| 泥状酱组织形态 | 酱体细腻均匀，胶黏适度，徐徐流散，无汁液析出，无糖的结晶 | 表面较平整，稍有收酱体较细腻均匀，胶黏较适度，徐徐流散，无汁液析出，无糖的结晶 | 酱体尚细腻均匀，允许有少量汁液析出，无糖的结晶 |

最后，在完成鉴评工作后，每个评定人员的结果都交给感官评定小组组长，由小组长带领其他感官评定人员进行讨论，综合大家的意见，对每个样品都形成一份经讨论并且统一的结果，包括该样品所有的感官特性、出现顺序和余味。实验中，感官评定小组组长的作用很重要，应具备对现有结果进行综合和总结的能力。一般来说，感官评定小组的组长应该由感官评定人员轮流担任，这样可以培养每个感官评价人员的组织和领导能力。

**【知识拓展与链接】**

请同学们扫描封面二维码进行知识拓展学习："罐头类食品的感官检验"。

**【任务测试】**

**一、多选题**

1. 罐头等食品的质量标准通常包括（　　）。

A. 感官指标　　B. 品质指标　　C. 理化指标　　D. 微生物指标

2. 在用于食品品质研究，目的是分析品质内容，最好采用(　　)。

A. 评分法　　B. 排序法　　C. 配偶法　　D. 描述法

3. 简单描述分析法的优点是耗时短，感官评定的时间大约为(　　)小时。

A. 0.5　　B. 1　　C. 2　　D. 3

**二、填空题**

1. 由评价员自由选择认为合适的词汇对样品的特性进行描述的是________描述，由评价员选用指标检查表中合适的指标或术语进行描述的是________描述。

2. 简单描述法要求所用的词汇________、________。

3. 简单描述法中一般有对照样品，先由评价小组组织者或组长主持一次讨论，明确________，然后再评价。

4. 罐头外观和外包装检验要检查容器的密封完整性，有无________和________现象。

**三、简答题**

1. 描述检验中常用的指标有哪些？

2. 简述果酱类罐头类食品的感官实验步骤。

3. 简单描述法评价前为什么要对评价员进行培训？

## 任务 2　淡水鱼风味剖析法

**【学习目标】**

**知识目标**

1. 掌握风味剖析法的概念、分类及特点；
2. 了解一致方法和独立方法的具体要求；
3. 掌握风味剖析法的测定方法与步骤。

**能力目标**

1. 会设计淡水鱼风味剖析的检验方案，并制订风味剖析检验的问答表；
2. 能完成淡水鱼样品制备与编号，准备所需的实验物料、设备及设施，运用国家标准方法对淡水鱼风味剖析检验；
3. 会对感官评价小组的结果数据统计，并进行结果分析；
4. 规范书写感官检验报告，并应用风味剖析法对淡水鱼的品质感官评价。

**素养目标**

1. 增强中华民族优秀传统文化自信，厚植家国情怀；
2. 培养良好的人际沟通能力、管理能力、口头与书面表达能力；
3. 通过感官检验组织与策划，培养系统化的判断、决策，分析与评价思维；
4. 具备较高的食品质量与安全意识，具有严谨求实、精益求精、依法检测、规范操作的工作态度。

**【工作任务】**

请同学们以青田田鱼和市售淡水鱼进行对比，让学生制作蜘蛛网形图。通过对淡水鱼风味剖析法的应用，要求每位评价员使用的描述词汇通过讨论和统计学方法进行筛选，最终得到恰当的词汇，达成一致意见之后，由品评小组组长进行总结，并形成书面报告。

**悠久的中国食鱼文化**

**【任务分析】**

请评价员精心设计一套淡水鱼风味描述分析检验的方案，对淡水鱼进行感官评价，鉴别不同淡水鱼制品之间的风味差别，并进行结果汇总与分析讨论，达成一致意见之后，由品评小组组长进行总结，最后出具淡水鱼风味剖析的感官检验报告。学生在品评样品的同时，也叹服于我国源远流长的农业文明，记住了青田的青山绿水，记住了靓丽味美的青田田鱼，增强了学生的民族自豪感和文化自信。

本任务依据国家相关标准：GB/T 12313—1997《感官分析方法　风味剖面检验》

**【思维导图】**

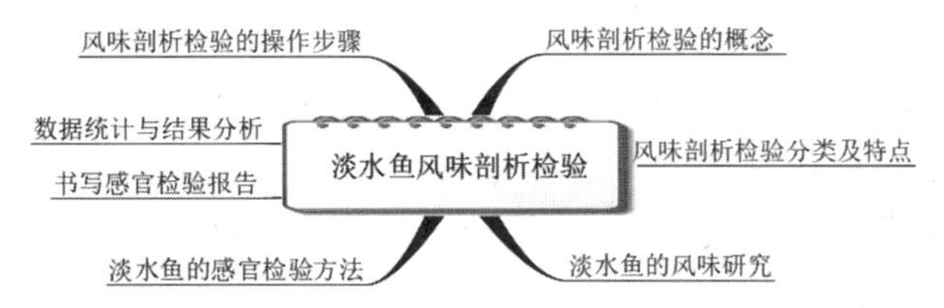

## 一、风味剖析法概念

1. 概念

风味剖析法(flavor profile，FP)20 世纪 40 年代是由 Arthur D. Little 公司展建立起来的。它是唯一正式的定性描述分析方法，可能也是最为人们所熟知的感官评定方法。

品评小组由 4～6 个受过培训的品评人员组成，对一个产品能够被感知的所有气味和风味，它们的强度、出现的顺序以及余味进行描述、讨论，达成一致意见之后，由品评小组组长进行总结，并形成书面报告。风味剖析法对品评人员培训时，要提供给品评人员足够的产品参照样品及单一的成分参照样品。使用合适的参照标准，有助于提高描述的准确度。品评人员对样品品尝之后，将感知到的所有风味特征，按照香气、风味、口感和余味分别记录，几次之后，进行讨论，对形成的词汇进行改进，最后由品评人员共同形成一份供正式试验使用的带有定义的描述词汇表。最初风味强度的评估是按照表 7-5 的形式进行的，但后来，数值标度引入到了风味剖析当中，人们开始使用 7 点或 10 点风味剖面强度标尺，但也有人使用 15 点或更多的标度方法。

**表 7-5　风味剖析法的最初强度评估方法**

| 评估符号 | 代表意义 |
| --- | --- |
| 0 | 没有 |
| )( | 阈值(刚刚能感受到) |
| 1 | 轻微 |
| 2 | 中等 |
| 3 | 强烈 |

**风味剖析法的主要适用范围**

风味剖析法主要适用产品的研制和开发，鉴别产品间的差别，质量控制，为仪器检验提供感官数据，提供产品特征的永久记录，监测产品在储存期间的变化。

2. 风味剖析法的分类及特点

该方法用可再现的方式描述和评估产品风味，分析形成产品综合印象的各种风味特性，并评估其强度，从而建立一个描述产品风味的方法。

风味剖析法分成两大类型：描述产品风味要达到一致的称为一致方法，不需要一致的称为独立方法。

(1)一致方法

一致方法必要条件是，评价小组负责人也要参加评价，所有评价员形成一个集体，目的是对产品风味的描述达到一致。

最后评价小组负责人来组织讨论，直至每个结论都达成一致意见，从而可以对产品风味特性进行一致的描述。

如果不能达成一致，可以引用参比样来帮助达到一致。为此有时必须经过一次或多次讨论，最后由评价小组负责人报告和说明结果。

(2)独立方法

在独立方法中，小组负责人一般不参加评价，评价小组的意见不需要一致。评价员在小组内讨论产品风味，然后单独记录他们的感觉，由评价小组负责人汇总和分析这些单一结果。

评价小组领导者可以根据评价小组各成员的评价，获得具有一致性的描述结论，从而获得最终数据及结果。也就是说实际实施过程中并不是对各个评价员的评价进行平均，而是通过评价小组成员和评价小组领导之间对产品的讨论后，重新评价之后来获得最终数据。

## 二、风味剖析法的方法

1. 介绍产品，熟悉情况

不管是用一致方法还是独立方法建立产品风味剖面，在正式小组成立之前，需要有一个熟悉情况的阶段。此期间，应召开一次或多次信息会议，以检验被研究的样品，介绍类似产品应以便建立比较的办法。

评价员和一致方法的评价小组负责人应该做好以下几项工作：

(1)制订记录样品的特性目录；

(2)确定参比样(纯化合物或具有独特性质的天然产品)；

(3)规定描述特性的词汇；

(4)建立描述和检验样品的最好方法。

2. 建立检验方法

进行产品风味分析，必须完成下面几项工作：

(1)特性特征的鉴定。用叙词或相关的术语规定感觉到的特性特征。

(2)感觉顺序的确定。记录显现和察觉到各风味的特性所出现的顺序。

(3)强度评价。每种特性特征的强度(质量和持续时间)由评价小组或独立工作的评价员测定。特性特征强度可用以下几种标度来评估：

①标度 A：用数字评估

0＝不存在　1＝刚好可识别或阈　2＝弱　3＝中等　4＝强　5＝很强

②标度 B：用标度点“O”评估

弱 ○ ○ ○ ○ ○ ○ ○ 强

在每个标度的两端写上相应的叙词，其中间级数或点数根据特性特征改变，在标度点“○”上写出的1～7的数值，以符合该点的强度。

③标度C：用直线评估

例如在100mm长的线段上，距每个末端大约10mm处，写上叙词。评价员在线上做一个记号表明强度，然后测量评价员作的记号与线左端之间的距离，表示强度数值。

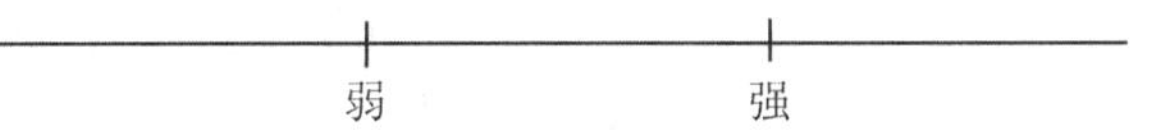


(4)余味审查和滞留度测定。样品被吞下之后(或吐出后)，出现的与原来不同的特性特征称为余味。样品已经被吞下(或吐出后)，继续感觉到的同一风味称为滞留度。某些情况下，可能要求评价员鉴别余味，并测定其强度，或者测定滞留度的强度和持续时间。

(5)综合印象的评估。综合印象是对产品的总体评估，它考虑到特性特征的适应性、强度、相一致的背景风味和风味的混合等。综合印象通常在一个3点标度上评估：

3　高

2　中

1　低

在一致方法中评价小组赞同一个综合印象。在独立方法中，每个评价员分别评估综合印象，然后计算其平均值。

**【应用实例】对市售的三种淡水鱼进行风味剖析**

(1)样品

将三种市售淡水鱼(草鱼、河鲶、大口鲈鱼)切片、烤制，各种鱼片的规格和烤制温度、步骤皆相同。

(2)评定员

感官评定小组由5～10名受过培训并有类似感官评定经验的的感官评定人员组成，在正式试验前进行大约5小时的简单培训，以熟悉出现的各种风味词汇。

(3)试验步骤

试验使用1～10点标度，1表示阈值，10表示强度非常大，0表示没有。如果风味强度为0，则该风味不会被觉察到。所有感官评定人员首先进行单独品尝，每人按相同大小咬一口样品，然后按照风味、风味出现的顺序、风味强度记录，样品吞咽下60秒后进行余味的评价。单独品尝结束之后，进行小组讨论。每种鱼要进行3～6次为期1小时的评价，达成一致后，形成最终风味剖析结果。

(4)试验结果

最终形成的描述词汇、定义及参照物见表7-6，各种鱼的最终的风味剖析结果见表7-7。

**表7-6　淡水鱼的风味描述词汇、定义及参照物**

| 风味 | 定义 | 参照物 |
| --- | --- | --- |
| 总体风味 | 风味的印象、风味的持续性、各种风味的平衡和混合 | |
| 涩味 | 化学感觉的一种，表现为收敛、干燥 | 0.1%明矾溶液=7 |

续表

| 风味 | 定义 | 参照物 |
| --- | --- | --- |
| 苦味 | 基本感觉之一 | 0.03%咖啡因溶液=3 |
| 奶味 | 牛奶制品的味道 | 牛奶(乳脂肪2%)=6 |
| 腐败植物味 | 腐败植物的霉味 | 将新鲜的绿色玉米外壳放入密闭容器中，在室温下放置1周的味道 |
| 土腥味 | 生马铃薯或潮湿的腐殖土壤的轻微的发霉的味道 | 生磨菇=8 |
| 鱼油 | 市售鱼油或鱼肝油的味道 | Rugby牌鱼肝油=10 |
| 鲜鱼 | 煮熟的新鲜鱼的味道 | |
| 金属口感 | 将氧化银或其他氧化金属器具放入口中的口感 | 0.15%的硫酸亚铁溶液=3 |
| 坚果/奶油 | 切碎的坚果味，如核桃或熔化的奶油味 | 去壳的核桃=9 |
| 白肉味 | 明确的白色瘦肉组织的肉的味道 | 在微波炉中加热到80℃的鸡胸肉的味道=2 |

**表 7-7 三种鱼风味剖析的结果**

| 草鱼 | | 河鲶 | | 大口鲈鱼 | |
| --- | --- | --- | --- | --- | --- |
| 风味 | 强度 | 风味 | 强度 | 风味 | 强度 |
| 总体风味 | 6 | 总体风味 | 8 | 总体风味 | 6 |
| 鲜鱼味 | 5 | 咸味 | 1 | 咸味 | 2 |
| 土腥味 | 3 | 鲜鱼味 | 7 | 鲜鱼味 | 5 |
| 金属感觉 | 3 | 土腥味 | 6 | 土腥味 | 2 |
| 白肉味 | 7 | 腐败的植物味 | 1 | 白肉味 | 5 |
| 坚果/奶油味 | 4 | 坚果/奶油味 | 5 | 坚果/奶油味 | 2 |
| 油味 | 2 | 白肉味 | 4 | 甜味 | 2 |
| 苦味 | 2 | 油味 | 4 | 金属感觉 | 2 |
| …… | | …… | | …… | |

## 三、数据统计与结果分析

1. 一致方法

(1)检验步骤。首先，由评价员各自单独工作，按其各自感性认识记录特性特征、感觉顺序、强度、余味和(或)滞留度，然后进行综合印象评估。其次，当评价员测完剖面时，开始讨论。由评价小组负责人收集各评价员的结果，讨论至小组意见达成一致为止。为了达成一致意见，可推荐参比样或者评价小组需进行多次开会讨论。

(2)报告结果。报告的结果包括所有成员的意见，参照表7-8；或者提交一张图，参见图7-1(a)～图7-1(f)。

**表 7-8　调味西红柿酱风味剖析的结果**

| 产品 | 调味西红柿酱 |
| --- | --- |
| 日期 | |
| 特性特征 | 强度(标度 A) |
| 感觉顺序 | |
| 西红柿 | 4 |
| 肉桂 | 1 |
| 丁香 | 3 |
| 甜度 | 2 |
| 胡椒 | 1 |
| 余味 | 无 |
| 滞留度 | 相当长 |
| 综合印象 | 2 |

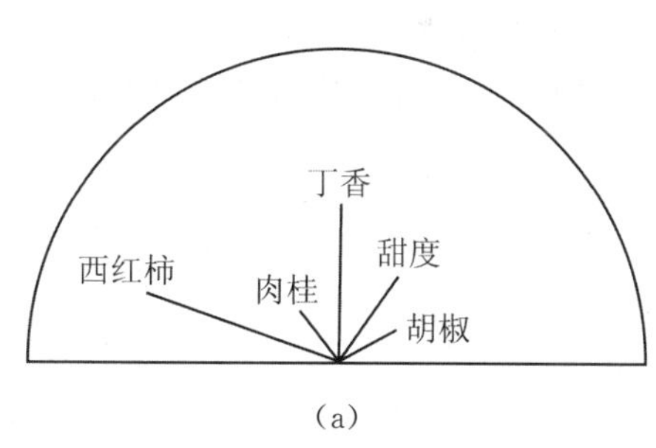


(a)

注：用线的长度表示每种特性强度按顺时针方向表示特性感觉的顺序。

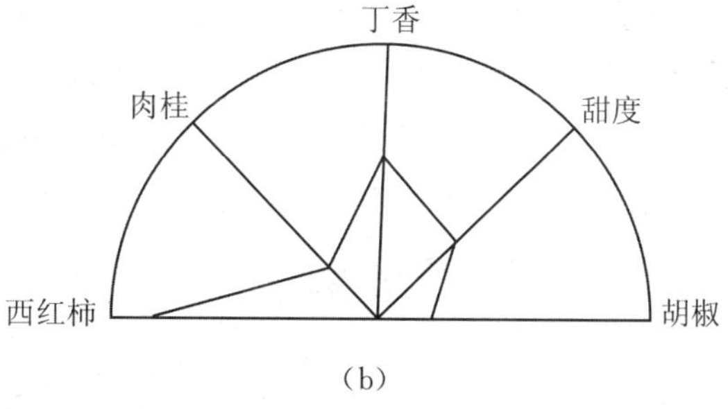


(b)

注：每种特性强度记在轴上，连结各点，建立一个风味剖面的图示。

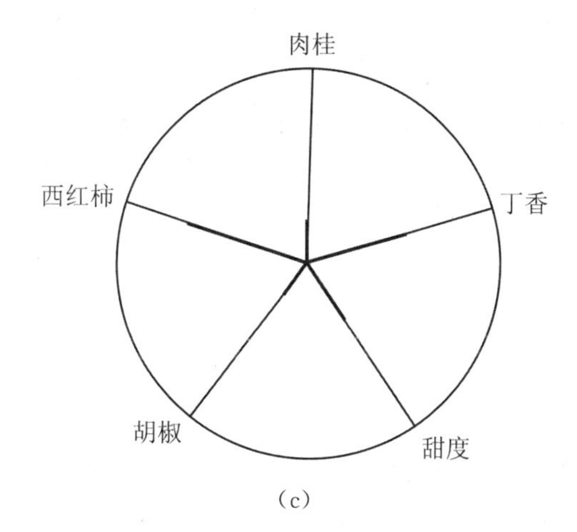


(c)

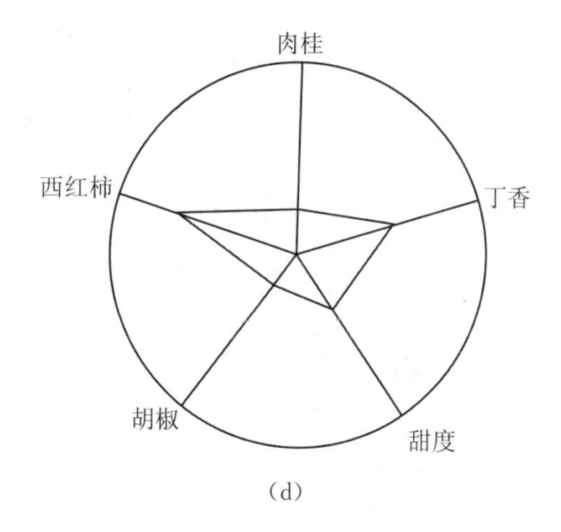


(d)

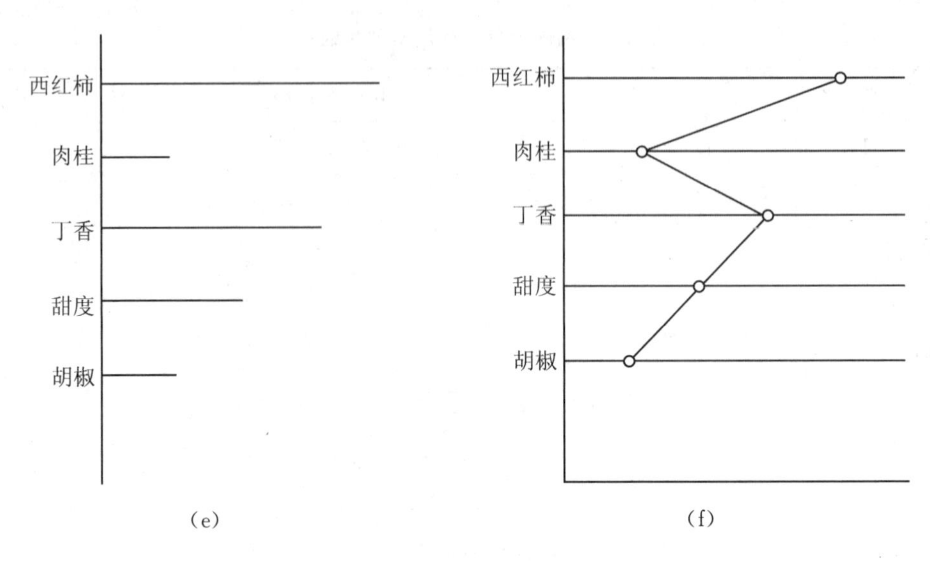


图 7-1 调味西红柿酱风味剖析结果

2. 独立方法

(1)检验步骤。当评价小组对规定特性特征的认识达到一致后，评价员就可单独工作并记录感觉顺序，用同一标度去测定每种特性强度，余味或滞留度及综合印象。

(2)报告结果。评价小组负责人收集并报告评价员提供的结果和评价小组的平均分值。用表或图表示，参见图 7-2 所示。接着进行样品比较，用一个适宜的分析方法分析结果。

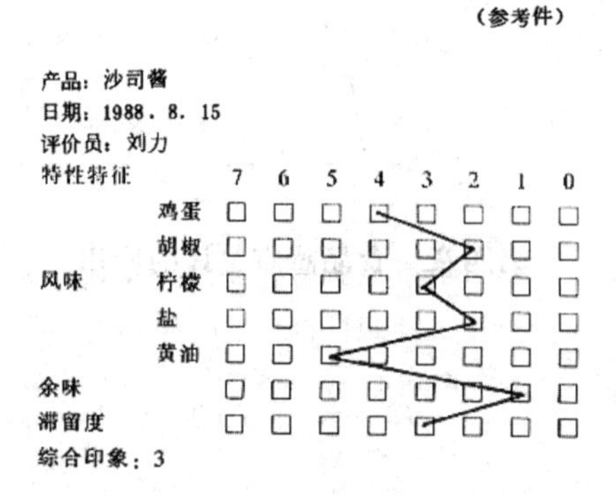

风味剖面分析的实例（独立方法）
（参考件）

产品：沙司酱
日期：1988．8．15
评价员：刘力

| 特性特征 | | 7 | 6 | 5 | 4 | 3 | 2 | 1 | 0 |
|---|---|---|---|---|---|---|---|---|---|
| 风味 | 鸡蛋 | □ | □ | □ | □ | □ | □ | □ | □ |
| | 胡椒 | □ | □ | □ | □ | □ | □ | □ | □ |
| | 柠檬 | □ | □ | □ | □ | □ | □ | □ | □ |
| | 盐 | □ | □ | □ | □ | □ | □ | □ | □ |
| | 黄油 | □ | □ | □ | □ | □ | □ | □ | □ |
| 余味 | | □ | □ | □ | □ | □ | □ | □ | □ |
| 滞留度 | | □ | □ | □ | □ | □ | □ | □ | □ |

综合印象：3

图 7-2 风味剖面分析举例(独立方法)

## 四、出具感官检验报告

检验报告应包括以下内容：

(1)涉及的问题；

(2)使用的方法；

(3)制备样品的方法；

(4)检验条件，特别是：①评价员资格；②特性特征的目录和定义；③使用的参比物质目录，若有的话；④测定强度所使用的标度；⑤分析结果所使用的方法，若有的话；

(5)得到的结果；

(6)本试验引用的标准。

**【知识拓展与链接】**

请同学们扫描封面二维码进行知识拓展学习："淡水鱼新鲜度的感官评价"。

**【任务测试】**

**一、多选题**

1. 淡水鱼总体风味即风味的总体感觉包括(　　)。

A. 风味的印象　　B. 风味的持续性

C. 各种风味的平衡和混合　　D. 风味特征

2. 评价员和一致方法的评价小组负责人应做好(　　)工作。

A. 制定记录样品的特性目录　　B. 确定参比样

C. 规定描述特性的词汇　　D. 建立描述和检验样品的最好方法

3. 风味剖面法的感官检验报告中的检验条件必需有以下几个方面内容(　　)。

A. 评价员资格　　B. 特性特征的目录和定义

C. 使用的参比物质目录　　D. 测定强度所使用的标度

**二、填空题**

1. 风味剖析法分为两大类型，描述产品风味达到一致的称为________方法，不需要一致的称为________方法。

2. 样品被吞下之后(或吐出后)，出现的与原来不同的特性特征称为________，样品已经被吞下(或吐出后)，继续感觉到的同一风味称为________。

3. 感官描述性分析包括定性描述和定量描述，风味剖析法是唯一正式的________描述分析方法。

**三、简答题**

1. 正式小组成立前介绍产品、熟悉情况阶段评价小组负责人应该做什么工作?

2. 进行产品风味分析，建立检验方法必须完成的几项工作项目有哪些?

3. 一致方法和独立方法的区别是什么?

**四、应用题**

从果冻、面包、果脯、酸奶四种产品中任选一种产品，确定描述分析性试验的主要评价指标、评价程序和方法。

## 任务3　软饮料质地剖面描述分析检验

**【学习目标】**

**知识目标**

1. 掌握质地剖面描述分析检验的概念及特点；

2. 了解质地剖析法对术语的使用方法，实施人员和评价人员的要求，以及建立标准评价技术的方法；

3. 了解食品质地的组成、分类，掌握机械、几何及表面等质地特性的定义和评价方法；

4. 掌握质地剖面描述分析检验的方法与步骤。

**能力目标**

1. 会设计软饮料质地剖面描述分析的检验方案，能建立术语描述食品的质地，正确选择参照样品；

2. 能完成软饮料的样品制备与编号，准备所需的实验物料、设备及设施，运用国家标准方法对软饮料质地剖面描述分析检验；

3. 会对感官评价小组的结果数据统计，并进行结果分析；

4. 规范书写感官检验报告，并应用质地剖面描述分析检验法对软饮料的品质感官评价。

**素养目标**

1. 培养良好的人际沟通能力、管理能力、口头与书面表达能力；

2. 通过感官检验组织与策划，培养系统化的判断、决策，分析与评价思维；

3. 具备较高的食品质量与安全意识，具有严谨求实、精益求精、依法检测、规范操作的工作态度。

**【工作任务】**

质地也像颜色和风味那样可以被消费者作为判断食品的感官指标，可以表示食品质量，如碳酸饮料、香槟、姜汁淡啤、苏打水等食品中有气泡的、沙口的这些质地会影响其感官品质。因此，需要评定人员通过机械、视觉、听觉和触觉等感受器对这些产品做出质地评价。样品选择为软饮料类中的碳酸饮料、果汁饮料、蔬菜汁饮料、乳饮料、植物蛋白饮料、固体饮料、天然矿泉水饮料。要求评价员尽量完整地对形成样品各类软饮料质地感官特征的各个指标，按感觉出现的先后顺序进行品评，评价饮料质地感官口感术语分类中选择的词汇，描述这类软饮料整个质地感官印象。报告结果以表格(数字标度)或图(线条标度)表示。

**GBT16860－1997**
**《感官分析方法 质地剖面检验》**

**【任务分析】**

请评价员精心设计一套软饮料质地剖析检验方案，利用质地感官剖面描述分析检验对软饮料质地进行感官评定，并进行结果统计与数据分析，出具软饮料质地剖析的感官检验报告。

本任务依据的国家相关标准：GB/T 16860－1997《感官分析方法 质地剖面检验》。

**【思维导图】**

## 知识准备

### 一、质地剖面描述分析的概念

1. 概念

质地剖面描述分析(Texture Description Analysis)是对食品质地、结构体系从其机械、几何、脂肪和水分特征等进行感官分析，分析从开始咬第一口食品到咀嚼完成的全过程中感受到的以上各个特征的存在程度和出现的顺序等情况，对食品的综合质地进行分析。在20世纪60年代由通用食品公司提出。

**质地剖面法的主要适用范围**

质地剖面法主要适用于：选拔和培训评价员；应用产品质地特性的定义及评价技术对评价员进行定位；描述产品的质地特性，建立产品的标准剖面以辨别以后的任何变化；改进旧产品和开发新产品；研究可能影响产品质地特性的各种因素，如时间、温度、配料、包装、货架期、储藏条件等对产品质地特性的影响；比较相似产品以确定质地差别的性质和强度；感官、仪器和或物理测量的相关性。

2. 质地剖面描述分析的方法特点

质地描述分析中各属性定义一般由评定小组商讨决定，各属性所采用的参照样品标度则根据文献或国标确定。此外，在质地剖面时，所有评价员在培训和实际评价时所用样品都必须相同，包括样品准备、呈递顺序等。

该分析方法分为五个阶段：咀嚼前；咬第一口；咀嚼阶段；剩余阶段；吞咽阶段。其有时可简化为三个阶段：咬第一口；咀嚼阶段；剩余阶段。该分析方法的特点是参比样确定比较困难。

(1)质地剖析法术语使用

使用标准术语对任何产品的质地特征进行描述。用到的特定产品术语是从描述特定产品质地的标准术语中挑选出来的。评价人员通过一致性讨论，决定术语定义以及出现顺序。与质地术语具有相关性的评估标度经过了标准化处理。

(2)对实施人员和评价人员的要求

实施人员应严格控制样品的制备、呈现和评估。所有评价员的参比系(对照)都是相同的；所有评价员必须接受相同的质地原理和质地剖析法过程的训练；评价员还应当按照标准的方式，进行咬、咀嚼和吞咽的训练，规范化动作。

(3)建立标准的评价技术

在建立标准的评价技术时，要考虑产品正常消费时的一般方法，包括：①食物放入口腔中的方式(如用前齿咬；用嘴唇从勺中舔；整个放入口腔中)；②弄碎食物的方式(如只用牙齿嚼；在舌头或上腭间摆弄；用牙咬碎一部分然后用舌头摆弄并弄碎其他部分)；③吞咽前所处的状态(如食品通常是作为液体、半固体，还是作为唾液中的微粒被吞咽)。

所使用的技术尽可能与食品通常的食用条件相符合。总之，使用标准术语对任何产品的质地特征进行描述，所有评价员接受相同的质地原理和质地剖析法过程的训练，按照标准的方式，进行咬、咀嚼和吞咽的训练，规范化动作方式进行分别培训，结果表明，使不同国度评价员形成一致质构术语是有可能实现的。

**质地剖面分析方法**

质地剖面分析方法分为五个阶段：咀嚼前；咬第一口；咀嚼阶段；剩余阶段；吞咽阶

段。其有时简化为三个阶段：________；________；________。

## 二、食品质地的组成与分类

1. 食品质地的含义

国际标准组织将食品质地定义为：通过机械、触觉、视觉和听觉感受器所感受到的产品的所有流变学和结构(几何和表面上的)上的特性(ISO，1981)。这个定义包含的内容有以下几点：

(1)质地是一种感官性质，只有人类才能够感知并对其进行描述，质构仪能够检测并定量表达的仅是某些物理参数，要使它们有意义，必须将其转变成相应的感官性质；

(2)质地是一种多参数指标，包括很多方面，而不只是某一项性质；

(3)质地是从食品的结构衍生出来的；

(4)质地的体会要通过多种感受，其中最重要的是接触和压力。

**食品质地特性有哪些？**

2. 质地剖面的组成

根据产品(食品或非食品)的类型，质地剖面一般包含以下方面：

(1)可感知的质地特性，如机械的、几何的或其他特性。

(2)强度，如可感知产品特性的程度。

(3)特性显示顺序，可列为：①咀嚼前或没有咀嚼：通过视觉或触觉(皮肤、手、嘴唇)来感知所有几何的、水分和脂肪特性；②咬第一口或一啜：在口腔中感知到机械的和几何的特性，以及水分和脂肪特性；③咀嚼阶段：在咀嚼和(或)吸收期间，由口腔中的触觉接受器来感知特性；④剩余阶段：在咀嚼和/或吸收期间产生的变化，如破碎的速率和类型；⑤吞咽阶段：吞咽的难易程度并对口腔中残留物进行描述。

3. 质地特性的分类

质地是由不同特性组成的。质地感官评价是一个动力学过程。根据每一特性的显示强度及其显示顺序可将质地特性分为三组，即机械特性、几何特性及表面特性。

机械特性是指与产品在压力下的反应有关的特性。一般分为五个基本特性：硬性、黏聚性、黏度、弹性和黏附性。几何特性是指与产品尺寸、形状和产品内微粒排列有关的特性。表面特性是指由产品的水分和或脂肪含量所产生的感官特性。这些特性也与产品在口腔中时上述成分的释放方式有关。

质地特性是通过对食品所受压力的反应表现出来的，可用以下任何一个方法测量：①通过动觉，即通过测量神经、肌肉、臆及关节对位置、移动、部分物体的张力的感觉；②通过体感觉，即通过测量位于皮肤和嘴唇上的接受器，包括黏膜、舌头和牙周膜对压力(接触)和疼痛的感觉。

半固体和固体食品的机械特性，可以划分为5个基本参数和3个第二参数，见表7-9。

**表 7-9　机械质地特性的定义和评价方法**

| 特性 | | 定义 | 评价方法 |
|---|---|---|---|
| 基本参数 | 硬性 | 与使产品变形或穿透产品所需的力有关的机械质地特性。在口腔中它是通过牙齿间(固体)或舌头与上腭间(半固体)对于产品的压迫而感知 | 将样品放在臼齿间或舌头与上腭间并均匀咀嚼，评价压迫食品所需的力量 |
| | 黏聚性 | 与物质断裂前的变形程度有关的机械质地特性 | 将样品放在臼齿间压迫它并评价在样品断裂前的变形量 |
| | 黏度 | 与抗流动性有关的机械质地特性，黏度与下面所需力量有关：用舌头将勺中液体吸进口腔中或将液体铺开的力 | 将一装有样品的勺放在嘴前，用舌头将液体吸进口腔里，评价用平稳速率吸液体所需的力量 |
| | 弹性 | 与快速恢复变形和恢复程度有关的机械质地特性 | 将样品放在臼齿间(固体)或舌头与上腭间(半固体)并进行局部压迫，取消压迫并评价样品恢复变形的速度和程度 |
| | 黏附性 | 与移动沾在物质上材料所需力量有关的机械质地特性 | 将样品放在舌头上，贴上腭，移动舌头，评价用舌头移动样品所需力量 |
| 第二参数 | 易碎性 | 与黏聚性和粉碎产品所需力量有关的机械质地特性 | 将样品放在臼齿间并均匀地咬直至将样品咬碎。评价粉碎食品并使之离开牙齿所需力量 |
| | 易嚼性 | 与黏聚性和咀嚼固体产品至可被吞咽所需时间有关的机械质地特性 | 将样品放在口腔中每秒咀嚼一次，所用力量与用 0.5s 内咬穿一块口香糖所需力量相同，评价当可将样品吞咽时所咀嚼次数或能量 |
| | 胶黏性 | 与柔软产品的黏聚性有关的机械质地特性，在口腔中它与将产品分散至可吞咽状态所需力量有关 | 将样品放在口腔中并在舌头与上腭间摆弄，评价分散食品所需要力量 |

## 三、质地剖面描述分析的方法

1. 建立术语

必须建立一些术语用以描述任何产品的质地。传统的方法是，由评价小组通过对一系列代表全部质地变化的特殊产品的样品的评价得到。在培训课程的开始阶段，应提供给评价员一系列范围较广的简明扼要的术语，以确保评价员能尽量使用单一特性。

评价员将适用于样品质地评价的术语列出一个表。

评价员在评价小组领导人的指导下讨论并编制大家可共同接受的术语定义和术语表，并应考虑以下几点：

(1)术语是否已包括了关于产品的基本方法的所有特性；

(2)一些术语是否意义相同并可被组合或删除；

(3)评价小组每个成员是否均同意术语的定义和使用。

2. 参照产品

(1)参照产品的标度

基于产品质地特性的分类，已建立一标准比率标度以提供评价产品质地的机械特性的定量方法。这些标度仅列出用于量化每一感官质地特性强度的参照产品的基本定义，以提供评价产品质地特性的定量方法，如表 7-10 所示。

**表 7-10 标准硬性标度的例子**

| 一般术语 | 比率值 | 参照产品 | 类型 | 尺寸 | 温度 |
|---|---|---|---|---|---|
| 软 | 1 | 奶油奶酪 | | 1.25cm$^3$ | 7～13℃ |
| | 2 | 鸡蛋白 | 大火烹调 5min | 1.25cm 蛋尖 | 室温 |
| | 3 | 法兰克福香肠 | 去皮、大块、未煮过 | 1.25cm 厚片 | 10～18℃ |
| | 4 | 奶酪 | 黄色、加工过 | 1.25cm$^3$ | 10～18℃ |
| | 5 | 绿橄榄 | 大个的、去核 | 一个 | 室温 |
| | 6 | 花生 | 真空包装、开胃品型 | 一个花生粒 | 室温 |
| | 7 | 胡萝卜 | 未烹调 | 1.25cm 厚片 | 室温 |
| | 8 | 花生糖 | 糖果部分 | | 室温 |
| 硬 | 9 | 水果硬糖 | | | 室温 |

(2)参照样品的选择

在选择参照样品时应首先了解：

①在某地区适宜的食品在其他地区可能不适宜；

②甚至在同一个国家内某些食品的适宜性随着时间变化也在变化；

③一些食品的质地特性强度可能由于使用原材料的差别或生产上的差别而变化。

(3)参照标度的修正

若评价小组已掌握基本方法和参照标度，则可使用相同产品类型的一些样品建立参照框架，以建立和发展评价技术、评价术语和评价特性的特殊显示顺序。评价小组评价每一系列参照产品时应确定其在使用标度上的位置，以表达所感受到的特性变化的感觉。

3. 显示顺序

质地特性遵循如前述中的感知的特定模式。评价小组应在同一顺序下评价同一特性。通常每一特性应在其最明显时、最容易觉察时评价。评价员在建立一种方法和一系列有恰当顺序的描述词后，则可制订相应的回答表格，这个表格用于指导每个评价小组成员的评价和报告数据，这个表格应列出每一评价阶段的过程、所评价的描述词和描述词的正确顺序以及相应的强度标度。

4. 评价技术

在建立标准的评价技术时，要考虑产品正常消费的一般方式，包括：

(1)食物放入口腔中的方式(例如：用前齿咬，或用嘴唇从勺中舔，或整个放入口腔中)。

(2)弄碎食品的方式(例如：只用牙齿嚼；或在舌头或上颚间摆弄、或用牙咬碎一部分然后用舌头摆弄并弄碎其他部分)。

(3)吞咽前所处状态(例如：食品通常是在液体、半固体，还是作为唾液中微粒被吞咽)。

所使用的技术应尽可能与食物通常的食用条件相符合，一般使用类属标度、线性标度或比率标度。图 7-3 是质地评价技术的例子。

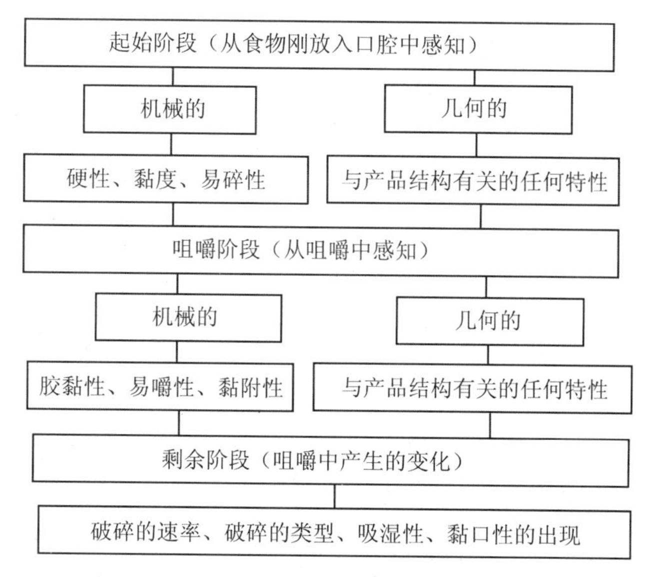


**图 7-3　质地评价过程举例**

5. 评价小组进行的评价

评价小组通过使用建立的标度和技术进行产品评价。每个评价员独立评价检验样品，检验应在检验隔档内进行，评价小组领导人汇总个人评价结果并组织讨论不同点和误解，并达到讨论结束时观点一致或能正确解释所获得的标度数据。质地感官口感术语分类如表 7-11 所示。

**表 7-11　质地感官口感术语分类**

| 分类 | 典型词 | 有此种特性的饮料 | 无此种特性的饮料 |
| --- | --- | --- | --- |
| 与稠性有关的术语 | 稀的 | 水、冰茶、热茶 | 杏酒、高营养乳、黄油奶 |
| | 厚的 | 高营养乳、蛋黄酒、番茄汁 | 苏打水、香槟、速溶饮料 |
| 表面软组织感觉 | 光滑的 | 牛奶、甜酒、热巧克力 | — |
| | 浆状的 | 橘汁、柠檬汁、菠萝汁 | 水、牛奶、香槟 |
| | 奶油状的 | 热巧克力、蛋黄酒、冰激凌、苏打水 | 水、柠檬汁、酸果汁 |
| 与碳酸化有关的术语 | 有气泡的 | 香槟、姜汁淡啤、苏打水 | 冰茶、柠檬汁、水 |
| | 沙口的 | 姜汁淡啤、香槟、苏打水 | 热茶、咖啡、速溶果汁 |
| | 有泡沫的 | 啤酒、冰激凌、苏打水 | 酸果汁、柠檬汁、水 |
| 与质体有关的术语 | 浓的 | 高营养乳、蛋黄酒、甜酒 | 水、柠檬汁、姜汁淡啤 |
| | 淡的 | 冰茶、热茶、速溶饮料、肉(清)汤 | 牛奶、杏酒 |
| 化学效应 | 淡的 | 水、冰茶、罐装果汁 | 酪乳、热巧克力 |
| | 涩的 | 热茶、冰茶、柠檬汁 | 水、牛奶、高营养乳 |
| | 烈的 | 甜酒、威士忌 | 牛奶、茶、速溶饮料 |
| | 辛辣的 | 菠萝汁 | 水、热巧克力、袋装果汁 |
| 黏口腔 | 糊嘴 | 牛奶、蛋黄酒、热巧克力 | 水、威士忌、苹果酒 |
| | 黏的 | 牛奶、高营养乳、甜酒 | 水、姜汁淡啤、牛肉清汤 |

续表

| 分类 | 典型词 | 有此种特性的饮料 | 无此种特性的饮料 |
| --- | --- | --- | --- |
| 黏舌头 | 黏性的 | 牛奶、稀奶油、梅脯汁 | 水、姜汁淡啤、香槟 |
| | 糖浆状 | 甜酒、蜂王浆 | 水、牛奶、苏打水 |
| 口腔中延迟感觉 | 清爽 | 水、冰茶、葡萄酒 | 酪乳奶、啤酒、袋装果汁 |
| | 干 | 热巧克力、酸果汁 | 水 |
| | 残留的 | 热巧克力、稀奶油、牛奶 | 水、冰茶、苏打水 |
| | 易清除的 | 水、热茶 | 牛奶、菠萝汁 |
| 生理上的延迟感觉 | 提神 | 水、冰茶、柠檬汁 | 热巧克力、酪乳、梅脯汁 |
| | 暖和 | 威士忌、甜酒、咖啡 | 柠檬汁、香槟、冰茶 |
| | 解渴 | 可口可乐、水、速溶饮料 | 牛奶、咖啡、酸果汁 |
| 温度感觉 | 冷 | 冰激凌、苏打水、冰茶 | 甜酒、热茶 |
| | 凉 | 冰茶、水、牛奶 | 蛋酒 |
| | 热 | 热茶、威士忌 | 柠檬汁、冰茶、姜汁淡啤 |
| 与湿度有关 | 湿 | 水 | 牛奶、咖啡、苹果酒 |
| | 干 | 柠檬汁、咖啡 | 水 |

**【知识拓展与链接】**

请同学们扫描封面二维码进行知识拓展学习："冰激凌质地的感官评价"。

**【任务测试】**

**一、多选题**

1. 机械特性是指与产品在压力下的反应有关的特性，一般包括以下(　　)基本特性。

A. 硬性　　B. 黏聚性　　C. 黏度　　D. 弹性和黏附性

2. 几何特性是指与(　　)有关的特性。

A. 产品尺寸　　B. 产品形状　　C. 产品结构　　D. 产品内微粒排列

3. 表面特性是指由产品的(　　)含量所产生的感官特性。

A. 水分　　B. 蛋白质　　C. 脂肪　　D. 糖类

4. 在下列标准硬性标度的例子中，硬度值相对最大的是(　　)。

A. 未烹调胡萝卜　　B. 花生　　C. 奶油奶酪　　D. 花生糖

**二、填空题**

1. 质地描述分析是对食品质地、结构体系从其________、________、________和________等进行感官分析。

2. 质地描述分析法可简化分为 3 个阶段是________、________、________。

3. 评价饮料质地感官口感与碳酸化有关的术语有________、________、________等。

**三、简答题**

1. 质地描述分析过程中对实施人员和评价人员是怎么要求的?

2. 按照国际标准组织对食品质地的定义(ISO，1981)，它包含哪几个方面的内容?

3. 质地剖析法在建立标准的评价技术时，要考虑产品哪些正常消费的一般方式?

# 任务4　葡萄酒定量描述分析检验

**【学习目标】**

**知识目标**

1. 掌握定量描述分析检验的概念及特点；
2. 了解定量描述分析检验的应用范围；
3. 熟悉定量描述分析检验法的实施要点；
4. 掌握葡萄酒定量描述分析检验法的方法与步骤。

**能力目标**

1. 会设计葡萄酒定量描述分析的检验方案，能对感官评价员分组和培训，建立评价标尺和描述词汇表；
2. 能完成葡萄酒的样品制备与编号，准备所需的实验物料、设备及设施，运用国家标准方法对葡萄酒定量描述分析检验；
3. 会对感官评价小组的结果数据统计，并进行结果分析；
4. 规范书写感官检验报告，并应用定量描述分析检验法对葡萄酒的品质感官评价。

**素养目标**

1. 培养良好的人际沟通能力、管理能力、口头与书面表达能力；
2. 通过感官检验组织与策划，培养系统化的判断、决策，分析与评价思维；
3. 具备较高的食品质量与安全意识，具有严谨求实、精益求精、依法检测、规范操作的工作态度。

**【工作任务】**

葡萄酒中的三类香气

山东某葡萄酒生产企业为酿造品质更好、具有“中国味道”的葡萄酒，多年来通过对产区的自然条件进行长期研究与品种适应性试验，制定了酿酒葡萄标准和葡萄种植技术规范，自行培育出新调色的葡萄品种，其中的代表就是“蛇龙珠”，成为被国际上广泛认可的由中国人培育的酿酒葡萄品种。其颗粒中等，果皮较厚，味甜多汁，带有青草的气息，酿造出来的红葡萄酒与赤霞珠的口感有些类似，同时带有蘑菇和香料的气息。公司利用“蛇龙珠”葡萄酿造出两款葡萄酒，具有各自独有的产地特点与风格。请感官评价员采用定量描述分析方法对两款干红葡萄酒定量描述分析检验，得出葡萄酒在色泽、风味、余味和滞留度等感官特性上的差别，并对葡萄酒的感官品质综合评价。

**【任务分析】**

请评价员精心设计一套葡萄酒定量描述分析检验方案，对葡萄酒进行感官评价，确定出葡萄酒品质的优劣，并进行结果统计与数据分析，出具葡萄酒定量描述分析检验报告。

**【思维导图】**

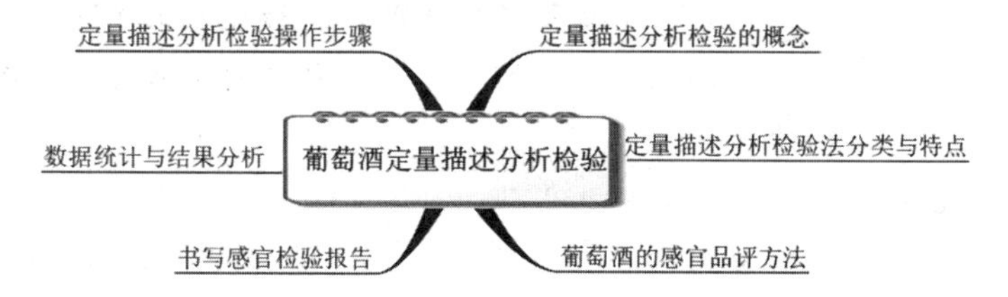

## 一、定量描述分析方法概念

1. 概念

评价员对样品感官特征的各个指标强度进行完整、准确评价的检验方法，称为定量描述分析(Quantitative Descriptive Analysis，QDA)。

定量描述分析法作为一种描述性分析感官评定方法，由 Tragon 公司在 20 世纪 70 年代提出。其不仅能对样品进行定性分析，还能通过多元统计方法分析所测定的数据，达到定性和定量相结合。

**定量描述分析的主要应用范围**

这种方法多用于产品质量控制、质量分析、判定产品差异性、新产品开发和产品品质改良等方面；还可以为仪器检验结果提供可对比的感官数据，使产品特征较稳定地保留下来。

2. 方法特点

与风味描述相反，定量描述分析法(QDA)是一种独立方法，其最终数据不是通过一致性讨论而产生的。即组织者一般不参加评估，评估小组意见也不需要一致。评价员在小组内讨论产品特征，然后单独记录他们的感觉；同时使用非线性结构的标度来描述评估特性的强度，由评价小组负责人汇总和分析这些单一结果。

定量描述分析法克服了风味剖析法和质地剖析法的一些缺点，同时还具有自己的一些特点，而它最大的特点就是利用统计方法对数据进行分析。所有的描述分析方法都使用 20 个以内的感官评定人员，而定量描述分析方法一般使用 10～12 名感官评定人员即可。

与风味剖析法相比较，定量描述分析法有以下几个特点：(1)其数据不是通过一致性讨论产生的；(2)评价小组的领导者不是一个活跃的参与者；(3)使用非线性结构的标度来描述特征的强度，通常称之为 QDA 图或蜘蛛网图、雷达图，并利用该图的形态变化定量描述试样的品质变化。

定量描述分析的数据必须被看成是相对量，而不是绝对量。其优点是：独立评价；数据容易统计，并能以图形表示；评价小组语言形式不受领导者影响。其缺点是：为特定的产品类项进行训练，操作费用高；结果是相对的，而不是绝对的。

**定量描述分析法的特点**

定量描述分析法是一种独立方法，克服了风味剖析法和质地剖析法的一些缺点，同时还具有自己的一些特点，其最大特点就是利用________方法对数据进行分析。

3. 定量描述分析法实施要点

评价员的工作包括以下三个方面：①产生一致性词汇；②决定参比标准和词语定义；③通过这种产生一致性词汇的方式，评价小组成员开始训练。评价员在对产品有大致了解的基础上，对样品(或标准参照物)进行观察，对产品进行描述，尽量使用熟悉的常用的词汇，然后分组讨论，对形成的词汇进行修订，并给出每个词汇的定义，最后形成一份大家都认可的词语描述表。

实验时，各品评人员单独品评，对产品每项性质(每个描述词语)进行打分，使用相同的标度，通常是一条15cm的线段，从左向右强度逐渐增加，品评人员在标尺上作出能代表产品该项性质强度的标记。实验结束后，将标尺上的强度标记转化成数值，最后通过统计分析得出结论，一般附有一个蜘蛛网形的图标。具体实施过程中还应注意以下几点：

(1)领导者只作为一个推动者来指导讨论，并且提供评价小组所需要的物资，如参比标准和产品样品等，领导者不参加最终的产品评价；

(2)若干个评价人员单独进行产品评价；

(3)使用直线图形线性标度，在适当位置，评价小组用固定词语标示；

(4)通过方差分析得到结论数据；

(5)需要重复评价工作，以对单个评价员和整个评价小组的一致性进行检验。也可考察评价人员是否可以区别出产品，还是需要更多的训练。

## 二、定量描述分析的方法

下面以葡萄酒的定量描述分析为例，讲解定量描述分析的方法。

1. 样品制备

在实验开始前1小时，将样品从冰箱中取出，使其升至室温，每种酒样用高脚杯呈送，并用3位随机数字编号，同答题纸一并随机呈送给品评人员。

2. 感官品评人员的分组和培训

对学生进行分组，每组10人。对每组学生进行词汇的介绍与演示，描述标度的介绍，初步实践，较小差异的训练和最后实践等培训。品评人员单独品尝葡萄酒，对每种样品就各种感官指标进行打分。实验重复2次进行。

3. 评分标尺的建立

实验采用线性标度为评分标尺，即在一条15cm线段上面标记出能代表某感官性质强度或数量的位置，线段最左端代表“没有”或者“0”，最右端代表“最大”或者“最强”。用直尺把每种强度转化成相应的数值，然后输入计算机进行分析。

0　　　　15
甜度
不甜　　　　非常甜

4. 描述词汇表的建立

感官评定人员各自对样品进行品评(每次一个，每品尝完一个样品后漱口)，然后单独记录能反映产品挂杯、透明度、色泽、香气、甜度和酸度等感官特征的不同参数(即描述词汇)，并给出每个词汇的定义。

实验小组组长汇总并分类全部词汇，与小组全体人员共同讨论，确定最终的描述词汇表。在大家讨论这些词汇是否适用时，要注意这些词汇要能够全面描述待测样品，词汇的更新还要注意与产品真正的物理、化学性质相联系。

5. 感官评价

(1)闻香：手握杯子，慢慢将样品杯置于鼻孔下方，用手轻轻扇一下，使风味物质的气味进入鼻腔，仔细辨别，并做好记录。

(2)观色：将样品杯置于明亮处，用肉眼观察其颜色，黏稠度、透明度如何，并做好详细记录。

(3)品尝：小酌一口，并以半漱口的方式，让酒在嘴中充分与空气混合且接触到口中的所有部位；当酒液在口腔中充分与味蕾接触，舌头感觉到它的酸、甜、苦味后，再将酒液吐出，此时要感受的就是酒在你口腔中的余香和舌根余香及感受到其出现的先后顺序，然后对每种风味的强度进行评分。

## 四、数据处理和结果分析

定量描述法不同于简单描述法的最大特点是利用统计法数据进行分析。统计分析的方法随所用对样品特性特征强度评价的方法而定。强度评价的方法主要有以下几种：

(1)数字评估法主要表现为下列形式：0＝不存在，1＝刚好可识别，2＝弱，3＝中等，4＝强，5＝很强。

(2)标度点评估法。在每个标度的两端写上相应的叙词，其中间级数或点数根据特性特征改变，在标度点“□”上写出的 1～7 数值，要符合该点的强度。

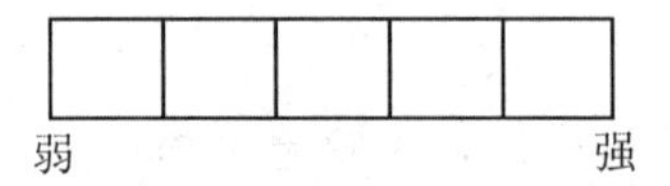


(3)直线评估法．例如在 100mm 长的线段上，距每个末端大约 10mm 处，写上叙词(如弱、强)，评价员在线上作一个记号表明强度，然后测量评价员作的记号与线左端之间的距离，表示强度数值。

评价人员应在单独的品评室对样品进行评价，实验结束后，要将标尺上的刻度转化为数值输入计算机，经统计分析后得出平均值。定量描述分析检验时一般还附有一个图示说明，图形有扇形图、棒形图、圆形图和蜘蛛网形图(QDA 图)。

①每组小组长收集小组 10 名评价员对 3 种葡萄酒的评价结果后进行汇总，统计出各个样品的评定结果；②讨论协调后，得出每个样品的总体评估；③每个组员按照小组的平均结果绘制 QDA 蜘蛛网形图。

## 三、出具感官检验报告

对将葡萄酒品评结果记录于表 7-12 的定量描述试验记录表中。

**表 7-12　葡萄酒定量描述试验记录表**

| 评价员________　　日期________ | | | |
|---|---|---|---|
| 特性特征(感觉顺序) | | | 强度指标 |
| 风味 | | | |
| | | | |
| | | | |
| | | | |
| 余味 | | | |
| 滞留度 | | | |
| 综合印象 | | | |

**【知识拓展与链接】**

请同学们扫描封面二维码进行知识拓展学习："葡萄酒的基本术语"。

**【任务测试】**

**一、选择题**

1. 对于定量描述分析方法来说，一般使用(　　)感官评定人员。

A. 10 个以下　　B. 10～12 个　　C. 15～20 个　　D. 20 个以上

2.(多选)定量描述检验可单独或结合地用于品评食品的(　　)。

A. 风味　　B. 气味　　C. 外观　　D. 质地

**二、填空题**

1. 定量描述分析法克服了风味剖析法和质地剖析法的一些缺点，同时还具有自己的一些特点，而它最大的特点就是利用________对数据进行分析。

2. 感官分析方法描述实验对评价员的要求较高，他们一般都是该领域________或________。

3. 定量描述分析法对样品进行特性特征的鉴定，要用________和________描述感觉到的特性特征。

**三、简答题**

1. 比较风味描述和定量描述分析有什么主要区别?

2. 定量描述分析有什么优、缺点?

3. 定量描述分析评价人员的工作内容是什么？如何挑选?

## 方案设计与实施

### 一、感官评价小组制订工作方案，确定人员分工

在教师的引导下，以学习小组为单位制订工作方案，感官评价小组讨论，确定人员分工。

1. 工作方案

**表 1　方案设计表**

<table>
<tr><td>组长</td><td></td><td>组员</td><td colspan="3"></td></tr>
<tr><td>学习项目</td><td colspan="5"></td></tr>
<tr><td>学习时间</td><td></td><td>地点</td><td></td><td>指导教师</td><td></td></tr>
<tr><td rowspan="3">准备内容</td><td>检验方法</td><td colspan="4"></td></tr>
<tr><td>仪器试剂</td><td colspan="4"></td></tr>
<tr><td>样　　品</td><td colspan="4"></td></tr>
<tr><td>具体步骤</td><td colspan="5"></td></tr>
</table>

2. 人员分工

表 2　感官评价员工作分工表

| 姓名 | 工作分工 | 完成时间 | 完成效果 |
|---|---|---|---|
| | | | |
| | | | |
| | | | |

## 二、试剂配制、仪器设备的准备

请同学按照实验需求配制相应的试剂和准备仪器设备，根据每组实际需要用量填写领取数量，并在实验完成后，如实填写仪器设备的使用情况。

1. 试剂配制

表 3　试剂配制表

| 组号 | 试剂名称 | 浓度 | 用量 | 配制方法 |
|---|---|---|---|---|
| | | | | |
| | | | | |
| | | | | |

2. 仪器设备

表 4　仪器设备统计表

| 仪器设备名称 | 型号(规格) | 数量/个 | 使用前情况 | 使用后情况 |
|---|---|---|---|---|
| | | | | |
| | | | | |
| | | | | |

## 三、样品制备

表 5　样品制备表

| 样品名称 | 取样量 | 制备方法 | 储存条件 | 制造厂商 |
|---|---|---|---|---|
| | | | | |
| | | | | |
| | | | | |

## 四、品评检验

**表 6　感官检验方法与步骤表**

| 检验方法 | 检验步骤 | 检验中出现的问题 | 解决办法 |
| --- | --- | --- | --- |
| | | | |

## 五、感官检验报告的撰写

**表 7　感官检验报告单**

<table>
<tr><td rowspan="2">基本信息</td><td>样品名称</td><td></td><td>检测项目</td><td colspan="2"></td></tr>
<tr><td>检测方法</td><td></td><td>检测日期</td><td colspan="2"></td></tr>
<tr><td rowspan="2">检测条件</td><td>国家标准</td><td></td><td></td><td colspan="2"></td></tr>
<tr><td>实验环境</td><td>温度</td><td>℃</td><td>湿度</td><td>%</td></tr>
<tr><td>检测数据</td><td colspan="5"></td></tr>
<tr><td>感官评价结论</td><td colspan="5"></td></tr>
</table>

## 评价与反馈

1. 学完本项目后，你都掌握了哪些技能？

2. 请填写评价表，评价表由自我评价、组内互评、组间评价和教师评价组成，分别占15%、25%、25%、35%。

(1)自我评价

**表 1　自我评价表**

<table>
<tr><td>序号</td><td>评价项目</td><td>评价标准</td><td>参考分值</td><td>实际分值</td></tr>
<tr><td>1</td><td>知识准备，查阅资料，完成预习</td><td>回答知识目标中的相关问题；观看食品感官描述性分析检验的微课，并完成任务测试</td><td>5</td><td></td></tr>
<tr><td>2</td><td>方案设计，材料准备，操作过程</td><td>方案设计正确，材料准备及时、齐全；设备检查清洗良好；认真完成感官检验的每个环节</td><td>5</td><td></td></tr>
<tr><td>3</td><td>实验数据处理与统计</td><td>实验数据处理与统计方法与结果正确，出具感官检验报告</td><td>5</td><td></td></tr>
<tr><td colspan="3">合　计</td><td>15</td><td></td></tr>
<tr><td colspan="5">感想：</td></tr>
</table>

(2)组内互评

请感官评价小组成员根据表现打分，并将结果填写至评价表。

**表 2 组内评价表**

| 序号 | 评价项目 | 评价标准 | 参考分值 | 实际分值 |
|---|---|---|---|---|
| 1 | 学习与工作态度 | 实验态度端正，学习认真，责任心强，积极主动完成感官评价的每个环节 | 5 | |
| 2 | 完成任务的能力 | 材料准备齐全、称量准确；设备的检查及时清洗干净；感官评价过程未出现重大失误 | 10 | |
| 3 | 团队协作精神 | 积极与小组成员合作，服从安排，具有团队合作精神 | 10 | |
| 合 计 | | | 25 | |
| 评价人签字： | | | | |

(3)组间评价(不同感官评价小组之间)

**表 3 组间评价表**

| 序号 | 评价内容 | 评价标准 | 参考分值 | 实际分值 |
|---|---|---|---|---|
| 1 | 方案设计与小组汇报 | 方案设计合理，小组汇报条理逻辑，实验结果分析正确 | 10 | |
| 2 | 环境卫生的保持 | 按要求及时清理实训室的垃圾，及时清洗设备和感官评价用具 | 5 | |
| 3 | 顾全大局意识 | 顾全大局，具有团队合作精神；能够及时沟通，通力完成任务 | 10 | |
| 合 计 | | | 25 | |
| 评价人签字： | | | | |

(4)教师评价

**表 4 教师评价表**

| 序号 | 评价项目 | 评价标准 | 参考分值 | 实际分值 |
|---|---|---|---|---|
| 1 | 学习与工作态度 | 态度端正，学习认真，积极主动，责任心强，按时出勤 | 5 | |
| 2 | 制订检验方案 | 根据检测任务，查阅相关资料，制订食品描述性分析检验的检验方案 | 5 | |
| 3 | 感官品评 | 合理准备工具、仪器、材料，会制订感官检验问答表，检验过程规范 | 10 | |
| 4 | 数据记录与检验报告 | 规范记录实验数据，实验报告书写认真，数据准确，出具感官评价结论 | 10 | |

续表

| 序号 | 评价项目 | 评价标准 | 参考分值 | 实际分值 |
| --- | --- | --- | --- | --- |
| 5 | 职业素质与创新意识 | 能快速查阅获取所需信息，有独立分析和解决问题的能力，工作程序规范、次序井然，具有一定的创新意识 | 5 | |
| 合　计 | | | 35 | |
| 教师签字： | | | | |

# 项目八
# 食品分级检验

**【案例导入】**

**劣质茶叶冒充优质茶叶受查处**

2020年3月，某市市场监督管理局组织食品安全专项检查，发现一些商户使用质次价低的劣质茉莉花茶叶冒充优质茶叶，甚至为冒充新茶，增加色泽，提高卖相，让人误以为是“新茶”，往茶叶里加色素。具体感官性状为：茶叶色泽异常，不具有茉莉花茶本身的鲜绿色，外形不均匀，匀整度不够，冲泡后汤色浑浊，香气不具有天然的茉莉花香，属感官性状异常。该市场监督管理局根据《中华人民共和国食品安全法实施条例》第一百二十三条第一款规定“用非食品原料生产食品、在食品中添加食品添加剂以外的化学物质和其他可能危害人体健康的物质”，按照规定由当地人民政府市场监督管理局管理部门没收违法所得和违法生产经营的食品，并没收用于违法生产经营的工具、设备、原料等物品；货值金额一万元以上的，并处货值金额十五倍以上三十倍以下罚款；情节严重的，吊销许可证，并可以由公安机关对其直接负责的主管人员和其他直接责任人员处五日以上十五日以下拘留。劣质茶叶存在严重的食品安全问题，而且严重破坏茉莉花茶的品牌声誉，侵害广大消费者和茶农、茶企的合法权益。当地市场监督管理局开展全面清查问题茶叶，抽查茶叶经营户83家，茶叶产品240余批次，查扣问题茶叶220余公斤，对9家违法主体作出行政处罚。

**思考问题：**

1. 分级检验的方法包括哪些？
2. 如何对食品进行分级检验？

# 任务1　面包的评分检验

**【学习目标】**

**知识目标**

1. 掌握评分检验的概念及特点；
2. 了解评分检验的应用范围；
3. 熟悉国家标准中面包的感官评定等级；
4. 掌握面包评分检验的方法与步骤。

**能力目标**

1. 会设计面包评分检验的方案，能按照预先设定的评价基准，对试样的特性和嗜好程度以数字标度进行评定，并制订评分检验问答表；
2. 能熟练完成面包的样品制备与编号，准备所需的实验物料、设备及设施，运用国家标准方法对面包的品质评分检验；
3. 具备对新产品设定评价基准的能力，能采用 t 检验或方差分析对试验结果进行统计分析；
4. 规范书写感官检验报告，会对面包的品质分级，并应用评分检验法对面包的品质感官评价。

**素养目标**

1. 崇尚劳动，培养执着专注、追求卓越、精益求精的工匠精神；
2. 具备较高的食品质量与安全意识，具有严谨求实、依法检测、规范操作的工作态度；
3. 培养团队合作精神、科研精神、创新精神及分析解决实际问题的能力。

**GB/T 20981—2021**
**《面包质量通则》**

**【工作任务】**

面包是一种用酵母微生物使面团经发酵制得的食品，其营养丰富、口味多样、易于消化吸收、食用方便，深受人们的青睐。但在生产中易出现色泽不均匀、形状扁、口味酸度过大和表面粗糙等现象。北京某焙烤食品有限公司想了解研发的软面包(X)的品质与市场其他 2 个公司生产的面包(Y、Z)的品质是否存在显著性差异。8 名感官评价员分别对三个公司的面包按 1—6 分尺度进行评分，评分结果如表 8-1 所示，请分析三款面包之间是否存在显著性差异。

**表 8-1　评分结果**

| 评价员 $n$ | 1 | 2 | 3 | 4 | 5 | 6 | 7 | 8 | 合计 |
|---|---|---|---|---|---|---|---|---|---|
| 试样 X | 3 | 4 | 3 | 1 | 2 | 1 | 2 | 2 | 18 |
| 试样 Y | 2 | 6 | 2 | 4 | 4 | 3 | 6 | 6 | 33 |
| 试样 Z | 3 | 4 | 3 | 2 | 2 | 3 | 4 | 2 | 23 |
| 合计 | 8 | 14 | 8 | 7 | 8 | 7 | 12 | 10 | 74 |

【任务分析】

请评价员精心设计一套面包评分检验的方案设计和操作流程，对面包进行感官评价，确定出产品之间有无显著性差异，并进行结果统计与数据分析，出具面包评分检验的感官评价结果。

【思维导图】

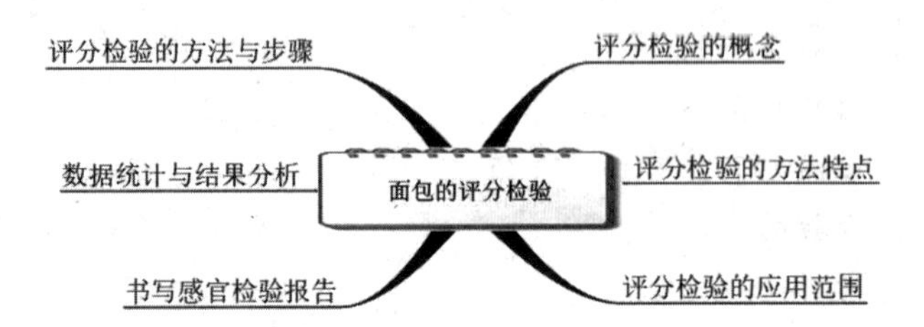

## 一、评分检验的概念

1. 概念

评分检验法是要求鉴评员把样品的品质特性以数字标度形式来鉴评的一种检验方法。它是不同于其他方法的所谓绝对性判断。

2. 应用范围

评分检验可用于评价一种或多种产品的一个或多个指标的强度及其差异，应用较为广泛，尤其适用于新产品的评价。

3. 方法特点

(1)评价员根据各自的品评基准进行判断。

(2)用增加品评员人数的方法来提高试验精度。

(3)在评分时，使用的数字标度为等距标度或比率标度。

## 二、评分检验的方法

1. 样品制备

市售三款不同公司生产的面包、白色托盘、刀、记号笔等。

2. 样品的制备、编号及呈送

将三款产品标记为样品 X、Y、Z 不同公司生产的面包，取适量试样置于白色托盘中，样品采用随机三位数编号，不同批次的样品分别用三位数(如 148、013 等)进行编码，每组安排一个成员对样品进行编号，代码不能让其他成员知道，然后将样品呈送给各评价员，让评价员对样品的性质作出结论。注意应随机分发给品评员三款不同的企业生产的面包。

3. 问答表的设计

设计问答表前，首先要确定所使用的标度类型。在检验前，要使评价员对每一个评分点所代表的意义有共同的认识，样品的出示顺序可随机排列。

问答表的设计应和产品的特性及检验的目的相结合，尽量简洁明了。评分法的问答表的形式见表 8-2。

**表 8-2　评分检验法问答表**

<table>
<tr><td colspan="7">姓名　　　　　性别　　　　　试样号　　　　　　　　　　　　　　　　　　年　月　日</td></tr>
<tr><td colspan="7">请你品尝面前的试样后，以自身的尺度为基准，在下面尺度中的相应位置上画“○”</td></tr>
<tr><td>极端好</td><td>非常好</td><td>好</td><td>一般</td><td>不好</td><td>非常不好</td><td>极端不好</td></tr>
<tr><td>1</td><td>2</td><td>3</td><td>4</td><td>5</td><td>6</td><td>7</td></tr>
</table>

4. 感官评价

按照国家标准 GB/T 20981－2007 面包中的感官检验方法对面包的形态、色泽、气味、口感、组织五个因素进行感官评定，并且设置五个等级见表，分别以 1、2、3、4、5 分来表示，见表 8-3。

**表 8-3　面包的感官评定等级表**

<table>
<tr><td>级别指标因素</td><td>很好(5 分)</td><td>较好(4 分)</td><td>适中(3 分)</td><td>差(2 分)</td><td>很差(1 分)</td></tr>
<tr><td>形态</td><td>完整，丰满，无缺损、龟裂，形状与品种造型相符，表面光洁，无黑泡或明显斑点</td><td>完整，无缺损、龟裂，形状与品种造型相符，表面较光洁，有少量斑点</td><td>较完整，表面有龟裂现象，光泽度差</td><td>有缺损、龟裂现象，表面粗糙</td><td>缺损、龟裂现象严重</td></tr>
<tr><td>表面色泽</td><td>色泽呈金黄色、淡棕色或棕灰色，均匀一致，无烤焦、发白现象</td><td>呈金黄色、淡棕色或棕灰色，均匀一致，有轻微烤焦现象</td><td>色泽较均匀，有烤焦现象</td><td>颜色不均匀，有烤焦发白现象</td><td>烤焦</td></tr>
<tr><td>滋味和口感</td><td>具有浓郁的烘烤和发酵后的面包香味，松软适口，不黏，不硌牙，无异味</td><td>有烘烤和发酵后的面包香味，较松软适口，不黏，不硌牙，无异味</td><td>具有较淡的烘烤和发酵后的面包香味，较硬，较黏，较硌牙</td><td>没有明显的面包特有的香味，硬，黏，硌牙</td><td>无明显的面包特有的香味，硬，黏，硌牙</td></tr>
<tr><td>组织</td><td>细腻，有弹性，气孔均匀，纹理清晰，呈海绵状，切片后不断裂，无掉渣</td><td>较细腻，有弹性，气孔较均匀，纹理清晰，切片后不断裂，掉渣不明显</td><td>局部过硬，切片后断裂，有断裂和掉渣</td><td>硬，无弹性，文理不均匀，切片后有断裂掉渣现象</td><td>硬，无弹性，文理不均匀，切片后有断裂掉渣现象严重</td></tr>
<tr><td>杂质</td><td colspan="5">正常视力无可见的外来异物</td></tr>
</table>

## 三、数据统计与结果分析

(1)将每个品评员的打分表汇总到一起，见表 8-4。

(2)统计分析。利用方差分析对汇总统计表进行分析可以得出不同批次生产出来的同一产品(面包)的质量级别和它们之间的差异程度。

(3)得出不同生产批次产品是否具有质量稳定性。根据表8-4对不同批次(厂家)生产的同一产品(面包)进行质量分级。

**表8-4 面包感官评分表**

| 品评员 | 形态 | 表面色泽 | 滋味和口感 | 组织 | 杂质 |
| --- | --- | --- | --- | --- | --- |
| 1 | | | | | |
| 2 | | | | | |
| 3 | | | | | |
| 4 | | | | | |
| 5 | | | | | |
| 6 | | | | | |
| 7 | | | | | |
| 8 | | | | | |
| 9 | | | | | |
| 10 | | | | | |

结合上述步骤及表8-5的评分结果，现对三款面包的质量有无显著性差异进行具体分析。

**表8-5 评分结果**

| 评价员 $n$ | 1 | 2 | 3 | 4 | 5 | 6 | 7 | 8 | 合计 |
| --- | --- | --- | --- | --- | --- | --- | --- | --- | --- |
| 试样 X | 3 | 4 | 3 | 1 | 2 | 1 | 2 | 2 | 18 |
| 试样 Y | 2 | 6 | 2 | 4 | 4 | 3 | 6 | 6 | 33 |
| 试样 Z | 3 | 4 | 3 | 2 | 2 | 3 | 4 | 2 | 23 |
| 合计 | 8 | 14 | 8 | 7 | 8 | 7 | 12 | 10 | 74 |

解：(1)求离差平方和 $Q$

修正项
$$CF=\frac{x_{..}^{2}}{n\times m}=\frac{74^2}{8\times 3}=228.17$$

试样
$$Q_A=\frac{(x_{1.}^2+x_{2.}^2+\cdots+x_{i.}^2+\cdots+x_{m.}^2)}{n}-CF$$
$$=\frac{(18^2+33^2+23^2)}{8}-228.17$$
$$=242.75-228.17$$
$$=14.58$$

评价员
$$Q_B=\frac{(x_{.1}^2+x_{.2}^2+\cdots+x_{.j}^2+\cdots+x_{.n}^2)}{n}-CF$$
$$=\frac{(8^2+14^2+\cdots+8^2+\cdots+10^2)}{3}-228.17$$
$$=243.33-228.17$$
$$=15.16$$

总平方和　　$Q_T=(x_{11}^2+x_{12}^2+\cdots+x_{ij}^2+\cdots+x_{mn}^2)-CF$

$=(3^2+4^2+\cdots+6^2+\cdots+2^2)-228.17$

$=47.83$

误差　　$Q_E=Q_T-Q_A-Q_B=18.09$

(2)求自由度 $f$

试样　　$f_A=m-1=3-1=2$

评价员　　$f_B==n-1=8-1=7$

总自由度　　$f_T=m\times n-1=24-1=23$

误差　　$f_E=f_T-f_A-f_B=14$

(3)方差分析

求平均离差平方和　　$V_A=\frac{Q_A}{f_A}=\frac{14.58}{2}=7.29$

$V_B=\frac{Q_B}{f_B}=\frac{15.16}{7}=2.17$

$V_E=\frac{Q_E}{f_E}=\frac{18.09}{14}=1.29$

求 $F_0$　　$F_A=\frac{V_A}{V_E}=\frac{7.29}{1.29}=5.65$

$F_B=\frac{V_B}{V_E}=\frac{2.17}{1.29}=1.68$

查 $F$ 分布表(附录 7)，求 $F(f, f_E, \alpha)$。若 $F_0>F(f, f_E, \alpha)$，则在置信度 $\alpha$ 上，有显著性差异。

本例中，$F_A=5.65>F(2, 14, 0.05)=3.74$，$F_B=1.68<F(7, 14, 0.05)=2.76$，故置信度 $\alpha=5\%$，产品之间有显著性差异，而评价员之间无显著性差异，见表 8-6。

**表 8-6　方差分析**

| 方差来源 | 平方和 Q | 自由度 F | 均方和 V | $F_0$ | $F$ |
|---|---|---|---|---|---|
| 产品 A | 14.58 | 2 | 7.79 | 5.65 | $F(2, 14, 0.05)=3.74$ |
| 评审员 B | 15.16 | 7 | 2.17 | 1.68 | $F(7, 14, 0.05)=2.76$ |
| 误差 E | 18.09 | 14 | 1.29 | | |
| 合计 | 47.83 | 23 | | | |

(4)检验试样间显著性差异

方差分析结果表明试样之间有显著性差异时，为了检验哪几个试样间有显著性差异，应采用重范围试验法，即求试样平均分：

| | A | B | C |
|---|---|---|---|
| | 18/8=2.25 | 33/8=4.13 | 23/8=2.88 |
| 按大小顺序排列： | 1 位 | 2 位 | 3 位 |
| | B | C | A |
| | 4.13 | 2.88 | 2.25 |

求试样平均分的标准误差：

$$dE=\sqrt{Ve/n}=\sqrt{1.29/8}=0.4$$

查斯图登斯化范围表8-7，求斯图登斯化范围 $rp$，计算显著性差异范围最小范围 $Rp=rp\times$标准误差 $dE$。

表 8-7 斯图登斯化范围表

| $P$ | 2 | 3 |
|---|---|---|
| $rp=(5\% f=14)$ | 3.03 | 3.70 |
| $Rp$ | 1.21 | 1.48 |

1位－3位＝4.13－2.25＝1.88＞1.48(R3)

1位－2位＝4.13－2.88＝1.25＞1.21(R2)

即1位(B)和2，3位(C、A)之间有显著性差异。

2位－3位＝2.88－2.25＝0.63＜1.21(R2)

即2位(C)和3位(A)之间无显著性差异。

故置信度 $\alpha=5\%$，产品B和产品A、C比较有显著性差异，产品B明显不好。

## 四、结果分析与判断

在进行结果分析与判断前，首先要将问答表的评价结果按选定的标度类型转换成相应的数值。以问答表的评价结果为例，可按1～7(7级)的数值尺度评价等级为：极端好＝1；非常好＝2；好＝3；一般＝4；不好＝5；非常不好＝6；极端不好＝7。当然，也可以用10分制或百分制等其他尺度。然后通过相应的统计分析和检验方法来判断样品间的差异性。当样品只有两个时，可以采用简单的t检验；当样品超过两个时，要进行方差分析并最终根据F检验结果来判别样品间的差异性。

**【知识拓展与链接】**

请同学们扫描封面二维码进行知识拓展学习："九点快感法评价巧克力的消费者接受差异"。

**【任务测试】**

1. 简述面包评分检验法的概念和特点。
2. 简述面包评分检验的方法和步骤。
3. 简述评分检验结果分析与判断的方法。

# 任务2 食品的加权评分法

**【学习目标】**

**知识目标**

1. 掌握加权评分法的概念；
2. 了解加权评分法的应用范围；
3. 掌握食品加权评分检验的方法与步骤。

**能力目标**

1. 会设计食品加权评分检验的方案，确定每个因素的权重并进行权重打分；

2. 能熟练完成食品加权评分检验样品制备与编号，准备所需的实验物料、设备及设施，运用国家标准方法对食品的品质加权评分检验；

3. 会对感官评价小组的结果数据统计，并进行结果分析；

4. 规范书写感官检验报告，并应用加权评分检验法对茶叶的感官品质分级。

**素养目标**

1. 崇尚劳动，培养执着专注、追求卓越、精益求精的工匠精神；

2. 具备较高的食品质量与安全意识，具有严谨求实、依法检测、规范操作的工作态度；

3. 培养团队合作精神、科研精神、创新精神及分析解决实际问题的能力。

**【工作任务】**

中国是茶及茶文化的发源地，是世界上最早种茶、制茶、饮茶的国家。茶，是中华民族的举国之饮，它发乎神农，闻于周公，兴于唐代，如今已成为风靡世界的三大无酒精饮料。影响茶叶品质的因素很多，包括气候、土壤以及后期制作工艺、存储方法等。福建某茶叶公司在评定茶叶的质量时，以外形权重(20 分)、香气与滋味权重(60 分)、水色(10 分)、叶底权重(10 分)作为评定的指标。评定标准为一级(91～100 分)、二级(81～90 分)、三级(71～80 分)、四级(61～70 分)、五级(51～60 分)。公司现有一批花茶，经评茶员评价后各项指标的得分数分别为：外形 83 分，香气与滋味 81 分，水色 82 分，叶底 80 分。请综合评价得出该批花茶的质量等级。

**GBT23776－2018**
**《茶叶感官审评方法》**

**【任务分析】**

请评价员精心设计一套加权评分检验方案，运用加权评分法对茶叶进行感官检验。

**【思维导图】**

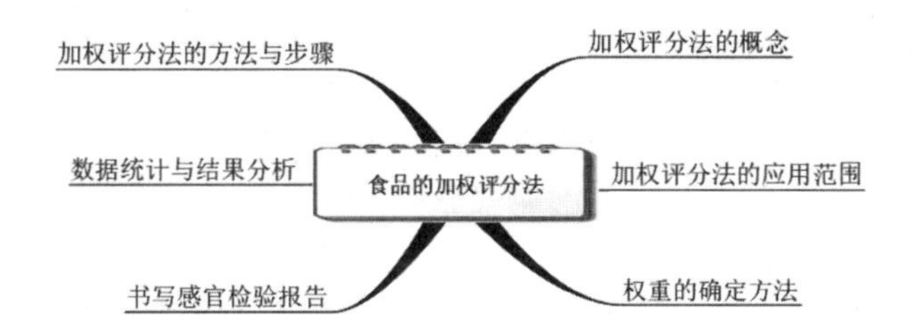

## 知识准备

### 一、加权评分法的概念

1. 概念

对评价对象各方面的特性或其总体状况进行评分赋值，运用加权求和的公式统计评分结果，以判明其价值的评价方法。

2. 应用范围

对同一种食品，由于各项指标对其质量的影响程度不同，它们之间不完全是平权的，因此，需要考虑它们的权重。所谓加权评分法是考虑各项指标对质量的权重后求平均分数或总分的方法，一般以 10 分或 100 分为满分进行评价。加权平均法可以对产品的质量做出更加准确的评价结果，比评分法更加客观、公正。

## 二、加权评分法的方法

1. 权重的确定

所谓权重是指一个因素在被评价因素中的影响和所处的地位。权重的确定一般是邀请业内人士根据被评价因素对总体评价结果影响的重要程度，采用德尔菲法进行赋权打分，经统计获得由各评价因素权重构成的权重集。

通常，要求权重集所有因素 $a_i$ 的总和为 1，称为归一化原则。

设权重集 $A=(a_1, a_2, \cdots, a_n)=(a_i)$，$(i=1, 2, \cdots, n)$

则

$$\sum_{i=1}^{n} a_i = 1$$

工程技术行业采用常用的“0～4 评判法”确定每个因素的权重。一般步骤如下：首先请若干名(一般 8－10 人)业内人士对每个因素两两进行重要性比较，根据相对重要性打分；很重要～很不重要，打分 4～0；较重要～不很重要，打分 3～1；同样重要，打分 2。据此得到每个评委对各个因素所打分数表。然后统计所有人的打分，得到每个因素得分，再除以所有指标总分之和，便得到各因素的权重因子。

2. 加权评分法的结果分析与判断

对各评价指标的评分进行加权处理后，求平均得分或求总分的办法，最后根据得分情况来判断产品质量的优劣。加权处理及得分计算可按下式进行。

$$P = \sum_{i=1}^{n} a_i x_i / f$$

式中，$P$——总得分；

$n$——评价指标数目；

$a$——各评价指标的权重；

$x$——评价指标得分；

$f$——评价指标的满分值。

如采用百分制，则 $f=100$；如采用十分制，则 $f=10$；如采用五分制，则 $f=5$。

**【应用实例】**

例 1：番茄的感官评价

为获得番茄的颜色、风味、口感、质地这四项指标对保藏后番茄感官质量影响的权重，邀请 10 位业内人士对上述四个因素按 0～4 评判法进行权重打分。统计十张表格各项因素的得分列于表 8-8。

**表 8-8 权重打分记录**

| 因素 | 评委 | | | | | | | | | | 总分 |
|---|---|---|---|---|---|---|---|---|---|---|---|
| | A | B | C | D | E | F | G | H | I | J | |
| 颜色 | 10 | 9 | 3 | 9 | 2 | 6 | 12 | 9 | 2 | 9 | 71 |
| 风味 | 5 | 4 | 10 | 5 | 10 | 6 | 5 | 6 | 9 | 8 | 68 |
| 口感 | 7 | 6 | 9 | 7 | 10 | 6 | 5 | 6 | 8 | 4 | 68 |
| 质地 | 2 | 5 | 2 | 3 | 2 | 6 | 2 | 3 | 5 | 3 | 33 |
| 合计 | 24 | 24 | 24 | 24 | 24 | 24 | 24 | 24 | 24 | 24 | 240 |

将各项因素所得总分除以全部因素总分之和便得权重系数：

$$A=[0.269, 0.283, 0.283, 0.138]$$

例 2：茶叶的感官评价

评定茶叶的质量时，以外形权重(20 分)、香气与滋味权重(60 分)、水色 10 分)、叶底权重(10 分)作为评定的指标。评定标准为一级(91～100 分)、二级(71～80 分)、四级(61～70 分)、五级(51～60 分)。现有一批花茶，经评审员评审后各项指标的得分数分别为：外形 83 分；香气与滋味 81 分；水色 82 分；叶底 80 分。请问，该批花茶是几级茶？

解：该批花茶的总分为

$$\frac{(80\times 20)+(81\times 60)+(82\times 10)+(80\times 10)}{100}=81.4(\text{分})$$

依据花茶等级评价标准，该批花茶为二级茶。

【知识拓展与链接】

请同学们扫描封面二维码进行知识拓展学习："加权评分法的应用"。

【任务测试】

1. 简述加权评分检验法的概念和方法特点。
2. 简述加权评分检验法的方法和步骤。
3. 简述加权评分检验法结果分析与判断的方法。

## 任务 3　茶叶的模糊数学检验

【学习目标】

**知识目标**

1. 掌握模糊数学检验的概念；
2. 了解模糊数学检验的应用范围；
3. 了解因素集、评语集、权重集的含义，掌握建立单因素评判的方法；
4. 掌握茶叶模糊数学检验的方法与步骤。

**能力目标**

1. 会设计茶叶模糊数学检验的方案，设定茶叶的因素集、评语集、权重集；
2. 能熟练完成茶叶模糊数学检验样品制备与编号，准备所需的实验物料、设备及设施，运用模糊数学检验法对茶叶模糊数学检验；
3. 会对感官评价小组的结果数据统计，并进行结果分析；
4. 规范书写感官检验报告，并应用模糊数学检验法对茶叶的感官品质分级。

**素养目标**

1. 崇尚劳动，培养执着专注、追求卓越、精益求精的工匠精神；
2. 具备较高的食品质量与安全意识，具有严谨求实、依法检测、规范操作的工作态度；
3. 培养团队合作精神、科研精神、创新精神及分析解决实际问题的能力。

GBT14487－2017
《茶叶感官审评术语》

【工作任务】

请感官评价员采用模糊数学方法对花茶品质进行综合评定，以评定各种花茶在外形、香气与滋味、水色和叶底方面的差异。

【思维导图】

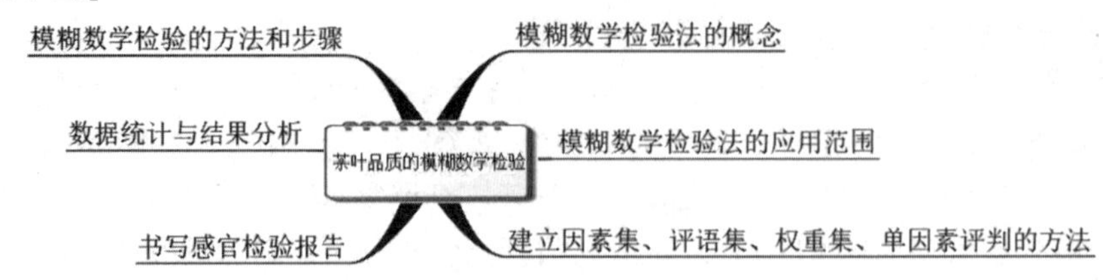

## 一、模糊数学检验法的概念

1. 概念

模糊数学法是在加权评分法的基础上，应用模糊数学中的模糊关系对食品感官检验的结果进行综合评判的方法。模糊综合评判的数学模型是建立在模糊数学基础上的一种定量评价模式。它是应用模糊数学的有关理论(如隶属度与隶属函数理论)，对食品感官质量中多因素的制约关系进行数学化的抽象，建立一个反映其本质特征和动态过程的理想化评价模式。由于我们的评判对象相对简单，评价指标也比较少，食品感官质量的模糊评判常采用一级模型。

2. 应用范围

在加权评分法中，仅用一个平均数很难确切地表示某一指标应得的分数，可能使结果存在误差。如果评定的样品是两个或两个以上，最后的加权平均数出现相同而又需要排列出它们的各项时，现行的加权评分法就很难解决。如果采用模糊数学的方法来处理评定的结果，以上的问题不仅可以得到解决，而且它综合考虑到所有的因素，获得的是综合且较客观的结果。

## 二、模糊数学检验法的基础知识

1. 建立评判对象的因素集 $\boldsymbol{U}=\{u_1, u_2, \cdots, u_n\}$

因素就是对象的各种属性或性能。例如评价蔬菜的感官质量，就可以选择蔬菜的颜色风味、口感、质地作为考虑的因素。因此，评判因素可设 $u_1$＝颜色，$u_2$＝风味，$u_3$＝口感，$u_4$＝质地，组成评判因素集合就是：

$$\boldsymbol{U}=\{u_1, u_2, u_3, u_4\}$$

2. 给出评语集 $\boldsymbol{V}$

评语集由若干个最能反映该食品质量的指标组成，可以用文字表示，也可用数值或等级表示。如保藏后蔬菜样品的感官质量划分为四个等级，可设：$\boldsymbol{V}_1$＝优；$\boldsymbol{V}_2$＝良；$\boldsymbol{V}_3$＝中；$\boldsymbol{V}_4$＝差。则：

$$\boldsymbol{V}=\{v_1, v_2, v_3, v_4\}$$

3. 建立权重集

即确定各评判因素的权重集 $\boldsymbol{X}$。所谓权重，是指一个因素在被评价因素中的影响和所处的地位。其确定方法与前面加权评分法中介绍的方法相同。

4. 建立单因素评判

对每一个被评价的因素建立一个从 $\boldsymbol{U}$ 到 $\boldsymbol{V}$ 的模糊关系 $\boldsymbol{R}$，从而得出单因素的评价集；矩阵 $\boldsymbol{R}$ 可以通过对单因素的评判获得，即从 $r_i$ 着眼而得到单因素评判，构成 $\boldsymbol{R}$ 中的第 $i$ 行。

$$\boldsymbol{R}=\begin{bmatrix} r_{11} & r_{12} & \cdots & r_{1n} \\ r_{21} & r_{22} & \cdots & r_{2n} \\ \vdots & \vdots & \vdots & \vdots \\ r_{m1} & r_{m2} & \cdots & r_{mn} \end{bmatrix}$$

即：$\boldsymbol{R}=(r_{ij})$，$i=1, 2, \cdots, n$；$j=1, 2, \cdots, m$。这里的元素 $r_{ij}$，表示从因素 $u_i$ 到该因素的评判结果 $v_j$ 的隶属程度。

5. 综合评判

求出 $\boldsymbol{R}$ 与 $\boldsymbol{X}$ 后，进行模糊变换：

$$\boldsymbol{B}=\boldsymbol{X}\cdot\boldsymbol{R}=\{b_1, b_2, \cdots, b_m\}$$

$\boldsymbol{X}\cdot\boldsymbol{R}$ 为矩阵合成，矩阵合成运算按照最大隶属度原则。再对 $\boldsymbol{B}$ 进行归一化处理得到 $\boldsymbol{B}'$，即：

$$\boldsymbol{B}'=\{b_1', b_2', \cdots, b_m'\}$$

$B'$便是该组人员对高食品感官质量的评语集。最后，再由最大隶属原则确定该种食品感官质量的所属评语。

## 三、模糊数学评价的方法

根据模糊数学的基本理论，模糊评判实施主要由因素集、评语集、权重、模糊矩阵、模糊变换、模糊评价等部分组成。下面结合实例来介绍模糊数学评价法的具体实施过程。

例 1：设花茶的因素集为 $\boldsymbol{U}$

$$\boldsymbol{U}=\{外形\ u_1，香气与滋味\ u_2，水色\ u_3，叶底\ u_4\}$$

评语集为 $\boldsymbol{V}$：

$$\boldsymbol{V}=\{一级、二级、三级、四级、五级\}$$

其中，一级为 91～100 分；二级为 81～90 分；三级为 71～80 分；四级为 61～70 分：五级为 51～60 分。

设权重集为 $\boldsymbol{X}$：

$$\boldsymbol{X}=\{0.2, 0.6, 0.1, 0.1\}$$

即外形 20 分，香气及滋味 60 分，水色 10 分，叶底 10 分，共计 100 分。

10 名评价员($k=10$)，对花茶各项指标的评分如表 8-9 所示。

问：该花茶为几级茶？

**表 8-9 花茶各项指标评分表**

| 指标 \ 分数/分 | 72～75 | 76～80 | 81～85 | 86～90 |
| --- | --- | --- | --- | --- |
| 外形 | 2(人) | 3(人) | 4(人) | 1(人) |

续表

| 指标＼分数/分 | 72～75 | 76～80 | 81～85 | 86～90 |
|---|---|---|---|---|
| 香气与滋味 | 0(人) | 4(人) | 5(人) | 1(人) |
| 水色 | 2(人) | 4(人) | 4(人) | 0(人) |
| 叶底 | 1(人) | 4(人) | 5(人) | 0(人) |

解题步骤：

分析：本例中，因素集为$\boldsymbol{U}$：$\boldsymbol{U}=\{$外形$u_1$，香气与滋味$u_2$，水色$u_3$，叶底$u_4\}$。评语集为$\boldsymbol{V}$：$\boldsymbol{V}=\{$一级，二级，三级，四级，五级$\}$；权重集$\boldsymbol{X}$：$\boldsymbol{X}=\{x_1, x_2, x_3, x_4\}$，均已经给出，即前面三个步骤都已经完成。下面只需要根据模糊矩阵的计算方法，求出模糊矩阵，然后再进行模糊评判就可以了。

其模糊矩阵为：

$$\boldsymbol{R}=\begin{bmatrix}2/k & 3/k & 4/k & 1/k \\ 0 & 4/k & 5/k & 1/k \\ 2/k & 4/k & 4/k & 0 \\ 1/k & 4/k & 5/k & 0\end{bmatrix}=\begin{bmatrix}0.2 & 0.3 & 0.4 & 0.1 \\ 0 & 0.4 & 0.5 & 0.1 \\ 0.2 & 0.4 & 0.4 & 0 \\ 0.1 & 0.4 & 0.5 & 0\end{bmatrix}$$

进行模糊变换：

$$\boldsymbol{Y}=\boldsymbol{X}\cdot\boldsymbol{R}=(0.2, 0.6, 0.1, 0.1)\cdot\begin{bmatrix}0.2 & 0.3 & 0.4 & 0.1 \\ 0 & 0.4 & 0.5 & 0.1 \\ 0.2 & 0.4 & 0.4 & 0 \\ 0.1 & 0.4 & 0.5 & 0\end{bmatrix}$$

其中，$b_1=(0.2\wedge 0.2)\vee(0.6\wedge 0)\vee(0.1\wedge 0.2)\vee(0.1\wedge 0.1)=0.2\vee 0\vee 0.1\vee 0.1=0.2$

同理得$b_2$、$b_3$、$b_4$分别为0.4、0.5、0.1，即：

$$\boldsymbol{B}=(0.2, 0.4, 0.5, 0.1)$$

归一化后得：

$$\boldsymbol{B}'=(0.17, 0.33, 0.42, 0.08)$$

得到此模糊关系综合评判的峰值为0.42，与原假设相比，得出结论：该批花茶的综合评分结果为81～85分，因此该花茶是二级花茶。

如果按加权评分法得到的总分相同，无法排列它们的名次时，可用下述方法处理。

例2：设两种花茶评定的结果如表8-10、表8-11、表8-12所示。

**表8-10 两种花茶评分结果**

| 品种＼指标 | 外形 | 香气与滋味 | 水色 | 叶底 |
|---|---|---|---|---|
| 1 | 90 | 94 | 92 | 88 |
| 2 | 90 | 94 | 89 | 91 |

表 8-11　1 号花茶各项指标的评定结果

| 指标＼分数/分 | 86～88 | 89～91 | 92～94 | 95～97 | 98～100 |
|---|---|---|---|---|---|
| 外形 | 1(人) | 5(人) | 3(人) | 1(人) | 0 |
| 香气与滋味 | 0 | 3(人) | 4(人) | 2(人) | 1(人) |
| 水色 | 2(人) | 4(人) | 3(人) | 1(人) | 0 |
| 叶底 | 3(人) | 4(人) | 2(人) | 1(人) | 0 |

表 8-12　2 号花茶各项指标的评定结果

| 指标＼分数/分 | 86～88 | 89～91 | 92～94 | 95～97 | 98～100 |
|---|---|---|---|---|---|
| 外形 | 2(人) | 3(人) | 3(人) | 2(人) | 0 |
| 香气与滋味 | 1(人) | 2(人) | 4(人) | 2(人) | 1(人) |
| 水色 | 2(人) | 4(人) | 2(人) | 1(人) | 0 |
| 叶底 | 1(人) | 6(人) | 3(人) | 0(人) | 0 |

两种花茶的模糊矩阵分别为：

$$\boldsymbol{R}_1=\begin{bmatrix}0.1 & 0.5 & 0.3 & 0.1\\ 0 & 0.3 & 0.4 & 0.2\\ 0.2 & 0.4 & 0.3 & 0.1\\ 0.3 & 0.4 & 0.2 & 0.1\end{bmatrix}\qquad \boldsymbol{R}_2=\begin{bmatrix}0.2 & 0.3 & 0.3 & 0.2\\ 0 & 0.2 & 0.4 & 0.2\\ 0.2 & 0.4 & 0.2 & 0.1\\ 0.1 & 0.6 & 0.3 & 0\ 0\end{bmatrix}$$

权重都采用 $\boldsymbol{X}=(0.2, 0.6, 0.1, 0.1)$处理得到：

$$\boldsymbol{B}_1=(0.1, 0.3, 0.4, 0.2, 0.1)$$
$$\boldsymbol{B}_2=(0.2, 0.2, 0.4, 0.2, 0.1)$$

归一化处理后得：

$$\boldsymbol{B}_1'=(0.09, 0.27, 0.37, 0.18, 0.09)$$
$$\boldsymbol{B}_2'=(0.18, 0.18, 0.37, 0.18, 0.09)$$

两种茶叶的评价结果峰值均为 0.37，表明这两种茶叶也均为一级品。这样无法评价出哪一种茶叶更好，这时可以采用模糊关系曲线来进一步评判这两种茶叶的优劣。$\boldsymbol{B}_1'$和 $\boldsymbol{B}_2'$的模糊关系曲线如图 8-1 所示。

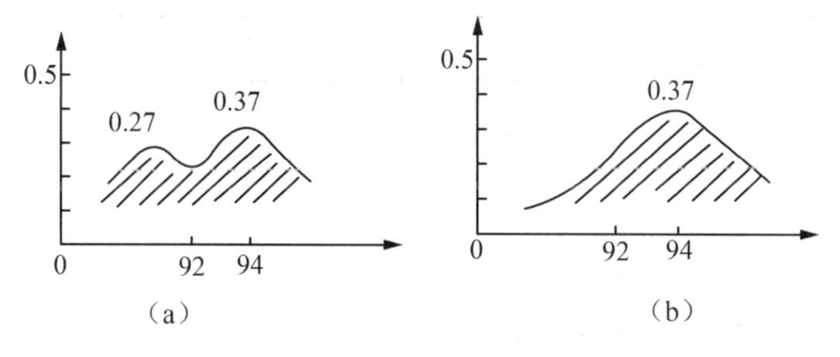


图 8-1　$\boldsymbol{B}_1'$和 $\boldsymbol{B}_2'$的模糊关系曲线

由图 8-1 可知，虽然它们的峰值都出现在统一范围内，均为 0.37，但 $\boldsymbol{B}_1'$ 和 $\boldsymbol{B}_2'$ 中各数的分布不一样，$\boldsymbol{B}_1'$ 中峰值左边出现一个次峰 0.27，这表明分位向低处移动，产生“重心偏移”。而 $\boldsymbol{B}_2'$ 中各数平均分布，表明评审员的综合意见比较一致，分歧小。因此，虽然这两种花茶都属于一级茶，但 2 号花茶的名次应排在 1 号花茶之前。

**【知识拓展与链接】**

请同学们扫描封面二维码进行知识拓展学习：“茶叶的感官品鉴”。

**【任务测试】**

1. 简述模糊数学检验法的概念和用途。
2. 简述模糊数学检验法的方法和步骤。
3. 请问如何根据产品的特性，正确设定因素集、评语集、权重集及评价标准？

## 方案设计与实施

### 一、感官评价小组制订工作方案，确定人员分工

在教师的引导下，以学习小组为单位制订工作方案，感官评价小组讨论，确定人员分工。

1. 工作方案

**表 1　方案设计表**

| 组长 | | 组员 | | | |
|---|---|---|---|---|---|
| 学习项目 | | | | | |
| 学习时间 | | 地点 | | 指导教师 | |
| 准备内容 | 检验方法 | | | | |
| | 仪器试剂 | | | | |
| | 样　　品 | | | | |
| 具体步骤 | | | | | |

2. 人员分工

**表 2　感官评价员工作分工表**

| 姓名 | 工作分工 | 完成时间 | 完成效果 |
|---|---|---|---|
| | | | |
| | | | |
| | | | |

### 二、试剂配制、仪器设备的准备

请同学按照实验需求配制相应的试剂和准备仪器设备，根据每组实际需要用量填写领取数量，并在实验完成后，如实填写仪器设备的使用情况。

1. 试剂配制

**表 3　试剂配制表**

| 组号 | 试剂名称 | 浓度 | 用量 | 配制方法 |
|---|---|---|---|---|
| | | | | |
| | | | | |
| | | | | |

2. 仪器设备

**表 4　仪器设备统计表**

| 仪器设备名称 | 型号(规格) | 数量(个) | 使用前情况 | 使用后情况 |
|---|---|---|---|---|
| | | | | |
| | | | | |
| | | | | |

## 三、样品制备

**表 5　样品制备表**

| 样品名称 | 取样量 | 制备方法 | 储存条件 | 制造厂商 |
|---|---|---|---|---|
| | | | | |
| | | | | |
| | | | | |

## 四、品评检验

**表 6　感官检验方法与步骤表**

| 检验方法 | 检验步骤 | 检验中出现的问题 | 解决办法 |
|---|---|---|---|
| | | | |

## 五、感官检验报告的撰写

表 7 感官检验报告单

<table>
<tr><td rowspan="2">基本信息</td><td>样品名称</td><td></td><td>检测项目</td><td colspan="2"></td></tr>
<tr><td>检测方法</td><td></td><td>检测日期</td><td colspan="2"></td></tr>
<tr><td rowspan="2">检测条件</td><td>国家标准</td><td></td><td></td><td colspan="2"></td></tr>
<tr><td>实验环境</td><td>温度</td><td>℃</td><td>湿度</td><td>%</td></tr>
<tr><td>检测数据</td><td colspan="5"></td></tr>
<tr><td>感官评价结论</td><td colspan="5"></td></tr>
</table>

## 评价与反馈

1. 学完本项目后，你都掌握了哪些技能？

2. 请填写评价表，评价表由自我评价、组内互评、组间评价和教师评价组成，分别占 15%、25%、25%、35%。

(1)自我评价

表 1 自我评价表

<table>
<tr><td>序号</td><td>评价项目</td><td>评价标准</td><td>参考分值</td><td>实际分值</td></tr>
<tr><td>1</td><td>知识准备，查阅资料，完成预习</td><td>回答知识目标中的相关问题；观看食品分级检验的相关微课，并完成任务测试</td><td>5</td><td></td></tr>
<tr><td>2</td><td>方案设计，材料准备，操作过程</td><td>方案设计正确，材料准备及时、齐全；设备检查清洗良好；认真完成感官检验的每个环节</td><td>5</td><td></td></tr>
<tr><td>3</td><td>实验数据处理与统计</td><td>实验数据处理与统计方法与结果正确，出具感官检验报告</td><td>5</td><td></td></tr>
<tr><td colspan="3">合 计</td><td>15</td><td></td></tr>
<tr><td colspan="5">感想：</td></tr>
</table>

(2)组内互评

请感官评价小组成员根据表现打分，并将结果填写至评价表。

表 2 组内评价表

| 序号 | 评价项目 | 评价标准 | 参考分值 | 实际分值 |
|---|---|---|---|---|
| 1 | 学习与工作态度 | 实验态度端正，学习认真，责任心强，积极主动完成感官评价的每个环节 | 5 | |

续表

| 序号 | 评价项目 | 评价标准 | 参考分值 | 实际分值 |
|---|---|---|---|---|
| 2 | 完成任务的能力 | 材料准备齐全、称量准确；设备的检查及时清洗干净；感官评价过程未出现重大失误 | 10 | |
| 3 | 团队协作精神 | 积极与小组成员合作，服从安排，具有团队合作精神 | 10 | |
| 合　计 | | | 25 | |
| 评价人签字： | | | | |

(3)组间评价(不同感官评价小组之间)

**表 3　组间评价表**

| 序号 | 评价内容 | 评价标准 | 参考分值 | 实际分值 |
|---|---|---|---|---|
| 1 | 方案设计与小组汇报 | 方案设计合理，小组汇报条理逻辑，实验结果分析正确 | 10 | |
| 2 | 环境卫生的保持 | 按要求及时清理实训室的垃圾，及时清洗设备和感官评价用具 | 5 | |
| 3 | 顾全大局意识 | 顾全大局，具有团队合作精神。能够及时沟通，通力完成任务 | 10 | |
| 合　计 | | | 25 | |
| 评价人签字： | | | | |

(4)教师评价

**表 4　教师评价表**

| 序号 | 评价项目 | 评价标准 | 参考分值 | 实际分值 |
|---|---|---|---|---|
| 1 | 学习与工作态度 | 态度端正，学习认真，积极主动，责任心强，按时出勤 | 5 | |
| 2 | 制订检验方案 | 根据检测任务，查阅相关资料，制订食品分级检验的方案 | 5 | |
| 3 | 感官品评 | 合理准备工具、仪器、材料，会制订感官检验问答表，检验过程规范 | 10 | |
| 4 | 数据记录与检验报告 | 规范记录实验数据，实验报告书写认真，数据准确，出具感官评价结论 | 10 | |
| 5 | 职业素质与创新意识 | 能快速查阅获取所需信息，有独立分析和解决问题的能力，工作程序规范、次序井然，具有一定的创新意识 | 5 | |
| 合　计 | | | 35 | |
| 教师签字： | | | | |

# 项目九
# 现代智能食品感官分析

【案例导入】

**制假售假！劣质酒披高档“外衣”销售！**

2019年1月，某市市场监督管理局开展食品安全检查中发现，不法企业用低档酒灌装到高档名酒的酒瓶当中，非法获利。购买假冒高档白酒包装材料，用便宜的品牌低档白酒灌装生产假冒上述品牌白酒，并通过多种渠道对外进行销售，查获假冒白酒1387瓶，公安局派出所警力组织力量摧毁此制售假酒窝点，抓获犯罪嫌疑人6名，现场查获100余箱假酒以及大量包装箱、酒瓶、防伪标识等制假物品。两名被告人分别被法院以假冒注册商标罪判处有期徒刑四年，并处罚金100万元。白酒深受消费者欢迎，而一些不法之徒利欲熏心，以低劣的酒水灌装冒充高档白酒，侵犯他人知识产权，存在严重的食品安全隐患。必须以最严谨的标准，最严格的监管，最严厉的处罚，最严肃的问责，保障人民群众“舌尖上的食品安全”。

**思考问题：**

1. 现代感官分析仪器在食品感官检验中有哪些优势？
2. 如何利用现代感官分析仪器对食品样品检测？

## 任务1 休闲食品的质构分析

【学习目标】

**知识目标**

1. 了解质构仪的概念，以及质构仪与人的感官分析比较的优势；
2. 理解质构仪的工作原理；
3. 了解质构仪在各类食品中广泛应用；
4. 掌握食品质构分析的检测方法与步骤。

**能力目标**

1. 会设计休闲食品质构分析的检验方案；

2. 能熟练完成样品制备与编号，准备所需的实验物料、设备及设施；

3. 会选用合适的探头，规范使用质构仪测定休闲食品的质构，正确设定检测参数和处理数据，并进行结果分析；

4. 规范书写感官检验报告，并对休闲食品的质构的感官评价。

**素养目标**

1. 钻研食品科技前沿技术，具有产品规划和开发的创新精神；

2. 培养实验室安全操作意识和仪器设备规范使用意识；

3. 具备较高的食品质量与安全意识，具有严谨求实、依法检测、规范操作的工作态度。

**3D 打印技术**
**运用于美食领域**

**【工作任务】**

食品的质构评价已逐渐成为消费者选择薯片的重要依据，薯片的酥脆程度成为评价薯片品质的重要指标，质构提供的声音、感觉和满足感可以使产品更具吸引力。现有市售四种不同品牌的薯片样品，分别是可比克番茄味、上好佳田园薯片番茄味、丽丽马铃薯片番茄味和乐事真浓番茄味。请感官评价员利用质构仪对薯片的质构进行分析检测，比较不同品牌的薯片之间质构的差别。

**【思维导图】**

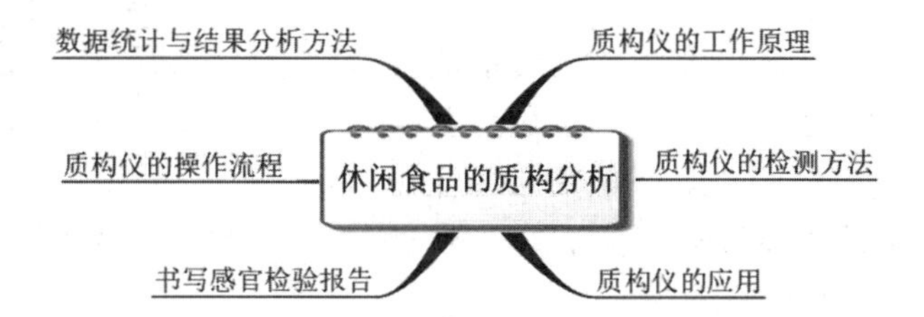

质构仪(Texture Analyzer)，也称为物性分析仪，是基于食品的物性学的基本原理，获得一系列样品的物性参数(质构参数)。质构仪作为一种物性分析仪器，主要是模拟口腔的运动，对样品进行压缩、变形，从而能分析出食品的质构，包括硬度、脆度、弹性、回复性、黏聚性、咀嚼性等指标，在食品学科的发展中发挥着重要的作用，可以对样品进行品质分类、质量控制和生产工艺的优化。质构仪可应用于肉制品、粮油食品、面食、谷物、糖果、果蔬、凝胶、果酱等食品的物性学分析，具有功能强大、检测精度高、性能稳定等特点，是高校、科研院所、食品企业、质检机构实验室等部门研究食品物性学有力的分析工具。与人的感官分析相比较，质构仪的优势见表 9-1。

**表 9-1　质构仪和人的感官分析比较的优势**

| 质构仪 | 人的感官分析 |
|---|---|
| 数据量化 | 数据不能量化 |
| 适合快速精确测定和线上品管 | 感官品评不够准确且费时 |

续表

| 质构仪 | 人的感官分析 |
|---|---|
| 适合复杂或多样化的样品组成和形状 | 样品组成复杂会增加困难度 |
| 节省新产品开发时间和成本 | 只依靠经验的品评，不能找出最适条件 |
| 产品规格标准化，不受距离时间限制 | 产品质量随产地季节而变化 |

## 一、质构仪的工作原理

质构仪是模拟人的触觉，分析检测触觉中物理特征的仪器，在其主机的机械臂和探头连接处有一个力学传感器，能感应标本对探头的反作用力，并将这种力学信号传递给微机，并转变为数字记录和图形表示，快速直观的描述样品的受力情况。在工作状态下，通过微机程序控制，机械臂以设定速度上下移动，当传感器与被测物体接触达到设定触发力或触发深度时，计算机以设定的记录速度开始记录，并在直角坐标系中绘图表示。由于传感器是在设定速度下匀速移动，因此时间位移可以自由转换，并可以计算出被测物体的应力与应变关系。质构仪可通过对样品进行挤压、拉伸、穿刺、剪切、折断等试验操作；其测试主要通过主机根据程序设置运行力量感应单元，通过探头作用于样品，得到距离、时间、作用力这三个主要的原始参数结果，在经过图形化结果分析，得到食品的力学特性，以及相关的食品表面或者内部质地特性，其可对结果进行准确的数量化处理，可避免人为对食品品质评价结果的主观影响。质构仪的基本结构主要包括主机、力量感应单元、专用软件、探头及附件。

**图 9-1　质构仪的基本结构**

## 二、质构仪的检测方法

质构仪的检测方法包括七种基本模式：全质构测试、压缩实验、穿刺实验、挤出实验、剪切实验、弯曲实验、拉伸实验。

1. 全质构测试

全质构测试(Texture Profile Analysis，TPA)，又称二次咀嚼实验，是由 Szczeniak 等人于 1963 年确定的综合描述食品物性的质构分析法。TPA 实验是目前在食品检测方面应用非常广泛的测试方法。测试时常选用圆柱或圆盘探头，一般会要求探头截面积大于被测样品的表面积。探头从起始位置开始，以指定速度压向测试样品，接触到样品的表面后(常以触发力来判定是否接触到样品)再以指定的测试速度对样品进行指定距离或形变量的压缩，而后返回到压缩的触发点，接着开始第二次挤压或停留一段时间后继续向下压缩同样的距离，而后以指定的测后速度返回到起始位置。如图 9-2 所示，通过 TPA 实验可以得到样品的多项物性指标，指标包括基本参数，即直接测试得到的指标，如硬度(hardness)、脆性(fracturability)、黏附性(stringiness)、黏附力(adhesiveness)、黏附力做功、弹性(springiness)等，以及二级指标内聚性(cohesiveness)、胶黏性(gumminess)、咀嚼性(chewiness)等。

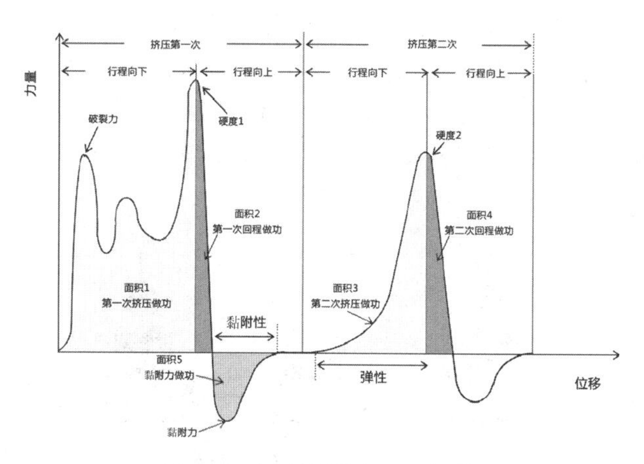


图 9-2 全质构测试 TPA 参数

2. 压缩实验

压缩测试是对样品整体进行挤压，在另外两个方向上不受约束。FTC 压缩实验时探头常选用大直径的探头，如平底圆柱或圆盘，用于使固体或自支撑样品变形。如图 9-3 所示，探头从起始位置开始，以指定速度压向测试样品，接触到样品的表面后(常以触发力来判定是否接触到样品)再以指定的测试速度对样品进行指定距离或形变量的压缩，而后返回到压缩的触发点，然后再以指定的测后速度返回到起始位置。

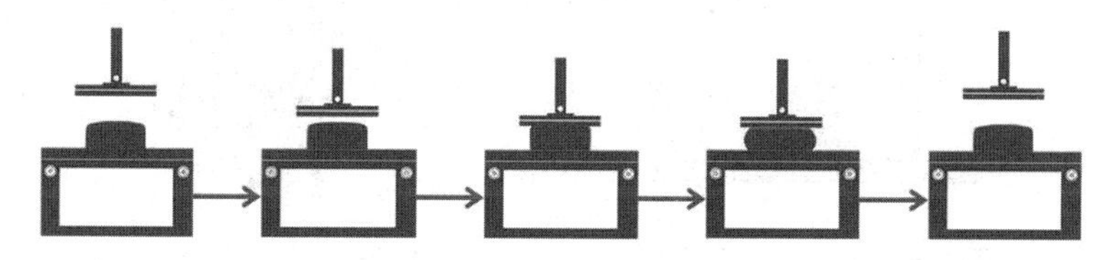

图 9-3 压缩实验示意图

3. 穿刺实验

小直径圆柱探头，球形探头和锥形探头均可用于进行挤压穿刺实验。样品中产生的力取决于所用探头的几何形状，根据待测样品的形状和大小选择对应的探头。FTC 还提供一系列多针穿刺探头，如对于内部不均一的样品可选用多针探头。如图 9-4 所示，探头从起始位置开始，以指定速度接触到样品的表面后(常以触发力来判定是否接触到样品)再以指定的测试速度穿过样品表面并继续穿刺到样品内部，达到设定的目标位置后以指定速度返回起始位置。

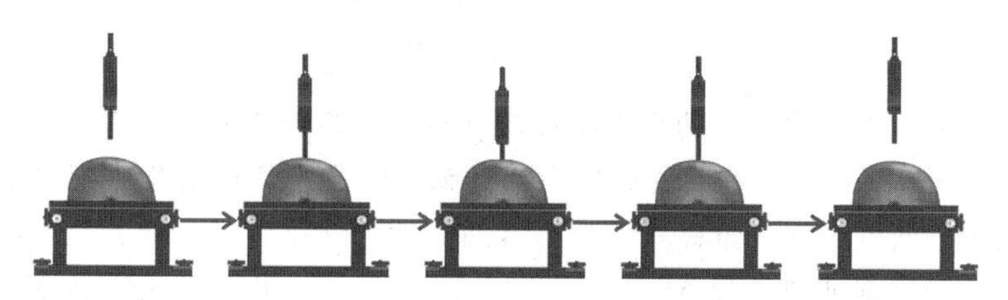

图 9-4 穿刺实验示意图

4. 挤出实验

挤出测试在食品和其他行业中有许多应用，用于产品质地评估。该方法与半固体或粘性液体有关，其流变特性影响流体流动。实验过程与穿刺相似，如图 9-5 所示，探头从起始位置开始，以指定速度接触到样品的表面后(常以触发力来判定是否接触到样品)再以指定的测试速度穿过样品表面并继续穿刺到样品内部，达到设定的目标位置后以指定速度返回起始位置。

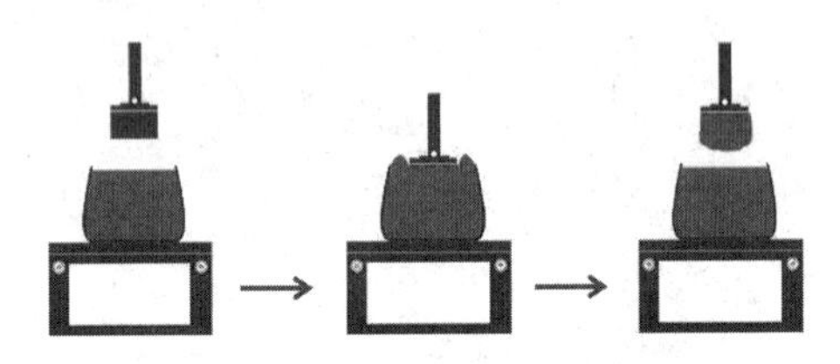

图 9-5 挤出实验示意图

5. 剪切实验

剪切实验是一种适用于分析食品纹理非常流行和有价值的测试方法。这种方法对产品进行切片或"剪切"，可用以模拟当食物被放入到嘴中前门牙的咬断作用，如图 9-6、图 9-7 所示分别为单刀和多刀剪切示意图。可用精密刀片和线材用于切割样品，根据刀片几何形状产生剪切，撕裂和压缩力的组合。探头的选择可根据样品进行选择。

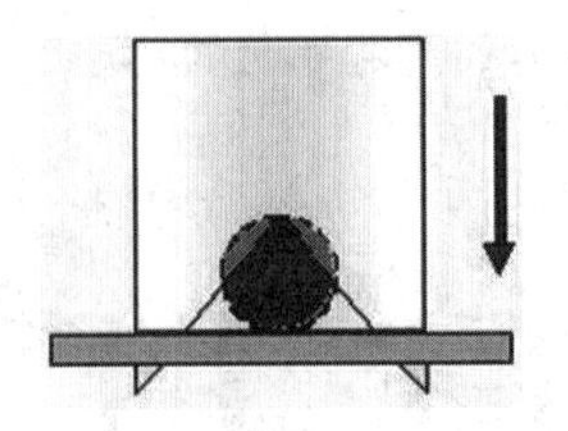

图 9-6 单刀剪切示意图

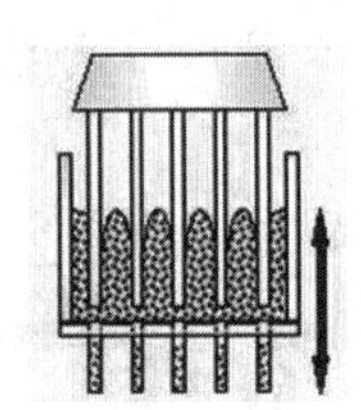

图 9-7 多刀剪切示意图

如图 9-8 所示，以剪切探头刀口完全没过平台为位移零点，探头抬起指定高度，将样品顺利放入后开始剪切，探头将样品完全切开后回到指定高度。

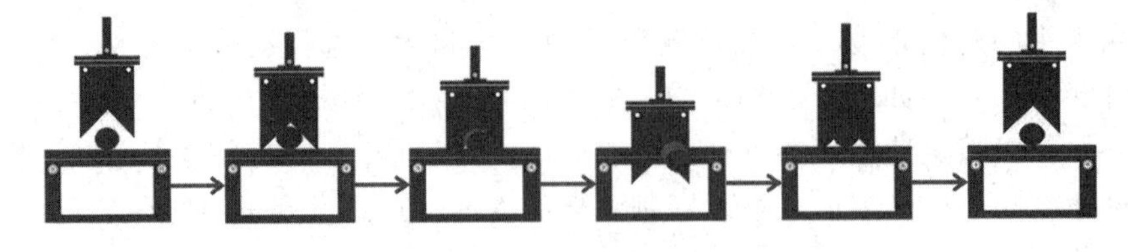

图 9-8 剪切实验示意图

6. 弯曲实验

弯曲实验通常用于对硬或脆的食物质地的分析。一些较软的产品有时也可使用这种方法进行测试。如图 9-9 所示，产品受到压力，直到它断裂，弯曲过程中的力量随位移的变化被记录下来。弯曲可用于测量棒状或片型食品的断裂性质。样品通常是具有均匀结构的脆性固体，用于快速测试的最受欢迎的 FTC 夹具三点弯曲组件，使样品在最弱点处发生断裂。

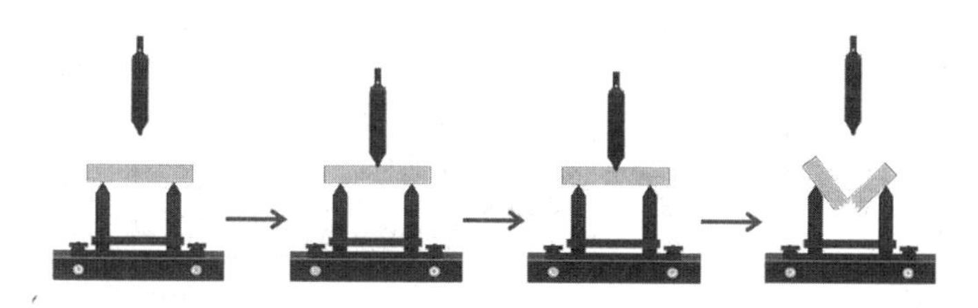

图 9-9　弯曲实验示意图

弯曲实验主要应用于面包干、饼干、巧克力棒等烘焙产品的断裂强度、酥脆性等质构的测定；黄瓜、芹菜、秸秆等蔬菜的新鲜度，腌制品的硬度脆性等指标的测定；微型三点弯曲探头还可以对糖果、药片的硬度、脆性等进行测定。

7. 拉伸实验

拉伸实验可测量产品的弹性和极限强度，在食品中拉伸实验可用于对面条的弹性模数、抗张强度以及伸展性测试，面团的拉伸阻力和拉伸距离的测定，以及条状口香糖的伸展性、拉伸强度的测试。除了在食品中应用拉伸还可以用于对一些材料样品的测试，如薄膜、牛奶纸盒的拉伸测试等。如图 9-10 所示，将样品固定在拉伸设备上(拉伸探头一般分为上、下两部分)，用探头对样品进行向上拉伸，直到拉伸到指定距离后返回到起始位置。

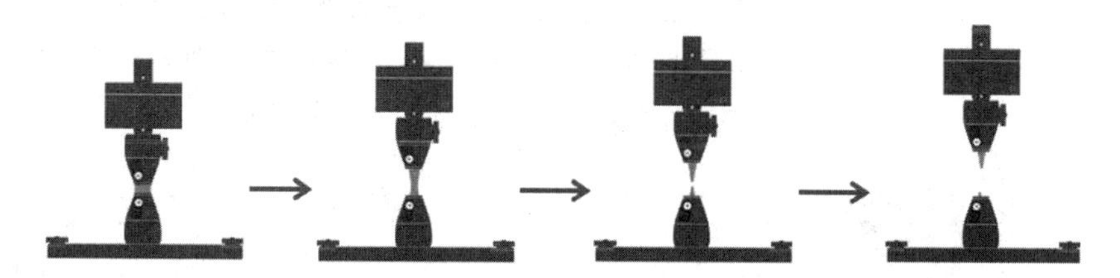

图 9-10　拉伸实验示意图

## 三、质构仪的应用

质构仪可应用于肉制品、粮油食品、面食、谷物、糖果、果蔬、凝胶、果酱等食品的物性学分析，分析食品的嫩度、硬度、脆性、黏性、弹性、内聚性、咀嚼性、拉伸强度、抗压强度、穿透强度等各项物性指标。

1. 质构仪在乳制品中的应用

如图 9-11 所示，接触到样品后随着挤压的进行力量逐渐增大，两种酸奶的力量差异较大，可见酸奶 2 稠度大，整体较紧实；达到一定值后虽然仍在挤压，但力量趋于稳定，这也直接反应了本次测试的两种酸奶样品内部质地均匀；挤压结束后探头抬起，力量迅速降到 0 点，由于样品有一定的粘性，故探头想要脱离样品时样品会对探头有向下的拉力，故在图形中出现负向力量，负峰值反映了样品的粘附力，负峰面积则被定义为样品粘附性，比较可见酸奶 2 的粘附力和粘附性均明显高于酸奶 1。

客观准确的物性指标数值可用来比较加工条件、原材料、发酵剂、储藏等因素对凝固型酸奶重要物性指标的影响，不仅可适用于原料的筛选、加工过程的控制，还可用于样品后期的最佳储藏条件的选择等各个阶段。

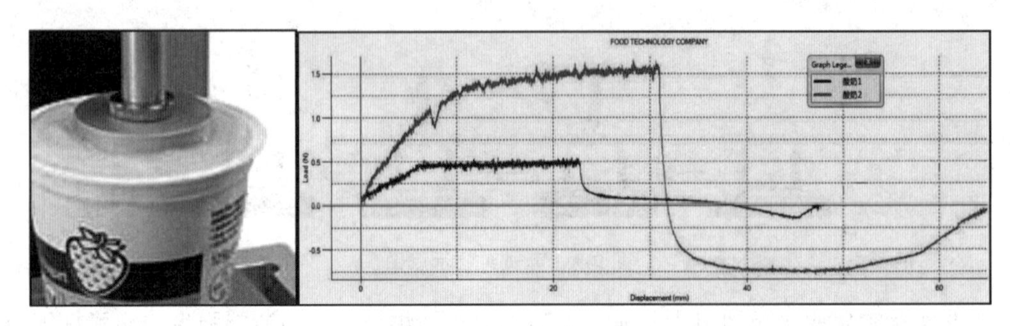


图 9-11 酸乳挤出实验

2. 质构仪在烘烤类食品中的应用

烘焙食品中同质固体指使用质地均匀一致的原料制备而成的食品，如面包、发面圈、松饼、松软蛋糕等，该类样品在进行物性分析时关键的物性特点有其保持特性、面包的硬度、弹性及挥发性、表皮的硬度、抗过期性、货架期的预测、烘烤特性等。面包口感宣软、质地均匀，深受广大消费者的喜爱，但随着放置时间的延长面包会由于淀粉的老化和水分的丧失等原因而导致口感变差，故而掌握面包的货架期尤为重要。

如图 9-12 所示，使用烘焙专用探头(36mm 直径柱形探头)对切片面包做挤压实验隔夜和新鲜的面包在测得的图形上存在明显不同，放置过夜的面包硬度(正峰值)几乎是新鲜面包的两倍，曲线的斜率也反映了样品的柔软度和紧实感，斜率越大则说明面包硬度越大，挤压做功的差异都表明隔夜面包硬度增大，柔软度降低，口感变差。

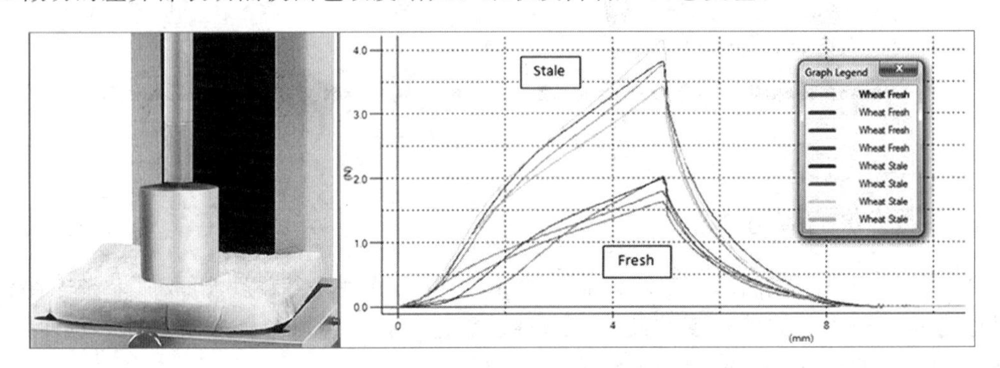


图 9-12 切片面包挤压实验

3. 质构仪在果蔬类食品中的应用

通过质构仪测试不仅可以得到苹果类产品果皮的硬度、果肉的硬度，还可以评价果皮的屈服力、果肉的均一性等指标，可用于评价苹果类产品成熟过程中果肉、果皮的质地变化研究，不同品种产品的质地差异比较，产地、生长环境等对产品口感的影响，加工方式对口感的影响等各个方面。如图 9-13 所示为苹果的新鲜度的测试，本次测试不对苹果进行切割，整体进行穿刺。

从果皮的硬度来看，Golden 苹果的果皮最软，而 Granny 苹果的果皮最硬。FuJi 果皮的硬度则在两者之间，从图中可见，Golden 苹果的果肉也最软，可见该苹果的口感是相对绵软的。Granny 苹果和 FuJi 果皮在果皮上存在明显差异，但二者的果肉质地非常接近。

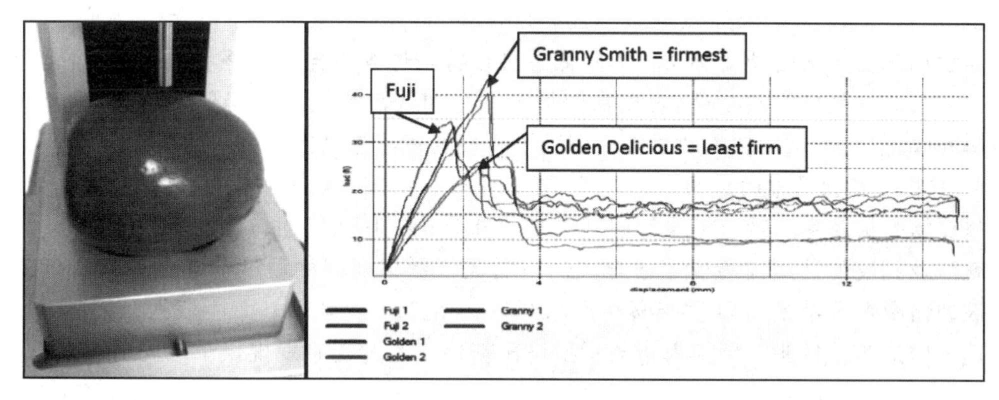


图 9-13　苹果的质地检测(穿刺实验)

4. 质构仪在米面制品中的应用

大米的质地对于消费者如何看待产品的质量非常重要，蒸煮时间对产品的质地有着重要的影响。这种样品用多刀做剪切实验较为适宜，通过实验结合人们的饮食习惯，可以确定米饭最佳的蒸煮时间。如图 9-14 所示，不同蒸煮时间曲线的峰值可见，蒸煮时间越长米饭的硬度越小，通过质构仪就可以将米饭的硬度随蒸煮时间的关系很好的表现出来，结合消费者对米饭硬度的喜欢从而指定产品的蒸煮方式。

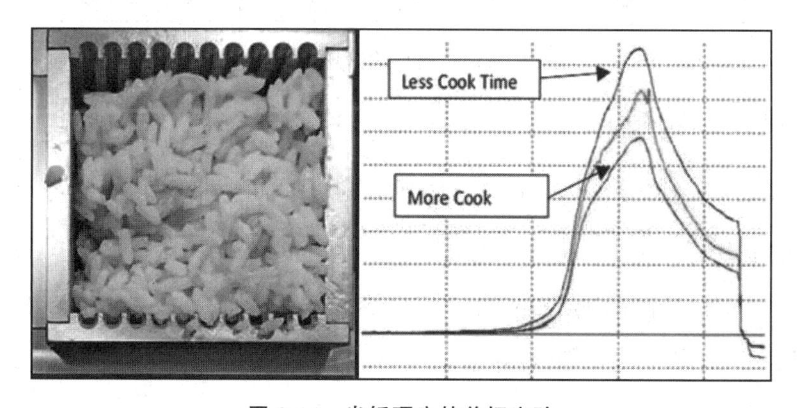


图 9-14　米饭硬度的剪切实验

5. 质构仪在肉类食品中的应用

如图 9-15 所示，选用轻型单刀剪切实验探头中的燕尾刀，调用剪切程序，以燕尾刀道口刚全部没过平台为位移零点，确保可以将火腿肠完全切断。

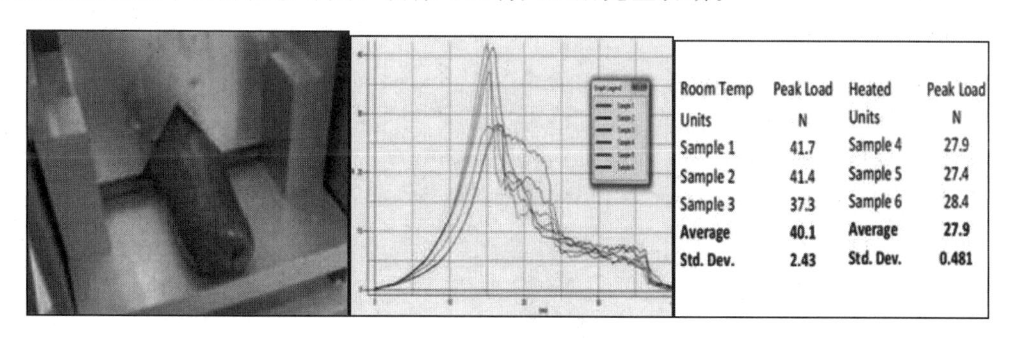

| Room Temp | Peak Load | Heated | Peak Load |
|---|---|---|---|
| Units | N | Units | N |
| Sample 1 | 41.7 | Sample 4 | 27.9 |
| Sample 2 | 41.4 | Sample 5 | 27.4 |
| Sample 3 | 37.3 | Sample 6 | 28.4 |
| **Average** | **40.1** | **Average** | **27.9** |
| **Std. Dev.** | **2.43** | **Std. Dev.** | **0.481** |

图 9-15　火腿肠的剪切实验

Sample 1、2、3 是未加热的火腿肠，Sample 4、5、6 是加热一分钟的火腿肠样品，结果显示加热后火腿的硬度会明显的降低，且在剪切过程中样品的逐步破裂的。而未加热的样品剪切时样品会突然断裂(表现在图形上则是曲线出现明显的峰值，达到最大峰值后力量瞬间降低)。测试发现加热过的火腿肠平行性要优于未加热时的火腿肠。

6. 质构仪在糖果中的应用

橡皮糖、棉花糖、凝胶糖果等因其可爱的外形、Q 弹适度的口感深受人们的喜爱，那么这就涉及到胶弹性达到多少才适合人们咀嚼呢？货架期间的硬度的变化如何？延展性、挤压破裂情况等等都是需要生产商在产品开发、生产、销售等方面注意的。如图 9-16 所示，选用球形实验探头，模拟拇指与食指挤压糖果。通过实验发现烘干不同时间的橡皮糖在硬度上存在很大的差异，随着烘干时间的延长，橡皮糖的硬度逐渐增大，通过实验可以建立以硬度指标为标准的橡皮糖产品烘干时间的最大值与最小值。

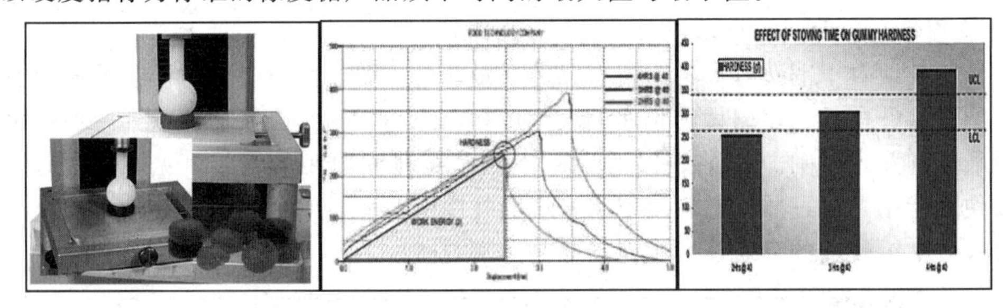


图 9-16 糖果的挤压实验

## 方案设计与实施

以薯片样品为例，介绍质构仪检测方法和步骤，以及结果分析。

### 一、样品制备

薯片样品：市售四种不同品牌的薯片。

整片薯片，单片挤压，直接测试。

### 二、检测方法

采用单次挤压程序方法：

(1)探头：12.7mm 球型探头

(2)力量感应单元：25N

(3)测试模式：挤压

(4)测试速度：30mm/min

(5)测试距离：10mm

(6)回程速度：60mm/min

(7)触发力：0.05N

(8)间隔时间：0s

## 三、数据统计与结果分析

由于样品单片的形状大小不一，故测试的平行性相对较差，但仍能从测试结果中看出一些不同品牌之间薯片在质地上的差异。

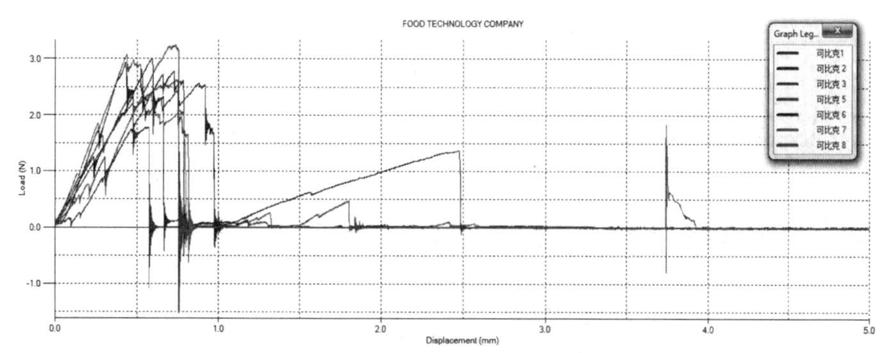


**图 9-17 可比克薯片单片挤压实验叠加图**

由图 9-17 可以看出，可比克薯片挤压过程中峰值均集中在位移 0～1mm。最大硬度在 3N 左右。

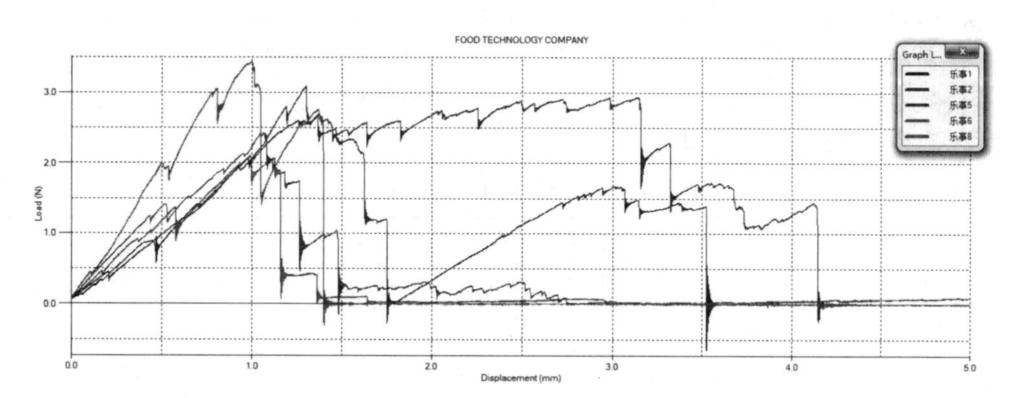


**图 9-18 乐事薯片单片挤压实验叠加图**

由图 9-18 可以看出，乐事薯片挤压过程中峰值均集中在位移 1～1.5mm。最大硬度在 3N 左右。

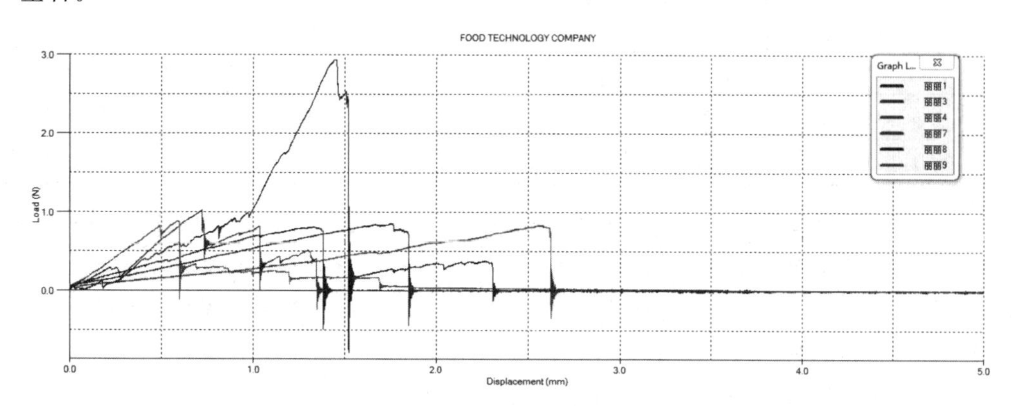


**图 9-19 丽丽薯片单片挤压实验叠加图**

如图 9-19 所示，丽丽薯片挤压过程中最大峰值发生的位置样品之间差异较大，但均在 1mm 以上，有的样品甚至达到 2mm 以上，最大硬度在 1N 左右。

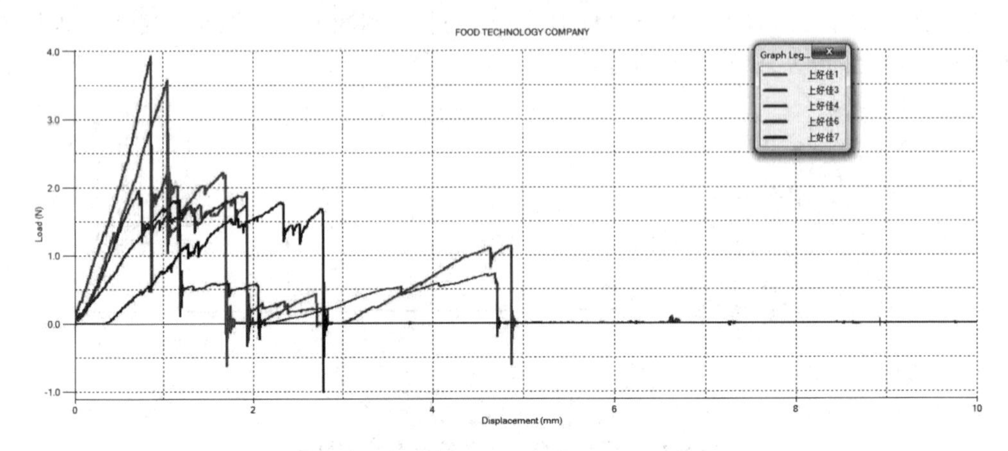


**图 9-20 上好佳薯片单片挤压实验叠加图**

如图 9-20 所示，上好佳薯片挤压过程中最大峰值发生的位置样品之间差异较大，有的在 1mm 之内，有的在 2mm 以内，硬度值也差异较大，但最小硬度值也在 2N 以上。

结合表 9-2 的实验数据，对比 4 个品牌的番茄味薯片的单片挤压实验结果可见，可比克薯片稍微施力薯片即破裂；丽丽薯片最软，探头接触到样品后，薯片会发生相对较大的变形后才破裂，且挤压硬力也很小。

**表 9-2 薯片单片挤压主要实验数据**

| Result Info. | Units | 可比克 | 丽丽 | 乐事 | 上好佳 |
|---|---|---|---|---|---|
| 测试前速度 | mm/min | 30.00 | 30.00 | 30.00 | 30.00 |
| 检测速度 | mm/min | 30.00 | 30.00 | 30.00 | 30.00 |
| 回程速度 | mm/min | 60.00 | 60.00 | 60.00 | 60.00 |
| 起始力 | N | 0.05 | 0.05 | 0.05 | 0.05 |
| 破裂百分比 | % | 5.00 | 5.00 | 5.00 | 5.00 |
| 每次循环目标位移 | mm | 10.00 | 10.00 | 10.00 | 10.00 |
| 最大峰值-硬度 | N | 2.83 | 1.23 | 2.74 | 2.61 |
| 最大峰值时位移 | mm | 0.63 | 1.78 | 1.14 | 0.80 |
| 到最大峰值时做功 | N. mm | 0.55 | 0.49 | 1.59 | 0.45 |
| 挤压做功 | N. mm | 1.44 | 0.95 | 3.91 | 3.20 |

从硬度来看可比克、乐事和上好佳硬度很接近，硬度发生的位移却存在一定差异，可比克发生很小的位移就会完全破裂，其次是上好佳，再次是乐事。可见可比克薯片最脆，其次是上好佳和乐事，丽丽薯片较软，脆性远不及其他三个品牌。整体挤压实验不仅可以分析产品整体挤压时各品牌之间的差异，还可以用来模拟产品在运输过程中堆积放置的最大承受力，对于运输过程中产品的码放数量有一定的指导意义。

**【知识拓展与链接】**

请同学们扫描封面二维码进行知识拓展学习：“质构仪的探头如何选择”。

**【任务测试】**

**一、填空题**

1. 质构仪也称为________，是基于食品的物性学的基本原理，获得一系列样品的物性参数。质构仪作为一种物性分析仪器，主要是模拟口腔的运动，对样品进行________、________，从而能分析出食品的质构。

2. 质构仪可以模拟人咬、________、拉伸、________、挤压样品。

3. 质构仪的检测方法包括七种基本模式________、________、________、________、________、________、________。

**二、简答题**

1. 简述质构仪的基本工作原理。

2. 简述质构仪在各类食品中的广泛应用。

3. 简述质构仪测试牛角包的基本操作流程。

## 任务 2　啤酒的色差分析

**【学习目标】**

**知识目标**

1. 了解色差仪的概念及分类，以及在各类食品中广泛应用；
2. 熟悉色差仪的工作原理；
3. 理解 $L^*$、$a^*$、$b^*$ 值色空间中三个字母分别代表的含义；
4. 掌握反射测试和透射测试的区别，以及食品色差分析的检测方法与步骤。

**能力目标**

1. 会设计啤酒色差分析的检验方案；
2. 能熟练完成样品制备与编号，准备所需的实验物料、设备及设施；
3. 会选择反射测试或透射测试模式，规范使用色差仪分析啤酒的色差，正确设定检测参数和处理数据；
4. 规范书写感官检验报告，并对啤酒的 $L^*$、$a^*$、$b^*$ 值、$\Delta E$ 等结果进行分析。

**素养目标**

1. 钻研食品科技前沿技术，具有产品规划和开发的创新精神；
2. 培养实验室安全操作意识和仪器设备规范使用意识；
3. 具备较高的食品质量与安全意识，具有严谨求实、依法检测、规范操作的工作态度。

**【工作任务】**

食品中的“伪装者”
——掺假辣椒粉的鉴别

颜色是啤酒的感官指标，也是其产品存储过程中风味物质变化的重要标志。但在啤酒调色过程中，由于麦芽配比差异和麦芽色度品质差异，就会导致啤酒出现明显的色差问题。为了管控啤酒的颜色品质，北京某啤酒生产企业对淡色啤酒的色泽一致性建立了严格的食品质量管理体系，使优良淡色啤酒的色泽呈微微带青的金黄色或琥珀色，色度控制在 2-14EBC，达到国家标准 GB4927-2008 啤酒中的感官要求。请感官评价员运用色差仪对两个不同啤酒产品的色泽进行测试。

**【任务分析】**

请评价员精心设计一套啤酒色差检验方案，对啤酒进行感官评价，确定出哪一种啤酒样品颜色更深，并进行结果统计与数据分析，出具啤酒色差分析的感官检验报告。

**【思维导图】**

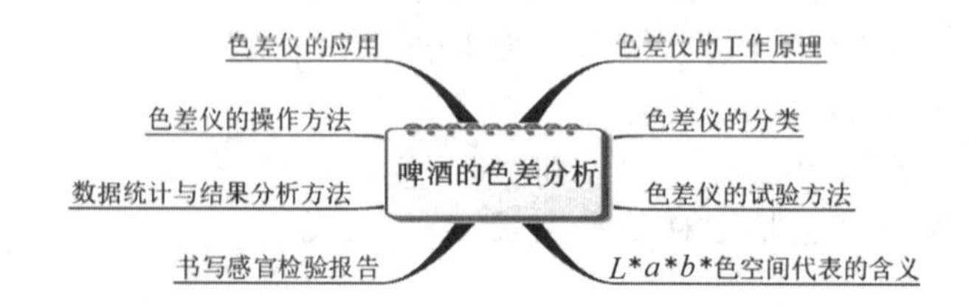

## 一、色差仪的工作原理

色差仪是目前市场上使用最为广泛的颜色检测仪器，它是模拟人眼观察色彩的特性，研究开发出来的色彩分析检测和控制仪器。

颜色是在特定的光线到达眼睛后在大脑形成的一种特殊的生理感知。人眼感知物体的颜色需要有三个条件：眼睛、光源、物体，色差仪替代其中的光源和眼睛，通过分析物体反射光，最终用数值来表达不同的颜色及物体之间颜色的差异。色差仪通过色空间来传递颜色，基于计算方便和表达直观，国际照明委员会制订了 $L^*a^*b^*$ 色空间，$L^*C^*h$ 色空间等。其中最常用的是 $L^*a^*b^*$ 色空间，如图 9-21 所示，其中 $\Delta E$ 表示色差，$L^*$ 是亮度，$a^*$ 和 $b^*$ 表示色方向；$+a^*$ 为红色方向，$-a^*$ 为绿色方向，$+b^*$ 为黄色方向，$-b^*$ 为蓝色方向。常用的色差公式为 $\Delta E^*ab$，其实质上就是两点颜色在空间中的距离长短，比较简单易懂。

$$\Delta E=\sqrt{(L_t^*-L_0^*)^2+(a_t^*-a_0^*)^2+(b_t^*-b_0^*)^2}$$

式中，$L_0^*$、$a_0^*$ 和 $b_0^*$——未经处理的对照样品的最初测定值；

$L_t^*$、$a_t^*$ 和 $b_t^*$——经处理 $t$ 时间后的测定值。

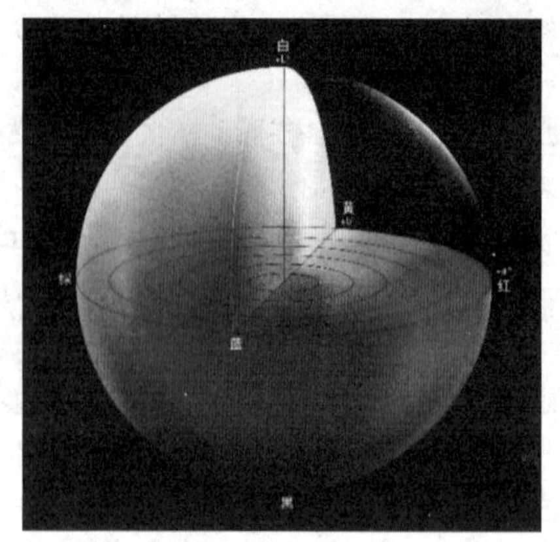

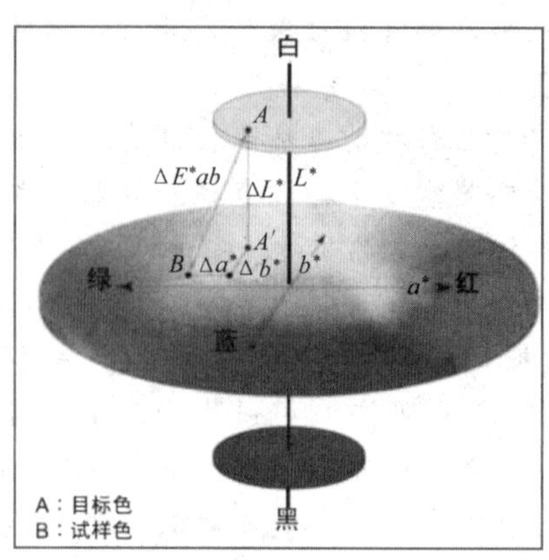


图 9-21 $L^*a^*b^*$ 色空间示意图

## 二、色差仪的分类

色差仪按照测量原理可以分为三刺激值型测色仪和分光型测色仪，如图 9-22 和图 9-23 所示。三刺激值型色差仪有相对价格低廉，外形小巧，出众的灵便性以及操作简便的特点。分光型测色仪具有高精度性和不断增加的多功能性，由于它可以测得每一波长下的反射率曲线，因此更适用于复杂的色彩分析。

同时按照使用方式分类还可以分为台式色差仪和便携式色差仪，台式机用于实验室研发，一般精度较高，性能稳定。便携式仪器用于移动检测，测试简单，使用方便，适合测试较大或者不易移动的物体。

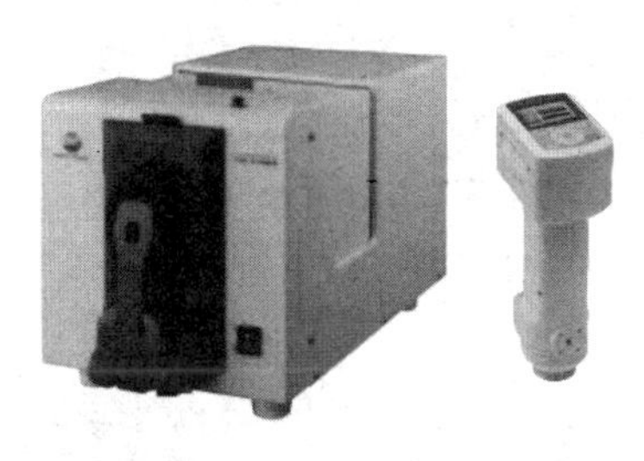

**图 9-22　分光型色差仪**

**图 9-23　三刺激值型色差仪**

## 三、色差仪试验方法

1. 反射测试法

反射测试法，是光源照到物体上形成反射光，传感器接收到反射光后并通过色差仪处理器计算出颜色数据的测试方法。反射测试一般用于测试不透明的固体、液体、膏状体等，如奶酪，苹果，猕猴桃等。以台式机为例，如图 9-24 所示。

**图 9-24　测试图片**

(1)选择适合测试被测物体的测试口径目标罩；

(2)在软件上设置仪器测试参数，反射测试、测试口径、光源、观察者角度；

(3)执行校准，校准分为零位校准和白板校准；

(4)将物体放置于测试孔上，切记要将测试孔全部覆盖；

(5)执行测量即得到我们所需要的 $L^*$、$a^*$、$b^*$ 值和光谱数据；

(6)实验结果：如图 9-25 所示，通过测试可得出不同色空间色度数值，同时分光型仪器还可以输出光谱数据，黄度、白度等附加指数。

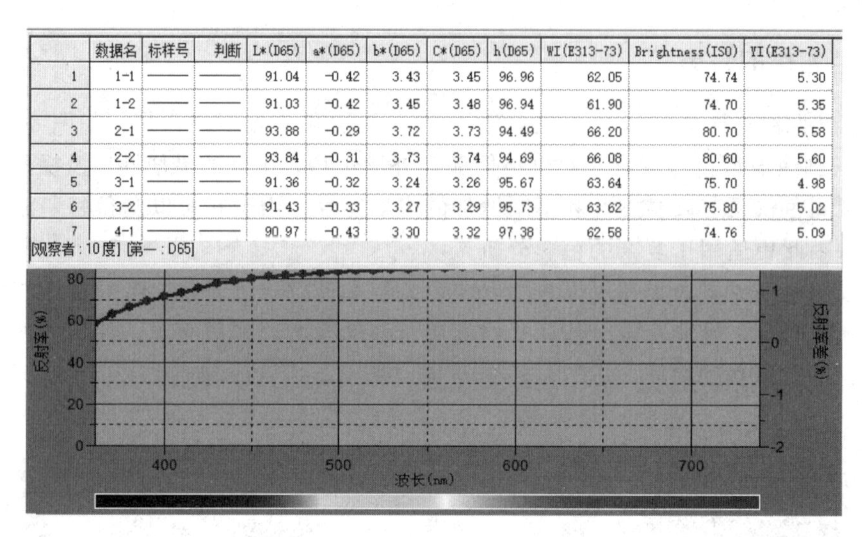

| | 数据名 | 标样号 | 判断 | L*(D65) | a*(D65) | b*(D65) | C*(D65) | h(D65) | WI(E313-73) | Brightness(ISO) | YI(E313-73) |
|---|---|---|---|---|---|---|---|---|---|---|---|
| 1 | 1-1 | —— | —— | 91.04 | -0.42 | 3.43 | 3.45 | 96.96 | 62.05 | 74.74 | 5.30 |
| 2 | 1-2 | —— | —— | 91.03 | -0.42 | 3.45 | 3.48 | 96.94 | 61.90 | 74.70 | 5.35 |
| 3 | 2-1 | —— | —— | 93.88 | -0.29 | 3.72 | 3.73 | 94.49 | 66.20 | 80.70 | 5.58 |
| 4 | 2-2 | —— | —— | 93.84 | -0.31 | 3.73 | 3.74 | 94.69 | 66.08 | 80.60 | 5.60 |
| 5 | 3-1 | —— | —— | 91.36 | -0.32 | 3.24 | 3.26 | 95.67 | 63.64 | 75.70 | 4.98 |
| 6 | 3-2 | —— | —— | 91.43 | -0.33 | 3.27 | 3.29 | 95.73 | 63.62 | 75.80 | 5.02 |
| 7 | 4-1 | —— | —— | 90.97 | -0.43 | 3.30 | 3.32 | 97.38 | 62.58 | 74.76 | 5.09 |

[观察者：10度] [第一：D65]



图 9-25　反射率测试数据和反射率光谱图

2. 透射测试法

透射测试法，是光通过透明样品后形成透射光，传感器接收到透射光后，通过色差仪处理器计算出颜色数据的方法，透射测试一般用于测试透明物体或者半透明物体的颜色，如水、饮料等。

图 9-26　饮料透射测试

(1)在软件上设置仪器参数，透射测试、测试口径、光源、观察角度；

(2)执行透射校准，校准分为零位校准和白板校准，在做白板校准时需要在比色皿里加入基底溶液(如纯水)；

(3)校准后将比色皿中的基底溶液换成待测液体，放入到透射样品室内；

(4)执行测量即得到我们所需要的 $L^*$、$a^*$、$b^*$ 值和光谱数据；

(5)实验结果：图 9-26 为样品的透射测试，图 9-27 为样品的透过率测试数据和透过率光谱图。从数据中我们可以看出，该液体接近于透明，偏黄，偏绿。

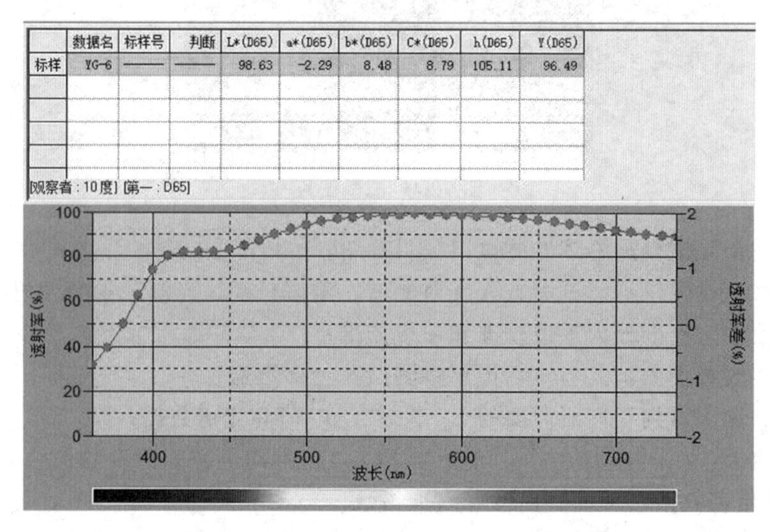

| | 数据名 | 标样号 | 判断 | L*(D65) | a*(D65) | b*(D65) | C*(D65) | h(D65) | Y(D65) |
|---|---|---|---|---|---|---|---|---|---|
| 标样 | YG-6 | —— | —— | 98.63 | -2.29 | 8.48 | 8.79 | 105.11 | 96.49 |

[观察者：10度] [第一：D65]



图 9-27　透过率测试数据和透过率光谱图

## 四、色差仪的应用

1. 梨的色差测试

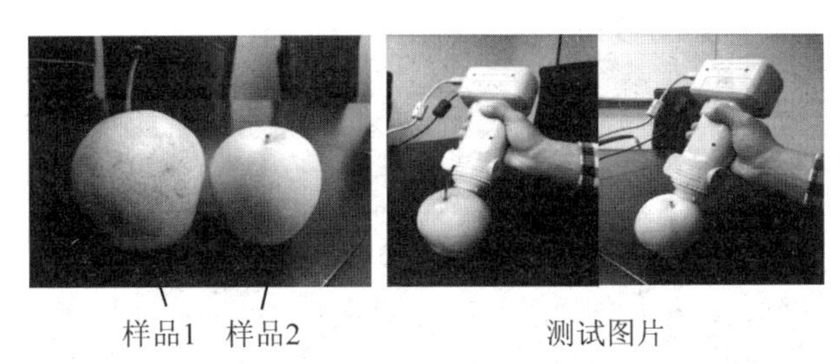


**图 9-28 梨的色泽品质测试**

如图 9-28 两个梨的样品，对比两个梨的色差。将仪器选择适合测量口径并进行零位校准和白板校准，分别在两个梨上选择 3 个不同点进行测试，仪器会显示其颜色的平均值，并显示两个梨的色差值。测试结果如图 9-29 所示。

| | L* | a* | b* | dL* | da* | db* | dE*ab |
|---|---|---|---|---|---|---|---|
| 样品1 | 65.60 | -0.85 | 49.24 | ------ | ------ | ------ | ------ |
| 样品2 | 72.95 | 1.19 | 26.20 | 7.35 | 2.05 | -23.04 | 24.27 |

**图 9-29 测试数据**

图 9-29 所示为便携式色差仪测试梨的实验数据，从图中可以看出，$dL^*$、$da^*$、$db^*$ 分别为样品 2 减样品 1 得出的差值，从数据中我们可以看出样品 2 比样品 1 颜色偏白，样品 1 比样品 2 偏绿偏黄，此数据与目视结果一致。同样我们也可以测试梨在不同生长期的颜色变化和不同存储方式下的颜色变化。

2. 啤酒的色差测试

啤酒是人类最古老的酒精饮料，是水和茶之后世界上消耗量排名第三的饮料。从工艺上可以分为纯生啤酒、干啤酒、黑啤酒、淡色啤酒、浓色啤酒等十多个品种，同时它们的颜色也各有不同，啤酒厂家在研制新啤酒时会控制啤酒颜色，以给饮用者更好的体验。

(1)两种啤酒样品比较其色差，如图 9-30 所示，将其置于 10mm 石英比色皿中；

(2)首先分别使用透射零位校正板和盛有纯水的 10mm 比色皿对分光测色仪做零位校准和完全透射校准；

(3)分别将两种啤酒样品倒入比色皿中，待样品气泡不明显且表现澄清、透明时，即可放入透射样品夹进行测量；

**图 9-30**

(4)测试结果：通过查看样品 1 和样品 2 的 $L^*$、$a^*$、$b^*$ 值可知，两款样品的 $L^*$(透过亮度)都比较高(100 为纯水的透过亮度)，$a^*$ 上均为偏绿，$b^*$ 上均为偏黄，整体色相较为相似；通过比较两种样品可知，样品 2 的吸光率比样品 1 偏高，样品 2 的 $L^*$(透过亮度)比样品 1 小，$a^*$ 值样品 2 比样品 1 偏绿，$b^*$ 值样品 2 比样品 1 偏黄，整体色差值比较大。

如图 9-31 所示，红色曲线代表样品 1 的透射曲线，蓝色曲线代表样品 2 的透射曲线。通过比较两种样品的透射光谱曲线可以看出，样品 2 在 550nm 波长以前的透射率均低于样品 1 的透射率。

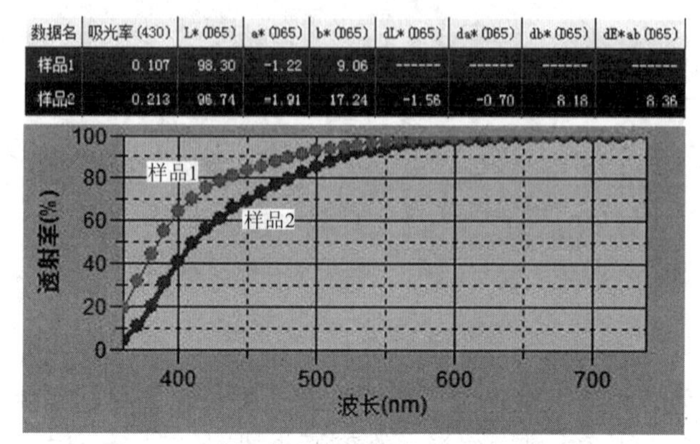

| 数据名 | 吸光率(430) | L*(D65) | a*(D65) | b*(D65) | dL*(D65) | da*(D65) | db*(D65) | dE*ab(D65) |
|---|---|---|---|---|---|---|---|---|
| 样品1 | 0.107 | 98.30 | -1.22 | 9.06 | ------ | ------ | ------ | ------ |
| 样品2 | 0.213 | 96.74 | -1.91 | 17.24 | -1.56 | -0.70 | 8.18 | 8.36 |



图 9-31 啤酒色度测试数据和透射光谱曲线

3. 辣椒粉的色差测试(图 9-32)

辣椒粉是红色或红黄色，油润而均匀的粉末，是由红辣椒、黄辣椒、辣椒籽及部分辣椒杆碾细而成的混合物。辣椒粉是很多调料和零食的添加辅料，所以生产及使用过程中对辣椒粉的颜色有严格的控制。

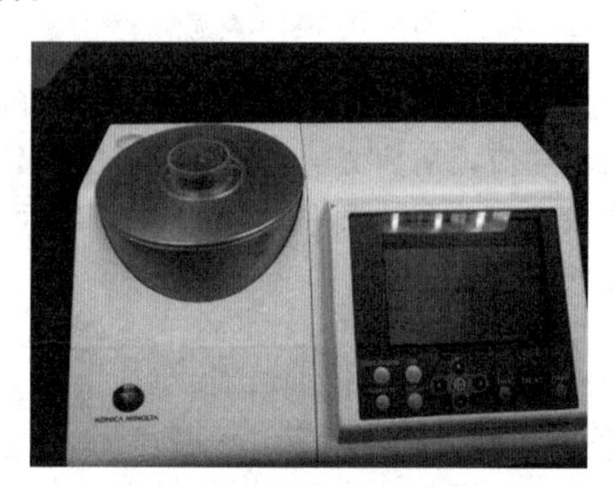

图 9-32 辣椒粉的色差测试

(1)取两种不同的辣椒粉样品 1 和样品 2，由于辣椒粉属于粉体并具有流动性，所以需要将其放在培养皿或者比色皿中测试；

(2)将辣椒放容器后，并将其压实，注意无论用哪种容器，都要保证容器测试面为高透过率的石英；

(3)将样品 1 分别取三次样进行测试并通过色差仪算出平均值，样品 2 执行同样的操作，仪器自动算出两个样品平均值的差值；

(4)测试结果：样品 1 的 $L^*=42.79$，$a^*=20.86$，$b^*=33.48$，样品 2 的 $L^*=44.12$，$a^*=25.46$，$b^*=38.01$ 两者差距最大的是在 $a^*$ 和 $b^*$，样品 2 相比样品 1 偏红、偏黄，可以将黄辣椒粉和辣椒籽较多的辣椒粉与样品 2 混合，使其颜色与样品 1 更接近。

图 9-33 中红色线为样品 1 的反射率曲线，蓝色线为样品 2 的反射率曲线，两者在 550～700nm 范围内的差距比较大，样品 2 的反射率更高，这也是为什么样品 2 比样品 1 更红、更黄的原因。另外辣椒中含有丰富的辣椒红素，辣椒红色素是世界销量最大的天

然色素，研发人员在控制辣椒红素的颜色时会关注其色度值和光谱数值，以生产出颜色统一的产品。

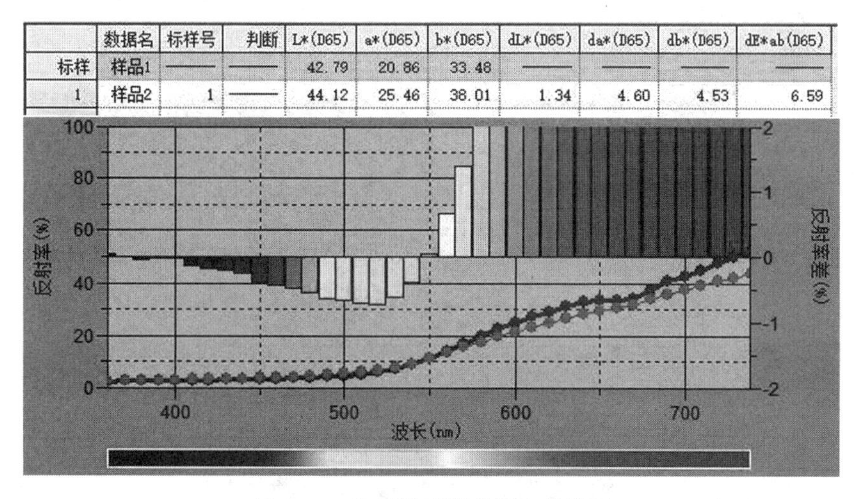

|  | 数据名 | 标样号 | 判断 | L*(D65) | a*(D65) | b*(D65) | dL*(D65) | da*(D65) | db*(D65) | dE*ab(D65) |
|---|---|---|---|---|---|---|---|---|---|---|
| 标样 | 样品1 | —— | —— | 42.79 | 20.86 | 33.48 | —— | —— | —— | —— |
| 1 | 样品2 | 1 | —— | 44.12 | 25.46 | 38.01 | 1.34 | 4.60 | 4.53 | 6.59 |



图 9-33　辣椒粉测试数据和光谱图

## 方案设计与实施

1. 取 A 型啤酒和 B 型啤酒若干，分别置入两个烧杯中进行搅拌，去掉啤酒中悬浮的气泡。

2. 准备石英比色皿三个，分别倒入纯水与处理过的 A、B 啤酒，至比色皿刻度线，待测。

3. 将分光测色仪接通电源，数据线连接电脑，将软件锁插入电脑中。

4. 连接仪器打开软件，在菜单栏中选择“仪器—连接”，如图 9-34 所示。

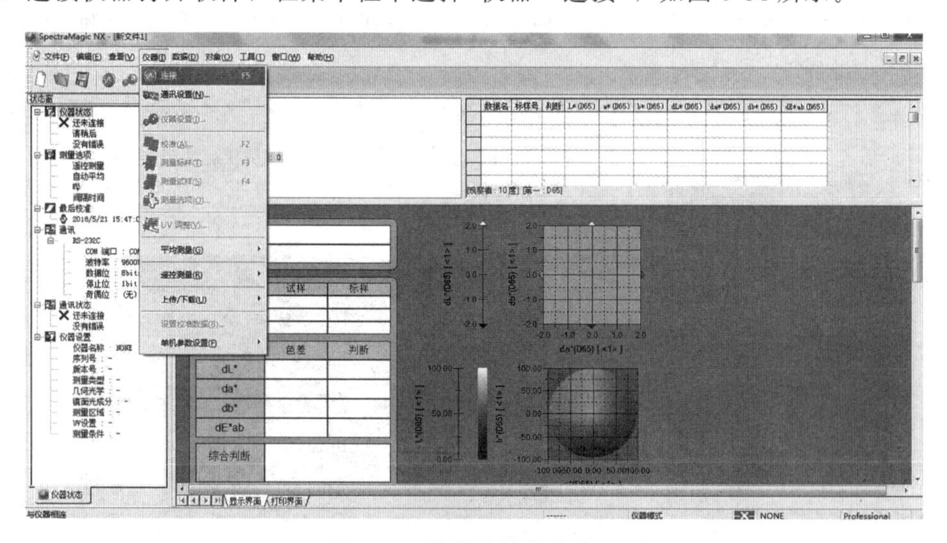



图 9-34　仪器连接操作演示

5. 仪器设置。在菜单栏中选择“仪器—仪器设置”，在仪器设置中选择“透射率”测量，如图 9-35 和图 9-36 所示。

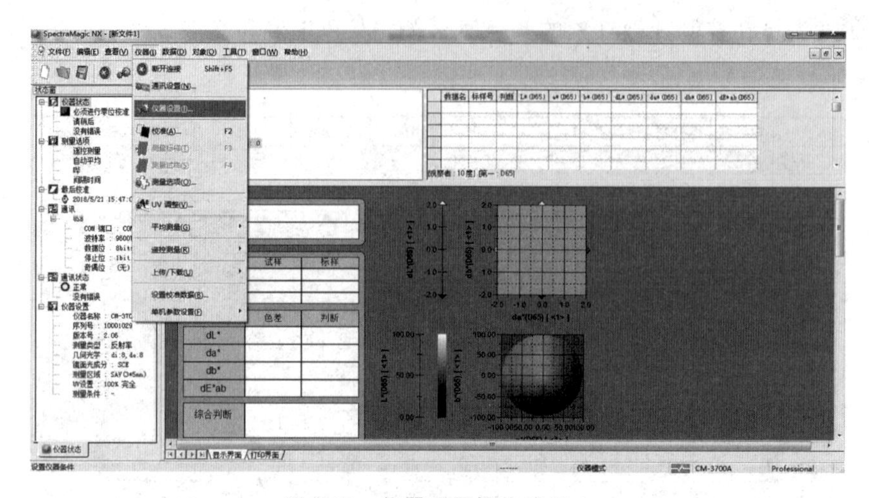

图 9-35　仪器设置操作演示 1

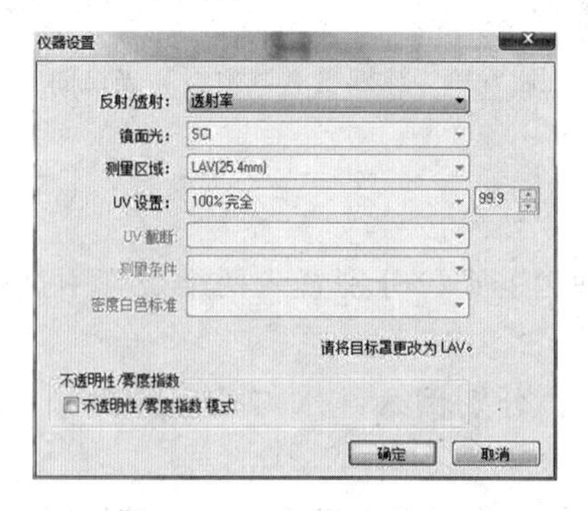


图 9-36　仪器设置操作演示 2

6. 仪器校准。在菜单栏中选择“仪器—校准”，根据屏幕提示进行 0%校准和 100%校准，如图 9-37 所示。

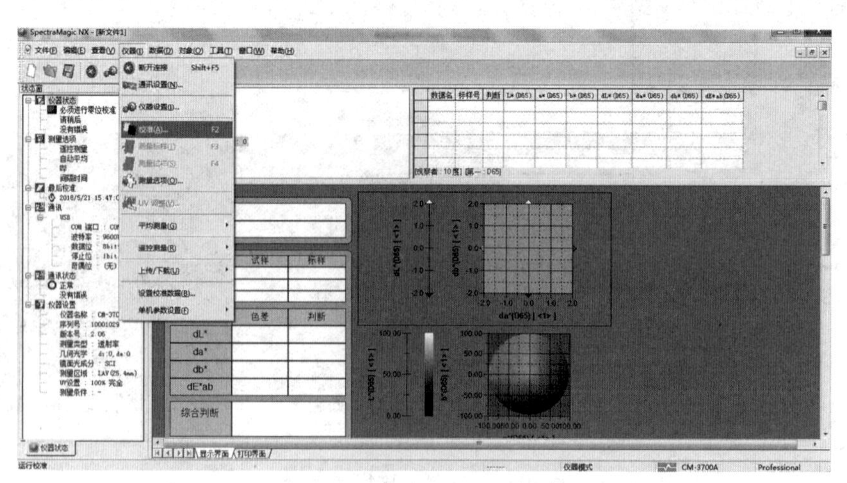

图 9-37　仪器校准操作演示 1

(1)0%校准。将 LAV 目标罩安装至反射测量口，将白板夹在测量口上；将零位校正板夹在已安装透射样品夹的测量腔内，关闭透射测量腔，单击“0%校准”。

(2)100%校准。将透射零位校正板取下，把装有纯水的比色皿夹在透射样品夹上，关闭透射测量腔，单击“100%校准”。

7. 测试啤酒标样。以A型啤酒样品为标样进行颜色测试，将装有A型啤酒的比色皿放入透射测量腔内的透射样品夹上，在菜单栏中选择“仪器——测量标样”如图9-38所示进行测量，分别得到 $L^*$、$a^*$、$b^*$ 值以及430nm波长下的吸光度数据。

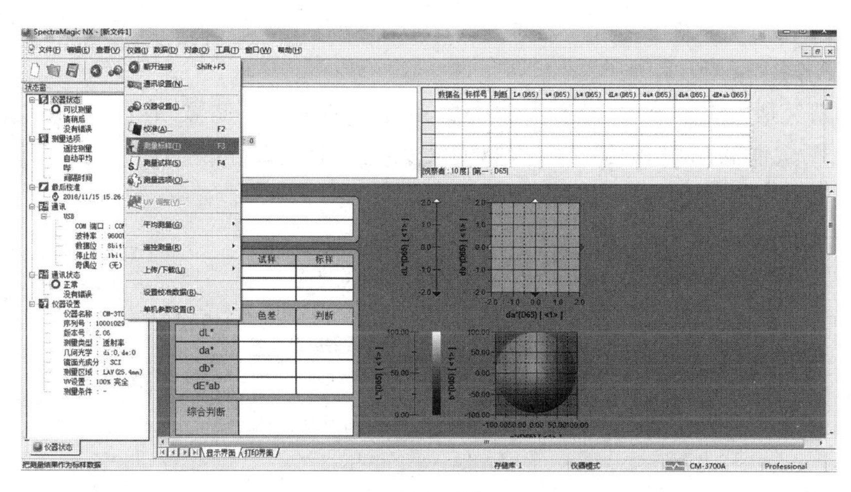


**图9-38　仪器校准操作演示2**

8. 测试啤酒试样。以B型啤酒样品为试样进行颜色测试，将装有B型啤酒的比色皿放入透射测量腔内的透射样品夹上，在菜单栏中选择“仪器—测量试样”进行测量，分别得到 $L^*$、$a^*$、$b^*$ 值以及430nm波长下的吸光度数据。

9. 对比不同型号啤酒 $L^*$、$a^*$、$b^*$ 值以及430nm波长下的吸光度差异，得出结论。

**【知识拓展与链接】**

请同学们扫描封面二维码进行知识拓展学习：“四种常见的色空间”。

**【任务测试】**

1. $L^*a^*b^*$ 色空间中三个字母分别代表什么？
2. 简述色差仪的工作原理。
3. 简述啤酒色差分析的实验方法和步骤。

## 任务3　橙汁的电子舌分析

**【学习目标】**

**知识目标**

1. 了解电子舌的概念，以及在各类食品中广泛应用；
2. 理解电子舌的工作原理；
3. 了解电子舌的组成；
4. 掌握食品电子舌分析的检测方法与步骤。

**能力目标**

1. 会设计橙汁电子舌分析的检验方案；

2. 能熟练完成样品制备与编号，准备所需的实验物料、设备及设施；

3. 能规范使用电子舌分析橙汁的口感，正确设定检测参数和处理数据；

4. 规范书写感官检验报告，能对不同储藏方式和条件下的鲜榨橙汁口感进行分析。

**素养目标**

1. 钻研食品科技前沿技术，具有产品规划和开发的创新精神；

2. 培养实验室安全操作意识和仪器设备规范使用意识；

3. 具备较高的食品质量与安全意识，具有严谨求实、依法检测、规范操作的工作态度。

**【工作任务】**

某柑橘研究所提供的 NFC 橙汁，该橙汁是在 9 种不同的储藏条件下进行储藏，请利用电子舌分析不同储藏条件下橙汁的口感的变化。

**100%果汁、果味饮料、NFC 果汁的区别**

**【思维导图】**

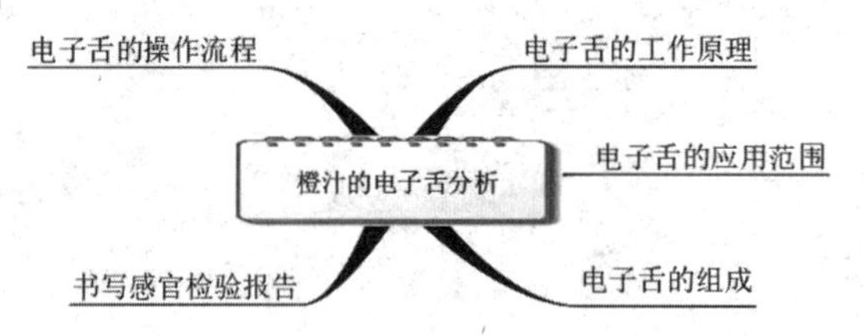

电子舌(Electronic Tongue)也称智舌，又称味觉传感器或味觉指纹分析仪，是 20 世纪 80 年代中期发展起来的一种分析、识别液体成分的新型检测手段。电子舌作为一种新型的检测仪器，在茶、酒、饮料、乳制品、调味品、肉类、油脂等食品整体品质质量分析检测和识别等方面具有非常广泛的应用价值。它主要由传感器阵列和模式识别系统组成，传感器阵列对液体试样作出响应并输出信号，信号经计算机系统进行数据处理和模式识别后，得到反映样品味觉特征的结果。与普通的化学分析方法相比，其不同在于传感器输出的并非样品成分的分析结果，而是一种与试样某些特性有关的信号模式，这些信号通过具有模式识别能力的计算机分析后，能得出对样品味觉特征的总体评价。

味觉评价是感官评定体系中非常重要的组成部分，然而对于品评员来说却又是一项繁重的任务。化学分析可以量化各种食品的成分指标，却不能对味觉进行评估定义。因此，开发一套能够测量味觉的系统是非常必要的，可以满足新产品开发和客观的评估味觉指标等多方面的需要。2013 年味觉分析系统被引进国内，开启了中国食品行业味觉评价数字化的新里程，近年来，味觉分析系统在饮料、啤酒、调味料、乳品、肉制品、茶叶、餐饮、功能食品、中药等诸多领域崭露头角，国内陆续开展了主流品牌啤酒的味觉分析图、国产茶饮料的味觉分析比对、地方火腿风味分析、比较不同储藏条件鲜榨橙汁的味觉特性、市售辣椒酱的味觉特征分析等多项课题的分析工作。

## 一、电子舌技术的工作原理

国际上将感官评价中的味觉划分为五种基本味道：酸味、甜味、苦味、咸味、鲜味，这意味着人的味觉感受可以映射到这五个维度来进行量化，这就是味觉分析系统产生的理论基础。如图 9-39 所示，味觉传感器模拟了生物体的味觉感受机制，由传感器表面的人工双层脂质膜(类似人的舌头)与各种呈味物质之间产生静电作用或疏水作用；这种作用确保了传感器对味觉物质的选择性，并使电势发生变化；这种变化又被分析器(类似人的大脑)所捕获，依据内部分析模型，直接对响应的味觉指标进行定量分析；而不同类型的人工双层脂质膜，确保了对不同味觉物质的良好选择性，从而达到定性分析的效果。

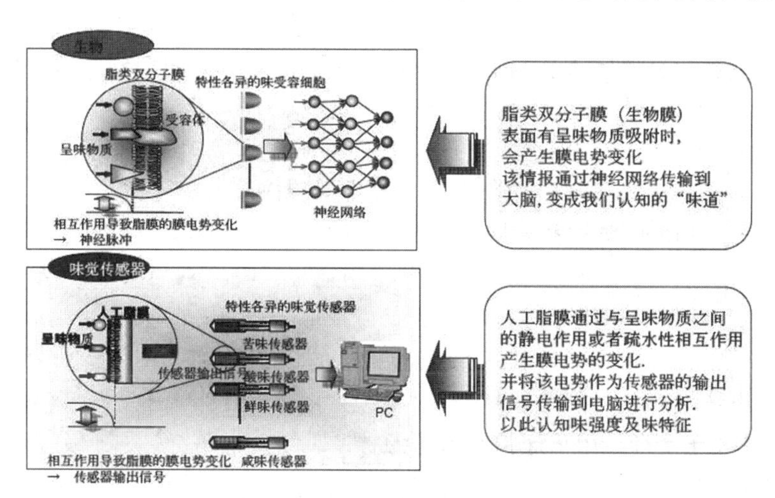


**图 9-39　味觉传感器模拟生物体味觉感受的原理示意图**

## 二、电子舌的组成

以 TS-5000Z 型味觉分析系统为例，它由主机、传感器、数据处理和服务器组成。如图 9-40 所示，传感器由味觉传感器、陶瓷参比电极和温度传感器组成。味觉传感器薄膜的电势是根据和参比电极相变化检测出的。味觉传感器主要分为三种类型：正电荷膜、混合膜和负电荷膜。数据处理部分将传感器发出的模拟电子信号转化为数字信号，然后将信号转移 TS-5000Z 仪器的 CPU 中进行数据处理。

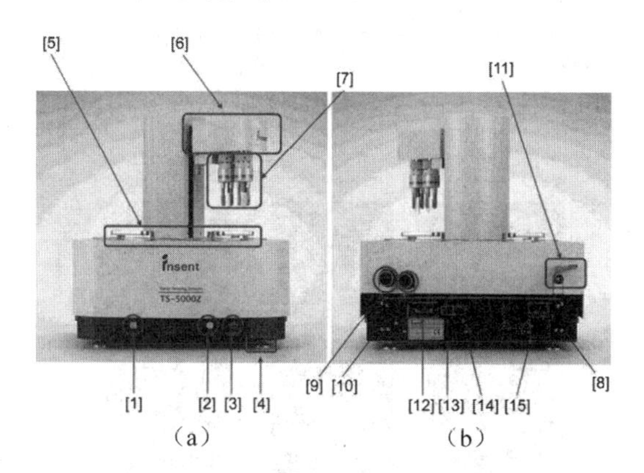


**图 9-40　味觉分析系统仪器外观图**

(1)TS-5000Z 前部[图 9-40(a)]

[1]子电源开关。按下主单元机子后面的主开关后再按这个开关。

[2]重启按钮。用于释放紧急停止状态。

[3]紧急停止按钮。用于立即停止 TS-5000Z 仪器的操作。

[4]高度调节腿。用于调整调平 TS-5000Z 仪器。

[5]容器放置板。圆形不锈钢板用于放置测试容器，由两个板块(从左至右)组成。

[6]手臂。连接传感器头。手臂连接了放大器(将传感器的数据结果放大输出)和温度转换器。

[7]传感器头。它是连接在手臂上，用来连接味觉传感器和参比电极。内外两端分别装有不同形状的接口(公头和母头)，用以连接所提供的两种不同类型的传感器头。

(2)TS-5000Z 的后部[图 9-40(b)]

[8]主电源开关。用于打开/关闭主机。按下这个开关后，再打开子电源开关。

[9]循环排水。用于排循环时的用水。连接排水管道。

[10]紧急排水。用于排水循环水。连接紧急排水管道。

[11]循环进水阀。连接进水管道。

[12]面板电缆连接口。用于连接触控板。

[13]USB 连接口。用来连接 USB 存储器。

[14]LAN 电缆接入口。用来连接 LAN 电缆。

[15]交流电源连接口。用于连接交流电源。

(3)触控板(图 9-41)

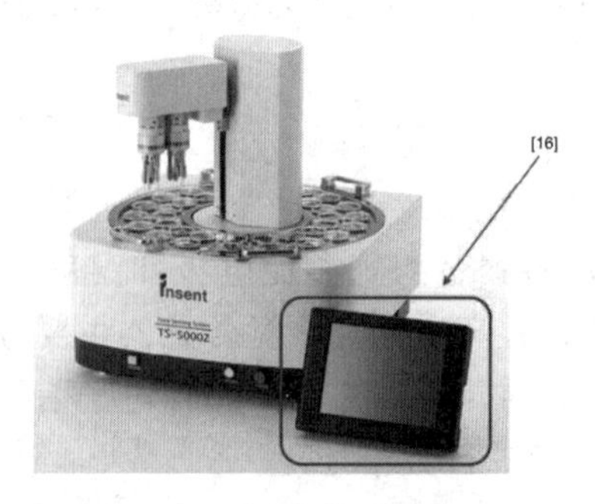


图 9-41 仪器和触控板的外观图

[16]用于操作 TS-5000Z 仪器，内置安装了仪器分析应用软件。

(4)传感器(图 9-42)

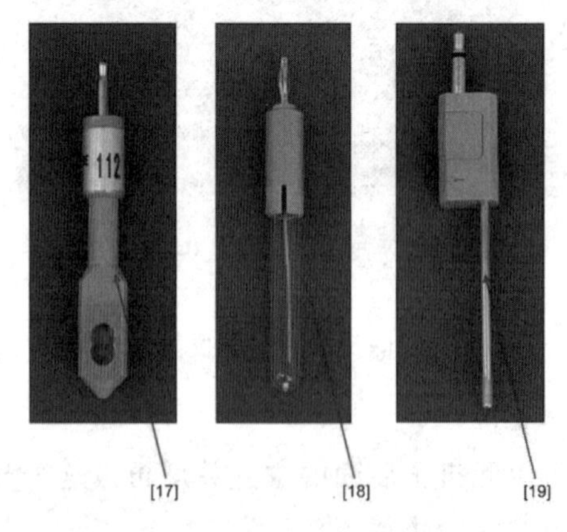


图 9-42 传感器

[17]味觉传感器。每个味觉传感器有一个检测味道的人工脂膜。

[18]陶瓷参比电极。用陶瓷作为连接点。味觉传感器的数据是测试味觉传感器和参比电极间的电势差获得。

[19]温度传感器。是一个铂电阻温度计(Pt1000)。

味觉传感器可以评价两种类型的味道：基本味，即当食物进入口腔后最初感觉到的味道；回味，即食物被吞咽之后持久性留在口中的余味。如图 9-43 所示，将参比溶液(人工唾液 reference solution)的电势作为零点，测得样品液的电势与零点电势的差值被认定为基本味。传感器经过参比溶液柔和的清洗后，再次测得的电势与零点电势的差值则被认定为回味。

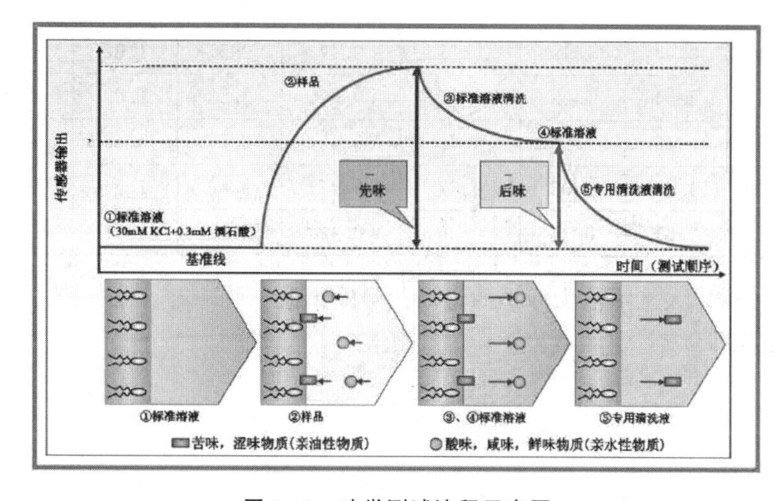


图 9-43　味觉测试流程示意图

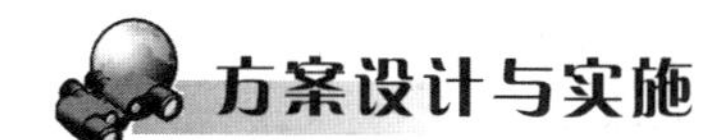

## 方案设计与实施

### 一、主要材料和试剂

9 种不同储藏方式和条件下的鲜榨橙汁(NFC)。

### 二、主要仪器和设备

日本 Insent 公司 TS-5000Z 型味觉分析系统(电子舌)。其中采用的味觉传感器包括：AAE 鲜味传感器、CTO 咸味传感器、CAO 酸味传感器、COO 苦味传感器、AE1 涩味传感器、GL1 甜味传感器。

日本 Hitachi 日立公司 CF5RE 型离心机。

### 三、实验方法

(1)NFC 橙汁，经过离心，3600r/min，15min，取清液 150mL。

(2)电子舌上样测试。

## 四、数据结果分析

1. 电子舌对不同橙汁口感测试结果(表 9-3)

**表 9-3 测试结果味觉数据**

| 样品 | 酸味 | 苦味 | 涩味 | 苦味回味 | 涩味回味 | 鲜味 | 丰富性 | 咸味 | 甜味 |
|---|---|---|---|---|---|---|---|---|---|
| 1 | −5.81 | 1.08 | 1.32 | 0.41 | 0.46 | 2.78 | 2.13 | 5.90 | −0.70 |
| 2 | −13.13 | 1.12 | 1.59 | 0.06 | 0.32 | 5.63 | 3.22 | 0.46 | 3.21 |
| 3 | −3.70 | 1.61 | 0.83 | 0.67 | 0.48 | 2.58 | 1.34 | 5.02 | −2.55 |
| 4 | −0.58 | −0.42 | 0.65 | 0.14 | 0.58 | 1.77 | 0.89 | 4.74 | −1.28 |
| 5 | −4.49 | 2.03 | 1.49 | 0.61 | 0.47 | 2.57 | 1.62 | 3.89 | −0.89 |
| 6 | −4.18 | 2.54 | 1.99 | 0.73 | 0.47 | 2.53 | 1.59 | 4.36 | −1.32 |
| 7 | −3.84 | 2.46 | 1.65 | 0.79 | 0.45 | 2.50 | 1.49 | 5.50 | −1.39 |
| 8 | −4.02 | 1.83 | 1.03 | 0.67 | 0.47 | 2.56 | 1.54 | 5.10 | −1.53 |
| 9 | −4.68 | 0.81 | 0.31 | 0.56 | 0.42 | 2.88 | 1.58 | 3.73 | −0.82 |

以上数据均为以人工唾液为标准的绝对信号输出值。

2. 味觉雷达图分析

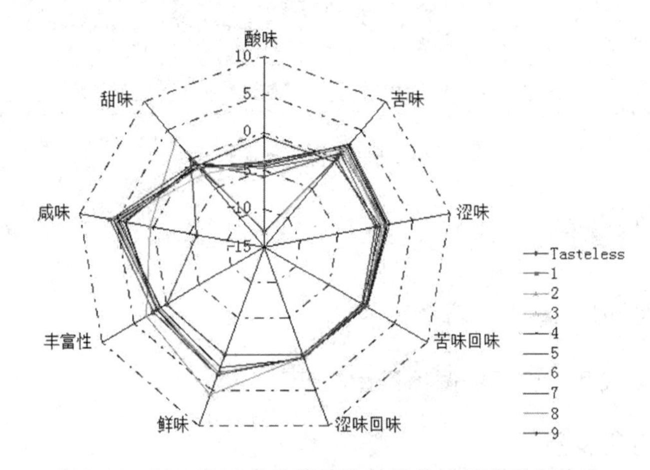


**图 9-44 以 RefSol 参比溶液为基准的样品味觉雷达图**

从图 9-44 可以看出，基准溶液的输出为无味点，除了酸味和咸味，其他指标的无味点均为 0，我们通常将大于无味点的味觉项目作为评价对象。因为基准溶液中含有少量的酸和盐，酸味和咸味的无味点分别为−13 和−6。无味点以下的项目可以认为是该样品没有的味道．从雷达图可以看出，橙汁味道丰富，所有的味觉指标均在无味点以上，故所有味觉传感器的测试结果都可作为有效的评价指标。

图 9-45 中，味觉指标中英文说明如下：Sourness 酸味；Bitterness 苦味；Astingency 涩味；Aftertaste-B 苦味回味；Aftertaste-A 涩味回味；Umami 鲜味；Richness 丰富性；Saltiness 咸味。可见，在不同的储藏方式和条件下，存放的橙汁味觉差异主要体现在酸味、甜味、苦味和涩味上，由于橙汁中含有矿物质盐，故在咸味上也有一定的差异。

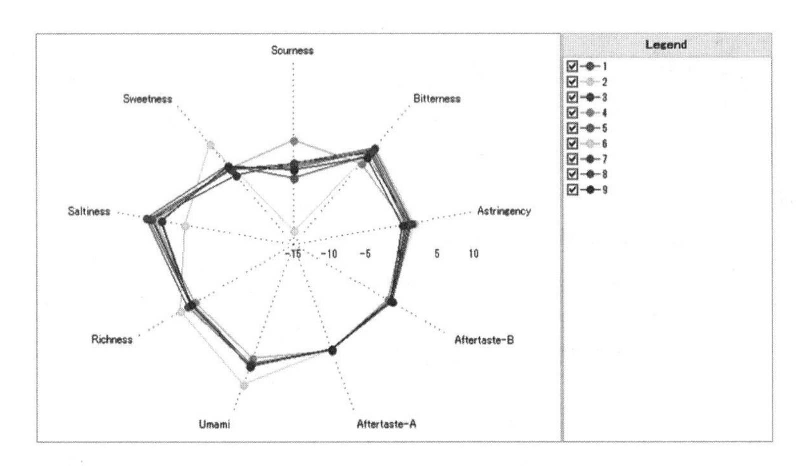


**图 9-45　有效评价味觉指标雷达图**

3. 结论

味觉分析系统可以测定在不同储藏方式和条件存放的橙汁的味觉特征，并量化味觉差异：

(1)橙汁的味觉特征丰富，各个味觉指标均可以作为评价其味道的有效味觉特征；

(2)总体来看，2、4 号橙汁的味觉特征与其他样品的差异最大；通过储藏后 2 号橙汁的咸味和酸味最低，而甜味和鲜味最高；相较而言，储藏后 4 号的酸味最大，苦味和鲜味则是 9 个样品中最低的；

(3)5～9 号橙汁经不同储藏方式和条件存放后，在酸味、甜味、鲜味、丰富性以及苦味、涩味回味方面的差异均很小；

(4)不同储藏方式和条件下存放的橙汁在咸味、苦味和涩味方面的差异较大。

**【知识拓展与链接】**

请同学们扫描封面二维码进行知识拓展学习："电子舌与电子鼻的集成化"。

**【任务测试】**

**一、填空题**

1. 电子舌也称________，又称________或________，是 20 世纪 80 年代中期发展起来的一种分析、识别液体成分的新型检测手段。

2. 国际上将感官评价中的味觉划分为五种基本味道：________、________、________、________和________，这意味着人的味觉感受可以映射到这五个维度来进行量化，这就是味觉分析系统产生的理论基础。

3. TS-5000Z 由________、________、________和________组成。

4. 味觉传感器主要分为三种类型：________、________和________。

**二、简答题**

1. 简述电子舌技术的基本原理。

2. 简述测试样品的要求。

**三、分析题**

简述利用电子检验不同储藏条件下橙汁口感的方法和步骤。

# 任务 4 白酒的电子鼻分析

**【学习目标】**

**知识目标**

1. 了解电子鼻的概念，以及在各类食品中广泛应用；
2. 理解电子鼻的工作原理与传感器阵列；
3. 了解电子鼻的组成；
4. 掌握食品电子鼻分析的检测方法与步骤。

**能力目标**

1. 会设计白酒电子鼻分析的检验方案；
2. 能熟练完成样品制备与编号，准备所需的实验物料、设备及设施；
3. 能规范使用电子鼻分析白酒的风味，正确设定检测参数和处理数据；
4. 规范书写感官检验报告，能对电子鼻辨别分析不同年份的白酒品质差异。

**素养目标**

1. 钻研食品科技前沿技术，具有产品规划和开发的创新精神；
2. 培养实验室安全操作意识和仪器设备规范使用意识；
3. 具备较高的食品质量与安全意识，具有严谨求实、依法检测、规范操作的工作态度。

**【工作任务】**

中国饮食文化源远流长，据《本草纲目》记载："烧酒非古法也，自元时创始，其法用浓酒和糟入甑(指蒸锅)，蒸令气上，用器承滴露。"我国的白酒以其丰富多彩的香型风格闻名于世，而其特殊的生产工艺在世界酿造业中更是独树一帜。中国白酒之酒液清澈透明，质地纯净、无混浊，口味芳香浓郁、醇和柔绵、刺激性较强，饮后余香，回味悠久。中国各地区均有生产，以四川、贵州、江苏、河南、山西等地产品最为著名。

GB/T 33405—2016
《白酒感官品评术语》

山西某白酒生产企业通过科技赋能，用风味描述打造产品差异化，对酿造的不同年份的白酒风味分析，分别为普通组、对照组(陈酿 10 年、20 年、30 年)、处理组(陈酿 10 年、20 年、30 年)。请感官评价员对生产的白酒风味进行电子鼻分析。

**【思维导图】**

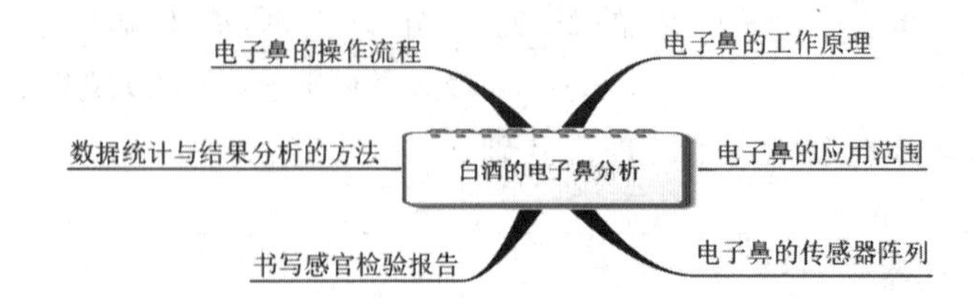

电子鼻(Electronic Nose)也称智鼻，最早是由 1982 年英国 Warwick 大学的 Persand 和 Dodd 教授模仿哺乳动物嗅觉系统的结构和原理，对几种有机挥发气体进行类别分析时提出来的。1989 年北大西洋公约组织(NATO)的一次关于化学传感器信息处理会议对电

子鼻作了如下定义：“电子鼻是由多个性能彼此重叠的气敏传感器和适当的模式分类方法组成的具有识别单一和复杂气体能力的装置。”

电子鼻是一种气味指纹检测方法，其检测结果所显示的图谱又被称为气味指纹图谱，是近十年来快速发展起来的一个新兴事物，主要利用气味传感器、数据处理设备和分析软件组成的装置，它以气体为分析对象，通过模拟人的嗅觉系统对待检气味捕捉和检测，因此这种气味指纹检测装置被形象的称为电子鼻，这种气味指纹检测技术又被称为电子鼻技术。该技术是利用气体传感器阵列的响应曲线来识别气味的电子系统。电子鼻与普通的化学仪器，如色谱仪、光谱仪等不同，得到的不是被测样品各种成分的定性和定量结果，而是样品中挥发成分的整体信息。

此后，随着材料科学、制造工艺、计算机、应用数学等相关科学的发展，经过德国研究人员几十年的努力，电子鼻技术取得了实质性的进展。至今，该技术已初步应用到食品分析、环境检测、军事、海关、化工、医药等领域，并且在各国研究人员的努力下，其研究和应用领域还在不断地扩大。同时越来越多的研究证明，运用电子鼻技术进行气味分析，可以客观、准确、快捷地评价气味及样本，并且有较好的重复性，这是常规气体分析方法所不及的。

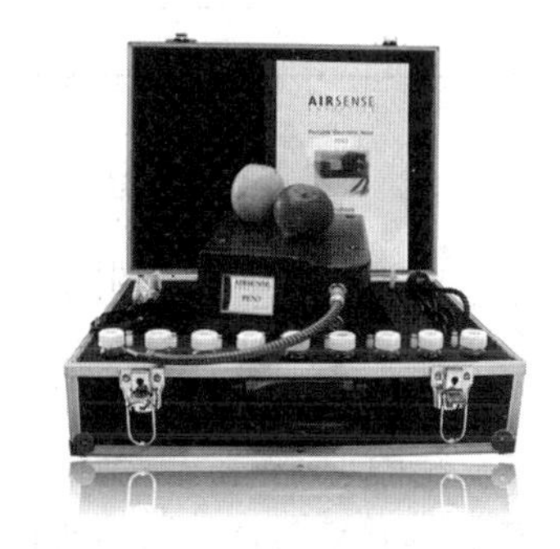


**图 9-46　电子鼻**

## 一、电子鼻的工作原理

电子鼻的工作原理就是模拟人的嗅觉器官对气味进行感知、分析和判断。电子鼻一般由气体采集流向控制系统、气敏传感器阵列、信号处理子系统和模式识别子系统四个部分组成。工作时，通过控制器将气体分子采集回来，并流经气敏传感器；气味分子被气敏传感器阵列吸附，产生信号；生成的信号被送到信号处理子系统进行处理和加工；并最终由模式识别子系统对信号处理的结果作出判断。通常情况下，气体采集流向控制系统和气敏传感器阵列被看成是电子鼻的硬件部分，而信号处理子系统和模式识别子系统被看成是电子鼻的软件部分。

## 二、电子鼻传感器阵列

电子鼻系统中的传感器阵列相当于生物系统中的鼻子，可感受不同的风味物质，采集各种不同的信号信息输入电脑，电脑代替了生物系统中的大脑功能，通过软件进行分析处理，对不同的风味物质进行区分辨识，最后给出各个物质的感官信息。传感器阵列由化学物质选择性的传感器组成，此类型的传感器在有气体化学物质的存在下会改变他们的电导率。从这些传感器获得的信号与气体的化学成分相关，并且与先前存储的模型文件进行比较。通过识别运算，气体化合物可以通过模型来加以识别。由于应用于传感器阵列的传感原理的宽范围选择性，它根据不同的应用来测定单组分物质或气体混合物。电子鼻气敏传感器阵列如表 9-4 所示。

**表 9-4　电子鼻气敏传感器阵列表**

| 阵列序号 | 传感器名称 | 性能特点 |
| --- | --- | --- |
| 1 | W1C | 对芳香成分灵敏 |
| 2 | W5S | 对氮氧化合物很灵敏 |

续表

| 阵列序号 | 传感器名称 | 性能特点 |
| --- | --- | --- |
| 3 | W3C | 对氨类芳香成分灵敏 |
| 4 | W6S | 对氢化物有选择性 |
| 5 | W5C | 对烷烃芳香成分灵敏 |
| 6 | W1S | 对甲烷灵敏 |
| 7 | W1W | 对硫化物灵敏 |
| 8 | W2S | 对乙醇灵敏 |
| 9 | W2W | 对芳香有机硫化物灵敏 |
| 10 | W3S | 对烷烃灵敏 |

## 三、电子鼻的应用

电子鼻作为一种电子嗅觉传感技术，在食品品质监控、质量评价和安全检测中显示出独特优点，如可在线全程跟踪加工工艺、检测过程，对产品无损坏、快速灵敏等。

1. 食品品质监控

食品品质管理环节需要投入一定的人力，尤其是评判结果主要依靠主观进行评价的对象，具有复杂性、监控难度大、水平要求高等特点。电子鼻提供一种通过快速无损方式测定食物挥发物质，从而对待测样品的品质进行客观评价。例如在杏子储藏过程中，通过监测其挥发性香味物质，可以对储藏过程中杏子质量变化进行科学评价；葡萄酒生产浆果脱水工艺监测，通过检测葡萄浆果在脱水过程中厌氧代谢产物(主要是一些挥发性物质)显著变化以全程跟踪脱水过程，能确保脱水过程可控性和合理性。

2. 食品辨别分析

有研究者通过利用电子鼻与气相色谱和质谱分析仪器联用，测定 76 组商品和 120 种自制柑橘汁饮料，作出不同分析指纹图，从而对柑橘汁饮料品质实现等级划分；茶叶具有特殊的香气，其香气也是影响茶叶品质的重要因素，利用电子鼻探测茶叶中香气物质从而对茶叶进行分类；电子鼻还可清晰判别婴儿谷物食品与母乳中香气成分的区别，有利于指导母亲更加合理利用谷物食品喂养婴儿。

3. 食品安全检测

利用电子鼻对感染真菌小麦和黑麦进行检测，主要是检测一些挥发性代谢物质，发现它们与正常样品比较有显著变化，从而为谷物的无损检测提供了依据。为延长海产品货架期，一些不法商贩通常采用化学药剂进行浸泡，对消费者健康造成极大危害，利用电子鼻进行检测可以有效判断出一些海产品的品质以及其腐败程度；此外，利用电子鼻技术对牛奶气味物质进行检测并通过主成分分析和判别分析，可将掺入外来脂肪和未掺入外来脂肪的牛奶成功区分开。

## 一、样品处理

两组某酒厂的白酒样品，分别为对照组和处理组，包括：普通组、十年陈酿、二十年陈酿、三十年陈酿，山西某国有大型白酒厂的技术研发中心提供。

## 二、主要仪器和设备

电子鼻系统，PEN3型，德国AIRSENSE公司。该电子鼻含有10个不同的金属氧化物传感器，组成传感器阵列。

## 三、实验方法

直接顶空吸气法：取0.5mL酒样，加50mL蒸馏水稀释，用保鲜膜封口，电子鼻进行测定。条件为：采样时间为1秒/组；传感器自清洗时间为120秒；传感器归零时间为10秒；样品准备时间为5秒；进样流量为300mL/min；分析采样时间为60秒。

## 四、数据处理与结果分析

实验在对每个样品的数据采集过程中，通过查看每个传感器响应信号的变化曲线、每个时间点的信号值及星形雷达图或柱状指纹图，可以清晰考察各个传感器在实验分析过程中的响应情况。并通过传感器选择设置可以查看在不同数量的传感器情况下的响应情况。由于每个传感器对某一类特征气体响应剧烈，可以确定样品分析过程中样品主要挥发出了哪一类特征气体。

1. PCA主成分分析

不同组别白酒的PCA分析结果见图9-47和图9-48，在CORRELATION相关性矩阵模式下：第一主成分区分贡献率为99.403%，两个主成分区分贡献率之和为99.986%，所以这两个主成分已经基本代表了样品的主要信息特征。由以上两图可以看出，无论对照组与处理组组间还是组内，样品均可以被PEN3电子鼻显著区分开来。

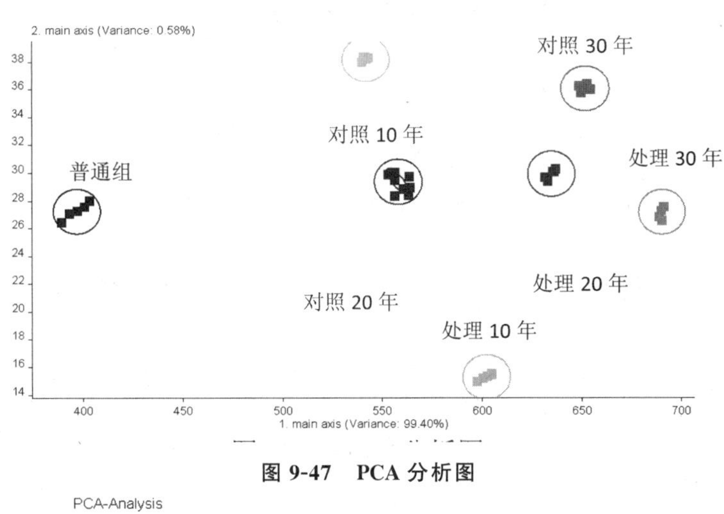


图9-47　PCA分析图

PCA-Analysis

normalization :　PCA　:
Matrix　:　Correlation-M.
Algorithm:　PCA
Variance: :　99.986 %
1. main axis:　99.403 %
2. main axis:　0.58311 %
Pattern File:　C:\Documents and Settings\Administrator\桌面\汾酒.mus
Discrimination power:

| | 普汾 | 处理10年 | 处理20年 | 处理30年 | 对照10年 | 对照20年 | 对照30年 |
|---|---|---|---|---|---|---|---|
| 普汾 | | 0.998 | 0.999 | 0.999 | 0.997 | 0.996 | 0.999 |
| 处理10年 | 0.998 | | 0.984 | 0.998 | 0.997 | 0.978 | 0.993 |
| 处理20年 | 0.999 | 0.984 | | 0.997 | 0.999 | 0.992 | 0.954 |
| 处理30年 | 0.999 | 0.998 | 0.997 | | 1.000 | 0.998 | 0.994 |
| 对照10年 | 0.997 | 0.997 | 0.999 | 1.000 | | 0.920 | 0.999 |
| 对照20年 | 0.996 | 0.978 | 0.992 | 0.998 | 0.920 | | 0.995 |
| 对照30年 | 0.999 | 0.993 | 0.954 | 0.994 | 0.999 | 0.995 | |

图9-48　PCA区分度分析

2. LDA 线性判定分析

据图 9-49 和图 9-50 的 LDA 分析图可知，第一、第二主成分总的区分贡献率达 96.872%，第一主成分区分贡献率为 79.5%。很明显，在第一主成分上，对照组四个样品可完全区分，处理组在第一主成分上区分性较差，但是在第二主成分上可以实现很好的区分。因此可以看出，PEN3 对所提供的酒样具有较好的区分性。

2. main axis (Variance: 17.40%)
10³
18.49
18.48
18.47
18.46
18.45
18.44
18.43
18.42
18.41
处理 10 年
普通组
处理 30 年
对照 20 年
处理 20 年
对照 10 年
对照 30 年
10³
67.42
67.44
67.46
67.48
67.50
67.52
67.54
67.56
67.58
67.60
67.62
1. main axis (Variance: 79.47%)


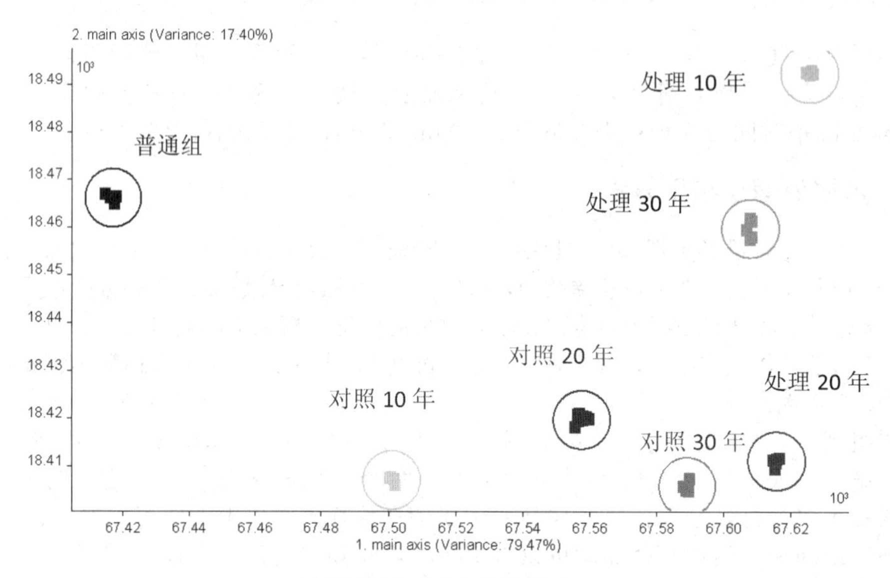

图 9-49 LDA 分析图 1

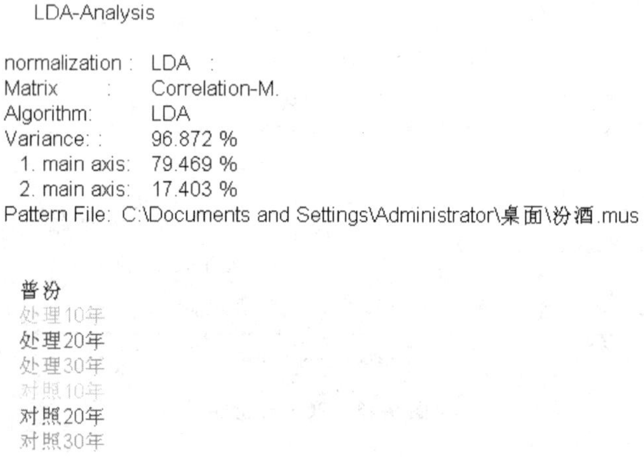

LDA-Analysis
normalization : LDA :
Matrix : Correlation-M.
Algorithm: LDA
Variance: : 96.872 %
1. main axis: 79.469 %
2. main axis: 17.403 %
Pattern File: C:\Documents and Settings\Administrator\桌面\汾酒.mus
普汾
处理10年
处理20年
处理30年
对照10年
对照20年
对照30年


图 9-50 LDA 分析图 2

**【知识拓展与链接】**

请同学们扫描封面二维码进行知识拓展学习："电子鼻技术在酒类分析中的应用"。

**【任务测试】**

1. 简述电子鼻测试的流程。
2. 简述电子鼻的传感器阵列。
3. 简述白酒电子鼻测试的流程。

## 任务5　感官分析软件操作

**【学习目标】**

**知识目标**

1. 了解感官分析软件的应用及功能模块；
2. 了解感官分析软件的系统特色；
3. 熟悉感官分析软件的基本构架；
4. 掌握感官分析软件的操作流程。

**能力目标**

1. 能规范使用感官分析软件对食品进行排序检验，正确建立实验、开展评价员评价和处理数据；
2. 规范书写感官检验报告，能利用感官分析对不同品牌的戚风蛋糕喜好度评价。

**素养目标**

1. 培养学生良好的信息素养，具有良好的实验组织与领导能力；
2. 钻研食品科技前沿技术，具有产品规划和开发的创新精神；
3. 树立终身学习理念，拓展专业视野，适应企业现代管理要求。

**【工作任务】**

请感官评价员运用轻松感官分析软件对四种不同品牌的戚风蛋糕喜好度进行排序检验，得出四种不同戚风蛋糕喜好度的排列顺序，并对结果进行统计和分析。

视频：感官分析软件操作

**【任务分析】**

通过本任务的学习，请评价员能够运用轻松感官分析软件，按照感官检验的标准流程，对四种不同品牌的戚风蛋糕喜好度进行排序检验，并进行结果统计与数据分析，出具四种不同品牌的戚风蛋糕喜好度感官检验报告。

**【思维导图】**

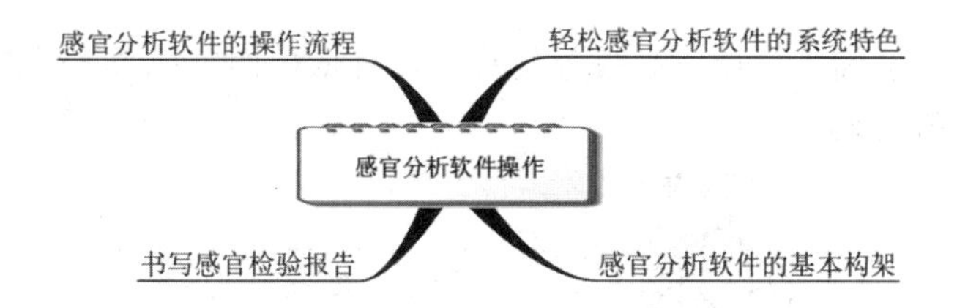

### 一、轻松感官分析软件

“轻松感官分析软件”是一款为开展规范的感官评价活动而开发的计算机管理软件，软件的主体功能是感官检验模块，可实现感官检验试验设计、结果录入、结果分析、报告输出的在线自动化。采用全球及全国范围内普遍认可、协调一致的感官分析标准化方法，按照ISO感官分析国际标准和我国国家标准要求，结合良好的感官分析实践，以流程提示、任务列表、任务实施的配套功能等形式，方便实现样品制备、样品提供、评价员评价、结果汇总、结果分析等感官评价过程的主要活动过程并管理。其功能模块包括：

(1)感官检验：含差别检验、标度检验、描述性分析检验、消费者测试4类12种感官分析方法的检验。每种方法都具有实验设计、样品准备、过程评价与结果分析四大功能。

(2)信息查询：含历史实验查询、感官分析方法简介、感官分析方法中有关的统计检验表、感官描述词与感官分析标度资料方面信息的查询。

(3)系统维护：含通用实验信息维护、食品代码维护、实验人员信息维护、系统使用权限管理。

## 二、感官分析软件的系统特色

1. 流程化设计

友好的界面环境方便用户进行实验设计、样品制备、样品提供、数据汇总及统计分析等操作，直观的图标显示方法为用户提供了简单快捷的浏览方式。

2. 规范化表格

根据评价员人数、待测样品数、实验轮次数、可接受的结果风险水平自动生成样品制备表、样品提供表、评价员回答表、评价结果汇总表、感官检验报告，并分别提供能感官检验活动中涉及到的样品制备员、样品呈送员、感官评价员、感官分析师、技术负责人使用。

3. 检验间隔可控

设置了检验时间间隔设计，使评价员在多次检验之间有充分的休息时间，从而控制其感官疲劳、感觉适应等影响实验的因素。

4. 检验活动管理

可从检验时间、被检样品、感官评价员、感官分析师等多个角度查询实验信息，帮助管理者了解感官检验活动的开展，了解主要业务和实验室成员的工作量及表现。

5. 资料信息提供

系统设置了对目前国内外感官分析主要技术成果的汇总与提炼，可帮助感官评价员培训，并作为感官分析师参考学习的电子书。

6. 系统优势

系统具有专业、准确、方便、高效等优势，而且依据国家标准方法进行感官检验，对数据进行科学的分析与统计。

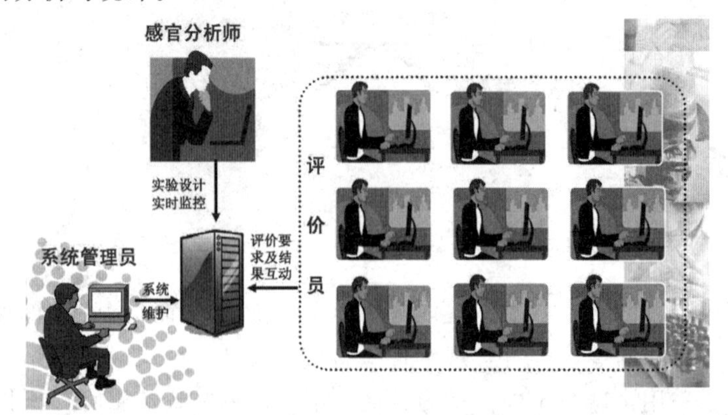


图9-51　感官分析软件的基本构架

## 三、感官分析软件检验的操作流程

利用轻松感官分析软件进行感官检验的操作流程如图 9-52 所示：

(1)登录系统，进行菜单设置，选择相应的实验方法并进行实验设计；

(2)样品制备和样品编码；

(3)样品提供给感官评价员；

(4)感官评价员对样品进行感官评价；

(5)系统分析评价员的感官评价数据，结果生成。

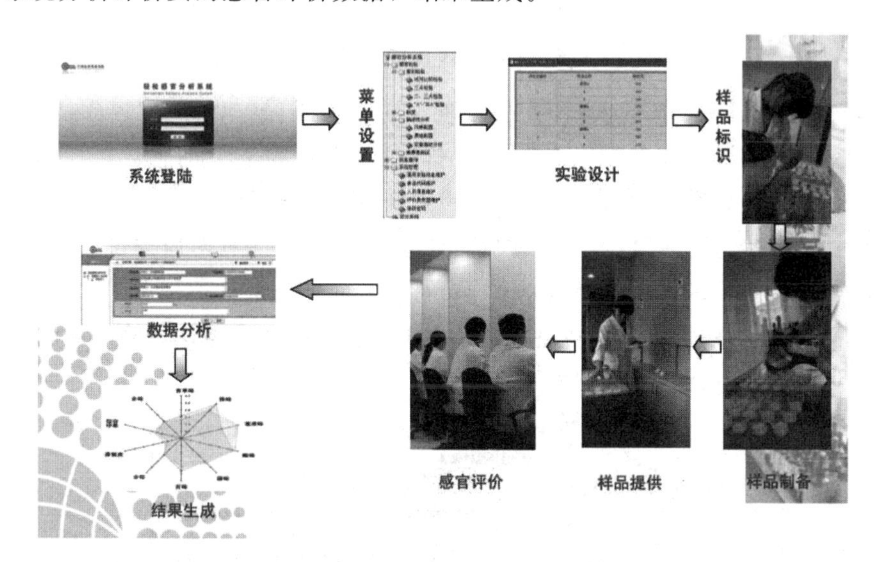


图 9-52　感官检验的基本流程

## 方案设计与实施

1. 新建实验

(1)单击左侧导航菜单“实验管理→排序法”，进入实验列表页面，如图 9-53 所示。

排序法实验管理

+ 新建　复制新建　开启　实验目标：　起始日期：　截止日期：　查询

| 实验编号 | 实验目标 | 分析师 | 实验方法 | 实验状态 | 备注 |
| --- | --- | --- | --- | --- | --- |
| 2019121200001 | 甜味溶液排序实验 | admin | 排序法 | 新建 | |
| 2015072900001 | 测试统计结果 | admin | 排序法 | 启动 | |
| 2015072400003 | 橙汁甜味排序 | admin | 排序法 | 启动 | |
| 2015071000001 | 排序法实验示例 | admin | 排序法 | 启动 | |
| 2015062800005 | 甜味溶液排序实验 | admin | 排序法 | 启动 | |

显示条目 1 - 5 共 5

图 9-53　排序法实验列表

(2)单击新建按钮，显示新建实验界面，如图 9-54 所示。

图 9-54　排序法新建实验

在新建实验界面中可输入或修改实验依据、实验名称、实验日期(不能选择当日之前的日期)、评价间隔(大于等于 1 的整数)、评价轮数(大于等于 1 的整数)、实验地点，从下拉菜单中选择食品分类(大类、中类、小类)，并输入备注信息。

(3)单击“下一步”选择评价员，从评价员列表中单击 ✓ 选择对应评价员，不同类型评价员以不同颜色区分，不可同时选择专家评价员和普通评价员。

(4)单击“下一步”输入样品制备员、样品提供员、制样要求等，并输入被测样品名称，样品之间以逗号分隔，样品数量自动生成，如图 9-55 所示。

排序法样品制备表　导出

| [illegible] | [illegible] | [illegible] | [illegible] | [illegible] |
|---|---|---|---|---|
| 1 | A | A | 2015-06-28 | 806,786,435,150,886,125,979,973,472,874,760,965,727,726,595,598,351,593 |
| 2 | B | B | 2015-06-28 | 117,683,193,289,244,605,770,580,405,583,132,214,921,172,553,954,461,358 |
| 3 | C | C | 2015-06-28 | 804,110,380,746,245,126,976,633,407,670,865,311,365,552,083,856,491,356 |
| 4 | D | D | 2015-06-28 | 056,381,090,199,880,053,771,128,021,401,317,867,171,456,049,495,757,909 |
| 5 | E | E | 2015-06-28 | 055,383,601,749,536,506,205,371,207,134,765,820,821,101,144,007,610,900 |

图 9-55　排序法样品制备表

(5)单击“保存”即完成新建实验，自动返回到实验列表界面；单击“导出”，即可将样品制备表文件另存为 excel 文件，单击“浏览”选择电脑保存路径，单击“下载”即可。

(6)样品提供员根据样品提供顺序和随机编码，将样品呈送给评价员。

排序法样品提供表　导出

| [illegible] | [illegible] | [illegible] | [illegible] |
|---|---|---|---|
| 1 | 1 | A,B,C,D,E | 806,117,804,056,055 |
| | 2 | B,A,C,D,E | 289,150,746,199,749 |
| | 3 | C,B,A,D,E | 976,770,979,771,205 |
| | 4 | D,B,C,A,E | 401,583,670,874,134 |
| | 5 | E,B,C,D,A | 821,921,365,171,727 |
| | 6 | A,B,C,E,D | 598,954,856,007,495 |
| | 1 | B,A,C,E,D | 683,786,110,383,381 |
| | 2 | C,B,A,E,D | 245,244,886,536,880 |

图 9-56　排序法样品提供表

(7)单击实验列表上方的 ▸开启 按钮，可以开启新建的实验，只有实验开启后评价员才可以开始评价，开启后的实验无法修改。

2．评价员评价

(1)以评价员身份进入感官分析系统，单击“排序法”，出现待评价实验列表。单击相应的实验操作按钮，开始评价实验。

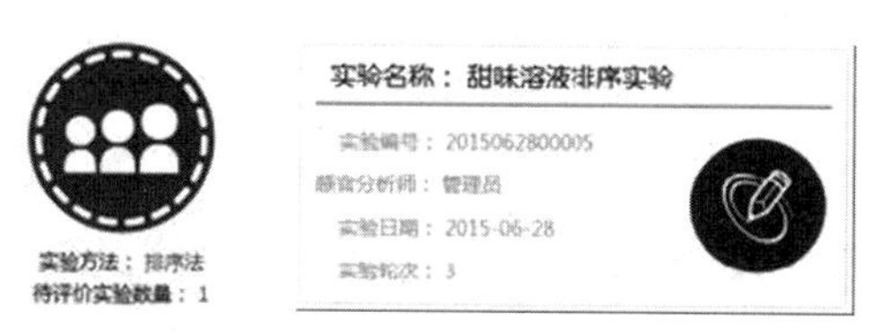


图 9-57　排序法实验评价选择

(2)将样品的盘号输入对话框，单击“确认”；

(3)输入正确的盘号后，出现回答表信息，开始感官评价；

(4)对呈送样品进行比较，判断样品特性强弱，将对应的样品编码拉入下方的方框中，调整强弱顺序并提交。确认“提交评价结果”，确定后评价结果被保存。系统将按照新建实验时所设定的间隔时间设为等待时间，此时无法进行任何操作。评价完成后自动返回评价实验列表界面。

3．结果汇总与分析

(1)在实验操作按钮列表中单击操作按钮 🔍，显示结果汇总表信息，如图 9-58 所示。可将表头列信息拖曳到表格上方，即可按照不同分组信息显示，如图 9-59 所示。

| 序号 | 轮次 | 样品盘号 | 评价员 | 样品名称 | 样品随机码 | 评价结果 |
|---|---|---|---|---|---|---|
| 1 | 1 | 1 | 001 | A,B,C,D,E | 806,117,804,056,055 | 804<806<117<056<055 |
| 2 | 1 | 2 | 002 | B,A,C,D,E | 289,150,746,199,749 | 150<749<289<199<746 |
| 3 | 1 | 3 | 003 | C,B,A,D,E | 976,770,979,771,205 | 205<979<771<976<770 |
| 4 | 1 | 4 | 004 | D,B,C,A,E | 401,583,670,874,134 | 583<874<401<134<670 |
| 5 | 1 | 5 | 005 | E,B,C,D,A | 821,921,365,171,727 | 171<365<921<727<821 |
| 6 | 1 | 6 | 006 | A,B,C,E,D | 598,954,856,007,495 | 856<007<495<598<954 |
| 7 | 2 | 1 | 001 | B,A,C,E,D | 683,786,110,383,381 | 110<683<381<383<786 |
| 8 | 2 | 2 | 002 | C,B,A,E,D | 245,244,886,536,880 | 245<886<244<880<536 |
| 9 | 2 | 3 | 003 | D,B,C,E,A | 128,580,633,371,973 | 128<633<973<580<371 |
| 10 | 2 | 4 | 004 | E,B,C,A,D | 765,132,865,760,317 | 760<132<765<865<317 |
| 11 | 2 | 5 | 005 | A,B,D,C,E | 726,172,456,552,101 | 456<172<101<726<552 |

图 9-58　排序法结果汇总表

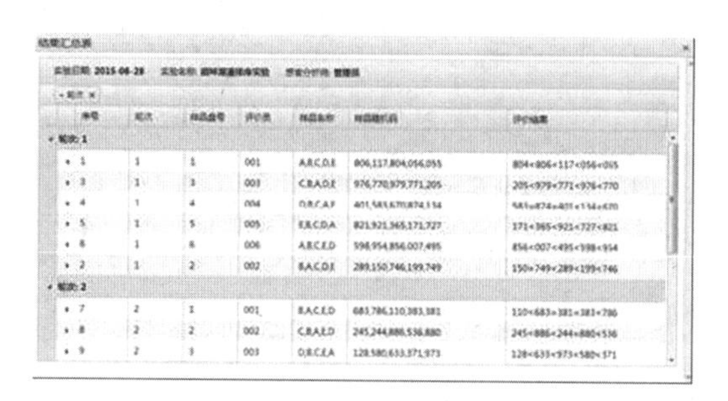

| 序号 | 轮次 | 样品盘号 | 评价员 | 样品名称 | 样品随机码 | 评价结果 |
|---|---|---|---|---|---|---|
| 轮次: 1 | | | | | | |
| 1 | 1 | 1 | 001 | A,B,C,D,E | 806,117,804,056,055 | 804<806<117<056<055 |
| 3 | 1 | 3 | 003 | C,B,A,D,E | 976,770,979,771,205 | 205<979<771<976<770 |
| 4 | 1 | 4 | 004 | D,B,C,A,E | 401,583,670,874,134 | 583<874<401<134<670 |
| 5 | 1 | 5 | 005 | E,B,C,D,A | 821,921,365,171,727 | 171<365<921<727<821 |
| 6 | 1 | 6 | 006 | A,B,C,E,D | 598,954,856,007,495 | 856<007<495<598<954 |
| 2 | 1 | 2 | 002 | B,A,C,D,E | 289,150,746,199,749 | 150<749<289<199<746 |
| 轮次: 2 | | | | | | |
| 7 | 2 | 1 | 001 | B,A,C,E,D | 683,786,110,383,381 | 110<683<381<383<786 |
| 8 | 2 | 2 | 002 | C,B,A,E,D | 245,244,886,536,880 | 245<886<244<880<536 |
| 9 | 2 | 3 | 003 | D,B,C,E,A | 128,580,633,371,973 | 128<633<973<580<371 |

图 9-59　排序法结果汇总表-分组

(2)在实验操作按钮列表中单击操作按钮，显示结果统计表信息，如图 9-60 所示。

排序法结果统计表

检验日期：2015-06-28

| [illegible] | A | B | C | D | E | [illegible] |
|---|---|---|---|---|---|---|
| 1:1:001 | 2.00 | 3.00 | 1.00 | 4.00 | 5.00 | 15.00 |
| 2:1:002 | 3.00 | 1.50 | 5.00 | 4.00 | 1.50 | 15.00 |
| 3:1:003 | 4.00 | 5.00 | 2.00 | 3.00 | 1.00 | 15.00 |
| 4:1:004 | 2.50 | 1.50 | 5.00 | 2.50 | 4.00 | 15.50 |
| 5:1:005 | 5.00 | 3.00 | 2.00 | 1.00 | 4.00 | 15.00 |
| 6:1:006 | 4.00 | 5.00 | 1.00 | 2.00 | 3.00 | 15.00 |
| 7:2:001 | 2.50 | 5.00 | 1.00 | 3.50 | 3.50 | 15.50 |
| 8:2:002 | 1.00 | 3.50 | 2.00 | 5.00 | 3.50 | 15.00 |
| 9:2:003 | 1.00 | 4.00 | 2.00 | 5.00 | 3.00 | 15.00 |
| 10:2:004 | 3.00 | 2.00 | 4.00 | 1.00 | 5.00 | 15.00 |
| 11:2:005 | 4.00 | 1.50 | 1.50 | 5.00 | 3.00 | 15.00 |
| 12:2:006 | 1.00 | 2.00 | 3.00 | 4.00 | 5.00 | 15.00 |
| 13:3:001 | 2.00 | 1.00 | 3.00 | 4.00 | 5.00 | 15.00 |
| 14:3:002 | 2.00 | 3.00 | 5.00 | 1.00 | 4.00 | 15.00 |

**图 9-60　排序法结果统计表**

统计表可选择排序方式(不同轮次、不同盘号)，对每一轮次或全部轮次进行数据统计。可以根据需要对数据进行有理论顺序或无理论顺序的处理，经过 Page 检验、LSD 检验、F 值计算对样品和评价员、评价小组进行考察。

若样品有理论顺序，则在 Page 检验中输入样品的理论排序值，此种情况下，统计方法为 Page 检验和 LSD 多重检验。

若样品无理论顺序，则统计方法为 Friedman 检验和 LSD 多重分析。

(3)在实验操作按钮列表中单击操作按钮，显示检验报告信息。单击“添加检验结论”，输入检验结论并保存，则添加成功，单击“导出”，即可将检验报告文件另存为 Excel 文件，单击“浏览”选择电脑保存路径，单击“下载”即可。

**【知识拓展与链接】**

请同学们扫描封面二维码进行知识拓展学习：“感官分析系统在食品领域中的应用”。

**【任务测试】**

1. 感官分析软件的系统特色是什么?
2. 举例说明感官分析软件在食品企业中的应用。
3. 利用感官分析软件设计两种薯片脆度检验的实验，并得出实验结果。

# 项目十

# 食品感官检验的应用技能

**【案例导入】**

**创新让老醋飘“新香”**

中国醋有三千年以上的酿造历史，从远古时代到周代，被称为醯，汉称为酢，也被称为苦酒，唐宋时期被称为醋。《周礼》有“醯人掌共醯物”的记载，“醯人”就是管理酿醋一类的官。可以确认，我国西周时期即有食醋的习惯和酿醋的部门及专业的岗位设置。在春秋战国时期，醋仍然是一种相对昂贵的调味品，直到汉代才普遍生产。司马迁的《史记·货殖列传》和崔寔的《四民月令》也有制醋的记录。直到北魏，《齐民要术》共记述了大酢、秫米神酢等二十二种制醋方法。自唐宋以来，由于微生物和制曲技术的进步与发展。明代出现了大曲，小曲和红曲。人们食用后，醋的酸味使得胃口大开，而且醋的助消化和营养保健等功能逐渐被人们所认识，成为数千年来深受人们喜爱的调味佳品。当今市场上的醋琳琅满目、种类多样，例如米醋、香醋、白醋、陈醋、饺子醋、果醋，醋饮料，还有陈醋冰激凌。某酿造企业购进了一批土豆试验酿造醋，公司李经理说：“好原料才能酿出好醋。之所以选本地生产的土豆，是看中了这里采用无公害种植技术，种出的土豆质量安全有保障。”醋的发展有传承也有创新，才能酿出口味丰富、品质高的醋”。精益求精，使产品“香飘四溢”，创新突破，使老产业焕发新活力。

**思考问题：**

1. 如何开展醋的消费者测试和市场调查？
2. 在食品领域新产品开发的方法是什么？

## 任务1　消费者测试

**【学习目标】**

**知识目标**

1. 了解消费者测试的目的；

2. 了解决定消费者购买行为的因素；

3. 了解消费者感官检验与产品概念检验的区别，以及消费者感官检验的类型；

4. 掌握消费者测试问卷设计的原则。

**能力目标**

1. 能按照消费者实验样品制备程序制备样品；

2. 能制订消费者测试问卷；

3. 得出消费者测试结论。

**素养目标**

1. 树立健康的消费观念，养成理性消费习惯；

2. 能发掘、分析与解决复杂问题，具备逻辑思维、归纳演绎和应变能力；

3. 善于与工作团队成员和消费者沟通交流，具有较强的团队合作意识。

**【工作任务】**

GBT41408－2022

《感官分析方法学受控区域消费者喜好测试一般导则》

巧克力香甜美味，作为经典的糖果品类，一直深受各年龄段消费者的喜爱。广东某巧克力生产企业推出一款新式黑巧克力产品，其最大的特点是所有原料均来源于可可果本身，仅使用可可豆与可可果肉，而不额外添加任何精制糖，也不会影响产品的口感和品质。将黑巧克力中原本占据30%左右的蔗糖完全用可可果肉替代，为更多追求健康和天然产品的消费者提供了全新的巧克力体验，也为巧克力行业的创新发展设定了新标杆。公司在新产品上市之前，研发部对生产的这款巧克力进行消费者测试，与市面上其他厂家生产的巧克力比较来确定消费者对不同巧克力产品的喜好程度。新的研究精准顺应了食品行业减糖大趋势，并将可可果的利用率从22%提高到31%，推动了经济社会发展绿色化、低碳化。

**【任务分析】**

请测试员精心设计一套巧克力消费者测试方案，对巧克力进行消费者测试，确定出这款巧克力在消费者中的受欢迎程度，并进行结果统计与数据分析，出具巧克力消费者测试检验报告。

**【思维导图】**

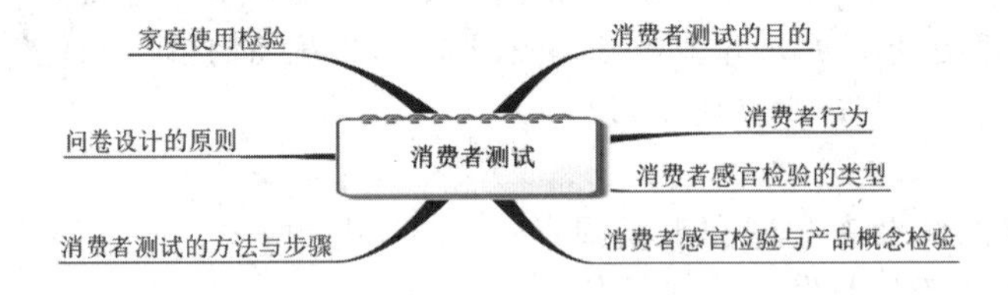

## 知识准备

### 一、消费者测试的目的

消费者测试是食品感官检验常用实验方法之一，也称情感实验，是由消费者根据个人的爱好对食品进行评判的方法。消费者测试要求具备三个条件：实验设计合理、参评人员合格、被测产品具有代表性，而实验方法和实验人员的选择要根据实验的目的而定。

消费者测试的目的是确定广大消费者对食品的态度，主要包括：①产品质量维护；②提高产品质量，对产品进行优化；③新产品开发；④市场潜力预测；⑤产品种类调查；⑥对广告的支持。

生产食品的最终目的是使食品被消费者接受和喜爱，因此，在消费者中进行实验，可以达到产品质量维护、提高产品质量、对产品进行优化、进行新产品开发、对产品市场潜力进行预测以及对产品的种类进行调查的目的，具有非常重要的意义。由于消费者一般都没有经过正规培训，个人的爱好、偏食习惯、感官敏感性等情况都不一致，故要求实验形式尽可能简单、明了、易行，使得广大消费者乐于接受，而且要保证参加人数较多(50～80人)。

## 二、消费者行为

消费者购买行为由许多种因素共同决定，表现为在同类商品中的选择倾向。在首次购买时，会考虑质量、价格、品牌、口味特征等。在食品质量方面，消费者主要考虑卫生、营养、成分含量；在价格方面则关注单位购买价格、质量价格比，现在食品市场逐步在产品标志上表现产品的口味特征，这一点也同样来源于消费者的感官体验。

对于商品生产者，消费者行为中的二次购买被赋予更多的关注，在质量、价格与同类产品无显著差别的情况下，口味特征表现更重要，因此消费者实验必须能反映消费者的感受。

## 三、消费者感官检验与产品概念检验

消费品获得认可并在激烈的市场竞争中得以保持市场份额的一个策略就是通过感官检验的测试，确定消费者对产品特性的感受。这种做法不但可以使公司的产品优于竞争者，同时具有更大的创造性。消费者实验项目在盲标的条件下，研究消费者采用的产品检验技术，从而确定人们对产品实际特性的感知。生产商在对此了解的基础上才能洞察消费者的行为，建立品牌信用，保证人们能够再次购买该产品。

进行盲标的消费者感官检验有如下作用：①正常情况下，在感官基础上，如果不通过广告或包装上的概念宣传，就有可能确定消费者接受能力水平；②在进行投入较高的市场研究检验之前，消费者感官检验可以促进对消费者问题的调查，避免错误，并且从中可以发现在实验室检验或更严格控制的集中场所检验中没有发现的问题。最好在进行大量的市场研究领域检验或者产品投放之前，安排感官检验。在隐含商标行为的基础上，可以借此筛选评价员。由目标消费者进行检验，公司可以获得一些用于宣传证明的数据。这些资料在市场竞争中极其重要。

消费者感官检验与在市场研究中所做的产品概念检验有一些重要区别，其中部分区别见表10-1。在两个检验中，由消费者放置产品，在实验进行后对他们的意见进行评述。然而，对于产品及它们的概念、性质，不同的消费者所给予的信息量是不同的。

表 10-1 消费者感官检验与产品概念检验部分内容对比

| 检验性质 | 消费者感官检验 | 产品概念检验 |
|---|---|---|
| 指导部门 | 感官评价部门 | 市场研究部门 |
| 信息主要作用于 | 研究与发展 | 市场 |
| 产品商标 | 概念中隐含程度最小 | 全概念的提出 |
| 参与者的选择 | 产品类项的使用者 | 对概念反应的积极者 |

市场研究的产品概念检验按以下的步骤进行：首先，市场销售人员以口述或视频等方式向参与者展示产品的概念(内容与初期的广告策划有些类似)；然后向参与者询问他们的感受如何，而参与者在产品概念展示的基础上，则会期待这些产品的出现(这对于市场销售人员来说是最重要的策略信息)；最后，销售人员会请求那些对产品感觉其实并不好的人带些产品回家，在他们使用以后再对产品的感官性质、吸引力以及相对于人们期望值的行为表现做出评价。

## 四、消费者感官检验类型

通过消费者感官检验，可以收集隐藏在消费者喜欢和不喜欢理由之上的诊断信息。根据随意的问题、强度标度和偏爱标度经常可以得出人们喜欢的理由。通过问卷和面试可以得到消费者对商标感知的认同、对产品的期望和满意程度等结果。

消费者感官检验主要应用包括以下几种情况：①一种新产品进入市场；②再次明确表述产品，指出主要性质中的成分、工艺过程或包装情况的变化；③第一次参加产品竞争的种类；④作为有目的的监督及种类的回顾，以主要评价一个产品的可接受性是否优于其他的一些产品。

消费者感官检验情况的多样性对最终评价是有影响的。例如，由于时间、资金或相关的安全性等方面的问题，一般消费者感官检验有四种类型：雇用消费者检验、当地固定的消费者评价小组、集中场所检验和家庭使用检验。其中雇用消费者检验是最快也是最安全的检验方法，但有些昂贵，而且在潜在的偏爱项目上也有其最大的不利因素，即雇用的消费者缺乏代表性，检验情况也缺乏现实性等问题。在特定情况下，对检验方法的选择通常一方面代表了时间和资金因素之间的协调；另一方面是为了得到最有效的信息。

## 五、家庭使用检验

家庭使用检验方案设计中包括了大量的思考内容，其中许多部分需要与信息的委托人或最终使用者以及一些进行数据收集服务的现场检验代理商进行商谈。感官专业人员的一些初步确定的方案中会包括样品的尺寸规格、实验设计、参与者的资格、地点和代理商的选择、接见或问卷的结构等内容。启动并操作这个实验过程，有几十个活动内容和决定的指标，包括描写邀请一个感官专家完成一项复杂的任务。多城市的领域检验的复杂程度和所需要的努力与撰写研究论文的内容十分接近。与学术研究领域的工作相比，工业领域的检验更多地受到固定时间的限制，但操作过程却因此而变得更加容易。

影响检验设计所要决定的内容包括样本大小、产品数量以及如何比较产品等。样本大小是指对消费者的统计取样，不是供应的的产品总量或部分的大小。统计咨询者能帮助评估检验能力的大小，但是最终关于数量的决定会受到一些主观因素的影响，即人们希望忽略一个不同的尺寸，或确保一定要发觉差别。这一决定与后者有些类似，即确定实际的区别有多大，或者是可以安全地忽略多大程度的区别。

## 六、问卷设计原则

检验的目的、资金或时间和其他资源的闲置情况以及合适的面试形式决定了研究手段的性质和确切形式。

1. 面试形式与问题

以个人形式面试可以进行自我管理，或通过电话进行，每种方法各有利弊。自我管理费用低，但无助于探明自由回答的问题，在回答的混乱与错误程度方面是开放的，不适用于那些需要解释的复杂问题，甚至不能保证在回答问题时读过以前的问题或浏览了全部问卷，也可能调查这个人没有按照问题的顺序回答。自我管理的合作与完成速率都是比较差的。对于不认识的回答者，电话或亲自面试是行之有效的方法。电话会是一个合理的折中办法，但是复杂的多项问题一定要简短、直接。回答者也可能会迫切地需求限制他们花费在电话上的时间，对自由回答的问题可能只有较短的答案。电话会谈持续的时间一般短于面对面的情况，有时候还会出现回答者过早就终止谈话的情况。

2. 设计流程

设计问卷时，首先要设计包括主题的流程图，要求详细列出所有的模型，或者按顺序全列出主要的问题。让顾客和其他人了解面试的总体计划，有助于顾客和其他人在实际检验前，回顾所采用的检验手段。

在多数情况下应按照以下流程询问问题：①能证明回答者的筛选问题；②总体接受性；③喜欢或不喜欢的可自由回答的理由；④特殊性质的问题；⑤权利、意见和出版物；⑥在多样品检验和(或)在检验可接受性与满意或其他标度之间的偏爱；⑦敏感问题。可接受性的最初与最终评价经常是高度相关的。但是，如果改变了问题的形式，就有可能出现一些冲突情况。例如，当单独品尝时，一个被判断为“太甜”的产品在偏爱检验中，实际上要受到比甜度合适的产品更多的偏爱。问卷中不同的主题可能会产生不同的观点。如上所述，在第一个可接受性的问题中，质地可能是压倒一切的问题，而当以后询问优先权时，便利性可能成为一个结论。这就产生了一些明显的前后矛盾，但它们是消费者感官检验中的一部分。

3. 面试准则

感官专业人员参加面试要把握几条准则：第一，通常是指当时的穿着合体，要介绍自己。与回答者建立友好的关系有益于他们自愿提供更多的想法。距离的缩短可能会得到更加理想的面试结果。第二，对面试需要的时间保持敏感性，尽量不要花费比预期更多的时间。如果被问及，应告知回答者关于面试的比较接近的耗时长短。第三，如果进行一场个人面试，请注意个人语言，不要说不合时宜的话。第四，不要成为问卷的奴隶，问卷只是你提问的工具。

回答者可能不了解某些标度的含义，可适当给予合适的比喻以便于理解。有时结果数据可能会有很大差异，是由于可选择的回答没有限制的原因造成的。

面试结束时，应该给回答者机会去表达遗漏的想法，可能要删去以前提到的一些方面。

4. 问题构建经验法则

构建问题并设计问卷时，要把握几条重要法则。这些简单的法则可以在调查中避免一般性的错误，也有助于确定答案，反映问卷想要说明的问题。一个人不应该假设人们知道你所要说的内容，人们会理解这个问题或从所给的参照系中得到结论。预检手段可以发现不完善的假设，这些准则见表10-2。

**表10-2 问卷构建的10条法则**

| 序号 | 法则 |
|---|---|
| 1 | 简洁 |
| 2 | 词语定义清晰 |
| 3 | 不要询问什么是他们不知道的 |
| 4 | 详细而明确 |
| 5 | 多选项问题之间应该是专有的和彻底的 |
| 6 | 不要引导回答者 |
| 7 | 避免含糊 |
| 8 | 注意措辞的影响 |
| 9 | 小心光环效应和喇叭效应 |
| 10 | 有必要经过预检验 |

5. 问卷中的其他问题及作用

问卷也应该包括一些可能对顾客有用的、额外的问题形式。普通的主题是关于感官性质或产品行为的满意程度。这一点与全面的认同密切相关，但是相对于预期的行为而言，可能比它的可接受性要稍多地涉及一些。典型的用词是“全面考虑后，你对产品满意或不满意的程度如何”。典型的标度可以用以下简短的5点标度：非常满意、略微满意、既不是满意也不是不满意、略微不满意以及非常不满意；也有的用9点标度：由于标度很短且间隔性质不明确，因此，通常根据频数来进行分析，有时会把两个最高分的选择放入被称为“最高的两个分数”中。不要对回答的选择对象规定数量值，不要假定数值有等间隔的性质。

满意标度中的一些变化包括购买意向和连续使用的问题。购买意向难以根据隐含商标的感官检验来评定，因为竞争中的产品价格与位置没有明确规定。最好避免试图确定购买意向。可以变换一下方式，采用短语表示一种伪装的购买意向问题，如连续使用的意向“如果这个产品在一个合适的价位上对你有用，有多大可能你会继续使用它?”一个简单的3点或5点标度，在“非常可能”到“非常不可能”的基础上构建，无参数顺序分析同简短满意标度的情况一样。

6. 自由回答问题

自由回答问题既有优点也有缺点。缺点是许多对自由回答问题的有效反应意见，通过检验可以获得它们有效性的感觉，但要慎重决定其是否值得进一步利用。

自由回答问题还有一个与定性研究方法相类似的缺点，即它们难以编码及制成表格，如果一个人说这个产品是乳脂状的，而另一个却说是光滑的，他们可能或不可能对同一感官特性做出反应。在特定的感官特性中就会出现不确定性，就像品尝描述酸感：酸的或辛辣的。实验者必须确定作为同一反应的答案编码，否则结论就会变得太长，以致于很难观察主题的模式，即答案难以汇集并总结。

针对自由回答所带来的问题，有一种应对方式，就是粗略地提供封闭选项。对于题目和可能的回复进行严格的控制，使它们易于被计量，同时统计分析也是直接的。通常固定的选项很容易回答。它们很容易迅速地进行编码、制成表格并进行分析。

## 方案设计与实施

### 一、消费者实验样品准备程序

消费者实验参加人数较多，实验样品用量大，所以一定要在实验之前进行认真仔细的准备，一般应对以下信息进行记录。

1. 样品基本情况信息

|  |
|---|
| 1. 产品的筛选<br>(1)实验目的：确定消费者对不同巧克力产品的喜好程度。<br>(2)样品的选择<br>a. 变量：巧克力含量；含糖量；有无色素、香精。<br>b. 产品/品牌：选择18～22种实验生产样品，两种其他厂家产品，对每种样品进行描述，每种产品待测数量为12～15个。<br>(3)原因：挑选出的14个样品的糖/巧克力，有无色素、香精及风味上表现出了不同。 |
| 2. 样品信息<br>(1)样品来源：实验生产样品和市售的其他厂家样品。<br>样品出厂时间：3个月<br>样品产地：本公司，×××厂和×××厂。<br>编号：本公司编号为442～453，其他厂家产品为489和423.<br>包装条件：所有样品都用铝箔纸包装。<br>(2)样品的存放：所有样品在实验前都存放3周，每14个样品放于一个盒子中，存放条件为18℃，50%相对湿度。<br>(3)其他：无。 |

2. 产品信息与呈送信息

|  |
|---|
| 3. 产品的准备<br>总量：每个实验地点250块(150个实验地点)。<br>其他成分：无。<br>温度(储存/准备)：15～20℃。<br>准备时间：无。<br>存放时间：无。<br>容器：塑料盘子。<br>其他：在呈送给参试人员时才能将样品打开，切忌过早暴露于空气中；不要呈送折断的、裂开的和有凹坑的样品。<br>特殊说明：用手拿样品的时间不要过长，以免样品融化或有其他损伤。 |

| 4. 产品的呈送<br>数量：每个消费者得到一整块。<br>容器/工具：塑料盒子<br>编号：3 位随机编码。<br>大小：一整块巧克力<br>温度：15～20℃。<br>呈送程序：将样品放在直径 15cm 的盘子中间<br>其他：呈送顺序另行准备。 |
| --- |

3. 参评人员情况信息

| 5. 参加实验人员<br>年龄范围：12～24 岁占 70%；25～55 岁占 30%。<br>性别：女性占 70%，男性占 30%。<br>产品的使用：在最近的一个月之内食用过巧克力。<br>食用该产品的频率：每年食用 5 次以上。<br>可参加实验的时间：上午 9～11 点，下午 3～5 点。<br>其他：无 |
| --- |

## 二、消费者实验问卷设计

消费者实验中，问卷的设计非常关键。设计的题目要能够全面反映产品性质，每个问题和问卷总长度又不宜过长；否则，消费者会失去耐心而影响实验效果。因为消费者都是没有讲过培训的，涉及食用方式的说明时，要做到简单明了，容易理解。

**表 10-3 巧克力消费者测试问卷**

| 巧克力消费者测试问卷 |
| --- |
| 姓名：＿＿＿＿＿＿ 产品编号：＿＿＿＿＿＿<br>＊请在实验前漱口，对你面前的产品进行评价，方法是：先观察再品尝。<br>＊综合考虑包括外观、风味和质构在内的所有感官特性，在能够代表你对该产品总体印象的方框中打“√”。<br>□ □ □ □ □ □ □ □ □<br>特别不喜欢 无所谓 特别喜欢<br>评语：请具体写出你对该产品哪些方面喜欢，哪些方面不喜欢。<br>喜欢 不喜欢<br>＿＿＿＿＿＿ ＿＿＿＿＿＿<br>＿＿＿＿＿＿ ＿＿＿＿＿＿<br>＿＿＿＿＿＿ ＿＿＿＿＿＿<br>意见：＿＿＿＿＿＿＿＿＿＿ |

## 三、测试小组汇报结论

由测试小组组长汇报检验的结果，并得出测试结论。

**【任务测试】**

**一、单选题**

1. 消费者测试人数一般为(　　)。

A. 50～80 人　　B. 5～10 人

C. 10～20 人　　D. 以上都不对

2. 关于消费者感官检验与产品概念检验以下说法正确的是(　　)。

A. 指导部门相同　　B. 指导部门不同

C. 产品商标相同　　D. 参与者的选择相同

3. 在消费者感官检验中查阅错误水平的合理准则是标准偏差要控制在标度的(　　)。

A. 20%～30%　　B. 10%～20%

C. 30%～40%　　D. 50%～60%

**二、填空题**

1. 消费者测试是食品感官检验常用实验方法之一，也称________，是由消费者根据个人的爱好对食品进行评判。

2. 消费者实验要求具备三个条件：________、________、________。

3. 一般消费者感官检验有四种类型：________、________、________和________。

**三、简答题**

1. 消费者感官检验的类型有哪几种?

2. 消费者测试问卷构建的 10 条法则是什么?

## 任务 2　市场调查

**【学习目标】**

**知识目标**

1. 了解市场调查的目的和要求、对象和场所；
2. 掌握市场调查的方法、执行程序，以及研究质量控制的方法；
3. 了解研究成果的内容；
4. 掌握果酱市场调查问卷设计的方法。

**能力目标**

1. 会设计市场调查问卷；
2. 按照研究执行程序开展市场调查；
3. 能分析市场调查的结果，提出市场营销的策略性建议。

**素养目标**

1. 通过分析商业和环境，培养敏锐的市场意识和洞察力；
2. 能发掘、分析与解决复杂问题，具备逻辑思维、归纳演绎和应变能力；
3. 善于与工作团队成员及消费者沟通交流，具有较强的团队合作意识。

**【工作任务】**

消费者需求洞察

蜂蜜柚子酱是由蜂蜜和柚子做成的酱。在现代人的观念中，柚子具有美容的功效，因为柚子中含有丰富的维生素 C，比柠檬多 3 倍。现代医学临床应用还证明，蜂蜜可促进消化吸收，增进食欲，镇静安眠，提高机体抵抗力，对促进婴幼儿的生长发育有着积极作用。某公司研制开发了一款蜂蜜柚子酱，需要做市场调查，请你根据所学知识为该产品进行市场调查。

**【任务分析】**

请评价员精心设计一套果酱市场调查方案，对果酱进行市场调查，并进行结果统计与数据分析，出具果酱市场调查报告。

**【思维导图】**

## 一、市场调查的目的和要求

市场调查不仅是为了了解消费者是否喜欢某种产品，更重要的是了解其喜欢或不喜欢的原因，从而为开发新产品或改进产品质量提供依据。

市场调查的目的主要有两方面：一是了解市场走向，预测产品形式，即市场动向调查；二是了解试销产品的影响和消费者的意见，即市场接受程度调查。两者都是以消费者为对象，所不同的是前者多是针对流行于市场的产品而进行的，后者多是针对企业所研发的新产品而进行的。

感官评价是市场调查中的重要组成部分，并且感官检验学的许多方法和技巧也被大量运用于市场调查中。但是，市场调查不仅是为了了解消费者是否喜欢某种产品(即食品感官检验中的嗜好实验结果)，更重要的是了解其喜欢或不喜欢的原因，从而为开发新产品或改进产品提供依据。

## 二、市场调查的对象和场所

市场调查的对象包括所有的消费者。但是，每次市场调查都应根据产品的特点，选择特定的人群作为调查对象。如老年食品应以老年人为主；大众性食品应选低等、中等和高等收入家庭成员各 1/3。营销人员的意见也应受到足够的重视。

市场调查的人数每次不应少于 400 人，若条件允许，最好在 1500～3000 人，人员的选定以随机抽样方式为主，也可采用整群抽样方式和分等按比例抽样方式。市场调查的场所通常是在调查对象的家中进行。复杂的环境条件对调查过程和结果的影响是市场调查组织者应该考虑的重要内容之一。

由此可以看出，市场调查与感官检验相比无论在人员的数量上还是在组成上，以及环境条件方面都相差极大。

## 三、市场调查的方法

市场调查一般是通过调查人员与调查对象面谈来进行的，首先，由组织者统一制作答题纸，把要调查的内容写在答题纸上。然后，调查人员登门调查时，可以将答题纸交给调查对象并要求他们根据调查要求直接填写意见或看法；也可以由调查人员根据要求与调查对象进行面对面的问答或自由回答，并将答案记录在答题纸上。

调查中常常采用排序检验、分类检验、成对比较检验等方法，并将结果进行相应的统计分析，从而分析出可信的结果。

# 方案设计与实施

为寻找果酱产品市场机会和实施营销计划提供消费者市场依据，通过对目标消费群实施使用习惯和态度研究以发现新的市场机会。调查将提供如下问题：目前市场果酱产品的主体消费状况如何？品牌及广告表现怎样？消费者的使用及购买情况如何？趋势怎样？现有产品和品牌竞争态势怎样？现有市场营销策略和市场价格如何等。最后依据调查分析结果提出市场营销的策略性建议。

## 一、研究方法

市场调查的研究方法见表 10-4。

**表 10-4　市场调查研究方法**

| 调查对象 | 调查方法 | 抽样方法 | 样本量 | 分布或分组条件 |
|---|---|---|---|---|
| 目标消费者 | 座谈会 | 条件甄别 | 400 人 | 年龄、职业、收入、性别、居住区域、购买者和家庭拥有状况 |

对座谈会记录进行整理分析，提出研究结果报告和策略建议。

## 二、调查对象

调查对象必须符合以下条件：

(1)在家庭中主要承担日用品、食品等的购买，其中购买果酱在家庭成员中的比例占90%以上，且最近两个月内购买过果酱；

(2)年龄在 20～55 岁；

(3)个人月收入不低于 2000 元(或家庭年收入不低于 5 万元)；

(4)本人或亲属不属于以下相关职业：新闻、广告、营销、调研、副食生产与经营；

(5)半年内内没有参加过副食方面的调查活动；

(6)被访者善于语言交流，能确保有时间参加访谈。

分组配额表见表 10-5。

表 10-5 市场调查分组配额表

| 组别 | 1 | 2 | 3 |
|---|---|---|---|
| 日期 | 5月20日 | 5月21日 | 5月22日 |
| 时间 | 15:00—17:00 | 9:00—11:00 | 15:00—17:00 |
| 年龄/性别 | 20～25周岁，男女 | 25～55周岁，女 | 30～50周岁，男女 |
| 收入 | 月收入2000元，或家庭年总收入5万元 | 月收入2000元以上，家庭年总收入5万元以上或相当 | |
| 消费条件 | 家庭中主要副食和果酱购买者，最近两个月内购买过果酱 | | |
| 职业条件 | 不限 | | 5名职业厨师，10名不限 |
| 常规条件 | 半年内无受访经历；本人或亲友无相关职业；健谈，表达能力好 | | |
| 备注 | | | |

## 三、研究执行程序

(1)项目准备：研究提纲、邀约甄别问卷起草；测试表、产品包装的准备；邀约培训、实施与质量控制等。时间约7天。

(2)正式执行：总时间3天。

第一组，代号1：现场甄别，客户观察，时间长2小时。5月20日15:00—17:00。

第二组，代号2：同上。5月21日9:00—11:00。

第三组，代号3：同上。5月22日15:00—17:00。

(3)整理和分析报告：以上访问同时进行录入整理，由研究人员进行研究分析，产生本次定性研究报告。时间4天。

## 四、研究质量控制

(1)依据委托方资料和项目建议，修订访谈提纲并识别和确定样本结构。

(2)使用本公司已有的邀请员，进行统一邀请培训。

(3)访谈提纲应以定性为主、定量为辅并适当交替，敏感问题使用假设，提纲由委托方定稿，公司提供解释和研讨。

(4)对邀约样本执行100%的复核甄别，并进行备份。

(5)提交报告时向委托方提供项目原始资料和口头说明。

## 五、研究成果

(1)消费者研究包括品牌及广告认知情况和分析结果，使用与购买情况分析结果，对品牌和产品的态度等研究结论。

(2)市场机会分析包括主要品牌和产品的市场渗透水平及市场机会分析。

(3)价格研究包括价格敏感测试结果。

(4)产品与品牌要素分析包括重视指标和满足程度研究结果。

(5)推广策略研究包括选购因素分析结果，产品买点/产品卖点分析结果，障碍因素分析结果，果酱产品广告策略分析结果。

## 六、果酱市场调查问卷设计

尊敬的女士/先生：

您好，我是某公司的蜂蜜柚子酱调查员，下面是关于蜂蜜柚子果酱有关事项的调查表，您只需在您觉得合适的选项上画“√”即可，您的意见将对我们产生很大帮助，希望能占用您一分钟宝贵时间协助我们完成此项调查，在保证您隐私的同时，我们还将有小礼品相送，感谢您的参与！

性别：________　年龄：________　联系电话或邮箱：________ _

1. 请问你喜欢吃果酱吗？

(　　)有(问卷继续)　(　　) 从不(问卷结束)

2. 请问您对蜂蜜柚子果酱的接受程度？

(　　)不能接受　(　　)比较能接受　(　　)能接受　(　　)完全接受　(　　)无所谓

3. 请问您会选择以下哪种包装的果酱？

(　　)袋装　(　　)玻璃瓶装　(　　) 塑料瓶装　(　　)塑料盒装　(　　)无所谓

4. 您最喜欢哪种口味的果酱？

(　　)蓝莓　(　　)草莓　(　　)蜂蜜柚子　(　　)苹果　(　　)其他

5. 您是否大概了解蜂蜜柚子的保健作用？

(　　)是　(　　)不是

6. 您更喜欢通过什么渠道购买果酱？

(　　)网购　(　　)超市　(　　)自己亲手做

7. 如果你要购买果酱，你会选择什么 APP？

(　　) 生鲜购　(　　) 淘宝　(　　) 一号店　(　　) 京东

8. 您家中一般谁会去购物？

(　　)爸爸　(　　)妈妈　(　　)孩子　(　　)奶奶　(　　)不确定

9. 请问您家购买果酱的频率是？

(　　)每周 1 次　(　　)每月 1 次　(　　) 每年 2 次　(　　)不确定

10. 您平时在什么时间吃果酱？

(　　)早上　(　　)中午　(　　)晚上　(　　)不确定

11. 您平时每个月花费多少钱购买果酱？

(　　)30 元以下　(　　)30～99 元　(　　)100 元以上　(　　)不确定

12. 您的个人平均月收入在什么范围内？

(　　)2000 元以下　(　　)2000～4000 元　(　　)4000～6000 元　(　　)6000 元以上

13. 您的家庭平均月收入在什么范围内？

(　　)5000 元以下　(　　)5000～10000 元　(　　)10000 元以上

14. 您的职业是？

(　　)学生　(　　)公务员　(　　)事业单位人员　(　　)家庭主妇　(　　)工人或其他

15. 您在挑选果酱的时候，较注重的是什么？(可多选)

(　　)营养价值　(　　)安全性　(　　)口味　(　　)价格　(　　)品牌　(　　)产地

(　　)保质期

16. 您认为国产果酱和进口的果酱的营养价值差别大吗？

(　　)有区别　(　　)没有区别　(　　)不了解

17. 您喜欢用果酱搭配什么食物？(可多选)

(　　)面包　(　　)馒头　(　　)冲水喝　(　　)其他

18. 您的购买决策会受到促销的影响吗？

(　　)会　(　　)不会

19. 您比较容易接受哪种促销方式？

(　　)广告促销　(　　)赠品促销　(　　)免费试用　(　　)发传单、海报等　(　　)其他

20. 您对即将上市的蜂蜜柚子果酱有什么意见？

---

## 七、调查小组汇报结论

由调查小组组长汇报调查的结果，并得出调查结论。

**【任务测试】**

**一、单选题**

1. 市场调查的人数每次不应少于(　　)人，若条件允许，最好在1500～3000人，人员的选定以随机抽样方式为基本，也可采用整群抽样方式和分等按比例抽样方式。

A. 500　　B. 300　　C. 400　　D. 100

2. 市场调查的场所通常是在调查对象的(　　)中进行。

A. 家　　B. 办公室　　C. 购买物品的超市　　D. 以上都可以

3. 市场调查一般是通过调查人员与调查对象(　　)来进行的，首先由组织者统一制作答题纸，把要调查的内容写在答题纸上。

A. 面谈　　B. 打电话　　C. 写信　　D. 以上都可以

**二、填空题**

1. 市场调查不仅是为了了解消费者是否________，更重要的是了解其喜欢或不喜欢的________，从而为开发新产品或改进产品质量提供依据。

2. 市场调查的目的主要有两方面：一是________，预测产品形式，即市场动向调查；二是了解试销产品的影响和消费者的意见，即________。

3. 市场调查的对象包括所有的________。

**三、简答题**

1. 市场调查常采用什么方法？

2. 市场调查的目的和要求是什么？

# 任务3　产品质量控制

**【学习目标】**

**知识目标**

1. 了解食品生产中感官质量控制的目的；

2. 了解感官质量控制系统要求及特点；

3. 熟悉感官质量检验的10条准则和评价员参与的准则；

4. 掌握鲜牛乳质量控制的方法与步骤。

**能力目标**

1. 会制订鲜牛乳质量控制的方案；

2. 能根据产品质量要求，运用质量控制方法开展感官分析实验室条件控制、评价员培训和感官检验操作；

3. 能依据鲜牛乳国家标准方法对产品的感官质量评价。

**素养目标**

1. 具备较高的食品质量与安全意识，具有严谨求实、依法检测、规范操作的工作态度；

2. 树立学生终身学习理念，具有产品规划和开发意识；

3. 培养创新创业思维，钻研设计和实施感官检验方法，培养工匠精神。

**【工作任务】**

通过对鲜牛乳的感官检验，从视觉方面了解鲜牛乳的外观形态、色泽和组织状态，可以对鲜牛乳的新鲜度进行评价。通过嗅觉分析可以感觉到鲜牛乳样品的气味及发生的轻微的质量变化。通过味觉鉴别，根据口感、气味上的差异可以对一系列产品进行评估。同时，通过进行酸、甜、苦、咸等多滋味的综合感受，生产者还可以对产品的某一指标进行适当调整，从而更大程度地满足消费者的需求，达到不断提高产品质量的目的。

GBT29605－2013《感官分析 食品感官质量控制导则》

**【任务分析】**

请评价员精心设计一套鲜牛乳感官检验质量检测方案，对鲜牛乳进行感官检验，并进行结果统计与数据分析，出具感官检验调查报告。

**【思维导图】**

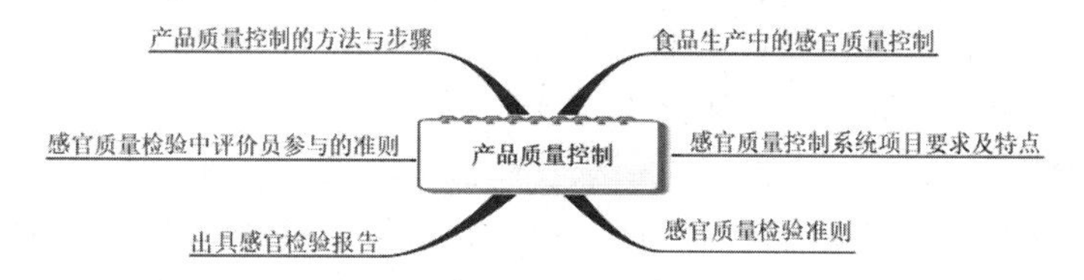

## 知识准备

### 一、食品生产中的感官质量控制

在食品生产企业中建立的感官质量控制是为了确保食品的质量和风味，更好地满足消费者和市场的需求，是企业中至关重要的产品质量管理监督和保障机制，它与企业的生产、研发、市场、销售等部门有着密切的合作关系。在以消费者为中心的今天，它的职能作用越来越被企业所重视。

产品的感官质量是产品质量的重要组成部分。随着人民生活水平的提高，消费能力的增长，消费者变得越来越挑剔，产品的感官属性(如色、香、味、听和触感)越来越成为消费者选择自己满意、喜爱产品的重要指标之一，它直接或间接地决定消费者购买意愿。

在企业的生产过程中，产品的感官质量控制是产品质量控制系统中不可缺少的分析评估工具，它可以使企业在整个产品的生命周期中，在从原材料到成品的各个加工环节中跟踪、监管产品的感官质量和品质，对其感官性状(如颜色、气味、口感、质地等)或某一个特殊感官属性(如甜度、酸度、嫩度等)进行评价，准确、客观地了解产品感官属性的优缺点，确定产品的感官质量规范，监管和控制产品的质量，寻找准确、有效的产品改进及研究方向，从而更好地把握消费者的需求，生产出物美质优的产品，提高企业产品的竞争力。

在我国，绝大数的食品生产企业内部都已建立了产品质量跟踪检测系统，但它们大多依赖于仪器的理化指标测量，只有少数的企业已经建立或正在建立产品的感官质量跟踪检测系统，也就是说，目前此系统还没有真正地在产品质量控制中发挥其重要的职能作用。

感官质量控制与传统的质量控制不同。传统的质量控制假设一批产品中的任一个体是相同的，根据仪器测定和小组评定的结果，可以得出质量评价。在仪器测定中，一个人可以取出数百个产品样品，分别对每一个产品进行测定。而在感官质量控制中，通过人们的工作，可以对每种产品只取一个样品，但是必须经过多重的测定。

在感官质量控制系统中感官检验项目的可信度会受到这样一种想法的影响：质量好的产品要比有缺陷产品受到更多的检验，尤其是在下面两种条件下：第一种是相对于正常情况而言的，发生问题时，对这种情况是有较好的记忆力；第二种是当感官检验项目对某些产品做出标记时，人们需要对该批次的产品再进行一些额外的或表面的检验。

## 二、感官质量控制系统项目要求及特点

感官质量控制系统项目发展的特定任务包括评价小组辩论的可用性和专家意见、参考材料的可用性以及时间限制等方面的研究。一定要在客观条件下进行评价小组人员的选择、筛选和训练。抽样计划一定要和样品处理以及储存标准步骤一致，以便进行开发和实施。数据处理、报告的格式、历史的档案和轨迹以及评价小组的监控都是非常重要的任务。应该把在感官检验方法方面有着很强技术背景的感官评价协调者分配去执行这些任务。系统应该有一定的特征能维持评价步骤自身的质量。

Gillette 和 Beekley(1994)列出了在一个管理良好的工厂中感官质量控制项目中的八条要求，以及其他十项令人满意的特点，见表 10-6，包括从供应商的看法到主要的食品制造商的看法，可以尽心修改后用于其他制造情况。感官质量控制项目必须包括人们对产品的评价情况，供应商和消费者应该都能接受。应该考虑偏差的可接受范围，即有些产品可能达不到优质的标准，但消费者仍能接受。同时，项目必须能检验出不能接受的生产样品，这是进行感官质量控制项目的主要理由。定义可接受与不可接受范围，需要进行一些校准研究。这些要求也包括所有供应商采用和执行的简单性以及允许由消费者进行监控。

**表 10-6 感官质量控制项目中的要求**

| 序号 | 感官质量控制项目中的八条要求 | 序号 | 其他十项令人满意的特点 |
| --- | --- | --- | --- |
| 1 | 对所有供应商提供简单、足够的体系 | 1 | 有参考标准或能分段进行 |

续表

| 序号 | 感官质量控制项目中的八条要求 | 序号 | 其他十项令人满意的特点 |
|---|---|---|---|
| 2 | 允许消费者的监控、审核 | 2 | 最低的消费 |
| 3 | 详细说明一个可接受的偏离范围 | 3 | 转移到可能的仪器使用方法中 |
| 4 | 识别不可接受的生产样品 | 4 | 提供快速的直接用于在线的修正 |
| 5 | 消费者管理的可接受系统 | 5 | 提供定量的数据 |
| 6 | 提供容易联系的结论，如以图例表示 | 6 | 与其他质量控制方法的连接 |
| 7 | 供应商能接受 | 7 | 可转移到货架寿命的研究中 |
| 8 | 包括人们的评价 | 8 | 应用于原材料的质量控制中 |
| 9 |  | 9 | 具有证明了的轨迹记录 |
| 10 |  | 10 | 反馈的消费者意见 |

## 三、感官质量检验准则

感官质量检验准则见表 10-7。

**表 10-7　感官质量检验的 10 条准则**

| 序号 | 感官检验的 10 条准则 |
|---|---|
| 1 | 建立最优质量的目标以及可接受和不可接受产品范围的标准 |
| 2 | 如果可能，要利用消费者检验来校准这些标准。可选择的方法是：有经验的个人可能会设置一些标准，但是这些标准应该由消费者的意见来决定 |
| 3 | 一定要对评估者进行训练，如让他们熟悉标准以及可接受变化的限制 |
| 4 | 不可接受产品的标准应该包括可能发生在原料、过程或包装中的所有缺陷和偏差 |
| 5 | 如果标准能有利地代表这些问题的话，应该训练评价员如何获得缺陷样品的判定信息，可能要使用针对强度或清单的标度 |
| 6 | 总是应该从至少几个评价小组中收集数据，在理想情况下，只收集有统计意义的数据(每个样品 10 个或更多个观察结果) |
| 7 | 检验的程序应该遵循优良感官实践的准则：隐形检验、合适的环境、检验控制、任意的顺序等。 |
| 8 | 每个检验中标准的盲标引入应该用于评估者准确性检验。对于参考目的，包括一个隐形的优质标准是很重要的 |
| 9 | 隐形重复可能可以检验评价员的可靠性 |
| 10 | 有必要建立小组评论的协议，如果发生不可接受的变化或争议，要保证评价员可以进行再训练 |

## 四、感官质量检验中评价员参与的准则

感官质量检验中评价员参与的准则见表 10-8。

**表 10-8 感官质量检验中评价员参与的准则(Nelson 和 Trout，1964)**

| 序号 | 感官质量检验中评价员参与的准则 |
| --- | --- |
| 1 | 身体和精神状况 |
| 2 | 了解分数卡 |
| 3 | 了解缺陷以及可能的强度范围 |
| 4 | 对于一些食品和饮料而言，打开样品容器后立即发现香气是有利的 |
| 5 | 品尝足够的数量(专业的，不是犹豫不定的) |
| 6 | 注意风味的顺序 |
| 7 | 偶然的冲洗，作为情形和产品类型的保证 |
| 8 | 集中注意力。仔细考虑你的感知，并设计所有其他的事情 |
| 9 | 不要批评太多，而且不要受标度中点的吸引 |
| 10 | 不要改变你的想法。第一印象往往是很有用的，特别是对香气而言 |
| 11 | 评估之后检查一下你的评分。回想一下你是如何工作的 |
| 12 | 对自己诚实。面对其他意见时，坚持自己的想法 |
| 13 | 要实践。实验和专家意见来得较慢，要有耐心 |
| 14 | 要专业。避免不正式的实验室玩笑和自我主义的错误；坚持合适的实验管理，提防歪曲端点“实验” |
| 15 | 在参与前至少 30 分钟不要吸烟、喝酒和吃东西 |
| 16 | 不要洒香水和修面等。避免使用有香气的肥皂和洗衣液 |

如同任何其他的感官检验一样，感官质量检验也应该对样品进行盲标，并按照不同的任意顺序提供给评价小组。如果把生产人员也编入评价小组成员中，他们已经知道所要进行评估的一些产品性质，其他技术人员一定要对他们进行盲标，并把隐含的对照插入到检验设置中。一定不要让拿出样品的人同时进行编码和评价样品的工作。要求他们对产品的了解和评价非常客观，这是不合理的，这些内容包括服务时产品的温度、体积和有关产品准备的其他细节，以及应该标准化和控制的品尝方法。设备应该没有气味，并且不会造成迷惑。评价人员应该在带有简单构筑物或离析器的、干净的感官检验环境中进行评估，既不能在分析仪器实验室的实验桌上，也不可以在生产间的地板上进行评估。评价员应该品尝一个有代表性的部分(既不是批次的最后，也不是其他生产不规范的部分)。

可以将经过处理的其他准则应用于评价员或评价小组。应该筛选、证明，并用合适的动机激励评价小组成员。一定不要在一天里给他们加上过重的负担，或者要求他们检验太多的样品，按照有规则的时间间隔，进行评价小组的轮转，可以改善他们的动机并减轻其厌倦感。评价员应该在良好的身体状态下，如没有伤风或过敏等疾病时断评价。他们不应该受到来自检验中出现的其他问题的精神困扰，而应该处于放松状态，并能够对即将到来的任务集中精力。一定要训练他们能识别产品的品质、得分的水平以及了解分数卡。在没

有参照评审团风格的基础上独立进行评估。评估结束以后，评价小组会向人们提供讨论的或反馈的意见，以利于正在进行的校正工作顺利进行。但是，如果评价小组成员由一些生产人员组成，他们对产品及其生产过程充满绝对信任时，就会产生这样的缺点：这样的评价小组成员可能不愿意指出问题，从而无法唤起人们对问题的注意。如果采用盲标规格之外的样品、知道产品的缺陷以及其他如此“进行尝试”的检验等方式，当缺陷样品通过检验后，随着消费者不满的反馈意见的出现，有助于减轻生产人员这种过度肯定的态度。

数据应该由可能的时间间隔内的标度测定结果所组成。如果利用了大规模的评价小组(10个或更多个评价员)，进行统计分析是合适的，并可以通过一定的方式和标准误差对数据进行总结。如果利用了非常小规模的评价小组，数据只能做定性处理。应该报告个别分数的频率数，并把它考虑在行为标准之内。要考虑对局外分数的删除，但是如上所述，一些作为少数意见的低分数样品可能预示着一个重要的问题。当存在很强烈的争论或者评价小组的成员发生高度的变化时，有可能要进行重新品尝，以保证结果的可靠性。

## 五、鲜牛乳质量控制的方法

1. 建立感官分析实验室

感官分析实验室应建立在无气味、无噪声的地方。检验室主要设有两个功能区。

(1)检验区：检验区是感官分析检验室的核心部分，气温应控制在20℃～25℃，相对度保持在50%～55%，通风情况良好，检验工作室之间要用不透明的隔离物分隔，检验工作台为白色并保持整洁干净。在检验区要有足够的照明，使光线在检台面上分布均匀，不应阴影，观察区域的背景色应是无反射的、中性的。

(2)准备区：根据样品的要求，准备区要有足够的空间，防止样品之间的相互污染。准备用具要清洁，易于清洗，要求用无味清洗剂洗涤。准备过程应避免外界因素对样品的色、香、味产生影响，从而破坏样品的质地和结构，影响检验结果。样品的准备要具有代表性。样品的准备一般在检验开始前1小时以内，并严格设置好样品温度，检验器具要统一。

2. 培训感官评价员

感官评价员应以乳制品专业知识基础过硬的人员，检验前要经过感官检验培训，能够运用自己的视觉、味觉、嗅觉等器官对鲜牛乳的色、香、味等诸多感官特性做出正确评价。作为鲜牛乳感官评价员经过培训后必须达到以下要求：

(1)必须具备乳制品加工、检验方面的专业知识。必须是感官检验测试合格者，具有良好的感官检验能力。

(2)具有良好的健康状况，不应有色盲、鼻炎、龋齿、口腔炎等疾病。

(3)具有良好的表达能力，在对样品的感官特性进行描述时，能够做到准确无误、恰到好处。

(4)具有集中精力和不受外界影响的能力。

(5)对样品无偏见、无厌恶感，能够客观、公正地评价样品。

(6)工作前不使用香水、化妆品，不使用香皂洗手。

(7)不在饮食后1小时内进行检验工作，不在检验工作开始前30分钟内吸烟。

3. 鲜牛乳感官检验的具体步骤

(1)样品的准备

从包装完好的产品中按照抽样规则随机抽取造量的样品，由分样员先对样品进行编号后放在敞口透明的容器中。

(2)检验步骤

色泽：正常鲜奶的色由乳白色到淡黄色不等，其黄色的深浅取决于牛奶的脂肪含量和色素含量。

将混合均匀的奶样倒入白瓷皿内，观察颜色，正常牛奶为白色，略带黄色，脱脂乳是白带蓝色，初乳的黄色较深。

组织状态：正常鲜奶的组织状态是液体，均匀一致，不黏滑，不胶粘，无絮状物。

将混合均匀的奶样倒入烧杯中，静置15min后将其倒入另一烧杯中，观察牛奶有无过黏、絮状物或其他杂质。

气味与滋味：正常牛奶含有一种天然的乳香味，来源于乳脂肪中的挥发性脂肪酸，并具有纯净的甜味，来源于乳糖，还有微弱的咸味。牛奶的气味和滋味会由于各种原因而发生改变，如储存时间与储存条件、容器材料、牛舍与挤奶厅的环境状况、饲料种类与质量等。

鼻子嗅闻烧杯内的鲜牛乳，检查是否有乳的正常香味，或有无其他气味如饲料味、酸味、腥味、烟味、腐败味等，然后将鲜牛乳煮沸，再嗅闻乳样的气味，并与煮沸前的气味进行对比，一般加热后的气味会变强。待煮沸的乳样微微冷却后，用口品尝奶样，体会正常奶样的香味，并检查是否有其他异常味道。

**【任务测试】**

**一、单选题**

1. 感官质量控制方法包括(　　)。

A. 规格内外法　　B. 根据标准评估产品差别度

C. 质量评估方法、描述性分析　　D. 以上都正确

2. 在感官质量控制系统中，感官检验项目的可信度会受到(　　)的影响。

A. 质量好的产品要比有缺陷产品受到更多的检验

B. 质量有缺陷的产品要比质量好的产品受到更多的检验

C. 都一样

D. 以上说法都不正确

3. 感官质量控制项目必须包括人们对产品的评价情况，供应商和消费者应该都能(　　)。

A. 接受　　B. 不接受　　C. 基本接受　　D. 以上都不正确

**二、填空题**

1. 在食品生产企业中建立的________是为了确保食品的质量和风味，更好地满足消费者和市场的需求。

2. 在企业的生产过程中，产品的感官质量控制是产品质量控制系统中不可缺少的________。

3. 感官质量控制系统项目发展的特定任务包括评价小组辩论的可用性和专家意见、参考材料的可用性以及________等方面的研究。

**三、简答题**

1. 质量评估中优秀感官质量检验准则有哪些？

2. 简述质量控制与感官评价的关系。

3. 感官质量控制有哪些方法？

**四、分析题**

根据所学知识，选取市场上 2～3 种比较受欢迎的酸牛奶通过感官检验进行质量控制，要求合理设计检验方案并出具检验报告。

## 任务 4　新产品开发

**【学习目标】**

**知识目标**

1. 了解新产品开发的目的与应用；
2. 了解新产品开发的发展阶段；
3. 掌握新产品开发的步骤，以及新产品生命周期的营销策略。

**能力目标**

1. 识别消费者需求，会制订冰激凌新产品开发方案；
2. 能运用新产品开发的方法，设想构思产品定位，研究新产品开发战略；
3. 能对新产品的感官质量评价。

**素养目标**

1. 通过分析商业和环境，培养敏锐的市场意识和洞察力；
2. 树立学生终身学习理念，具有产品规划和开发意识；
3. 培养创新创业思维，钻研设计和实施感官检验方法，培养工匠精神。

**【工作任务】**

2021 年中国冰淇淋市场规模稳居全球第一，在新国货的带领下，未来冰淇淋将在健康营养、社交属性、食用场景、文化碰撞等方面实现突破。北京某冰淇淋生产企业研发部在深入洞察消费者的需求后，选用优质奶油和椰浆为主要原料，并减少 50％蔗糖，综合降低冰淇淋的脂肪含量，生产出轻卡健康一系列冰激凌产品。那么，如何对冰激凌产品进行研发呢？

创新是引领发展的第一动力

**【任务分析】**

请运用新产品开发的方法及设计原则，精心设计一款冰激凌新产品开发方案，对冰激凌产品进行感官评定，确定出这款冰激凌产品的受欢迎程度，并进行结果统计与数据分析，出具检验报告。

**【思维导图】**

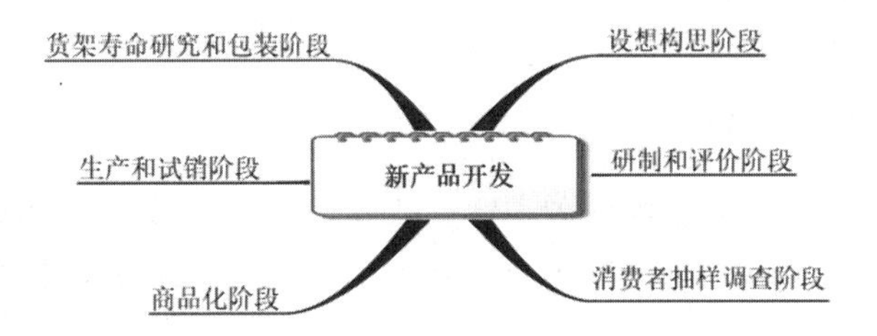

## 知识准备

新产品开发包括若干阶段，对这些阶段进行确切划分是很难的，它与环境条件、个人习惯及食品特性等都有着密切关系。当然，这些阶段并非一定要按顺序进行，也并非必须要进行全部阶段，实际工作中应根据具体情况灵活运用。可以调整前后进行的顺序，也可以几个阶段结合进行，甚至可以省略其中部分阶段。但无论如何，目的只有一个，就是开发出适合消费者、企业和社会的新食品。

### 一、设想构思阶段

设想构思阶段是新产品开发的第一阶段，它可以包括企业内部的管理人员、技术人员或普通工人的“突发奇想”，以及竭尽全力的猜想，也可以包括特殊客户的要求和一般消费者的建议及市场动向调查等。为了确保设想的合理性，需要动员各方面的力量，从技术、费用和市场角度，经过若干个月甚至若干年的可行性评价后才能做出最后决定。

### 二、研制和评价阶段

现代新食品的开发不仅要求味美、色适、口感好、货架寿命长，同时还要求具有营养性和生理调节性，因此新产品研制是一个极其重要的阶段。研制开发过程中，食品质量的变化必须通过感官检验来进行，只有不断地发现问题，才能不断改正，研制出适宜的食品。因此，新食品的研制必须要与感官检验同时进行，以确定开发中的食品在不同阶段的可接受性。

新食品开发过程中，通常需要两个评价小组：一个是经过若干训练或有经验的评价小组，对各个开发阶段的产品进行评价(差异识别或描述)；另一个评价小组由小部分消费者组成，以帮助开发出受消费者欢迎的产品。

### 三、消费者抽样调查阶段

消费者抽样调查即新食品的市场调查。首先送一些样品给一些有代表性的家庭，并告知他们过几天再来询问他们对新食品的看法如何。几天后，调查人员登门拜访收到样品的家庭并进行询问，以获得关于这种新食品的信息，了解他们对该食品的想法、是否购买、估计价格、经常消费的概率等。一旦发现该食品不太受欢迎，继续开发下去只会失败时，通过抽样调查往往会得到改进食品的建议，这些将增加产品在市场上成功的希望。

### 四、货架寿命研究和包装阶段

食品必须具备一定的货架寿命才能成为商品。食品的货架寿命除与本身加工质量有关外，还与包装有着不可分割的关系。包装除了具有吸引性和方便性外，还具有保护食品、维持原味、抗撕裂等作用。

### 五、生产和试销阶段

在食品开发工作进行到一定程度后，就应建立一条生产线了。如果新食品已进入销售阶段，那么等到试销成功再安排规模化生产并不是明智之举。许多企业往往在小规模的试销期间就生产销售实验的产品。

试销是大型企业为了打入全国市场，为避免重大失败而设计的。大多数中小型企业的产品在当地销售，一般不进行试销。试销方法也与感官检验方法有关联。

### 六、商品化阶段

商品化是决定一种新食品成功或失败的最后一举。新食品进入什么市场、怎样进入市场有着深奥的学问，这涉及很多市场营销方面的策略，其中广告就是重要的手段之一。

## 方案设计与实施

### 一、开发背景

在我们做的市调中发现，消费者购买冰激凌产品最关注的因素主要有：口味、含糖成分、卫生、想吃、质量、便宜好吃、能解暑、价格、纯、干净、清凉、成分、奶油味如何、是否解暑、外包装、有没有冰块、是否可口、实惠、品牌、牛奶含量、外形等。根据以上消费者关注因素，我们决定返璞归真回到冰激凌一类产品的立足点解渴、降暑上，并且赋予这类雪糕产品丰富营养和低糖低脂等特点。

### 二、产品卖点

(1)解口渴。
(2)有丰富营养价值。
(3)清凉口感。
(4)低糖低脂不发胖。

### 三、产品命名及品牌标志

(1)产品命名：乐爽。
(2)产品标志：

乐爽　享你所想

“爽”就是我们新品的消费诉求点，就是要消费者在吃的过程中体会到开心、爽的感觉。

### 四、产品定位

(1)品牌定位：大众消费品。
(2)功能定位：解渴、清凉、健康、营养丰富。
(3)价格定位：中低端 2～3 元。

### 五、消费者定位

现有目标消费者主要代表是年青一代，消费者年龄分布在 10～25 岁年龄阶段，追求新颖健康。潜在消费者是追求时尚的上班族，他们一般有稳定的收入，对于中低端的冰激凌产品尝试较少。

## 六、产品形状规格及定价

(1)形状：

(2)尺寸：长×宽×高(122.4mm×64.2mm×11mm)。

(3)质量：75g。

(4)定价：2.5 元。

## 七、产品包装样式

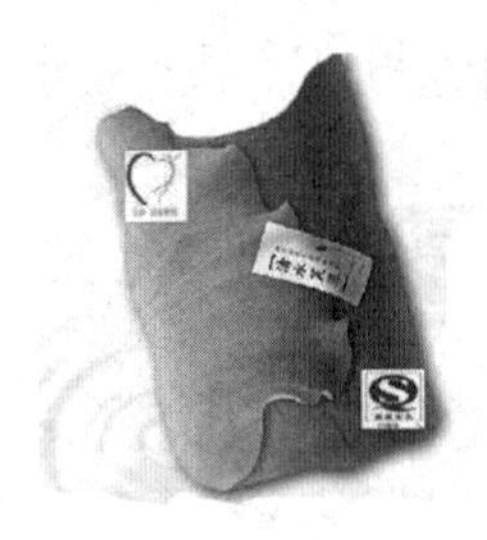

绿色为主要元素，表现健康环保，采用叶子设计更加新颖和独特，看上去很舒适，更清凉。

## 八、产品口味

消费者吃的最多的是奶油口味的冰激凌产品，占消费者选择比率的 30.8%；紧接着排在第二位的是巧克力口味的雪糕产品，占消费者选择比率的 25.1%：两项合计达到 55.9%。往下依次是草莓口味占消费者选择比率的 13.6%，蓝莓口味占 76%，香草口味占 4.3%，最喜欢吃其他口味雪糕的消费者选择率合计占 18.6%，根据以上资料我们从消费者需求出发生产六种不同口味的雪糕：奶油、巧克力、香草、蓝莓、薄荷。

## 九、新产品生命周期的营销策略

投入期：新产品生命周期的第一阶段，主要特征是生产批量小、制作成本高，销售量低，销售增长缓慢。因为我们的产品定位是中低端客户，且以青少年(10～22 岁)为主体顾客，所以这一生命周期的新品种冰激凌可以采取的营销策略是：重点放在强调新品独特性与功能性，培育其市场认知度，通过强势宣传捕，让广大消费者对此类产品的市场定位及独特功效有初步了解，并快速渗透，以最快的速度打入市场，尽可能的取得较大的市场占有率。

具体措施：给产品制订较低的价格，花费大量资金做大规模的广告宣传，着眼于利润的长期获得，长期的策略主要是扩大市场占有率，掌握市场竞争的主动权为主。市场策略的重点应该突出一个“好”字，即在继续扩大生产能力的同时，并改进和提高冰激凌产品品质，设法使产品的销售和利润进一步增长。结合生产成本和市场价格的变动趋势，分析冰激凌行业的价格策略，保持原价或适当调整价格。增设销售机构和销售网点，进一步向冰激凌市场渗透，开拓新的市场领域，适应和满足广大消费者的需要，促进市场份额的再度提高。宣传上着重于产品的品质，味道。

**【任务测试】**

**一、单选题**

1. 消费者抽样调查即（　　）。

A. 新食品的市场调查　　B. 食品检验

C. 感官检验　　D. 以上都正确

2. 食品的货架寿命除与本身加工质量有关外，还与（　　）有着不可分割的关系。

A. 价格　　B. 包装　　C. 生产单位　　D. 以上说法都不正确

3. 一个新产品从设想到商品化生产，主要包括（　　）个阶段。

A. 2　　B. 4　　C. 5　　D. 6

**二、填空题**

1. 现代新食品的开发不仅要求味美、色适、口感好、货架寿命长，同时还要求具有营养性和生理调节性，因此这是一个________的阶段。

2. 新食品的研制必须要与________同时进行，以确定开发中的食品在不同阶段的可接受性。

3. 食品必须具备一定的货架寿命才能成为________。

**三、简答题**

1. 如何进行新食品的开发？

2. 消费者抽样调查的目的是什么？

3. 简述货架寿命研究和包装阶段的必要性。

**四、分析题**

调查 2～3 家著名企业，总结一下它们的新食品开发战略。

**【知识拓展与链接】**

请同学们扫描封面二维码进行知识拓展学习：“常见食品的感官检验方法”。

## 评价与反馈

1. 学完本项目后，你都掌握了哪些技能？

2. 请填写评价表，评价表由自我评价、组内互评、组间评价和教师评价组成，分别占 15％、25％、25％、35％。

(1)自我评价

**表 1 自我评价表**

| 序号 | 评价项目 | 评价标准 | 参考分值 | 实际分值 |
| --- | --- | --- | --- | --- |
| 1 | 知识准备，查阅资料，完成预习 | 回答知识目标中的相关问题，并完成任务测试 | 5 | |
| 2 | 方案设计，材料准备，操作过程 | 方案设计正确，材料准备及时、齐全；设备检查清洗良好；认真完成感官检验的每个环节 | 5 | |
| 3 | 实验数据处理与统计 | 实验数据处理与统计方法与结果正确，出具感官检验报告 | 5 | |
| 合　计 | | | 15 | |
| 感想： | | | | |

(2)组内互评

请感官评价小组成员根据表现打分，并将结果填写至评价表。

**表 2 组内评价表**

| 序号 | 评价项目 | 评价标准 | 参考分值 | 实际分值 |
| --- | --- | --- | --- | --- |
| 1 | 学习与工作态度 | 实验态度端正，学习认真，责任心强，积极主动完成感官评价的每个环节 | 5 | |
| 2 | 完成任务的能力 | 材料准备齐全、称量准确；设备的检查及时清洗干净；感官评价过程未出现重大失误 | 10 | |
| 3 | 团队协作精神 | 积极与小组成员合作，服从安排，具有团队合作精神 | 10 | |
| 合　计 | | | 25 | |
| 评价人签字： | | | | |

(3)组间评价(不同感官评价小组之间)

**表 3 组间评价表**

| 序号 | 评价内容 | 评价标准 | 参考分值 | 实际分值 |
| --- | --- | --- | --- | --- |
| 1 | 方案设计与小组汇报 | 方案设计合理，小组汇报条理逻辑，实验结果分析正确 | 10 | |
| 2 | 环境卫生的保持 | 按要求及时清理实训室的垃圾，及时清洗设备和感官评价用具 | 5 | |
| 3 | 顾全大局意识 | 顾全大局，具有团队合作精神。能够及时沟通，通力完成任务 | 10 | |
| 合　计 | | | 25 | |
| 评价人签字： | | | | |

（4）教师评价

**表4　教师评价表**

| 序号 | 评价项目 | 评价标准 | 参考分值 | 实际分值 |
|---|---|---|---|---|
| 1 | 学习与工作态度 | 态度端正，学习认真，积极主动，责任心强，按时出勤 | 5 | |
| 2 | 制订检验方案 | 根据检测任务，查阅相关资料，制订消费者测试、市场调查、产品质量控制及新产品开发方案 | 5 | |
| 3 | 感官品评 | 合理准备工具、仪器、材料，会制订感官检验问答表，检验过程规范 | 10 | |
| 4 | 数据记录与检验报告 | 规范记录实验数据，实验报告书写认真，数据准确，出具感官评价结论 | 10 | |
| 5 | 职业素质与创新意识 | 能快速查阅获取所需信息，有独立分析和解决问题的能力，工作程序规范、次序井然，具有一定的创新意识 | 5 | |
| 合　计 | | | 35 | |
| 教师签字： | | | | |

# 附　　录

**附录 1　三位随机数字表**

| 862 | 245 | 458 | 396 | 522 | 498 | 298 | 665 | 635 | 665 | 113 | 917 | 365 | 332 | 896 | 314 | 688 | 468 | 663 | 712 | 585 | 351 | 847 |
|---|---|---|---|---|---|---|---|---|---|---|---|---|---|---|---|---|---|---|---|---|---|---|
| 223 | 398 | 183 | 765 | 138 | 369 | 163 | 743 | 593 | 252 | 581 | 355 | 542 | 691 | 537 | 222 | 746 | 636 | 478 | 368 | 949 | 797 | 295 |
| 756 | 954 | 266 | 174 | 496 | 133 | 759 | 488 | 854 | 187 | 228 | 824 | 881 | 549 | 759 | 169 | 122 | 919 | 946 | 293 | 874 | 289 | 452 |
| 544 | 537 | 522 | 459 | 984 | 585 | 946 | 127 | 711 | 549 | 445 | 793 | 734 | 855 | 121 | 885 | 595 | 152 | 237 | 574 | 611 | 145 | 784 |
| 681 | 829 | 614 | 547 | 869 | 742 | 822 | 554 | 448 | 813 | 976 | 688 | 959 | 714 | 912 | 646 | 873 | 397 | 159 | 155 | 136 | 463 | 363 |
| 199 | 113 | 941 | 933 | 375 | 651 | 414 | 891 | 129 | 938 | 862 | 572 | 698 | 128 | 363 | 478 | 214 | 841 | 314 | 437 | 792 | 874 | 926 |
| 918 | 481 | 797 | 621 | 743 | 827 | 377 | 916 | 966 | 426 | 657 | 246 | 423 | 277 | 685 | 533 | 937 | 223 | 582 | 946 | 323 | 626 | 519 |
| 335 | 662 | 875 | 282 | 617 | 374 | 635 | 379 | 287 | 791 | 334 | 139 | 117 | 963 | 448 | 957 | 451 | 585 | 821 | 829 | 267 | 512 | 638 |
| 477 | 776 | 339 | 818 | 251 | 916 | 581 | 232 | 372 | 374 | 799 | 461 | 276 | 486 | 274 | 791 | 369 | 774 | 795 | 681 | 458 | 938 | 171 |
| 653 | 489 | 538 | 216 | 446 | 849 | 914 | 337 | 993 | 459 | 325 | 614 | 771 | 244 | 429 | 874 | 557 | 119 | 122 | 417 | 882 | 714 | 769 |
| 749 | 824 | 721 | 967 | 287 | 556 | 628 | 843 | 725 | 731 | 553 | 253 | 183 | 653 | 988 | 431 | 788 | 426 | 875 | 838 | 457 | 927 | 475 |
| 522 | 967 | 259 | 532 | 618 | 624 | 396 | 562 | 134 | 563 | 932 | 441 | 834 | 787 | 231 | 958 | 232 | 537 | 439 | 956 | 531 | 345 | 352 |
| 475 | 172 | 986 | 859 | 925 | 932 | 282 | 924 | 842 | 642 | 797 | 565 | 399 | 896 | 596 | 282 | 441 | 784 | 258 | 684 | 625 | 662 | 291 |
| 894 | 333 | 612 | 728 | 869 | 487 | 741 | 259 | 476 | 127 | 286 | 736 | 257 | 168 | 847 | 316 | 969 | 692 | 786 | 549 | 949 | 559 | 526 |
| 116 | 218 | 464 | 191 | 132 | 218 | 573 | 786 | 258 | 296 | 471 | 372 | 618 | 935 | 353 | 747 | 123 | 863 | 644 | 161 | 793 | 196 | 847 |
| 381 | 641 | 393 | 375 | 354 | 193 | 165 | 615 | 587 | 384 | 119 | 187 | 965 | 572 | 112 | 695 | 615 | 941 | 361 | 375 | 376 | 871 | 633 |
| 968 | 755 | 847 | 643 | 773 | 765 | 439 | 478 | 611 | 978 | 868 | 898 | 546 | 319 | 775 | 169 | 896 | 275 | 513 | 222 | 114 | 233 | 184 |
| 742 | 421 | 226 | 286 | 522 | 618 | 471 | 218 | 397 | 745 | 461 | 477 | 478 | 535 | 957 | 674 | 132 | 228 | 442 | 225 | 444 | 171 | 151 |
| 859 | 878 | 392 | 311 | 659 | 772 | 935 | 447 | 834 | 117 | 658 | 161 | 754 | 654 | 176 | 883 | 855 | 195 | 637 | 751 | 586 | 948 | 513 |
| 964 | 593 | 137 | 574 | 288 | 994 | 582 | 961 | 746 | 336 | 983 | 782 | 611 | 988 | 833 | 265 | 969 | 584 | 564 | 683 | 197 | 214 | 326 |
| 177 | 636 | 674 | 897 | 167 | 157 | 856 | 524 | 662 | 598 | 145 | 926 | 362 | 777 | 415 | 931 | 313 | 317 | 195 | 137 | 959 | 536 | 985 |
| 228 | 755 | 915 | 955 | 946 | 233 | 647 | 653 | 425 | 674 | 719 | 543 | 549 | 826 | 669 | 429 | 576 | 773 | 756 | 392 | 632 | 725 | 879 |
| 591 | 214 | 851 | 669 | 394 | 349 | 299 | 192 | 179 | 261 | 332 | 294 | 896 | 299 | 782 | 397 | 791 | 659 | 921 | 569 | 811 | 683 | 762 |
| 636 | 167 | 789 | 438 | 413 | 565 | 118 | 889 | 253 | 452 | 577 | 859 | 125 | 141 | 241 | 746 | 444 | 841 | 313 | 446 | 225 | 362 | 248 |
| 415 | 982 | 543 | 743 | 835 | 826 | 364 | 776 | 988 | 923 | 224 | 615 | 283 | 462 | 328 | 512 | 228 | 466 | 278 | 874 | 373 | 499 | 437 |
| 383 | 349 | 468 | 122 | 771 | 481 | 723 | 335 | 511 | 889 | 896 | 338 | 937 | 313 | 594 | 158 | 687 | 932 | 889 | 918 | 768 | 857 | 694 |
| 975 | 973 | 235 | 811 | 761 | 226 | 637 | 382 | 741 | 767 | 894 | 371 | 128 | 972 | 161 | 911 | 427 | 164 | 461 | 991 | 792 | 256 | 194 |
| 257 | 752 | 667 | 227 | 813 | 488 | 598 | 198 | 979 | 388 | 921 | 926 | 715 | 349 | 644 | 846 | 879 | 242 | 695 | 222 | 633 | 595 | 526 |
| 723 | 395 | 174 | 453 | 276 | 732 | 323 | 866 | 583 | 826 | 562 | 817 | 397 | 556 | 786 | 358 | 755 | 996 | 249 | 676 | 461 | 614 | 485 |
| 448 | 524 | 951 | 982 | 455 | 999 | 451 | 434 | 695 | 693 | 788 | 493 | 951 | 231 | 259 | 667 | 318 | 655 | 374 | 559 | 577 | 873 | 747 |
| 539 | 881 | 529 | 664 | 594 | 555 | 779 | 629 | 168 | 442 | 377 | 685 | 449 | 128 | 532 | 232 | 241 | 418 | 536 | 733 | 348 | 162 | 919 |
| 661 | 469 | 312 | 748 | 942 | 671 | 284 | 777 | 354 | 939 | 116 | 158 | 583 | 615 | 977 | 525 | 193 | 871 | 833 | 818 | 154 | 449 | 333 |
| 394 | 647 | 493 | 599 | 628 | 317 | 846 | 255 | 416 | 174 | 449 | 269 | 276 | 883 | 828 | 193 | 984 | 529 | 758 | 164 | 215 | 938 | 272 |
| 882 | 216 | 786 | 376 | 187 | 864 | 912 | 941 | 837 | 551 | 233 | 744 | 634 | 464 | 313 | 474 | 536 | 333 | 927 | 345 | 889 | 387 | 658 |
| 116 | 138 | 848 | 135 | 339 | 143 | 165 | 513 | 222 | 215 | 655 | 532 | 862 | 797 | 495 | 789 | 662 | 787 | 112 | 487 | 926 | 721 | 861 |

**附录 2　二项式分布显著性检验表($\alpha=0.05$)**

| 评价员人数 | 成对比较检验（单边） | 成对比较检验（双边） | 三点检验 | 二、三点检验 | 五中取二检验 |
|---|---|---|---|---|---|
| 5 | 5 | — | 4 | 5 | 3 |
| 6 | 6 | 6 | 5 | 6 | 3 |
| 7 | 7 | 7 | 5 | 7 | 3 |
| 8 | 7 | 8 | 6 | 7 | 3 |
| 9 | 8 | 8 | 6 | 8 | 4 |
| 10 | 9 | 9 | 7 | 9 | 4 |
| 11 | 9 | 10 | 7 | 9 | 4 |
| 12 | 10 | 10 | 8 | 10 | 4 |
| 13 | 10 | 11 | 8 | 10 | 4 |
| 14 | 11 | 12 | 9 | 11 | 4 |
| 15 | 12 | 12 | 9 | 12 | 5 |
| 16 | 12 | 13 | 9 | 12 | 5 |
| 17 | 13 | 13 | 10 | 13 | 5 |
| 18 | 13 | 14 | 10 | 13 | 5 |
| 19 | 14 | 15 | 11 | 14 | 5 |
| 20 | 15 | 15 | 11 | 15 | 5 |
| 21 | 15 | 16 | 12 | 15 | 6 |
| 22 | 16 | 17 | 12 | 16 | 6 |
| 23 | 16 | 17 | 12 | 16 | 6 |
| 24 | 17 | 18 | 16 | 17 | 6 |
| 25 | 18 | 18 | 16 | 18 | 6 |
| 26 | 18 | 19 | 14 | 18 | 6 |
| 27 | 19 | 20 | 14 | 19 | 6 |
| 28 | 19 | 20 | 15 | 19 | 7 |
| 29 | 20 | 21 | 15 | 20 | 7 |
| 30 | 20 | 21 | 15 | 20 | 7 |
| 31 | 21 | 22 | 16 | 21 | 7 |
| 32 | 22 | 23 | 16 | 22 | 7 |
| 33 | 22 | 23 | 17 | 22 | 7 |
| 34 | 23 | 24 | 17 | 23 | 7 |
| 35 | 23 | 24 | 17 | 23 | 8 |
| 36 | 24 | 25 | 18 | 24 | 8 |

续表

| 评价员人数 | 成对比较检验（单边） | 成对比较检验（双边） | 三点检验 | 二、三点检验 | 五中取二检验 |
|---|---|---|---|---|---|
| 37 | 24 | 25 | 18 | 24 | 8 |
| 38 | 25 | 26 | 19 | 25 | 8 |
| 39 | 26 | 27 | 19 | 26 | 8 |
| 40 | 26 | 27 | 19 | 26 | 8 |
| 41 | 27 | 28 | 20 | 27 | 8 |
| 42 | 27 | 28 | 20 | 27 | 9 |
| 43 | 28 | 29 | 20 | 28 | 9 |
| 44 | 28 | 29 | 21 | 28 | 9 |
| 45 | 29 | 30 | 21 | 29 | 9 |
| 46 | 30 | 31 | 22 | 30 | 9 |
| 47 | 30 | 31 | 22 | 30 | 9 |
| 48 | 31 | 32 | 22 | 31 | 9 |
| 49 | 31 | 32 | 23 | 31 | 10 |
| 50 | 32 | 33 | 23 | 32 | 10 |

## 附录3 $\chi^2$ 分布临界值

| 样品数 $p$ | $\chi^2$ 自由度（$df=p-1$） | 显著性水平 $\alpha$ | |
|---|---|---|---|
| | | $\alpha=0.05$ | $\alpha=0.01$ |
| 2 | 1 | 3.84 | 6.63 |
| 3 | 2 | 5.99 | 9.21 |
| 4 | 3 | 7.81 | 11.84 |
| 5 | 4 | 9.49 | 13.28 |
| 6 | 5 | 11.07 | 15.09 |
| 7 | 6 | 12.59 | 16.81 |
| 8 | 7 | 14.07 | 18.48 |
| 9 | 8 | 15.51 | 20.09 |
| 10 | 9 | 16.92 | 21.96 |
| 11 | 10 | 18.31 | 23.21 |
| 12 | 11 | 19.68 | 24.72 |
| 13 | 12 | 21.03 | 26.22 |
| 14 | 13 | 22.36 | 27.69 |
| 15 | 14 | 23.68 | 29.41 |

| 样品数 $p$ | $\chi^2$ 自由度 ($df=p-1$) | 显著性水平 $\alpha$ | |
|---|---|---|---|
| | | $\alpha=0.05$ | $\alpha=0.01$ |
| 16 | 15 | 25.00 | 30.58 |
| 17 | 16 | 26.30 | 32.00 |
| 18 | 17 | 27.59 | 33.41 |
| 19 | 18 | 28.87 | 34.81 |
| 20 | 19 | 30.14 | 36.19 |
| 21 | 20 | 31.41 | 37.57 |
| 22 | 21 | 32.67 | 88.93 |
| 23 | 22 | 33.92 | 40.29 |
| 24 | 23 | 35.17 | 41.64 |
| 25 | 24 | 36.42 | 42.98 |
| 26 | 25 | 37.05 | 44.31 |
| 27 | 26 | 38.89 | 45.61 |
| 28 | 27 | 40.11 | 46.96 |
| 29 | 28 | 41.34 | 48.28 |
| 30 | 29 | 42.56 | 49.59 |
| 31 | 30 | 43.77 | 50.89 |

## 附录 4 Friedman 检验临界值

| 评价员人数 ($j$) | 样品数($p$) | | | | | | | | | |
|---|---|---|---|---|---|---|---|---|---|---|
| | 3 | 4 | 5 | 6 | 7 | 3 | 4 | 5 | 6 | 7 |
| | 显著水平 $\alpha=0.05$ | | | | | 显著水平 $\alpha=0.01$ | | | | |
| 7 | 7.143 | 7.8 | 9.11 | 10.62 | 12.07 | 8.857 | 10.371 | 11.97 | 13.69 | 15.35 |
| 8 | 6.25 | 7.65 | 9.19 | 10.68 | 12.14 | 9.00 | 10.35 | 12.14 | 13.87 | 15.53 |
| 9 | 6.222 | 7.66 | 9.22 | 10.73 | 12.19 | 9.667 | 10.44 | 12.27 | 14.01 | 15.68 |
| 10 | 6.20 | 7.67 | 9.25 | 10.76 | 12.23 | 9.60 | 10.53 | 12.38 | 14.12 | 15.79 |
| 11 | 6.545 | 7.68 | 9.27 | 10.79 | 12.27 | 9.455 | 10.6 | 12.46 | 14.21 | 15.89 |
| 12 | 6.176 | 7.7 | 9.29 | 10.81 | 12.29 | 9.50 | 10.68 | 12.53 | 14.28 | 15.96 |
| 13 | 6.00 | 7.7 | 9.30 | 10..83 | 12.37 | 9.385 | 10.72 | 12.58 | 14.34 | 16.03 |
| 14 | 6.143 | 7.71 | 9.32 | 10.85 | 12.34 | 9.00 | 10.76 | 12.64 | 14.4 | 16.09 |
| 15 | 6.40 | 7.72 | 9.33 | 10.87 | 12.35 | 8.933 | 10.8 | 12.68 | 14.44 | 16.14 |
| 16 | 5.99 | 7.73 | 9.34 | 10.88 | 12.37 | 8.79 | 10.84 | 12.72 | 14.48 | 16.18 |
| 17 | 5.99 | 7.73 | 9.34 | 10.89 | 12.38 | 8.81 | 10.87 | 12.74 | 14.52 | 16.22 |

| 评价员人数($j$) | 样品数($p$) | | | | | | | | | |
|---|---|---|---|---|---|---|---|---|---|---|
| | 3 | 4 | 5 | 6 | 7 | 3 | 4 | 5 | 6 | 7 |
| | 显著水平 $\alpha$=0.05 | | | | | 显著水平 $\alpha$=0.01 | | | | |
| 18 | 5.99 | 7.73 | 9.36 | 10.9 | 12.39 | 8.84 | 10.9 | 12.78 | 14.56 | 16.25 |
| 19 | 5.99 | 7.74 | 9.36 | 10.91 | 12.4 | 8.86 | 10.92 | 12.81 | 14.58 | 16.27 |
| 20 | 5.99 | 7.74 | 9.37 | 10.92 | 12.41 | 8.87 | 10.94 | 12.83 | 14.6 | 16.3 |
| ∞ | 5.99 | 7.81 | 9.49 | 11.07 | 12.59 | 9.21 | 11.34 | 13.28 | 15.09 | 16.81 |

**附录 5 Page 检验上段下段检验表($\alpha$=0.05)**

| 评价员人数($j$) | 样品数($p$) | | | | | | | |
|---|---|---|---|---|---|---|---|---|
| | 3 | 4 | 5 | 6 | 7 | 8 | 9 | 10 |
| 3 | — | — | 4—14 | 4—17 | 4—20 | 4—23 | 5—25 | 5—28 |
| | 4—8 | 4—11 | 5—13 | 6—15 | 6—18 | 7—20 | 8—22 | 8—25 |
| 4 | 5—11 | 5—15 | 6—18 | 6—22 | 7—25 | 7—29 | 8—32 | 8—36 |
| | 5—11 | 6—14 | 7—17 | 8—20 | 9—23 | 10—26 | 11—29 | 13—31 |
| 5 | 6—14 | 7—18 | 8—22 | 9—26 | 9—31 | 10—35 | 11—39 | 12—43 |
| | 7—13 | 8—17 | 10—20 | 11—24 | 13—27 | 14—31 | 15—35 | 17—38 |
| 6 | 8—16 | 9—21 | 10—26 | 11—31 | 12—36 | 13—41 | 14—46 | 15—51 |
| | 9—15 | 11—19 | 12—24 | 14—28 | 16—32 | 18—36 | 20—40 | 21—45 |
| 7 | 10—18 | 11—24 | 12—30 | 14—35 | 15—41 | 17—46 | 18—52 | 19—58 |
| | 10—18 | 13—22 | 15—27 | 17—32 | 19—37 | 22—41 | 24—46 | 26—51 |
| 8 | 11—21 | 13—27 | 15—33 | 17—39 | 18—46 | 20—52 | 22—58 | 24—64 |
| | 12—20 | 15—25 | 17—31 | 20—36 | 23—41 | 25—47 | 28—52 | 31—57 |
| 9 | 13—23 | 15—3— | 17—37 | 19—44 | 22—50 | 24—57 | 26—64 | 28—71 |
| | 14—22 | 17—28 | 20—37 | 23—40 | 26—46 | 29—52 | 32—58 | 35—64 |
| 10 | 15—25 | 17—33 | 20—40 | 22—48 | 25—55 | 27—63 | 30—70 | 32—78 |
| | 16—24 | 19—31 | 23—37 | 26—44 | 30—50 | 33—57 | 37—63 | 40—70 |
| 11 | 16—28 | 19—36 | 22—44 | 25—52 | 28—60 | 31—68 | 34—76 | 36—85 |
| | 18—26 | 21—34 | 25—41 | 29—48 | 33—56 | 37—62 | 41—69 | 45—76 |
| 12 | 18—30 | 21—39 | 25—47 | 28—56 | 31—65 | 34—74 | 38—82 | 41—91 |
| | 19—29 | 24—36 | 28—44 | 32—52 | 37—59 | 41—67 | 45—75 | 50—82 |

## 附录 6　Spearman 相关系数的临界值

| 样品数 | 显著水平 $\alpha$ | | 样品数 | 显著水平 $\alpha$ | |
|---|---|---|---|---|---|
| | $\alpha=0.05$ | $\alpha=0.01$ | | $\alpha=0.05$ | $\alpha=0.01$ |
| 6 | 0.886 | 1.000 | 19 | 0.460 | 0.584 |
| 7 | 0.786 | 0.929 | 20 | 0.447 | 0.570 |
| 8 | 0.738 | 0.881 | 21 | 0.435 | 0.556 |
| 9 | 0.700 | 0.833 | 22 | 0.425 | 0.544 |
| 10 | 0.648 | 0.794 | 23 | 0.415 | 0.532 |
| 11 | 0.618 | 0.755 | 24 | 0.406 | 0.521 |
| 12 | 0.587 | 0.727 | 25 | 0.398 | 0.511 |
| 13 | 0.560 | 0.703 | 26 | 0.390 | 0.501 |
| 14 | 0.538 | 0.675 | 27 | 0.382 | 0.491 |
| 15 | 0.521 | 0.654 | 28 | 0.375 | 0.483 |
| 16 | 0.503 | 0.635 | 29 | 0.368 | 0.475 |
| 17 | 0.485 | 0.615 | 30 | 0.362 | 0.467 |
| 18 | 0.472 | 0.600 | 31 | 0.356 | 0.459 |

## 附录 7　*F* 分布表

表中数据表达形式为 $F(\alpha, n_1, n_2)$

$$P\{F(n_1, n_2)<F_\alpha(n_1, n_2)\}=\alpha$$

| $n_2$ \ $n_1$ | 1 | 2 | 3 | 4 | 5 | 6 | 7 | 8 | 9 | 10 | 12 | 15 | 20 | 24 | 30 | 40 | 60 | 120 | ∞ |
|---|---|---|---|---|---|---|---|---|---|---|---|---|---|---|---|---|---|---|---|
| $\alpha=0.10$ | | | | | | | | | | | | | | | | | | | |
| 1 | 39.86 | 49.50 | 53.59 | 55.83 | 57.24 | 58.20 | 58.91 | 59.44 | 59.86 | 60.19 | 60.71 | 61.22 | 61.74 | 62.00 | 62.26 | 62.53 | 62.79 | 63.06 | 63.33 |
| 2 | 8.53 | 9.00 | 9.16 | 9.24 | 9.29 | 9.33 | 9.35 | 9.37 | 9.38 | 9.39 | 9.41 | 9.42 | 9.44 | 9.45 | 9.46 | 9.47 | 9.47 | 9.48 | 9.49 |
| 3 | 5.54 | 5.46 | 5.39 | 5.34 | 5.31 | 5.28 | 5.27 | 5.25 | 5.24 | 5.23 | 5.22 | 5.20 | 5.18 | 5.18 | 5.17 | 5.16 | 5.15 | 5.14 | 5.13 |
| 4 | 4.54 | 4.32 | 4.19 | 4.11 | 4.05 | 4.01 | 3.98 | 3.95 | 3.94 | 3.92 | 3.90 | 3.87 | 3.84 | 3.83 | 3.82 | 3.80 | 3.79 | 3.78 | 3.76 |
| 5 | 4.06 | 3.78 | 3.62 | 3.52 | 3.45 | 3.40 | 3.37 | 3.34 | 3.32 | 3.30 | 3.27 | 3.24 | 3.21 | 3.19 | 3.17 | 3.16 | 3.14 | 3.12 | 3.10 |
| 6 | 3.78 | 3.46 | 3.29 | 3.18 | 3.11 | 3.05 | 3.01 | 2.98 | 2.96 | 2.94 | 2.90 | 2.87 | 2.84 | 2.82 | 2.80 | 2.78 | 2.76 | 2.74 | 2.72 |
| 7 | 3.59 | 3.26 | 3.07 | 2.96 | 2.88 | 2.83 | 2.78 | 2.75 | 2.72 | 2.70 | 2.67 | 2.63 | 2.59 | 2.58 | 2.56 | 2.54 | 2.51 | 2.49 | 2.47 |
| 8 | 3.46 | 3.11 | 2.92 | 2.81 | 2.73 | 2.67 | 2.62 | 2.59 | 2.56 | 2.54 | 2.50 | 2.46 | 2.42 | 2.40 | 2.38 | 2.36 | 2.34 | 2.32 | 2.29 |
| 9 | 3.36 | 3.01 | 2.81 | 2.69 | 2.61 | 2.55 | 2.51 | 2.47 | 2.44 | 2.42 | 2.38 | 2.34 | 2.30 | 2.28 | 2.25 | 2.23 | 2.21 | 2.18 | 2.16 |
| 10 | 3.29 | 2.92 | 2.73 | 2.61 | 2.52 | 2.46 | 2.41 | 2.38 | 2.35 | 2.32 | 2.28 | 2.24 | 2.20 | 2.18 | 2.16 | 2.13 | 2.11 | 2.08 | 2.06 |
| 11 | 3.23 | 2.86 | 2.66 | 2.54 | 2.45 | 2.39 | 2.34 | 2.30 | 2.27 | 2.25 | 2.21 | 2.17 | 2.12 | 2.10 | 2.08 | 2.05 | 2.03 | 2.00 | 1.97 |
| 12 | 3.18 | 2.81 | 2.61 | 2.48 | 2.39 | 2.33 | 2.28 | 2.24 | 2.21 | 2.19 | 2.15 | 2.10 | 2.06 | 2.04 | 2.01 | 1.99 | 1.96 | 1.93 | 1.90 |
| 13 | 3.14 | 2.76 | 2.56 | 2.43 | 2.35 | 2.28 | 2.23 | 2.20 | 2.16 | 2.14 | 2.10 | 2.05 | 2.01 | 1.98 | 1.96 | 1.93 | 1.90 | 1.88 | 1.85 |
| 14 | 3.10 | 2.73 | 2.52 | 2.39 | 2.31 | 2.24 | 2.19 | 2.15 | 2.12 | 2.10 | 2.05 | 2.01 | 1.96 | 1.94 | 1.91 | 1.89 | 1.86 | 1.83 | 1.80 |

续表

| $n_2$ \ $n_1$ | 1 | 2 | 3 | 4 | 5 | 6 | 7 | 8 | 9 | 10 | 12 | 15 | 20 | 24 | 30 | 40 | 60 | 120 | ∞ |
|---|---|---|---|---|---|---|---|---|---|---|---|---|---|---|---|---|---|---|---|
| $\alpha=0.10$ | | | | | | | | | | | | | | | | | | | |
| 15 | 3.07 | 2.70 | 2.49 | 2.36 | 2.27 | 2.21 | 2.16 | 2.12 | 2.09 | 2.06 | 2.02 | 1.97 | 1.92 | 1.90 | 1.87 | 1.85 | 1.82 | 1.79 | 1.76 |
| 16 | 3.05 | 2.67 | 2.46 | 2.33 | 2.24 | 2.18 | 2.13 | 2.09 | 2.06 | 2.03 | 1.99 | 1.94 | 1.89 | 1.87 | 1.84 | 1.81 | 1.78 | 1.75 | 1.72 |
| 17 | 3.03 | 2.64 | 2.44 | 2.31 | 2.22 | 2.15 | 2.10 | 2.06 | 2.03 | 2.00 | 1.96 | 1.91 | 1.86 | 1.84 | 1.81 | 1.78 | 1.75 | 1.72 | 1.69 |
| 18 | 3.01 | 2.62 | 2.42 | 2.29 | 2.20 | 2.13 | 2.08 | 2.04 | 2.00 | 1.98 | 1.93 | 1.89 | 1.84 | 1.81 | 1.78 | 1.75 | 1.72 | 1.69 | 1.66 |
| 19 | 2.99 | 2.61 | 2.40 | 2.27 | 2.18 | 2.11 | 2.06 | 2.02 | 1.98 | 1.96 | 1.91 | 1.86 | 1.81 | 1.79 | 1.76 | 1.73 | 1.70 | 1.67 | 1.63 |
| 20 | 2.97 | 2.59 | 2.38 | 2.25 | 2.16 | 2.09 | 2.04 | 2.00 | 1.96 | 1.94 | 1.89 | 1.84 | 1.79 | 1.77 | 1.74 | 1.71 | 1.68 | 1.64 | 1.61 |
| 21 | 2.96 | 2.57 | 2.36 | 2.23 | 2.14 | 2.08 | 2.02 | 1.98 | 1.95 | 1.92 | 1.87 | 1.83 | 1.78 | 1.75 | 1.72 | 1.69 | 1.66 | 1.62 | 1.59 |
| 22 | 2.95 | 2.56 | 2.35 | 2.22 | 2.13 | 2.06 | 2.01 | 1.97 | 1.93 | 1.90 | 1.86 | 1.81 | 1.76 | 1.73 | 1.70 | 1.67 | 1.64 | 1.60 | 1.57 |
| 23 | 2.94 | 2.55 | 2.34 | 2.21 | 2.11 | 1.05 | 1.99 | 1.95 | 1.92 | 1.89 | 1.84 | 1.80 | 1.74 | 1.72 | 1.69 | 1.66 | 1.62 | 1.59 | 1.55 |
| 24 | 2.93 | 2.54 | 2.33 | 2.19 | 2.10 | 2.04 | 1.98 | 1.94 | 1.91 | 1.88 | 1.83 | 1.78 | 1.73 | 1.70 | 1.67 | 1.64 | 1.61 | 1.57 | 1.53 |
| 25 | 2.92 | 2.53 | 2.32 | 2.18 | 2.09 | 2.02 | 1.97 | 1.93 | 1.89 | 1.87 | 1.82 | 1.77 | 1.72 | 1.69 | 1.66 | 1.63 | 1.59 | 1.56 | 1.52 |
| 26 | 2.91 | 2.52 | 2.31 | 2.17 | 2.08 | 2.01 | 1.96 | 1.92 | 1.88 | 1.86 | 1.81 | 1.76 | 1.71 | 1.68 | 1.65 | 1.61 | 1.58 | 1.54 | 1.50 |
| 27 | 2.90 | 2.51 | 2.30 | 2.17 | 2.07 | 2.00 | 1.95 | 1.91 | 1.87 | 1.85 | 1.80 | 1.75 | 1.70 | 1.67 | 1.64 | 1.60 | 1.57 | 1.53 | 1.49 |
| 28 | 2.89 | 2.50 | 2.29 | 2.16 | 2.06 | 2.00 | 1.94 | 1.90 | 1.87 | 1.84 | 1.79 | 1.74 | 1.69 | 1.66 | 1.63 | 1.59 | 1.56 | 1.52 | 1.48 |
| 29 | 2.89 | 2.50 | 2.28 | 2.15 | 2.06 | 1.99 | 1.93 | 1.89 | 1.86 | 1.83 | 1.78 | 1.73 | 1.68 | 1.65 | 1.62 | 1.58 | 1.55 | 1.51 | 1.47 |
| 30 | 2.88 | 2.49 | 2.28 | 2.14 | 2.05 | 1.98 | 1.93 | 1.88 | 1.85 | 1.82 | 1.77 | 1.72 | 1.67 | 1.64 | 1.61 | 1.57 | 1.54 | 1.50 | 1.46 |
| 40 | 2.84 | 2.44 | 2.23 | 2.09 | 2.00 | 1.93 | 1.87 | 1.83 | 1.79 | 1.76 | 1.71 | 1.66 | 1.61 | 1.57 | 1.54 | 1.51 | 1.47 | 1.42 | 1.38 |
| 60 | 2.79 | 2.39 | 2.18 | 2.04 | 1.95 | 1.87 | 1.82 | 1.77 | 1.74 | 1.71 | 1.66 | 1.60 | 1.54 | 1.51 | 1.48 | 1.44 | 1.40 | 1.35 | 1.29 |
| 120 | 2.75 | 2.35 | 2.13 | 1.99 | 1.90 | 1.82 | 1.77 | 1.72 | 1.68 | 1.65 | 1.60 | 1.55 | 1.48 | 1.45 | 1.41 | 1.37 | 1.32 | 1.26 | 1.19 |
| ∞ | 2.71 | 2.30 | 2.08 | 1.94 | 1.85 | 1.77 | 1.72 | 1.67 | 1.63 | 1.60 | 1.55 | 1.49 | 1.42 | 1.38 | 1.34 | 1.30 | 1.24 | 1.17 | 1.00 |
| $\alpha=0.05$ | | | | | | | | | | | | | | | | | | | |
| 1 | 161.4 | 199.5 | 215.7 | 224.6 | 230.2 | 234.0 | 236.8 | 238.9 | 240.5 | 241.9 | 243.9 | 245.9 | 248.0 | 249.1 | 250.1 | 251.1 | 252.2 | 253.3 | 254.3 |
| 2 | 18.51 | 19.00 | 19.16 | 19.25 | 19.30 | 19.33 | 19.35 | 19.37 | 19.38 | 19.40 | 19.41 | 19.43 | 19.45 | 19.45 | 19.46 | 19.47 | 19.48 | 19.49 | 19.50 |
| 3 | 10.13 | 9.55 | 9.28 | 9.12 | 9.01 | 8.94 | 8.89 | 8.85 | 8.81 | 8.79 | 8.74 | 8.70 | 8.66 | 8.64 | 8.62 | 8.59 | 8.57 | 8.55 | 8.53 |
| 4 | 7.71 | 6.94 | 6.59 | 6.39 | 6.26 | 6.16 | 6.09 | 6.04 | 6.00 | 5.96 | 5.91 | 5.86 | 5.80 | 5.77 | 5.75 | 5.72 | 5.69 | 5.66 | 5.63 |
| 5 | 6.61 | 5.79 | 5.41 | 5.19 | 5.05 | 4.95 | 4.88 | 4.82 | 4.77 | 4.74 | 4.68 | 4.62 | 4.56 | 4.53 | 4.50 | 4.46 | 4.43 | 4.40 | 4.36 |
| 6 | 5.99 | 5.14 | 4.76 | 4.53 | 4.39 | 4.28 | 4.21 | 4.15 | 4.10 | 4.06 | 4.00 | 3.94 | 3.87 | 3.84 | 3.81 | 3.77 | 3.74 | 3.70 | 3.67 |
| 7 | 5.59 | 4.74 | 4.35 | 4.12 | 3.97 | 3.87 | 3.79 | 3.73 | 3.68 | 3.64 | 3.57 | 3.51 | 3.44 | 3.41 | 3.38 | 3.34 | 3.30 | 3.27 | 3.23 |
| 8 | 5.32 | 4.46 | 4.07 | 3.84 | 3.69 | 3.58 | 3.50 | 3.44 | 3.39 | 3.35 | 3.28 | 3.22 | 3.15 | 3.12 | 3.08 | 3.04 | 3.01 | 2.97 | 2.93 |
| 9 | 5.12 | 4.26 | 3.86 | 3.63 | 3.48 | 3.37 | 3.29 | 3.23 | 3.18 | 3.14 | 3.07 | 3.01 | 2.94 | 2.90 | 2.86 | 2.83 | 2.79 | 2.75 | 2.71 |
| 10 | 4.96 | 4.10 | 3.71 | 3.48 | 3.33 | 3.22 | 3.14 | 3.07 | 3.02 | 2.98 | 2.91 | 2.85 | 2.77 | 2.74 | 2.70 | 2.66 | 2.62 | 2.58 | 2.54 |
| 11 | 4.84 | 3.98 | 3.59 | 3.36 | 3.20 | 3.09 | 3.01 | 2.95 | 2.90 | 2.85 | 2.79 | 2.72 | 2.65 | 2.61 | 2.57 | 2.53 | 2.49 | 2.45 | 2.40 |
| 12 | 4.75 | 3.89 | 3.49 | 3.26 | 3.11 | 3.00 | 2.91 | 2.85 | 2.80 | 2.75 | 2.69 | 2.62 | 2.54 | 2.51 | 2.47 | 2.43 | 2.38 | 2.34 | 2.30 |
| 13 | 4.67 | 3.81 | 3.41 | 3.18 | 3.03 | 2.92 | 2.83 | 2.77 | 2.71 | 2.67 | 2.60 | 2.53 | 2.46 | 2.42 | 2.38 | 2.34 | 2.30 | 2.25 | 2.21 |
| 14 | 4.60 | 3.74 | 3.34 | 3.11 | 2.96 | 2.85 | 2.76 | 2.70 | 2.65 | 2.60 | 2.53 | 2.46 | 2.39 | 2.35 | 2.31 | 2.27 | 2.22 | 2.18 | 2.13 |

续表

| $n_2$ \ $n_1$ | 1 | 2 | 3 | 4 | 5 | 6 | 7 | 8 | 9 | 10 | 12 | 15 | 20 | 24 | 30 | 40 | 60 | 120 | ∞ |
|---|---|---|---|---|---|---|---|---|---|---|---|---|---|---|---|---|---|---|---|
| $\alpha=0.05$ | | | | | | | | | | | | | | | | | | | |
| 15 | 4.54 | 3.68 | 3.29 | 3.06 | 2.90 | 2.79 | 2.71 | 2.64 | 2.59 | 2.54 | 2.48 | 2.40 | 2.33 | 2.29 | 2.25 | 2.20 | 2.16 | 2.11 | 2.07 |
| 16 | 4.49 | 3.63 | 3.24 | 3.01 | 2.85 | 2.74 | 2.66 | 2.59 | 2.54 | 2.49 | 2.42 | 2.35 | 2.28 | 2.24 | 2.19 | 2.15 | 2.11 | 2.06 | 2.01 |
| 17 | 4.45 | 3.59 | 3.20 | 2.96 | 2.81 | 2.70 | 2.61 | 2.55 | 2.49 | 2.45 | 2.38 | 2.31 | 2.23 | 2.19 | 2.15 | 2.10 | 2.06 | 2.01 | 1.96 |
| 18 | 4.41 | 3.55 | 3.16 | 2.93 | 2.77 | 2.66 | 2.58 | 2.51 | 2.46 | 2.41 | 2.34 | 2.27 | 2.19 | 2.15 | 2.11 | 2.06 | 2.02 | 1.97 | 1.92 |
| 19 | 4.38 | 3.52 | 3.13 | 2.90 | 2.74 | 2.63 | 2.54 | 2.48 | 2.42 | 2.38 | 2.31 | 2.23 | 2.16 | 2.11 | 2.07 | 2.03 | 1.98 | 1.93 | 1.88 |
| 20 | 4.35 | 3.49 | 3.10 | 2.87 | 2.71 | 2.60 | 2.51 | 2.45 | 2.39 | 2.35 | 2.28 | 2.20 | 2.12 | 2.08 | 2.04 | 1.99 | 1.95 | 1.90 | 1.84 |
| 21 | 4.32 | 3.47 | 3.07 | 2.84 | 2.68 | 2.57 | 2.49 | 2.42 | 2.37 | 2.32 | 2.25 | 2.18 | 2.10 | 2.05 | 2.01 | 1.96 | 1.92 | 1.87 | 1.81 |
| 22 | 4.30 | 3.44 | 3.05 | 2.82 | 2.66 | 2.55 | 2.46 | 2.40 | 2.34 | 2.30 | 2.23 | 2.15 | 2.07 | 2.03 | 1.98 | 1.94 | 1.89 | 1.84 | 1.78 |
| 23 | 4.28 | 3.42 | 3.03 | 2.80 | 2.64 | 2.53 | 2.44 | 2.37 | 2.32 | 2.27 | 2.20 | 2.13 | 2.05 | 2.01 | 1.96 | 1.91 | 1.86 | 1.81 | 1.76 |
| 24 | 4.26 | 3.40 | 3.01 | 2.78 | 2.62 | 2.51 | 2.42 | 2.36 | 2.30 | 2.25 | 2.18 | 2.11 | 2.03 | 1.98 | 1.94 | 1.89 | 1.84 | 1.79 | 1.73 |
| 25 | 4.24 | 3.39 | 2.99 | 2.76 | 2.60 | 2.49 | 2.40 | 2.34 | 2.28 | 2.24 | 2.16 | 2.09 | 2.01 | 1.96 | 1.92 | 1.87 | 1.82 | 1.77 | 1.71 |
| 26 | 4.23 | 3.37 | 2.98 | 2.74 | 2.59 | 2.47 | 2.39 | 2.32 | 2.27 | 2.22 | 2.15 | 2.07 | 1.99 | 1.95 | 1.90 | 1.85 | 1.80 | 1.75 | 1.69 |
| 27 | 4.21 | 3.35 | 2.96 | 2.73 | 2.57 | 2.46 | 2.37 | 2.31 | 2.25 | 2.20 | 2.13 | 2.06 | 1.97 | 1.93 | 1.88 | 1.84 | 1.79 | 1.73 | 1.67 |
| 28 | 4.20 | 3.34 | 2.95 | 2.71 | 2.56 | 2.45 | 2.36 | 2.29 | 2.24 | 2.19 | 2.12 | 2.04 | 1.96 | 1.91 | 1.87 | 1.82 | 1.77 | 1.71 | 1.65 |
| 29 | 4.18 | 3.33 | 2.93 | 2.70 | 2.55 | 2.43 | 2.35 | 2.28 | 2.22 | 2.18 | 2.10 | 2.03 | 1.94 | 1.90 | 1.85 | 1.81 | 1.75 | 1.70 | 1.64 |
| 30 | 4.17 | 3.32 | 2.92 | 2.69 | 2.53 | 2.42 | 2.33 | 2.27 | 2.21 | 2.16 | 2.09 | 2.01 | 1.93 | 1.89 | 1.84 | 1.79 | 1.74 | 1.68 | 1.62 |
| 40 | 4.08 | 3.23 | 2.84 | 2.61 | 2.45 | 2.34 | 2.25 | 2.18 | 2.12 | 2.08 | 2.00 | 1.92 | 1.84 | 1.79 | 1.74 | 1.69 | 1.64 | 1.58 | 1.51 |
| 60 | 4.00 | 3.15 | 2.76 | 2.53 | 2.37 | 2.25 | 2.17 | 2.10 | 2.04 | 1.99 | 1.92 | 1.84 | 1.75 | 1.70 | 1.65 | 1.59 | 1.53 | 1.47 | 1.39 |
| 120 | 3.92 | 3.07 | 2.68 | 2.45 | 2.29 | 2.17 | 2.09 | 2.02 | 1.96 | 1.91 | 1.83 | 1.75 | 1.66 | 1.61 | 1.55 | 1.50 | 1.43 | 1.35 | 1.25 |
| ∞ | 3.84 | 3.00 | 2.60 | 2.37 | 2.21 | 2.10 | 2.01 | 1.94 | 1.88 | 1.83 | 1.75 | 1.67 | 1.57 | 1.52 | 1.46 | 1.39 | 1.32 | 1.22 | 1.00 |
| $\alpha=0.025$ | | | | | | | | | | | | | | | | | | | |
| 1 | 647.8 | 799.5 | 864.2 | 899.6 | 921.8 | 937.1 | 948.2 | 956.7 | 963.3 | 968.6 | 976.7 | 984.9 | 993.1 | 997.2 | 1001 | 1006 | 1010 | 1014 | 1018 |
| 2 | 38.51 | 39.00 | 39.17 | 39.25 | 39.30 | 39.33 | 39.36 | 39.37 | 39.39 | 39.40 | 39.41 | 39.43 | 39.45 | 39.46 | 39.46 | 39.47 | 39.48 | 39.40 | 39.50 |
| 3 | 17.44 | 16.04 | 15.44 | 15.10 | 14.88 | 14.73 | 14.62 | 14.54 | 14.47 | 14.42 | 14.34 | 14.25 | 14.17 | 14.12 | 14.08 | 14.04 | 13.99 | 13.95 | 13.90 |
| 4 | 12.22 | 10.65 | 9.98 | 9.60 | 9.36 | 9.20 | 9.07 | 8.98 | 8.90 | 8.84 | 8.75 | 8.66 | 8.56 | 8.51 | 8.46 | 8.41 | 8.36 | 8.31 | 8.26 |
| 5 | 10.01 | 8.43 | 7.76 | 7.39 | 7.15 | 6.98 | 6.85 | 6.76 | 6.68 | 6.62 | 6.52 | 6.43 | 6.33 | 6.28 | 6.23 | 6.18 | 6.12 | 6.07 | 6.02 |
| 6 | 8.81 | 7.26 | 6.60 | 6.23 | 5.99 | 5.82 | 5.70 | 5.60 | 5.52 | 5.46 | 5.37 | 5.27 | 5.17 | 5.12 | 5.07 | 5.01 | 4.96 | 4.90 | 4.85 |
| 7 | 8.07 | 6.54 | 5.89 | 5.52 | 5.29 | 5.12 | 4.99 | 4.90 | 4.82 | 4.76 | 4.67 | 4.57 | 4.47 | 4.42 | 4.36 | 4.31 | 4.25 | 4.20 | 4.14 |
| 8 | 7.57 | 6.06 | 5.42 | 5.05 | 4.82 | 4.65 | 4.53 | 4.43 | 4.36 | 4.30 | 4.20 | 4.10 | 4.00 | 3.95 | 3.89 | 3.84 | 3.78 | 3.73 | 3.67 |
| 9 | 7.21 | 5.71 | 5.08 | 4.72 | 4.48 | 4.23 | 4.20 | 4.10 | 4.03 | 3.96 | 3.87 | 3.77 | 3.67 | 3.61 | 3.56 | 3.51 | 3.45 | 3.39 | 3.33 |
| 10 | 6.94 | 5.46 | 4.83 | 4.47 | 4.24 | 4.07 | 3.95 | 3.85 | 3.78 | 3.72 | 3.62 | 3.52 | 3.42 | 3.37 | 3.31 | 3.26 | 3.20 | 3.14 | 3.08 |
| 11 | 6.72 | 5.26 | 4.63 | 4.28 | 4.04 | 3.88 | 3.76 | 3.66 | 3.59 | 3.53 | 3.43 | 3.33 | 3.23 | 3.17 | 3.12 | 3.06 | 3.00 | 2.94 | 2.88 |
| 12 | 6.55 | 5.10 | 4.47 | 4.12 | 3.89 | 3.73 | 3.61 | 3.51 | 3.44 | 3.37 | 3.28 | 3.18 | 3.07 | 3.02 | 2.96 | 2.91 | 2.85 | 2.79 | 2.72 |
| 13 | 6.41 | 4.97 | 4.35 | 4.00 | 3.77 | 3.60 | 3.48 | 3.39 | 3.31 | 3.25 | 3.15 | 3.05 | 2.95 | 2.89 | 2.84 | 2.78 | 2.72 | 2.66 | 2.60 |
| 14 | 6.30 | 4.86 | 4.24 | 3.89 | 3.66 | 3.50 | 3.38 | 3.29 | 3.21 | 3.15 | 3.05 | 2.95 | 2.84 | 2.79 | 2.73 | 2.67 | 2.61 | 2.55 | 2.49 |

续表

| $n_2$ \ $n_1$ | 1 | 2 | 3 | 4 | 5 | 6 | 7 | 8 | 9 | 10 | 12 | 15 | 20 | 24 | 30 | 40 | 60 | 120 | ∞ |
|---|---|---|---|---|---|---|---|---|---|---|---|---|---|---|---|---|---|---|---|
| | | | | | | | | | | $\alpha=0.025$ | | | | | | | | | |
| 15 | 6.20 | 4.77 | 4.15 | 3.80 | 3.58 | 3.41 | 3.29 | 3.20 | 3.12 | 3.06 | 2.96 | 2.86 | 2.76 | 2.70 | 2.64 | 2.59 | 2.52 | 2.46 | 2.40 |
| 16 | 6.12 | 4.69 | 4.08 | 3.73 | 3.50 | 3.34 | 3.22 | 3.12 | 3.05 | 2.99 | 2.89 | 2.79 | 2.68 | 2.63 | 2.57 | 2.51 | 2.45 | 2.38 | 2.32 |
| 17 | 6.04 | 4.62 | 4.01 | 3.66 | 3.44 | 3.28 | 3.26 | 3.06 | 2.98 | 2.92 | 2.82 | 2.72 | 2.62 | 2.56 | 2.50 | 2.44 | 2.38 | 2.32 | 2.25 |
| 18 | 5.98 | 4.56 | 3.95 | 3.61 | 3.38 | 3.22 | 3.10 | 3.01 | 2.93 | 2.87 | 2.77 | 2.67 | 2.56 | 2.50 | 2.44 | 2.38 | 2.32 | 2.26 | 2.19 |
| 19 | 5.92 | 4.51 | 3.90 | 3.56 | 3.33 | 3.17 | 3.05 | 2.96 | 2.88 | 2.82 | 2.72 | 2.62 | 2.51 | 2.45 | 2.39 | 2.33 | 2.27 | 2.20 | 2.13 |
| 20 | 5.87 | 4.46 | 3.86 | 3.51 | 3.29 | 3.13 | 3.01 | 2.91 | 2.84 | 2.77 | 2.68 | 2.57 | 2.46 | 2.41 | 2.35 | 2.29 | 2.22 | 2.16 | 2.09 |
| 21 | 5.83 | 4.42 | 3.82 | 3.48 | 3.25 | 3.09 | 2.97 | 2.87 | 2.80 | 2.73 | 2.64 | 2.53 | 2.42 | 2.37 | 2.31 | 2.25 | 2.18 | 2.11 | 2.04 |
| 22 | 5.79 | 4.38 | 3.78 | 3.44 | 3.22 | 3.05 | 2.73 | 2.84 | 2.76 | 2.70 | 2.60 | 2.50 | 2.39 | 2.33 | 2.27 | 2.21 | 2.14 | 2.08 | 2.00 |
| 23 | 5.75 | 4.35 | 3.75 | 3.41 | 3.18 | 3.02 | 2.90 | 2.81 | 2.73 | 2.67 | 2.57 | 2.47 | 2.36 | 2.30 | 2.24 | 2.18 | 2.11 | 2.04 | 1.97 |
| 24 | 5.72 | 4.32 | 3.72 | 3.38 | 3.15 | 2.99 | 2.87 | 2.78 | 2.70 | 2.64 | 2.54 | 2.44 | 2.33 | 2.27 | 2.21 | 2.15 | 2.08 | 2.01 | 1.94 |
| 25 | 5.69 | 4.29 | 3.69 | 3.35 | 3.13 | 2.97 | 2.85 | 2.75 | 2.68 | 2.61 | 2.51 | 2.41 | 2.30 | 2.24 | 2.18 | 2.12 | 2.05 | 1.98 | 1.91 |
| 26 | 5.66 | 4.27 | 3.67 | 3.33 | 3.10 | 2.94 | 2.82 | 2.73 | 2.65 | 2.59 | 2.49 | 2.39 | 2.28 | 2.22 | 2.16 | 2.09 | 2.03 | 1.95 | 1.88 |
| 27 | 5.63 | 4.24 | 3.65 | 3.31 | 3.08 | 2.92 | 2.80 | 2.71 | 2.63 | 2.57 | 2.47 | 2.36 | 2.25 | 2.19 | 2.13 | 2.07 | 2.00 | 1.93 | 1.85 |
| 28 | 5.61 | 4.22 | 3.63 | 3.29 | 3.06 | 2.90 | 2.78 | 2.69 | 2.61 | 2.55 | 2.45 | 2.34 | 2.23 | 2.17 | 2.11 | 2.05 | 1.98 | 1.91 | 1.83 |
| 29 | 5.59 | 4.20 | 3.61 | 3.27 | 3.04 | 2.88 | 2.76 | 2.67 | 2.59 | 2.53 | 2.43 | 2.32 | 2.21 | 2.15 | 2.09 | 2.03 | 1.96 | 1.89 | 1.81 |
| 30 | 5.57 | 4.18 | 3.59 | 3.25 | 3.03 | 2.87 | 2.75 | 2.65 | 2.57 | 2.51 | 2.41 | 2.31 | 2.20 | 2.14 | 2.07 | 2.01 | 1.94 | 1.87 | 1.79 |
| 40 | 5.42 | 4.05 | 3.46 | 3.13 | 3.90 | 2.74 | 2.62 | 2.53 | 2.45 | 2.39 | 2.29 | 2.18 | 2.07 | 2.01 | 1.94 | 1.88 | 1.80 | 1.72 | 1.64 |
| 60 | 5.29 | 3.93 | 3.34 | 3.01 | 2.79 | 2.63 | 2.51 | 2.41 | 2.33 | 2.27 | 3.17 | 2.06 | 1.94 | 1.88 | 1.82 | 1.74 | 1.67 | 1.58 | 1.48 |
| 120 | 5.15 | 3.80 | 3.23 | 2.89 | 2.67 | 2.52 | 2.39 | 2.30 | 2.22 | 2.16 | 2.05 | 1.94 | 1.82 | 1.76 | 1.69 | 1.61 | 1.53 | 1.43 | 1.31 |
| ∞ | 5.02 | 3.69 | 3.12 | 2.79 | 2.57 | 2.41 | 2.29 | 2.19 | 2.11 | 2.05 | 1.94 | 1.83 | 1.71 | 1.64 | 1.57 | 1.48 | 1.39 | 1.27 | 1.00 |
| | | | | | | | | | | $\alpha=0.01$ | | | | | | | | | |
| 1 | 4052 | 4999.5 | 5403 | 5625 | 5764 | 5859 | 5928 | 5982 | 6022 | 6056 | 6106 | 6157 | 6209 | 6235 | 6261 | 6287 | 6313 | 6339 | 6366 |
| 2 | 98.50 | 99.00 | 99.17 | 99.25 | 99.30 | 99.33 | 99.36 | 99.37 | 99.39 | 99.40 | 99.42 | 99.43 | 99.45 | 99.46 | 99.47 | 99.47 | 99.48 | 99.49 | 99.50 |
| 3 | 34.12 | 30.82 | 29.46 | 28.71 | 28.24 | 27.91 | 27.67 | 27.49 | 27.35 | 27.23 | 27.05 | 26.87 | 26.69 | 26.60 | 26.50 | 26.41 | 26.32 | 26.22 | 26.13 |
| 4 | 21.20 | 18.00 | 16.69 | 15.98 | 15.52 | 15.21 | 14.98 | 14.80 | 14.66 | 14.55 | 14.37 | 24.20 | 14.02 | 13.93 | 13.84 | 13.75 | 13.65 | 13.56 | 13.46 |
| 5 | 16.26 | 13.27 | 12.06 | 11.39 | 10.97 | 10.67 | 10.46 | 10.29 | 10.16 | 10.05 | 9.89 | 9.72 | 9.55 | 9.47 | 9.38 | 9.29 | 9.20 | 9.11 | 9.02 |
| 6 | 13.75 | 10.93 | 9.78 | 9.15 | 8.75 | 8.47 | 8.26 | 8.10 | 7.98 | 7.87 | 7.72 | 7.56 | 7.40 | 7.31 | 7.23 | 7.14 | 7.06 | 6.97 | 6.88 |
| 7 | 12.25 | 9.55 | 8.45 | 7.85 | 7.46 | 7.19 | 6.99 | 6.84 | 6.72 | 6.62 | 6.47 | 6.31 | 6.16 | 6.07 | 5.99 | 5.91 | 5.82 | 5.74 | 5.65 |
| 8 | 11.26 | 8.65 | 7.59 | 7.01 | 6.63 | 6.37 | 6.18 | 6.03 | 5.91 | 5.81 | 5.67 | 5.52 | 5.36 | 5.28 | 5.20 | 5.12 | 5.03 | 4.95 | 4.86 |
| 9 | 10.56 | 8.02 | 6.99 | 6.42 | 6.06 | 5.80 | 5.61 | 5.47 | 5.35 | 5.26 | 5.11 | 4.96 | 4.81 | 4.73 | 4.65 | 4.57 | 4.48 | 4.40 | 4.31 |
| 10 | 10.04 | 7.56 | 6.55 | 5.99 | 5.64 | 5.39 | 5.20 | 5.06 | 4.94 | 4.85 | 4.71 | 4.56 | 4.41 | 4.33 | 4.25 | 4.17 | 4.08 | 4.00 | 3.91 |
| 11 | 9.65 | 7.21 | 6.22 | 5.67 | 5.32 | 5.07 | 4.89 | 4.74 | 4.63 | 4.54 | 4.40 | 4.25 | 4.10 | 4.02 | 3.94 | 3.86 | 3.78 | 3.69 | 3.60 |
| 12 | 9.33 | 6.93 | 5.95 | 5.41 | 5.06 | 4.82 | 4.64 | 4.50 | 4.39 | 4.30 | 4.16 | 4.01 | 3.86 | 3.78 | 3.70 | 3.62 | 3.54 | 3.45 | 3.36 |
| 13 | 9.07 | 6.70 | 5.74 | 5.21 | 4.86 | 4.62 | 4.44 | 4.30 | 4.19 | 4.10 | 3.96 | 3.82 | 3.66 | 3.59 | 3.51 | 3.43 | 3.34 | 3.25 | 3.17 |
| 14 | 8.86 | 6.51 | 5.56 | 5.04 | 4.69 | 4.46 | 4.28 | 4.14 | 4.03 | 3.94 | 3.80 | 3.66 | 3.51 | 3.43 | 3.35 | 3.27 | 3.18 | 3.09 | 3.00 |

续表

| $n_2$ \ $n_1$ | 1 | 2 | 3 | 4 | 5 | 6 | 7 | 8 | 9 | 10 | 12 | 15 | 20 | 24 | 30 | 40 | 60 | 120 | ∞ |
|---|---|---|---|---|---|---|---|---|---|---|---|---|---|---|---|---|---|---|---|
| $\alpha=0.01$ | | | | | | | | | | | | | | | | | | | |
| 15 | 8.68 | 6.36 | 5.42 | 4.89 | 4.56 | 4.32 | 4.14 | 4.00 | 3.89 | 3.80 | 3.67 | 3.52 | 3.37 | 3.29 | 3.21 | 3.13 | 3.05 | 2.96 | 2.87 |
| 16 | 8.53 | 6.23 | 5.29 | 4.77 | 4.44 | 4.20 | 4.03 | 3.89 | 3.78 | 3.69 | 3.55 | 3.41 | 3.26 | 3.18 | 3.10 | 3.02 | 2.93 | 2.84 | 2.75 |
| 17 | 8.40 | 6.11 | 5.18 | 4.67 | 4.34 | 4.10 | 3.93 | 3.79 | 3.68 | 3.59 | 3.46 | 3.31 | 3.16 | 3.08 | 3.00 | 2.92 | 2.83 | 2.75 | 2.65 |
| 18 | 8.29 | 6.01 | 5.09 | 4.58 | 4.25 | 4.01 | 3.94 | 3.71 | 3.60 | 3.51 | 3.37 | 3.23 | 3.08 | 3.00 | 2.92 | 2.84 | 2.75 | 2.66 | 2.57 |
| 19 | 8.18 | 5.93 | 5.01 | 4.50 | 4.17 | 3.94 | 3.77 | 3.63 | 3.52 | 3.43 | 3.30 | 3.15 | 3.00 | 2.92 | 2.84 | 2.76 | 2.67 | 2.58 | 2.49 |
| 20 | 8.10 | 5.85 | 4.94 | 4.43 | 4.10 | 3.87 | 3.70 | 3.56 | 3.46 | 3.37 | 3.23 | 3.09 | 2.94 | 2.86 | 2.78 | 2.69 | 2.61 | 2.52 | 2.42 |
| 21 | 8.02 | 5.78 | 4.87 | 4.37 | 4.04 | 3.81 | 3.64 | 3.51 | 3.40 | 3.31 | 3.17 | 3.03 | 2.88 | 2.80 | 2.72 | 2.64 | 2.55 | 2.46 | 2.36 |
| 22 | 7.95 | 5.72 | 4.82 | 4.31 | 3.99 | 3.76 | 3.59 | 3.45 | 3.35 | 3.26 | 3.12 | 2.98 | 2.83 | 2.75 | 2.67 | 2.58 | 2.50 | 2.40 | 2.31 |
| 23 | 7.88 | 5.66 | 4.76 | 4.26 | 3.94 | 3.71 | 3.54 | 3.41 | 3.30 | 3.21 | 3.07 | 2.93 | 2.78 | 2.70 | 2.62 | 2.54 | 2.45 | 2.35 | 2.26 |
| 24 | 7.82 | 5.61 | 4.72 | 4.22 | 3.90 | 3.67 | 3.50 | 3.36 | 3.26 | 3.17 | 3.03 | 2.89 | 2.74 | 2.66 | 2.58 | 2.49 | 2.40 | 2.31 | 2.21 |
| 25 | 7.77 | 5.57 | 4.68 | 4.18 | 3.85 | 3.63 | 3.46 | 3.32 | 3.22 | 3.13 | 2.99 | 2.85 | 2.70 | 2.62 | 2.54 | 2.45 | 2.36 | 2.27 | 2.17 |
| 26 | 7.72 | 5.53 | 4.64 | 4.14 | 3.82 | 3.59 | 3.42 | 3.29 | 3.18 | 3.09 | 2.96 | 2.81 | 2.66 | 2.58 | 2.50 | 2.42 | 2.33 | 2.23 | 2.13 |
| 27 | 7.68 | 5.49 | 4.60 | 4.11 | 3.78 | 3.56 | 3.39 | 3.26 | 3.15 | 3.06 | 2.93 | 2.78 | 2.63 | 2.55 | 2.47 | 2.38 | 2.29 | 2.20 | 2.10 |
| 28 | 7.64 | 5.45 | 4.57 | 4.07 | 3.75 | 3.53 | 3.36 | 3.23 | 3.12 | 3.03 | 2.90 | 2.75 | 2.60 | 2.52 | 2.44 | 2.35 | 2.26 | 2.17 | 2.06 |
| 29 | 7.60 | 5.42 | 4.54 | 4.04 | 3.73 | 3.50 | 3.33 | 3.20 | 3.09 | 3.00 | 2.87 | 2.73 | 2.57 | 2.49 | 2.41 | 2.33 | 2.23 | 2.14 | 2.03 |
| 30 | 7.56 | 5.39 | 4.51 | 4.02 | 3.70 | 3.47 | 3.30 | 3.17 | 3.07 | 2.98 | 2.84 | 2.70 | 2.55 | 2.47 | 2.39 | 2.30 | 2.21 | 2.11 | 2.01 |
| 40 | 7.31 | 5.18 | 4.31 | 3.83 | 3.51 | 3.29 | 3.12 | 2.99 | 2.89 | 2.80 | 2.66 | 2.52 | 2.37 | 2.29 | 2.20 | 2.11 | 2.02 | 1.92 | 1.80 |
| 60 | 7.08 | 4.98 | 4.13 | 3.65 | 3.34 | 3.12 | 2.95 | 2.82 | 2.72 | 2.63 | 2.50 | 2.35 | 2.20 | 2.12 | 2.03 | 1.94 | 1.84 | 1.73 | 1.60 |
| 120 | 6.85 | 4.79 | 3.95 | 3.48 | 3.17 | 2.96 | 2.79 | 2.66 | 2.56 | 2.47 | 2.34 | 2.19 | 2.03 | 1.95 | 1.86 | 1.76 | 1.66 | 1.53 | 1.38 |
| ∞ | 6.63 | 4.61 | 3.78 | 3.32 | 3.02 | 2.80 | 2.64 | 2.51 | 2.41 | 2.32 | 2.18 | 2.04 | 1.88 | 1.79 | 1.70 | 1.59 | 1.47 | 1.32 | 1.00 |

# 参考文献

[1]韩北忠，童华荣．食品感官评价[M]．2版．北京：中国林业出版社，2016.

[2]杨玉红．食品感官检验技术[M]．大连：大连理工大学出版社，2016.

[3]赵镭，刘文．感官分析技术应用指南[M]．北京：中国轻工业出版社，2011.

[4]王朝臣．食品感官检验技术项目化教程[M]．北京：北京师范大学出版社，2017.

[5]徐树来，王永华．食品感官感官分析与实验[M]．北京：化学工业出版社，2009.

[6]张艳，雷昌贵．感官检验评定[M]．北京：中国标准出版社，2016.

[7]卫晓怡．食品感官评价[M]．北京：中国轻工业出版社，2018.

[8]郑坚强．食品感官评定[M]．北京：中国科学技术出版社，2013.

[9]赵镭，解楠，汪厚银，等．基于心理物理学的食品硬度参比样建立研究[J]．食品科学，2015，36(21)：41—45.

[10]段慧玲．食品质地特性(碎裂性与咀嚼性)参照物体系建立研究[D]．北京农学院，2013.

[11]陈冬梅，周媛．电子舌技术及其在食品工业中的应用[J]．现代农业科技，2010(7)：26—29.

[12]杨光锦．食品检测中电子鼻技术的相关应用探讨[J]．食品安全导刊，2018(24)：87—90.

[13]刘登勇，董丽，谭阳，等．食品感官分析技术应用及方法学研究进展[J]．食品科学，2016，37(5)：254—258.

[14]吴澎，贾朝爽，孙东晓．食品感官评价科学研究进展[J]．饮料工业，2017，20(5)：58—63.

[15]李志江，牛广财，李兴革，等．定量描述分析(QDA)在葡萄酒感官评定中的应用研究[J]．中国酿造，2009，207(9)：158—160.

[16]乌雪岩．酸奶感官评价与质构的相关性研究[J]．中国乳品工业，2015(10)：65—69.

[17]顾熟琴，段慧玲，赵镭，等．建立食品质地参照物体系中量值估计法的改进[J]．中国粮油学报，2014，29(1)：95—100.

[18]李超，柯润辉，王明，等．气相色谱—嗅闻仪/质谱仪检测技术在食品香气物质分析中的研究进[J]．食品与发酵工业，2020，46(2)：293—298.